CAD/CAM/CAE 完全学习丛书

UG NX 12.0
数控加工完全学习手册

北京兆迪科技有限公司　编著

U0179771

机 械 工 业 出 版 社

本书是 UG NX 12.0 的数控加工与编程的完全学习手册，包括 UG NX12.0 安装与设置、二维草图设计、零件设计、曲面造型设计、装配设计、数控加工与编程快速入门、平面铣加工、轮廓铣削加工、多轴加工、孔加工、车削加工、线切割加工、后置处理，以及其他数控加工与编程功能和数控加工与编程实际综合应用等。

本书章节的安排次序采用由浅入深、循序渐进的原则。在内容安排上，书中结合大量的实例来对 UG NX 12.0 软件中的一些抽象的概念、命令和功能进行讲解，通俗易懂，化深奥为简易；另外，书中以范例的形式讲述了大量实际生产一线产品的数控加工和编程方法与过程，能使读者较快地进入实战状态。在写作方式上，本书紧贴 UG NX 12.0 软件的实际操作界面，使初学者能够直观、准确地操作软件进行学习，提高学习效率。

本书讲解中所选用的范例覆盖了不同行业，具有很强的实用性和广泛的适用性。本书附 1 张多媒体 DVD 学习光盘，光盘中包含了大量 UG 数控加工与编程技巧和具有针对性范例的教学视频，并进行了详细的语音讲解。光盘还包含本书所有的教案文件、范例文件及练习素材文件。

读者在系统学习本书后，能够迅速地运用 UG 软件来完成复杂产品从三维建模到数控加工与编程的全过程工作。本书可作为数控加工人员的 UG NX 12.0 自学教程和参考书籍，也可供大专院校师生教学参考。

图书在版编目（CIP）数据

UG NX 12.0 数控加工完全学习手册/ 北京兆迪科技
有限公司编著. —3 版. —北京：机械工业出版社， 2019.4（2022.1 重印）
(CAD/CAM/CAE 完全学习丛书)
ISBN 978-7-111-62134-8

Ⅰ. ①U… Ⅱ. ①北… Ⅲ. ①数控机床—加工—计算
机辅助设计—应用软件—手册 Ⅳ. ①TG659.022-62

中国版本图书馆 CIP 数据核字（2019）第 038043 号

机械工业出版社（北京市百万庄大街 22 号　邮政编码：100037）
策划编辑：丁　锋　　　　　责任编辑：丁　锋
责任校对：张　薇　刘志文　封面设计：张　静
责任印制：常天培
固安县铭成印刷有限公司印刷
2022 年 1 月第 3 版第 3 次印刷
184mm×260 mm · 32.75 印张 · 607 千字
3501—5000 册
标准书号：ISBN 978-7-111-62134-8
　　　　　　ISBN 978-7-88709-987-7（光盘）
定价：99.90 元（含多媒体 DVD 光盘 1 张）

前　　言

UG 是德国 SIEMENS 公司推出的功能强大的三维 CAD/CAM/CAE 软件系统，其内容涵盖了产品从概念设计、工业造型设计、三维模型设计、分析计算、动态模拟与仿真、工程图输出，直到生产加工成产品的全过程，应用范围涉及航空航天、汽车、机械、造船、通用机械、数控（NC）加工、医疗器械和电子等诸多领域。UG NX 12.0 是目前功能最强、最新的 UG 版本，对以前版本进行了数百项以客户为中心的改进。本书是 UG NX 12.0 的数控加工与编程的完全学习手册，全书特色如下。

- 内容全面，本书包含了数控工程师必备的 UG NX 12.0 知识以及数控加工与编程所有知识和技能；书中融入了 UG 一线数控高手多年的经验和技巧，具有很强的实用性。

- 前呼后应，浑然一体。书中后面章节大部分产品的数控编程范例，都在前面的零件设计、曲面设计等章节中详细讲述了这些产品的三维建模方法和过程，这样的安排有利于提升读者的产品三维建模能力，使读者具备更强的职业竞争力。

- 范例丰富，对软件中的主要命令和功能，先结合简单的范例进行讲解，然后安排一些较复杂的综合范例和实际应用帮助读者深入理解、灵活运用。

- 讲解详细，条理清晰，保证自学的读者能独立学习和运用 UG NX 12.0 软件。

- 写法独特，采用 UG NX 12.0 中文版中真实的对话框和按钮等进行讲解，使初学者能够直观、准确地操作软件，从而大大地提高学习效率。

- 附加值高，本书附带 1 张多媒体 DVD 学习光盘，光盘中包含了大量数控加工与编程和具有针对性实例的教学视频，并进行了详细的语音讲解，可以帮助读者轻松、高效地学习。

本书由北京兆迪科技有限公司编著，参加编写的人员有詹友刚、王焕田、刘静、刘海起、魏俊岭、任慧华、詹路、冯元超、刘江波、周涛、侯俊飞、龙宇、詹棋、高政、孙润、詹超、尹佩文、赵磊、高策、冯华超、周思思、黄光辉、詹聪、平迪、李友荣。本书已经过多次审核，如有疏漏之处，恳请广大读者予以指正。

本书随书光盘中含有"读者意见反馈卡"的电子文档，请读者认真填写本反馈卡，并 E-mail 给我们。E-mail：兆迪科技 zhanygjames@163.com，丁锋 fengfener@qq.com。

咨询电话：010-82176248，010-82176249。

编　者

读者购书回馈活动

为了感谢广大读者对兆迪科技图书的信任与支持，兆迪科技面向读者推出"免费送课"活动，即日起，读者凭有效购书证明，可领取价值 100 元的在线课程代金券 1 张，此券可在兆迪科技网校（http://www.zalldy.com/）免费换购在线课程 1 门。活动详情可以登录兆迪网校或者关注兆迪公众号查看。

兆迪网校

兆迪公众号

本 书 导 读

为了能更好地学习本书的知识，请读者仔细阅读下面的内容。

写作环境

本书使用的操作系统为 64 位的 Windows7，系统主题采用 Windows 经典主题。本书采用的写作蓝本是 UG NX 12.0 中文版。

光盘使用

为方便读者练习，特将本书所有素材文件、已完成的实例文件、配置文件和视频语音讲解文件等放入随书附带的多媒体 DVD 光盘中，读者在学习过程中可以打开相应素材文件进行操作和练习。

建议读者在学习本书前，先将光盘中的所有文件复制到计算机硬盘的 D 盘中。在 D 盘上 ug12nc 目录下共有 3 个子目录。

（1）ugnx12_system_file 子目录：包含一些系统文件。

（2）work 子目录：包含本书的全部素材文件和已完成的范例文件。

（3）video 子目录：包含本书讲解中的视频文件（含语音讲解）。读者学习时，可在该子目录中按顺序查找所需的视频文件。

光盘中带有"ok"扩展名的文件或文件夹表示已完成的范例。

相比于老版本的软件，UG NX 12.0 中文版在功能、界面和操作上变化极小，经过简单的设置后，几乎与老版本完全一样（书中已介绍设置方法）。因此，对于软件新老版本操作完全相同的内容部分，光盘中仍然使用老版本的视频讲解，对于绝大部分读者而言，并不影响软件的学习。

本书约定

- 本书中有关鼠标操作的简略表述说明如下。
    - ☑ 单击：将鼠标指针移至某位置处，然后按一下鼠标的左键。
    - ☑ 双击：将鼠标指针移至某位置处，然后连续快速地按两次鼠标的左键。
    - ☑ 右击：将鼠标指针移至某位置处，然后按一下鼠标的右键。
    - ☑ 单击中键：将鼠标指针移至某位置处，然后按一下鼠标的中键。
    - ☑ 滚动中键：只是滚动鼠标的中键，而不能按中键。
    - ☑ 选择（选取）某对象：将鼠标指针移至某对象上，单击以选取该对象。
    - ☑ 拖移某对象：将鼠标指针移至某对象上，然后按下鼠标的左键不放，同时移动鼠标，将该对象移动到指定的位置后再松开鼠标的左键。
- 本书中的操作步骤分为 Task、Stage 和 Step 三个级别，说明如下。
    - ☑ 对于一般的软件操作，每个操作步骤以 Step 字符开始，例如，下面是草绘环境中绘制矩形操作步骤的表述。

Step1. 单击 ⬚ 按钮。

Step2. 在绘图区某位置单击，放置矩形的第一个角点，此时矩形呈"橡皮筋"样变化。

Step3. 单击 XY 按钮，再次在绘图区某位置单击，放置矩形的另一个角点。此时，系统即在两个角点间绘制一个矩形，如图 3.4.13 所示。

☑ 每个 Step 操作视其复杂程度，其下面可含有多级子操作，例如 Step1 下可能包含（1）、（2）、（3）等子操作，（1）子操作下可能包含①、②、③等子操作，①子操作下可能包含 a）、b）、c）等子操作。

☑ 如果操作较复杂，需要几个大的操作步骤才能完成，则每个大的操作冠以 Stage1、Stage2、Stage3 等，Stage 级别的操作下再分 Step1、Step2、Step3 等操作。

☑ 对于多个任务的操作，则每个任务冠以 Task1、Task2、Task3 等，每个 Task 操作下则可包含 Stage 和 Step 级别的操作。

● 因为已建议读者将随书光盘中的所有文件复制到计算机硬盘的 D 盘中，所以书中在要求设置工作目录或打开光盘文件时，所述的路径均以"D："开始。

技术支持

本书编写人员均来自北京兆迪科技有限公司，该公司专门从事 CAD/CAM/CAE 技术的研究、开发、咨询及产品设计与制造服务，并提供 UG、Ansys、Adams 等软件的专业培训及技术咨询，读者在学习本书的过程中如果遇到问题，可通过访问该公司的网站 http://www.zalldy.com 来获得技术支持。

为了感谢广大读者对兆迪科技图书的信任与支持，兆迪科技面向读者推出免费送课、光盘下载、最新图书信息咨询、与主编在线直播互动交流等服务。

● 免费送课。读者凭有效购书证明，可领取价值 100 元的在线课程代金券 1 张，此券可在兆迪科技网校（http://www.zalldy.com/）免费换购在线课程 1 门，活动详情可以登录兆迪网校查看。

● 光盘下载。本书随书光盘中的所有文件已经上传至网络，如果读者的随书光盘丢失或损坏，可以登录网站 http://www.zalldy.com/page/book 下载。

咨询电话：010-82176248，010-82176249。

目　　录

第 1 章　UG NX 12.0 概述和安装方法

1.1　UG NX 12.0 软件的特点

UG NX 12.0 软件在数字化产品的开发设计领域具有以下几大特点。

● 创新性的用户界面把高端功能与易用性和易学性相结合。

UG NX 12.0 建立在 UG NX 5.0 中引入的基于角色的用户界面基础之上，把此方法的覆盖范围扩展到整个应用程序，以确保在核心产品领域里的一致性。

为了提供一个能够随着用户技能水平增长而成长并且保持用户效率的系统，UG NX 12.0 以可定制的、可移动的弹出的工具条为特征。移动弹出工具条减少了用户的鼠标移动，并且使其能够把他们常用的功能集成到由简单操作过程所控制的动作之中。

● 完整统一的全流程解决方案。

UG 产品开发解决方案完全受益于 Teamcenter 的工程数据和过程管理功能。通过 UG NX 12.0，进一步扩展了 UG 和 Teamcenter 之间的集成。利用 UG NX 12.0，能够在 UG 中查看来自 Teamcenter Product Structure Editor（产品结构编辑器）的更多数据，为用户提供了关于结构以及相关数据更加全面的表示。

UG NX 12.0 系统无缝集成的应用程序能快速传递产品和工艺信息的变更，从概念设计到产品的制造加工，可使用一套统一的方案把产品开发流程中涉及的学科融合到一起。在 CAD 和 CAM 方面，大量吸收逆向软件 Imageware 的操作方式以及曲面方面的命令；在钣金设计等方面，吸收 SolidEdge 先进的操作方式；在 CAE 方面，增加 I-DEAS 的前后处理程序及 NX Nastran 求解器；同时 UG NX 12.0 使用户在产品开发过程中，在 UGS 先进的 PLM（产品生命周期管理）Teamcenter 环境的管理下，可以随时与系统进行数据交流。

● 可管理的开发环境。

UG NX 12.0 系统可以通过 NX Manager 和 Teamcenter 工具把所有的模型数据进行紧密集成，并实施同步管理，进而实现在一个结构化的协同环境中转换产品的开发流程。UG NX 12.0 采用的可管理的开发环境，增强了产品开发应用程序的性能。

● Teamcenter 项目支持。

利用 UG NX 12.0，用户能够在创建或保存文件时分配项目数据（既可以是单一项目，也可以是多个项目）。扩展的 Teamcenter 导航器，使用户能够立即把 Project（项目）分配到多个条目（Item）。可以过滤 Teamcenter 导航器，以便只显示基于 Project 的对象，使用户能够清楚了解整个设计的内容。

- 知识驱动的自动化。

使用 UG NX 12.0 系统,用户可以在产品开发的过程中获取产品及其设计制造过程的信息,并将其重新用到开发过程中,以实现产品开发流程的自动化,最大限度地重复利用知识。

- 数字化仿真、验证和优化。

利用 UG NX 12.0 系统中的数字化仿真、验证和优化工具,可以减少产品的开发费用,实现产品开发的一次成功。用户在产品开发流程的每一个阶段,通过使用数字化仿真技术,核对概念设计与功能要求的差异,以确保产品的质量、性能和可制造性符合设计标准。

- 系统的建模能力。

UG NX 12.0 基于系统的建模,允许在产品概念设计阶段快速创建多个设计方案并进行评估,特别是对于复杂的产品,利用这些方案能有效地管理产品零部件之间的关系。在开发过程中还可以创建高级别的系统模板,在系统和部件之间建立关联的设计参数。

1.2　UG NX 12.0 的安装

1.2.1　安装要求

1. 硬件要求

UG NX 12.0 软件系统可在工作站（Workstation）或个人计算机（PC）上运行,如果安装在个人计算机上,为了保证软件安全和正常使用,对计算机硬件的要求如下。

- CPU 芯片:一般要求 Pentium 3 以上,推荐使用 Intel 公司生产的"酷睿"系列双核心以上的芯片。
- 内存:一般要求为 4GB 以上。如果要装配大型部件或产品,进行结构、运动仿真分析或产生数控加工程序,则建议使用 8GB 以上的内存。
- 显卡:一般要求支持 Open_GL 的 3D 显卡,分辨率为 1024×768 以上,推荐使用 64MB 以上的显卡。如果显卡性能太低,打开软件后,系统会自动退出。
- 网卡:以太网卡。
- 硬盘:安装 UG NX 12.0 软件系统的基本模块,需要 17GB 左右的硬盘空间,考虑到软件启动后虚拟内存及获取联机帮助的需要,建议在硬盘上准备 20GB 以上的空间。
- 鼠标:强烈建议使用三键（带滚轮）鼠标,如果使用二键鼠标或不带滚轮的三键鼠标,会极大地影响工作效率。

2．操作系统要求

- 操作系统：UG NX 12.0 不能在 32 位系统上安装，推荐使用 Windows 7 64 位系统；Internet Explorer 要求 IE8 或 IE9；Excel 和 Word 版本要求 2007 版或 2010 版。
- 硬盘格式：建议 NTFS 格式，FAT 也可。
- 网络协议：TCP/IP。
- 显卡驱动程序：分辨率为 1024×768 以上，真彩色。

1.2.2　UG NX 12.0 安装前的准备

1．安装前的计算机设置

为了更好地使用 UG NX 12.0，在安装软件前需要对计算机系统进行设置，主要设置是操作系统的虚拟内存。设置虚拟内存的目的，是为软件系统进行几何运算预留临时存储数据的空间。各类操作系统的设置方法基本相同，下面以 Windows 7 操作系统为例说明设置过程。

Step1. 选择 Windows 的 开始 ➡ 控制面板 命令。

Step2. 在控制面板中单击 系统 图标，然后在"系统"对话框左侧单击 高级系统设置 按钮。

Step3. 在"系统属性"对话框中单击 高级 选项卡，在 性能 区域中单击 设置(S) 按钮。

Step4. 在"性能选项"对话框中单击 高级 选项卡，在 虚拟内存 区域中单击 更改(C) 按钮。

Step5. 在该对话框中取消选中 ☐ 自动管理所有驱动器的分页文件大小(A) 复选框，然后选中 ⊙ 自定义大小(C)：单选项；可在 初始大小(MB)(I)：文本框中输入虚拟内存的最小值，在 最大值(MB)(X)：文本框中输入虚拟内存的最大值。虚拟内存的大小可根据计算机硬盘空间的大小进行设置，但初始大小至少要是物理内存的 2 倍，最大值可达到物理内存的 4 倍。例如，用户计算机的物理内存为 256MB，初始值一般设置为 512MB，最大值可设置为 1024MB；如果装配大型部件或产品，建议将初始值设置为 1024MB，最大值设置为 2048MB。单击 设置(S) 和 确定 按钮后，计算机会提示用户重新启动计算机后设置才生效，然后一直单击 确定 按钮。重新启动计算机后，完成设置。

2．查找计算机的名称

下面介绍查找计算机名称的操作。

Step1. 选择 Windows 的 开始 ➡ 控制面板(C) 命令。

Step2. 在控制面板中单击 系统 图标，然后在"系统"对话框左侧单击 高级系统设置 按钮。

Step3. 在图 1.2.1 所示的"系统属性"对话框中单击 计算机名 选项卡，即可看到在 计算机全名 位置显示出当前计算机的名称。

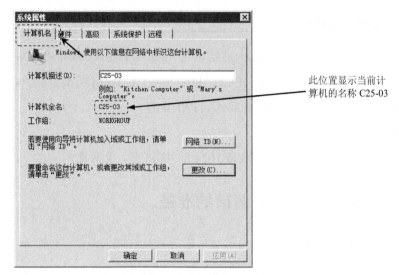

此位置显示当前计算机的名称 C25-03

图 1.2.1   "系统属性"对话框

1.2.3   UG NX 12.0 安装的一般过程

Stage1. 在服务器上准备好许可证文件

Step1. 首先将合法获得的 UG NX 12.0 许可证文件 NX12.0.lic 复制到计算机中的某个位置，如 C:\ug12.0\NX 12.0.lic。

Step2. 修改许可证文件并保存，如图 1.2.2 所示。

此处的字符已替换
为当前计算机的名称

图 1.2.2   修改许可证文件

Stage2. 安装许可证管理模块

Step1. 将 UG NX 12.0 软件（NX 12.0.0.27 版本）安装光盘放入光驱内（如果已经将系统安装文件复制到硬盘上，可双击系统安装目录下的 **Launch.exe** 文件），等待片刻后，系统会弹出图 1.2.3 所示的"NX 12 Software Installation"对话框，在此对话框中单击 **Install License Manager** 按钮；然后在系统弹出的对话框中接受系统默认的语言 简体中文，

单击 确定 按钮。

Step2. 在系统弹出的图 1.2.4 所示的"Siemens PLM License Server v8.2.4.1"对话框（一）
中单击 下一步(N) 按钮。

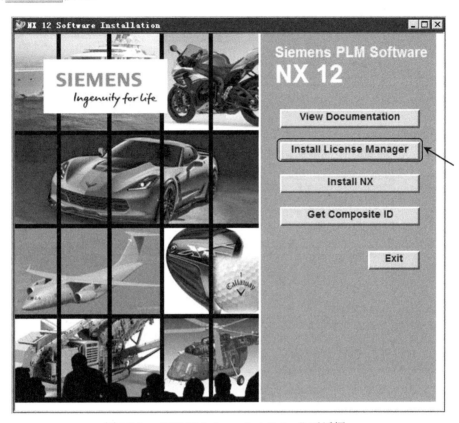

图 1.2.3　"NX 12 Software Installation"对话框

图 1.2.4　"Siemens PLM License Server v8.2.4.1"对话框（一）

Step3. 等待片刻后，在图 1.2.5 所示的"Siemens PLM License Server v8.2.4.1"对话框
（二）中接受默认的安装路径，然后单击 下一步(N) 按钮。

Step4. 在系统弹出的"Siemens PLM License Server v8.2.4.1"对话框（三）中单击
选择(O)... 按钮，选择图 1.2.6 所示的许可证路径（即 NX 12.0.lic 的路径），然后单击 下一步(N)

按钮。

图 1.2.5　"Siemens PLM License Server v8.2.4.1" 对话框（二）

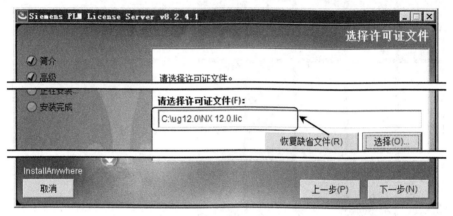

图 1.2.6　"Siemens PLM License Server v8.2.4.1" 对话框（三）

Step5. 在系统弹出的图 1.2.7 所示的"Siemens PLM License Server v8.2.4.1"对话框（四）中单击 安装(I) 按钮。

图 1.2.7　"Siemens PLM License Server v8.2.4.1" 对话框（四）

Step6. 完成许可证管理模块的安装。

（1）系统弹出图 1.2.8 所示的 "Siemens PLM License Server v8.2.4.1" 对话框（五），并显示安装进度，然后在系统弹出的图 1.2.9 所示的 "Siemens PLM License Server" 对话框中

单击 确定 按钮。

图 1.2.8 "Siemens PLM License Server v8.2.4.1" 对话框（五）

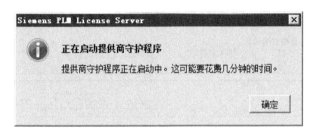

图 1.2.9 "Siemens PLM License Server" 对话框

（2）等待片刻后，在图 1.2.10 所示的"Siemens PLM License Server v8.2.4.1"对话框（六）中单击 完成(D) 按钮，完成许可证的安装。

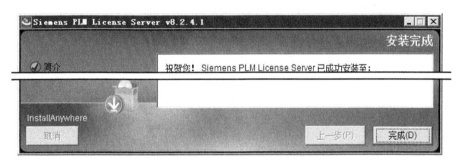

图 1.2.10 "Siemens PLM License Server v8.2.4.1" 对话框（六）

Stage3. 安装 UG NX 12.0 软件主体

Step1. 在"NX 12 Software Installation"对话框中单击 Install NX 按钮。

Step2. 在系统弹出的"Siemens NX 12.0 InstallShield Wizard"对话框中接受系统默认的语言 中文（简体） ，单击 确定(0) 按钮。

Step3. 数秒后，系统弹出图 1.2.11 所示的"Siemens NX 12.0 InstallShield Wizard"对话框（一），单击 下一步(N) > 按钮。

Step4. 系统弹出图 1.2.12 所示的"Siemens NX 12.0 InstallShield Wizard"对话框（二），选中 完整安装(0) 单选项，采用系统默认的安装类型，单击 下一步(N) > 按钮。

图 1.2.11　"Siemens NX 12.0 InstallShield Wizard"对话框（一）

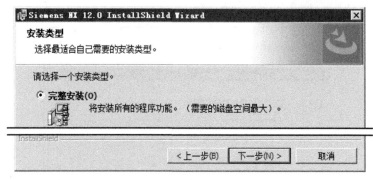

图 1.2.12　"Siemens NX 12.0 InstallShield Wizard"对话框（二）

Step5. 系统弹出图 1.2.13 所示的"Siemens NX 12.0 InstallShield Wizard"对话框（三），接受系统默认的路径，单击 下一步(N) > 按钮。

图 1.2.13　"Siemens NX 12.0 InstallShield Wizard"对话框（三）

Step6. 系统弹出图 1.2.14 所示的"Siemens NX 12.0 - InstallShield Wizard"对话框（四），确认 输入服务器名或许可证文件。 文本框中的"27800@"后面是计算机的名称，单击 下一步(N) > 按钮。

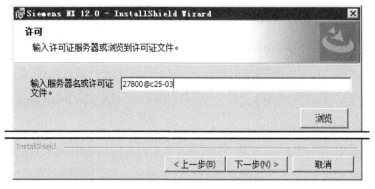

图 1.2.14　"Siemens NX 12.0 - InstallShield Wizard"对话框（四）

Step7. 系统弹出图 1.2.15 所示的"Siemens NX 12.0 - InstallShield Wizard"对话框（五），选中 ⊙ 简体中文 单选项，单击 下一步(N) > 按钮。

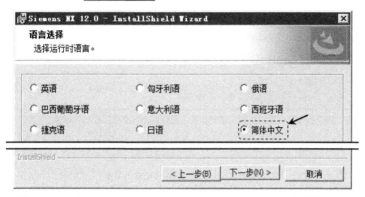

图 1.2.15 "Siemens NX 12.0 - InstallShield Wizard"对话框（五）

Step8. 系统弹出图 1.2.16 所示的"Siemens NX 12.0 - InstallShield Wizard"对话框（六），单击 安装(I) 按钮。

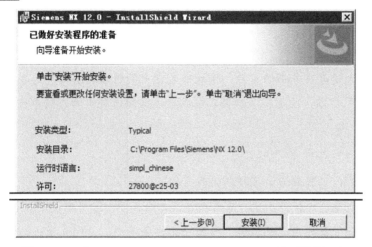

图 1.2.16 "Siemens NX 12.0 - InstallShield Wizard"对话框（六）

Step9. 完成主体安装。

（1）系统弹出图 1.2.17 所示的"Siemens NX 12.0 InstallShield Wizard"对话框（七），并显示安装进度。

图 1.2.17 "Siemens NX 12.0 InstallShield Wizard"对话框（七）

（2）等待片刻后，在图 1.2.18 所示的"Siemens NX 12.0 InstallShield Wizard"对话框（八）中单击 完成(F) 按钮，完成安装。

图 1.2.18 "Siemens NX 12.0 InstallShield Wizard"对话框（八）

（3）在"NX 12 Software Installation"对话框中单击 Exit 按钮，退出 UG NX 12.0 的安装程序。

说明：

为了回馈广大读者对本书的支持，除随书光盘中的视频讲解之外，我们将免费为您提供更多的 UG 学习视频，读者可以扫描二维码直达视频讲解页面，登录兆迪科技网站免费学习。

学习拓展： 可以免费学习更多视频讲解。

讲解内容： 主要包含软件安装，基本操作，二维草图，常用建模命令，零件设计案例等基础内容的讲解。内容安排循序渐进，清晰易懂，讲解非常详细，对每一个操作都做了深入的介绍和清楚的演示，十分适合没有软件基础的读者。

注意：

为了获得更好的学习效果，建议读者采用以下方法进行学习。

方法一： 使用台式机或者笔记本电脑登录兆迪科技网校，开启高清视频模式学习。

方法二： 下载兆迪网校 APP 并缓存课程视频至手机，可以免流量观看。

具体操作请打开兆迪网校帮助页面 http://www.zalldy.com/page/bangzhu 查看（手机可以扫描右侧二维码打开），或者在兆迪网校咨询窗口联系在线老师，也可以直接拨打技术支持电话 010-82176248，010-82176249。

第 2 章　UG NX 12.0 界面与基本操作

2.1　创建用户工作文件目录

使用 UG NX 12.0 软件时，应该注意文件的目录管理。如果文件管理混乱，会造成系统找不到正确的相关文件，从而严重影响 UG NX 12.0 软件的全相关性，同时也会使文件的保存、删除等操作产生混乱。因此应按照操作者的姓名、产品名称（或型号）建立用户文件目录，如本书要求在 E 盘上创建一个名为 ug-course 的文件目录（如果用户的计算机上没有 E 盘，在 C 盘或 D 盘上创建也可）。

2.2　启动 UG NX 12.0 软件

一般来说，有两种方法可启动并进入 UG NX 12.0 软件环境。

方法一：双击 Windows 桌面上的 NX 12.0 快捷图标，如图 2.2.1 所示。

图 2.2.1　NX 12.0 快捷图标

说明：如果软件安装完毕后，桌面上没有 NX 12.0 软件快捷图标，请参考采用下面介绍的方法二启动软件。

方法二：从 Windows 系统"开始"菜单进入 UG NX 12.0，操作方法如下。

Step1. 单击 Windows 桌面左下角的 ▢开始 按钮。

Step2. 选择 ▶ 所有程序 ➡ ▢ Siemens NX 12.0 ➡ ▢ NX 12.0 命令，系统进入 UG NX 12.0 软件环境，如图 2.2.2 所示。

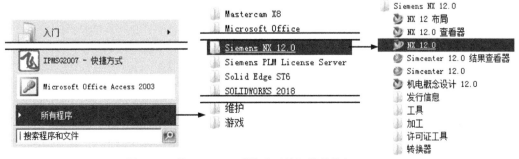

图 2.2.2　从 Windows 系统"开始"菜单进入 UG NX 12.0

2.3　UG NX 12.0 工作界面

2.3.1　设置界面主题

　　启动软件后，一般情况下系统默认显示的是图 2.3.1 所示的 "浅色（推荐）"界面主题，由于在该界面主题下软件中的部分字体显示较小，显示得不够清晰，因此本书的写作界面将采用"经典，使用系统字体"界面主题，读者可以按照以下方法设置界面主题。

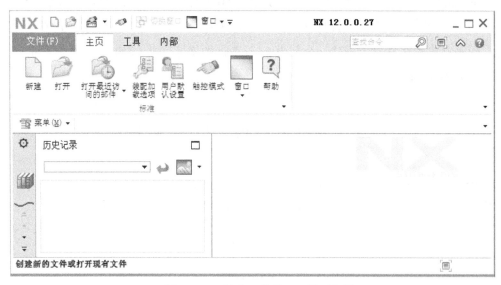

图 2.3.1　"浅色（推荐）"界面主题

　　Step1. 单击软件界面左上角的 文件(F) 按钮。

　　Step2. 选择 首选项(P) ➡ 用户界面(I)... 命令，系统弹出图 2.3.2 所示的"用户界面首选项"对话框。

　　Step3. 在"用户界面首选项"对话框中单击 主题 选项组，在右侧 类型 下拉列表中选择 经典，使用系统字体 选项。

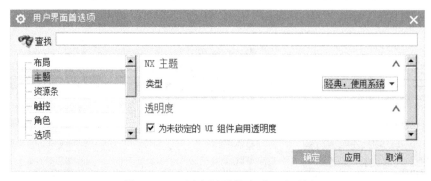

图 2.3.2　"用户界面首选项"对话框

Step4. 在"用户界面首选项"对话框中单击 确定 按钮，完成界面设置，如图 2.3.3 所示。

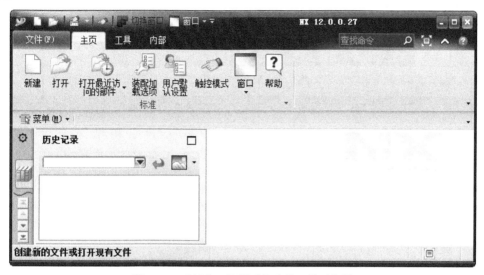

图 2.3.3 "经典，使用系统字体"界面主题

2.3.2 用户界面简介

在学习本节时，请先打开文件 D:\ug12nc\work\ch02\down_base.prt。

说明：打开文件的具体操作可以查看本书第 4 章第 4.1.2 小节中的有关内容。

UG NX 12.0 的"经典，使用系统字体"用户界面包括标题栏、下拉菜单区、快速访问工具条、功能区、消息区、图形区、部件导航器区及资源工具条，如图 2.3.4 所示。

1．功能区

功能区中包含"文件"下拉菜单和命令选项卡。命令选项卡显示了 UG 中的所有功能按钮，并以选项卡的形式进行分类。用户可以根据需要自己定义各功能选项卡中的按钮，也可以自己创建新的选项卡，将常用的命令按钮放在自定义的功能选项卡中。

注意：用户会看到有些菜单命令和按钮处于非激活状态（呈灰色，即暗色），这是因为它们目前还没有处在发挥功能的环境中，一旦它们进入有关的环境，便会自动激活。

2．下拉菜单区

下拉菜单中包含创建、保存、修改模型和设置 UG NX 12.0 环境的所有命令。

3．资源工具条区

资源工具条区包括"装配导航器""约束导航器""部件导航器""重用库""视图管理器导航器""历史记录"等导航工具。用户通过该工具条可以方便地进行一些操作。对于每

一种导航器，都可以直接在其相应的项目上右击，快速地进行各种操作。

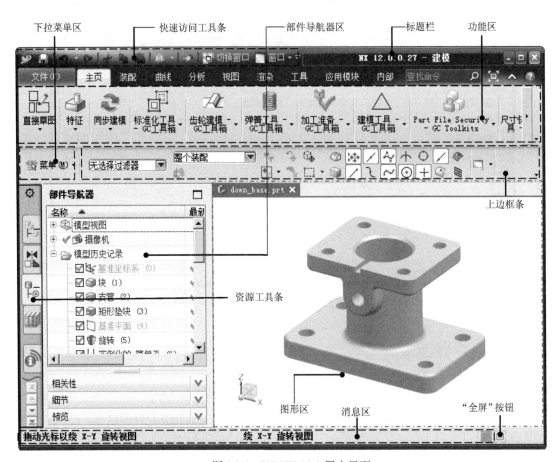

图 2.3.4　UG NX 12.0 用户界面

资源工具条区主要选项的功能说明如下。

● "装配导航器"显示装配的层次关系。

● "约束导航器"显示装配的约束关系。

● "部件导航器"显示建模的先后顺序和父子关系。父对象（活动零件或组件）显示在模型树的顶部，其子对象（零件或特征）位于父对象之下。在"部件导航器"中右击，从系统弹出的快捷菜单中选择 时间戳记顺序 命令，则按"模型历史"显示。"模型历史树"中列出了活动文件中的所有零件及特征，并按建模的先后顺序显示模型结构。若打开多个 UG NX 12.0 模型，则"部件导航器"只反映活动模型的内容。

● "重用库"中可以直接从库中调用标准零件。

● "历史记录"中可以显示曾经打开过的部件。

4. 消息区

执行有关操作时，与该操作有关的系统提示信息会显示在消息区。消息区中间有一个可见的边线，左侧是提示栏，用来提示用户如何操作；右侧是状态栏，用来显示系统或图形当前的状态，例如显示选取结果信息等。执行每个操作时，系统都会在提示栏中显示用户必须执行的操作，或者提示下一步操作。对于大多数的命令，用户都可以利用提示栏的提示来完成操作。

5．图形区

图形区是 UG NX 12.0 用户主要的工作区域，建模的主要过程、绘制前后的零件图形、分析结果和模拟仿真过程等都在这个区域内显示。用户在进行操作时，可以直接在图形区中选取相关对象进行操作。

同时还可以选择多种视图操作方式。

方法一：右击图形区，系统弹出快捷菜单，如图 2.3.5 所示。

方法二：按住右键，系统弹出挤出式菜单，如图 2.3.6 所示。

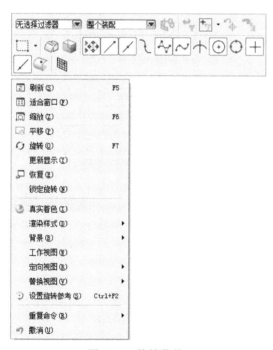

图 2.3.5　快捷菜单

图 2.3.6　挤出式菜单

6．"全屏"按钮

在 UG NX 12.0 中单击"全屏"按钮，允许用户将可用图形窗口最大化。在最大化窗口模式下再次单击"全屏"按钮，即可切换到普通模式。

2.3.3 工具条及菜单的定制

进入 UG NX 12.0 系统后，在建模环境下选择下拉菜单 工具(T) ➡ 定制(Z)... 命令，系统弹出"定制"对话框，可对用户界面进行定制。

1. 在下拉菜单中定制（添加）命令

在图 2.3.7 所示的"定制"对话框中单击 命令 选项卡，即可打开定制命令的选项卡。通过此选项卡可改变下拉菜单的布局，可以将各类命令添加到下拉菜单中。下面以下拉菜单 插入(S) ➡ 基准/点(D)▶ ➡ 平面(L)... 命令为例说明定制过程。

Step1. 在图 2.3.7 中的 类别: 列表框中选择按钮的种类 菜单 节点下的 插入(S)，在下拉列表中出现该种类的所有按钮。

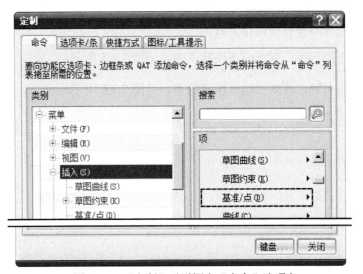

图 2.3.7 "定制"对话框中"命令"选项卡

Step2. 右击 基准/点(D)▶ 选项，在系统弹出的快捷菜单中选择 添加或移除按钮 ▶ ➡ 平面(L)... 命令，如图 2.3.8 所示。

图 2.3.8 快捷菜单

Step3. 单击 关闭 按钮，完成设置。

Step4. 选择下拉菜单 插入(S) ➡ 基准/点(D)▶ 命令，可以看到 平面(L)... 命令已被添加。

说明："定制"对话框弹出后，可将下拉菜单中的命令添加到功能区中成为按钮，方法是单击下拉菜单中的某个命令，并按住鼠标左键不放，将鼠标指针拖到屏幕的功能区中。

2. 选项卡设置

在图 2.3.9 所示的"定制"对话框中单击 选项卡/条 选项卡，即可打开选项卡定制界面。通过此选项卡可改变选项卡的布局，可以将各类选项卡放在屏幕的功能区。下面以图 2.3.9 所示的 ☑逆向工程 复选框（进行逆向设计的选项卡）为例说明定制过程。

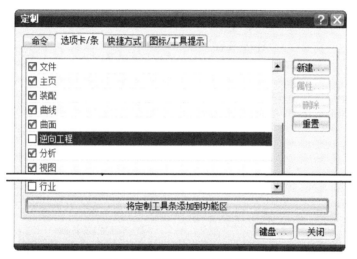

图 2.3.9 "选项卡/条"选项卡

Step1. 选中 ☑逆向工程 复选框，此时可看到"逆向工程"选项卡出现在功能区。

Step2. 单击 关闭 按钮。

Step3. 添加选项卡命令按钮。单击选项卡右侧的·按钮（图 2.3.10），系统会显示出 ☑逆向工程 选项卡中所有的功能区域及其命令按钮，单击任意功能区域或命令按钮都可以将其从选项卡中添加或移除。

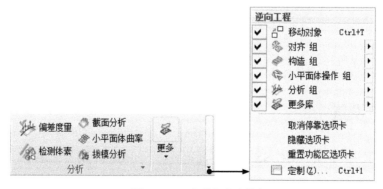

图 2.3.10 选项卡命令按钮

3．快捷方式设置

在"定制"对话框中单击 快捷方式 选项卡，可以对快捷菜单和挤出式菜单中的命令及布局进行设置，如图 2.3.11 所示。

4．图标和工具提示设置

在"定制"对话框中单击 图标/工具提示 选项卡，可以对菜单的显示、工具条图标大小，以及菜单图标大小进行设置，如图 2.3.12 所示。

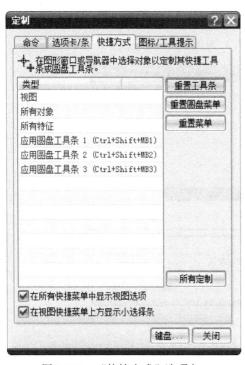

图 2.3.11 "快捷方式"选项卡

图 2.3.12 "图标/工具提示"选项卡

工具提示是一个消息文本框，用户对鼠标指示的命令和选项进行提示。将鼠标放置在工具中的按钮，或者对话框中的某些选项上，就会出现工具提示，如图 2.3.13 所示。

图 2.3.13 工具提示

2.3.4 角色设置

角色指的是一个专用的 UG NX 工作界面配置，不同角色中的界面主题、图标大小和菜单位置等设置可能都相同。根据不同使用者的需求，系统提供了几种常用的角色配置，如

图 2.3.14 所示。本书中的所有案例都是在"CAM 高级功能"角色中制作的，建议读者在学习时使用该角色配置，设置方法如下。

图 2.3.14　系统默认角色配置

在软件的资源条区单击 ![按钮]，然后在 ![内容] 区域中单击 ![CAM 高级功能]（角色 CAM 高级功能）按钮即可。

读者也可以根据自己的使用习惯和爱好，自己进行界面配置后，将所有设置保存为一个角色文件，这样可以很方便地在本机或其他计算机上调用。自定义角色的操作步骤如下。

Step1. 根据自己的使用习惯和爱好对软件界面进行自定义设置。

Step2. 选择下拉菜单 首选项(P) ➡ 用户界面(I)... 命令，系统弹出图 2.3.15 所示的"用户界面首选项"对话框，在对话框的左侧选择 角色 选项。

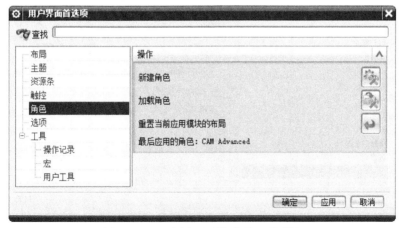

图 2.3.15　"用户界面首选项"对话框

Step3. 保存角色文件。在"用户界面首选项"对话框中单击"新建角色"按钮 ![图标]，系统弹出"新建角色文件"对话框，在 文件名(N) 区域中输入"myrole"，单击 OK 按钮，完成角色文件的保存。

说明：如果要加载现有的角色文件，在"用户界面首选项"对话框中单击"加载角色"按钮 ，然后在"打开角色文件"对话框选择要加载的角色文件，再单击 OK 按钮即可。

2.4　UG NX 12.0 鼠标操作

用鼠标不但可以选择某个命令、选取模型中的几何要素，还可以控制图形区中的模型进行缩放和移动，这些操作只是改变模型的显示状态，却不能改变模型的真实大小和位置。

- 按住鼠标中键并移动鼠标，可旋转模型。
- 先按住键盘上的 Shift 键，然后按住鼠标中键，移动鼠标可移动模型。
- 滚动鼠标中键滚轮，可以缩放模型：向前滚，模型变大；向后滚，模型变小。

UG NX 12.0 中鼠标中键滚轮对模型的缩放操作可能与早期的版本相反，在早期的版本中可能是"向前滚，模型变小；向后滚，模型变大"，有的读者可能已经习惯这种操作方式，如果要更改缩放模型的操作方式，可以采用以下方法。

Step1. 选择下拉菜单 文件(F) ➡ 实用工具(U) ➡ 用户默认设置(D)... 命令，系统弹出图 2.4.1 所示的"用户默认设置"对话框。

图 2.4.1　"用户默认设置"对话框

Step2. 在对话框左侧单击 基本环境 选项，然后单击 视图操作 选项，在对话框右侧 视图操作 选项卡 鼠标滚轮滚动 区域中的 方向 下拉列表中选择 后退以放大 选项。

Step3. 单击 确定 按钮，重新启动软件，即可完成操作。

第3章 二维草图设计

UG NX 数控加工编程是在零件的三维模型基础上进行的，而二维草图的设计是创建许多零件特征的基础，例如在创建拉伸、旋转和扫描等特征时，都需要先绘制所创建特征的剖面（截面）形状，其中扫掠特征还需要通过绘制草图以定义扫描轨迹，由此可见二维草图设计是 UG NX 数控工程师所必备的基本技能。

3.1 进入与退出 UG NX 12.0 草图环境

1. 进入草图环境的操作方法

Step1. 打开 UG NX 12.0 后，选择下拉菜单 文件(F) ➡ 新建(N). 命令（或单击"新建"按钮），系统弹出"新建"对话框；在 模板 选项卡中选取模板类型为 模型 ，在 名称 文本框中输入文件名（如 modell.prt），在 文件夹 文本框中输入模型的保存目录，然后单击 确定 按钮，进入 UG NX 12.0 建模环境。

Step2. 选择下拉菜单 插入(S) ➡ 在任务环境中绘制草图(V). 命令，系统弹出"创建草图"对话框，选择"XY 平面"为草图平面，单击对话框中的 确定 按钮，系统进入草图环境。

2. 选择草图平面

进入草图工作环境以后，在创建新草图之前，一个特别要注意的事项就是要为新草图选择草图平面，也就是要确定新草图在三维空间的放置位置。草图平面是草图所在的某个空间平面，它可以是基准平面，也可以是实体的某个表面。

图 3.1.1 所示的"创建草图"对话框的作用就是用于选择草图

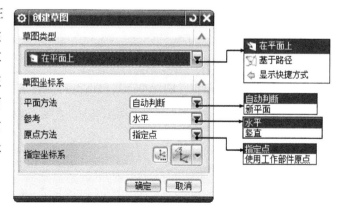

图 3.1.1 "创建草图"对话框

平面，利用该对话框中的某个选项或按钮可以选择某个平面作为草图平面，然后单击 确定 按钮，"创建草图"对话框则关闭。

图 3.1.1 所示的"创建草图"对话框的说明如下。

● 类型 区域中包括 在平面上 和 基于路径 两种选项。

☑ 在平面上：选取该选项后，用户可以在绘图区选择任意平面为草图平面（此选项为系统默认选项）。

☑ 基于路径：选取该选项后，系统在用户指定的曲线上建立一个与该曲线垂直的平面，作为草图平面。

☑ 显示快捷方式：选择此项后， 在平面上 和 基于路径 两个选项将以按钮形式显示。

说明：其他命令的下拉列表中也会有 显示快捷方式 选项，以后不再赘述。

● 草图坐标系 区域中包括"平面方法"下拉列表、"参考"下拉列表及"原点方法"下拉列表。

☑ 自动判断：选取该选项后，用户可以选择基准面或者图形中现有的平面作为草图平面。

☑ 新平面：选取该选项后，用户可以通过"平面对话框"按钮 ，创建一个基准平面作为草图平面。

● 参考 下拉列表用于定义参考平面与草图平面的位置关系。

☑ 水平：选取该选项后，用户可定义参考平面与草图平面的位置关系为水平。

☑ 竖直：选取该选项后，用户可定义参考平面与草图平面的位置关系为竖直。

3. 退出草图环境的操作方法

单击 完成草图 按钮，退出草图环境。

4. 直接草图工具

在 UG NX 12.0 中，系统还提供了另一种草图创建的环境——直接草图，进入直接草图环境的具体操作步骤如下。

Step1. 新建模型文件，进入 UG NX 12.0 工作环境。

Step2. 选择下拉菜单 插入(S) ➡ 草图(H)... 命令（或单击"直接草图"区域中的"草图"按钮 ），系统弹出"创建草图"对话框，选择"XY 平面"为草图平面，单击该对话框中的 确定 按钮，系统进入直接草图环境，此时可以使用功能区"直接草图"工具栏（图 3.1.2）绘制草图。

图 3.1.2 "直接草图"工具栏

Step3. 单击工具栏中的"完成草图"按钮 ，即可退出直接草图环境。

说明：

● "直接草图"工具创建的草图，在部件导航器中同样会显示为一个独立的特征，也

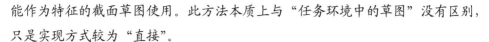

能作为特征的截面草图使用。此方法本质上与"任务环境中的草图"没有区别，
只是实现方式较为"直接"。

- 单击"直接草图"工具栏中的"在草图任务环境中打开"按钮，系统即可进入
  "任务环境中的草图"环境。

- 在三维建模环境下，双击已绘制的草图也能进入直接草图环境。

- 为保证内容的一致性，本书中的草图均以"任务环境中的草图"来创建。

3.2　UG NX 12.0 坐标系的介绍

UG NX 12.0 中有三种坐标系：绝对坐标系、工作坐标系和基准坐标系。在使用软件的
过程中经常要用到坐标系，下面对这三种坐标系做简单的介绍。

1. 绝对坐标系（ACS）

绝对坐标系是原点（0,0,0）的坐标系，它是唯一的、固定不变的，也不能修改和调整
方位，绝对坐标系的原点不会显示在图形区中，但是在图形区的左下角会显示绝对坐标轴
的方位。绝对坐标系可以作为创建点、基准坐标系以及其他操作的绝对位置参照。

2. 工作坐标系（WCS）

要显示工作坐标系，单击上边框条右侧的 ▾ 按钮，在系
统弹出图 3.2.1 所示的"上边框条"工具条中选择
实用工具 组 ➡ ✔ WCS 下拉菜单 ➡ ✔ 显示 WCS 选
项。工作坐标系包括坐标原点和坐标轴，如图 3.2.2 所示。它
的轴通常是正交的（即相互间为直角），并且遵守右手定则。

图 3.2.1　"上边框条"工具条

说明：

- 默认情况下，工作坐标系的初始位置与绝对坐标系一致，在 UG NX 的部件中，工
  作坐标系也是唯一的，但是它可以通过移动、旋转和定位原点等方式来调整方位，
  用户可以根据需要进行调整。

- 工作坐标系也可以作为创建点、基准坐标系以及其他操作的位置参照。在 UG NX
  中的矢量列表中，XC、YC 和 ZC 等矢量就是以工作坐标系为参照来进行设定的。

3. 基准坐标系（CSYS）

基准坐标系由原点、三个基准轴和三个基准平面组成，如图 3.2.3 所示。新建一个部件
文件后，系统会自动创建一个基准坐标系作为建模的参考，该坐标系的位置与绝对坐标系

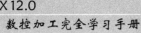

一致，因此，模型中最先创建的草图一般都是选择基准坐标系中的基准平面作为草图平面，其坐标轴也能作为约束和尺寸标注的参考。基准坐标系不是唯一的，可以根据建模的需要创建多个基准坐标系。

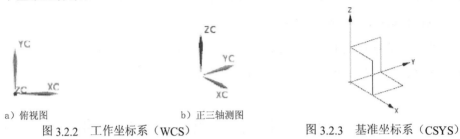

a）俯视图　　　　b）正三轴测图

图 3.2.2　工作坐标系（WCS）　　　　图 3.2.3　基准坐标系（CSYS）

4．右手定则

（1）常规的右手定则。

如果坐标系的原点在右手掌，拇指向上延伸的方向对应于某个坐标轴的方向，则可以利用常规的右手定则确定其他坐标轴的方向。如图 3.2.4 所示，假设拇指指向 ZC 轴的正方向，食指伸直的方向对应于 XC 轴的正方向，中指向外延伸的方向则为 YC 轴的正方向。

（2）旋转的右手定则。

旋转的右手定则用于将矢量和旋转方向关联起来。

当拇指伸直并且与给定的矢量对齐时，则弯曲的其余四指就能确定该矢量关联的旋转方向。反过来，当弯曲手指表示给定的旋转方向时，则伸直的拇指就确定关联的矢量。

如图 3.2.5 所示，如果要确定当前坐标系的旋转逆时针方向，那么拇指就应该与 ZC 轴对齐，并指向其正方向，此时逆时针方向即为四指从 XC 轴正方向向 YC 轴正方向旋转。

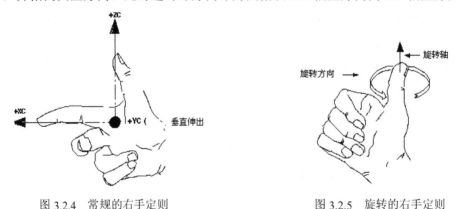

图 3.2.4　常规的右手定则　　　　图 3.2.5　旋转的右手定则

3.3　草图环境的设置

进入草图环境后，选择下拉菜单 首选项(P) ➡ 草图(S)... 命令，系统弹出"草图首选项"对话框，如图 3.3.1 所示。在该对话框中可以设置草图的显示参数和默认名称前缀等参数。

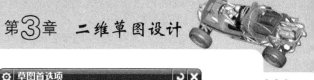

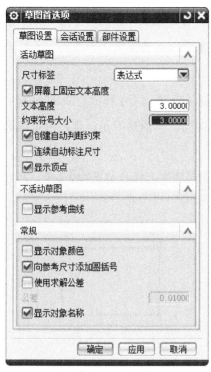

a) "草图设置"选项卡

b) "会话设置"选项卡

图 3.3.1　"草图首选项"对话框

图 3.3.1 所示的"草图首选项"对话框的 草图设置 和 会话设置 选项卡的主要选项及其功能说明如下。

- 尺寸标签 下拉列表：控制草图标注文本的显示方式。

- 文本高度 文本框：控制草图尺寸数值的文本高度。在标注尺寸时，可以根据图形大小适当控制文本高度，以便于观察。

- 对齐角 文本框：绘制直线时，如果起点与光标位置连线接近水平或垂直，捕捉功能会自动捕捉到水平或垂直位置。捕捉角的意义是自动捕捉的最大角度，如捕捉角为 3，当起点与光标位置连线，与 XC 轴或 YC 轴夹角小于 3° 时，会自动捕捉到水平或垂直位置。

- ☑ 显示自由度箭头 复选框：如果选中该复选框，当进行尺寸标注时，在草图曲线端点处用箭头显示自由度；否则不显示。

- ☑ 显示约束符号 复选框：如果选中该复选框，若相关几何体很小，则不会显示约束符号。如果要忽略相关几何体的尺寸查看约束，则可以关闭该选项。

- ☑ 更改视图方向 复选框：如果选中该复选框，当由建模工作环境转换到草图绘制环境，并单击 确定 按钮时，或者由草图绘制环境转换到建模工作环境时，视图方向会自动切换到垂直于绘图平面方向，否则不会切换。

● ☑ 保持图层状态 复选框：如果选中该复选框，当进入某一草图对象时，该草图所在图层自动设置为当前工作图层，退出时恢复原图层为当前工作图层，否则退出时保持草图所在图层为当前工作图层。

"草图首选项"对话框中的 部件设置 选项卡包括了曲线、尺寸和参考曲线等的颜色设置，这些设置与用户默认设置中的草图生成器的颜色相同。一般情况下，都采用系统默认的颜色设置。

注意：在本书所有的案例制作过程中，草图的 尺寸标签 选择的都是 值 选项。尺寸标签的显示"值"与显示"表达式"的区别如图 3.3.2 所示。

a）显示"表达式"　　　　　　　　b）显示"值"

图 3.3.2　尺寸标签显示

3.4　草图的绘制

3.4.1　草图绘制概述

进入草图环境后，在"主页"功能选项卡中会出现绘制草图时所需要的各种工具按钮，如图 3.4.1 所示。

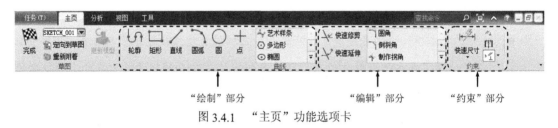

"绘制"部分　　　　　　　"编辑"部分　　　"约束"部分

图 3.4.1　"主页"功能选项卡

说明：草图环境"主页"功能选项卡中的按钮根据其功能可分为三大部分，"绘制"部分、"约束"部分和"编辑"部分。本节将重点介绍"绘制"部分的按钮功能，其余部分功能在后面章节中陆续介绍。

图 3.4.1 所示的"主页"功能选项卡中"绘制"和"编辑"部分按钮的说明如下。

轮廓：单击该按钮，可以创建一系列相连的直线或线串模式的圆弧，即上一条曲线的终点作为下一条曲线的起点。

直线：绘制直线。　　　　　　　　圆弧：绘制圆弧。

○ **圆**：绘制圆。

┐ **圆角**：在两曲线间创建圆角。

┐ **倒斜角**：在两曲线间创建倒斜角。

□ **矩形**：绘制矩形。

⊙ **多边形**：绘制多边形。

♪ **艺术样条**：通过定义点或者极点来创建样条曲线。

拟合曲线：通过已经存在的点创建样条曲线。

⊙ **椭圆**：根据中心点和尺寸创建椭圆。

⌒ **二次曲线**：创建二次曲线。

十 **点**：绘制点。

偏置曲线：偏置位于草图平面上的曲线链。

△ **派生直线**：单击该按钮，则可以从已存在的直线复制得到新的直线。

投影曲线：单击该按钮，则可以沿着草图平面的法向将曲线、边或点（草图外部）投影到草图上。

✕ **快速修剪**：单击该按钮，则可将一条曲线修剪至任一方向上最近的交点。如果曲线没有交点，可以将其删除。

✕ **快速延伸**：快速延伸曲线到最近的边界。

制作拐角：延伸或修剪两条曲线到一个交点处创建制作拐角。

3.4.2　绘制直线

Step1. 进入草图环境以后，选择 XY 平面为草图平面。

说明：进入草图工作环境以后，如果是创建新草图，则首先必须选取草图平面，也就是要确定新草图在空间的哪个平面上绘制。

Step2. 选择命令。选择下拉菜单 插入(S) ➡️ 曲线(C)▸ ➡️ ╱ 直线(L)... 命令（或单击"直线"按钮 ╱），系统弹出图 3.4.2 所示的"直线"工具条。

Step3. 定义直线的起始点。在系统 选择直线的第一点 的提示下，在图形区中的任意位置单击左键，以确定直线的起始点，此时可看到一条"橡皮筋"线附着在鼠标指针上。

说明：系统提示 选择直线的第一点 显示在消息区，有关消息区的具体介绍请参见第 2 章的相关内容。

Step4. 定义直线的终止点。在系统 选择直线的第二点 的提示下，在图形区中的另一位置单击左键，以确定直线的终止点，系统便在两点间创建一条直线（在终点处再次单击，在直线的终点处出现另一条"橡皮筋"线）。

Step5. 单击中键，结束直线的创建。

图 3.4.2 所示的"直线"工具条的说明如下。

● **XY**（坐标模式）：单击该按钮（默认），系统弹出图 3.4.3 所示的动态输入框（一），可以通过输入 XC 和 YC 的坐标值来精确绘制直线，坐标值以工作坐标系（WCS）为参照。要在动态输入框的选项之间切换可按 Tab 键。要输入值，可在文本框内输入值，然后按 Enter 键。

- （参数模式）：单击该按钮，系统弹出图 3.4.4 所示的动态输入框（二），可以通过输入长度值和角度值来绘制直线。

图 3.4.2　"直线"工具条　　　图 3.4.3　动态输入框（一）　　　图 3.4.4　动态输入框（二）

说明：

- 可以利用动态输入框实现直线的精确绘制，其他曲线的精确绘制也一样。
- "橡皮筋"是指操作过程中的一条临时虚构线段，它始终是当前鼠标光标的中心点与前一个指定点的连线。因为它可以随着光标的移动而拉长或缩短，并可绕前一点转动，所以形象地称之为"橡皮筋"。
- 在绘制或编辑草图时，单击"快速访问工具栏"上的 按钮，可撤销上一个操作；单击 按钮（或者选择下拉菜单 编辑(E) ➡ 重做(R) 命令），可以重新执行被撤销的操作。

3.4.3　绘制圆弧

选择下拉菜单 插入(S) ➡ 曲线(C)▶ ➡ 圆弧(A) 命令（或单击"圆弧"按钮 ），系统弹出图 3.4.5 所示的"圆弧"工具条，有以下两种绘制圆弧的方法。

图 3.4.5　"圆弧"工具条

方法一：通过三点的圆弧——确定圆弧的两个端点和弧上的一个附加点来创建一个三点圆弧。其一般操作步骤如下。

Step1. 选择方法。单击"三点定圆弧"按钮 。

Step2. 定义端点。在系统 选择圆弧的起点 的提示下，在图形区中的任意位置单击左键，以确定圆弧的起点；在系统 选择圆弧的终点 的提示下，在另一位置单击，放置圆弧的终点。

Step3. 定义附加点。在系统 在圆弧上选择一个点 的提示下，移动鼠标，圆弧呈"橡皮筋"样变化，在图形区另一位置单击以确定圆弧。

Step4. 单击中键，结束圆弧的创建。

方法二：用中心和端点确定圆弧。其一般操作步骤如下。

Step1. 选择方法。单击"中心和端点定圆弧"按钮 。

Step2. 定义圆心。在系统 选择圆弧的中心点 的提示下，在图形区中的任意位置单击，以确定圆弧中心点。

Step3. 定义圆弧的起点。在系统 选择圆弧的起点 的提示下，在图形区中的任意位置单击，以确定圆弧的起点。

Step4. 定义圆弧的终点。在系统 选择圆弧的终点 的提示下，在图形区中的任意位置单击，以确定圆弧的终点。

Step5. 单击中键，结束圆弧的创建。

3.4.4 绘制圆

选择下拉菜单 插入(S) ➡ 曲线(C) ➡ 圆(C)... 命令（或单击"圆"按钮 ），系统弹出图 3.4.6 所示的"圆"工具条，有以下两种绘制圆的方法。

图 3.4.6 "圆"工具条

方法一：中心和半径决定的圆——通过选取中心点和圆上一点来创建圆。其一般操作步骤如下。

Step1. 选择方法。单击"圆心和直径定圆"按钮 。

Step2. 定义圆心。在系统 选择圆的中心点 的提示下，在某位置单击，放置圆的中心点。

Step3. 定义圆的半径。在系统 在圆上选择一个点 的提示下，拖动鼠标至另一位置，单击确定圆的大小。

Step4. 单击中键，结束圆的创建。

方法二：通过三点决定的圆——通过确定圆上的三个点来创建圆。

3.4.5 绘制圆角

选择下拉菜单 插入(S) ➡ 曲线(C) ➡ 圆角(F)... 命令（或单击"圆角"按钮 ），可以在指定两条或三条曲线之间创建一个圆角。系统弹出图 3.4.7 所示的"圆角"工具条。该工具条中包括四个按钮："修剪"按钮 、"取消修剪"按钮 、"删除第三条曲线"按钮 和"创建备选圆角"按钮 。

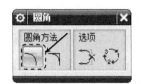

图 3.4.7 "圆角"工具条

创建圆角的一般操作步骤如下。

Step1. 打开文件 D:\ug12nc\work\ch03.04.05\round_corner.prt。

Step2. 双击草图,在 直接草图 下拉选项 更多 中单击 品 在草图任务环境中打开 按钮,选择下拉

菜单 插入(S) ➡ 曲线(C)▶ ➡ ⌐ 圆角(F) 命令。系统弹出"圆角"工具条,在工具条中

单击"修剪"按钮 ⌐ 。

Step3. 定义圆角曲线。单击选择图 3.4.8 所示的两条直线。

Step4. 定义圆角半径。拖动鼠标至适当位置,单击确定圆角的大小(或者在动态输入

框中输入圆角半径值,以确定圆角的大小)。

Step5. 单击中键,结束圆角的创建。

说明:

● 如果单击"取消修剪"按钮 ⌐ ,则绘制的圆角如图 3.4.9 所示。

选取这两条直线

图 3.4.8 选取直线　　　　图 3.4.9 "取消修剪"的圆角

● 如果单击"创建备选圆角"按钮 ⌯ ,则可以生成每一种可能的圆角(或按 Page Down

键选择所需的圆角),如图 3.4.10 和图 3.4.11 所示。

图 3.4.10 "创建备选圆角"的选择(一)　　　图 3.4.11 "创建备选圆角"的选择(二)

3.4.6 绘制矩形

选择下拉菜单 插入(S) ➡ 曲线(C)▶ ➡ ☐ 矩形(R) 命令(或单击"矩形"按钮 ☐),

系统弹出图 3.4.12 所示的"矩形"工具条,可以在草图平面上绘制矩形。在绘制草图时,

使用该命令可省去绘制四条线段的麻烦。共有 3 种绘制矩形的方法,下面将分别介绍。

方法一:按两点——通过选取两对角点来创建矩形,其一般操作步骤如下。

Step1. 选择方法。单击"用两点"按钮 ⌐ 。

Step2. 定义第一个角点。在图形区某位置单击,放置矩形的第一个角点。

Step3. 定义第二个角点。单击 **XY** 按钮，再次在图形区另一位置单击，放置矩形的另一个角点。

Step4. 单击中键，结束矩形的创建，结果如图 3.4.13 所示。

图 3.4.12 "矩形"工具条

图 3.4.13 "用两点"方式

方法二：按三点——通过选取三个顶点来创建矩形，其一般操作步骤如下。

Step1. 选择方法。单击"用 3 点"按钮 。

Step2. 定义第一个顶点。在图形区某位置单击，放置矩形的第一个顶点。

Step3. 定义第二个顶点。单击 **XY** 按钮，在图形区另一位置单击，放置矩形的第二个顶点（第一个顶点和第二个顶点之间的距离即矩形的宽度），此时矩形呈"橡皮筋"样变化。

Step4. 定义第三个顶点。单击 **XY** 按钮，再次在图形区单击，放置矩形的第三个顶点（第二个顶点和第三个顶点之间的距离即矩形的高度）。

Step5. 单击中键，结束矩形的创建，结果如图 3.4.14 所示。

方法三：从中心——通过选取中心点、一条边的中点和顶点来创建矩形，其一般操作步骤如下。

Step1. 选择方法。单击"从中心"按钮 。

Step2. 定义中心点。在图形区某位置单击，放置矩形的中心点。

Step3. 定义第二个点。单击 **XY** 按钮，在图形区另一位置单击，放置矩形的第二个点（一条边的中点），此时矩形呈"橡皮筋"样变化。

Step4. 定义第三个点。单击 **XY** 按钮，再次在图形区单击，放置矩形的第三个点。

Step5. 单击中键，结束矩形的创建，结果如图 3.4.15 所示。

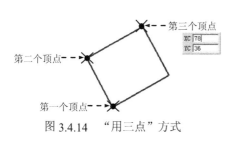

图 3.4.14 "用三点"方式

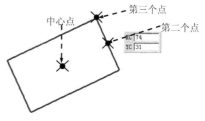

图 3.4.15 "从中心"方式

3.4.7 绘制轮廓线

轮廓线包括直线和圆弧。

选择下拉菜单 插入(S) ➡ 曲线(C)▶ ➡ ⌒ 轮廓(O)... 命令（或单击 ⌒ 按钮），系统弹出图 3.4.16 所示的"轮廓"工具条。

具体操作过程参照前面直线和圆弧的绘制，不再赘述。

绘制轮廓线的说明：

● 轮廓线与直线、圆弧的区别在于，轮廓线可以绘制连续的对象，如图 3.4.17 所示。

● 绘制时，按下、拖动并释放鼠标左键，直线模式变为圆弧模式，如图 3.4.18 所示。

● 利用动态输入框可以绘制精确的轮廓线。

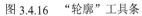
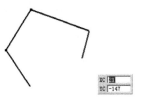

图 3.4.16　"轮廓"工具条　　图 3.4.17　绘制连续的对象　　图 3.4.18　用"轮廓线"命令绘制弧

3.4.8　绘制派生直线

选择下拉菜单 插入(S) ➡ 来自曲线集的曲线(F)▶ ➡ ⬛ 派生直线(I)... 命令（或单击 ⬛ 按钮），可绘制派生直线，其一般操作步骤如下。

Step1. 打开文件 D:\ug12nc\work\ch03.04.08\derive_line.prt。

Step2. 双击草图，在 直接草图 下拉选项 更多 中单击 ⬛ 在草图任务环境中打开 按钮，选择下拉菜单 插入(S) ➡ 来自曲线集的曲线(F)▶ ➡ ⬛ 派生直线(I)... 命令。

Step3. 定义参考直线。单击选取图 3.4.19 所示的直线为参考。

Step4. 定义派生直线的位置。拖动鼠标至另一位置单击，以确定派生直线的位置。

Step5. 单击中键，结束派生直线的创建，结果如图 3.4.19 所示。

说明：

● 如需要派生多条直线，可以在上述 Step4 中，在图形区合适的位置继续单击，然后单击中键完成，结果如图 3.4.20 所示。

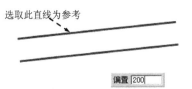

图 3.4.19　直线的派生（一）　　　　图 3.4.20　直线的派生（二）

● 如果选择两条平行线，系统会在这两条平行线的中点处创建一条直线。可以通过拖动鼠标以确定直线长度，也可以在动态输入框中输入值，如图 3.4.21 所示。

● 如果选择两条不平行的直线（不需要相交），系统将构造一条角平分线。可以通过拖动鼠标以确定直线长度（或在动态输入框中输入一个值），也可以在成角度两条直线的任意象限放置平分线，如图3.4.22所示。

图3.4.21 派生两条平行线中间的直线

图3.4.22 派生角平分线

3.4.9 绘制样条曲线

样条曲线是指利用给定的若干个点拟合出的多项式曲线，样条曲线采用的是近似的拟合方法，但可以很好地满足工程需求，因此得到了较为广泛的应用。下面通过创建图3.4.23a所示的曲线来说明创建艺术样条的一般过程。

a）"通过点"方式　　　　　　　　b）"根据极点"方式

图3.4.23 艺术样条的创建

Step1. 选择命令。选择下拉菜单 插入(S) ➡ 曲线(C)▶ ➡ 艺术样条(I)... 命令（或单击 按钮），系统弹出图3.4.24所示的"艺术样条"对话框。

图3.4.24 "艺术样条"对话框

图3.4.24所示的"艺术样条"对话框中各按钮的说明如下。

● 通过点 （通过点）：创建的艺术样条曲线通过所选择的点。

- 根据极点 （根据极点）：创建的艺术样条曲线由所选择点的极点方式来约束。

Step2. 定义曲线类型。在对话框的 类型 下拉列表中选择 通过点 选项，依次在图 3.4.23a 所示的各点位置单击，系统生成图 3.4.23a 所示的"通过点"方式创建的样条曲线。

说明：如果选择 根据极点 选项，依次在图 3.4.23b 所示的各点位置单击，系统则生成图 3.4.23b 所示的"根据极点"方式创建的样条曲线。

Step3. 在"艺术样条"对话框中单击 确定 按钮（或单击中键），完成样条曲线的创建。

3.4.10 将草图对象转化成参考线

在为草图对象添加几何约束和尺寸约束的过程中，有些草图对象是作为基准、定位来使用的，或者有些草图对象在创建尺寸时可能引起约束冲突，此时可利用 主页 功能选项卡 约束 区域中的"转换至/自参考对象"按钮，将草图对象转换为参考线；当然必要时，也可利用该按钮将其激活，即从参考线转化为草图对象。下面以图 3.4.25 所示的图形为例，说明其操作方法及作用。

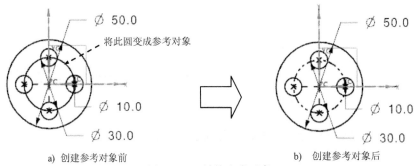

a) 创建参考对象前　　　　　　　　b) 创建参考对象后

图 3.4.25　转换参考对象

Step1. 打开文件 D:\ug12nc\work\ch03.04.10\reference.prt。

Step2. 双击已有草图，在 直接草图 下拉选项 更多 中单击 在草图任务环境中打开 按钮，进入草图工作环境。

Step3. 选择命令。选择下拉菜单 工具(T) ➡ 约束(T) ➡ 转换至/自参考对象(V) 命令，系统弹出图 3.4.26 所示的"转换至/自参考对象"对话框，选中 参考曲线或尺寸 单选项。

图 3.4.26　"转换至/自参考对象"对话框

Step4. 根据系统 选择要转换的曲线或尺寸 的提示，选取图 3.4.25a 所示的圆，单击 应用 按钮，被选取的对象就转换成参考对象，结果如图 3.4.25b 所示。

说明：如果选择的对象是曲线，它转换成参考对象后，用浅色双点画线显示，在对草图曲线进行拉伸和旋转操作时，它将不起作用；如果选择的对象是一个尺寸，在它转换为参考对象后，它仍然在草图中显示，并可以更新，但其尺寸表达式在表达式列表框中将消失，它不再对原来的几何对象产生约束效应。

Step5. 在"转换至/自参考对象"对话框中选中 活动曲线或驱动尺寸 单选项，然后选取图 3.4.25b 所示创建的参考对象，单击 应用 按钮，参考对象被激活，变回图 3.4.25a 所示的形式，然后单击 取消 按钮。

3.4.11 点的创建

使用 UG NX 12.0 软件绘制草图时，经常需要构造点来定义草图平面上的某一位置。下面通过图 3.4.27 来说明点的构造过程。

选择曲线

a）构造点前   b）构造点后

图 3.4.27 构造点

Step1. 打开文件 D:\ug12nc\work\ch03.04.11\point.prt。

Step2. 进入草图环境。双击草图，在 直接草图 下拉选项 更多 中单击 在草图任务环境中打开 按钮，系统进入草图环境。

Step3. 选择命令。选择下拉菜单 插入(S) ➡ 基准/点(D)▶ ➡ + 点(P)... 命令（或单击 + 按钮），系统弹出图 3.4.28 所示的"草图点"对话框。

图 3.4.28 "草图点"对话框

Step4. 选择构造点。在"草图点"对话框中单击"点对话框"按钮 +，系统弹出图 3.4.29 所示的"点"对话框，在"点"对话框的 类型 下拉列表中选择 圆弧/椭圆上的角度 选项。

Step5. 定义点的位置。根据系统 选择圆弧或椭圆用作角度参考 的提示，选取图 3.4.27a 所示的圆弧，在"点"对话框的 角度 文本框中输入数值 120。

Step6. 单击"点"对话框中的 确定 按钮，完成第一点的构造，结果如图 3.4.30 所示。

Step7. 再次单击"草图点"对话框中的 + 按钮，在"点"对话框的 类型 下拉列表中选择 曲线/边上的点 选项，选取图 3.4.27a 所示的圆弧，在"点"对话框的 位置 下拉列表中选择 弧长百分比 选项，然后在 弧长百分比 文本框中输入值 40，单击 确定 按钮，完成第二点的构造，单击 关闭 按钮，退出"草图点"对话框，结果如图 3.4.31 所示。

Step8. 选择下拉菜单 任务(K) ➡ 完成草图(K) 命令（或单击 完成 按钮），完成草图并退出草图环境。

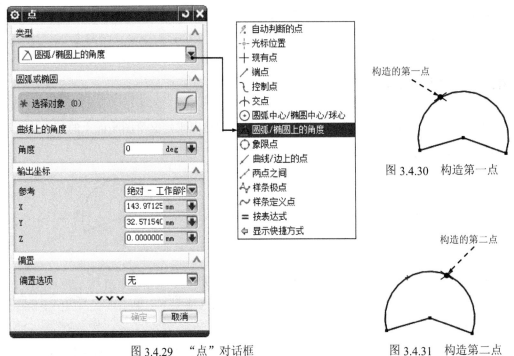

图 3.4.29　"点"对话框　　　　图 3.4.30　构造第一点

图 3.4.31　构造第二点

图 3.4.29 所示的"点"对话框中的"类型"下拉列表各选项说明如下。

● 自动判断的点：根据鼠标光标的位置自动判断所选的点。它包括下面介绍的所有点的选择方式。

● 光标位置：将鼠标光标移至图形区某位置并单击，系统则在单击的位置处创建一个点。如果创建点是在一个草图中进行，则创建的点位于当前草图平面上。

● 现有点：在图形区选择已经存在的点。

● 端点：通过选取已存在曲线（如线段、圆弧、二次曲线及其他曲线）的端点创建一个点。在选取终点时，鼠标光标的位置对终点的选取有很大的影响，一般系统会选取曲线上离鼠标光标最近的端点。

● 控制点：通过选取曲线的控制点创建一个点。控制点与曲线类型有关，可以是存在点、线段的中点或端点，开口圆弧的端点、中点或中心点，二次曲线的端点和

样条曲线的定义点或控制点。

- **交点**：通过选取两条曲线的交点、一曲线和一曲面或一平面的交点创建一个点。在选取交点时，若两对象的交点多于一个，系统会在靠近第二个对象的交点创建一个点；若两段曲线并未实际相交，则系统会选取两者延长线上的相交点；若选取的两段空间曲线并未实际相交，则系统会在最靠近第一对象处创建一个点或规定新点的位置。

- **圆弧中心/椭圆中心/球心**：通过选取圆/圆弧、椭圆或球的中心点创建一个点。

- **圆弧/椭圆上的角度**：沿圆弧或椭圆的一个角度（与坐标轴 XC 正向所成的角度）位置上创建一个点。

- **象限点**：通过选取圆弧或椭圆弧的象限点（即四分点）创建一个点。创建的象限点是离鼠标光标最近的那个四分点。

- **曲线/边上的点**：通过选取曲线或物体边缘上的点创建一个点。

- **样条极点**：通过选取样条曲线并在其极点的位置创建一个点。

- **样条定义点**：通过选取样条曲线并在其定义点的位置创建一个点。

- **两点之间**：在两点之间指定一个位置。

- **按表达式**：使用点类型的表达式指定点。

3.5　草图的编辑

3.5.1　直线的操纵

UG NX 12.0 软件提供了对象操纵功能，可方便地旋转、拉伸和移动对象。

操纵 1 的操作流程（图 3.5.1）：在图形区，把鼠标指针移到直线端点上，按下左键不放，同时移动鼠标，此时直线以远离鼠标指针的那个端点为圆心转动，达到绘制意图后，松开鼠标左键。

操纵 2 的操作流程（图 3.5.2）：在图形区，把鼠标指针移到直线上，按下左键不放，同时移动鼠标，此时会看到直线随着鼠标移动，达到绘制意图后，松开鼠标左键。

图 3.5.1　操纵 1：直线的转动和拉伸

图 3.5.2　操纵 2：直线的移动

3.5.2　圆的操纵

操纵 1 的操作流程（图 3.5.3）：把鼠标指针移到圆的边线上，按下左键不放，同时移动鼠标，此时会看到圆在变大或缩小，达到绘制意图后，松开鼠标左键。

操纵 2 的操作流程（图 3.5.4）：把鼠标指针移到圆心上，按下左键不放，同时移动鼠标，此时会看到圆随着指针一起移动，达到绘制意图后，松开鼠标左键。

图 3.5.3　操纵 1：圆的缩放　　　　　图 3.5.4　操纵 2：圆的移动

3.5.3　圆弧的操纵

操纵 1 的操作流程（图 3.5.5）：把鼠标指针移到圆弧上，按下左键不放，同时移动鼠标，此时会看到圆弧半径变大或变小，达到绘制意图后，松开鼠标左键。

操纵 2 的操作流程（图 3.5.6）：把鼠标指针移到圆弧的某个端点上，按下左键不放，同时移动鼠标，此时会看到圆弧以另一端点为固定点旋转，并且圆弧的包角也在变化，达到绘制意图后，松开鼠标左键。

操纵 3 的操作流程（图 3.5.7）：把鼠标指针移到圆心上，按下左键不放，同时移动鼠标，此时圆弧随着指针一起移动，达到绘制意图后，松开鼠标左键。

图 3.5.5　操纵 1：改变弧的半径　　图 3.5.6　操纵 2：改变弧的位置　　图 3.5.7　操纵 3：弧的移动

3.5.4　样条曲线的操纵

操纵 1 的操作流程（图 3.5.8）：把鼠标指针移到样条曲线的某个端点或定位点上，按下左键不放，同时移动鼠标，此时样条曲线拓扑形状（曲率）不断变化，达到绘制意图后，松开鼠标左键。

操纵 2 的操作流程（图 3.5.9）：把鼠标指针移到样条曲线上，按下左键不放，同时移动鼠标，此时样条曲线随着鼠标移动，达到绘制意图后，松开鼠标左键。

图 3.5.8　操纵 1：改变曲线的形状　　　　　图 3.5.9　操纵 2：曲线的移动

3.5.5　制作拐角

"制作拐角"命令是通过两条曲线延伸或修剪到公共交点来创建的拐角。此命令应用于直线、圆弧、开放式二次曲线和开放式样条等，其中开放式样条仅限修剪。

下面以图 3.5.10 所示的范例来说明创建"制作拐角"的一般操作步骤。

Step1. 选择命令。选择下拉菜单 编辑(E) ➡ 曲线(V)▶ ➡ 制作拐角(M)... 命令（或单击"制作拐角"按钮 ），系统弹出图 3.5.11 所示的"制作拐角"对话框。

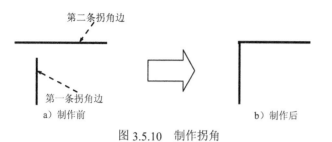

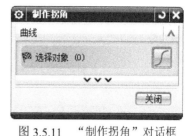

图 3.5.10　制作拐角　　　　　　　图 3.5.11　"制作拐角"对话框

Step2. 定义要制作拐角的两条曲线。单击选择图 3.5.10a 所示的两条直线。

Step3. 单击中键，完成制作拐角的创建。

3.5.6　删除对象

Step1. 在图形区单击或框选要删除的对象（框选时要框住整个对象），此时可看到选中的对象变成蓝色。

Step2. 按 Delete 键，所选对象即被删除。

说明：要删除所选的对象，还有下面 4 种方法。

● 在图形区单击鼠标右键，在系统弹出的快捷菜单中选择 × 删除(D) 命令。

● 选择 编辑(E) 下拉菜单中的 × 删除(D)... 命令。

● 单击"标准"工具条中的 × 按钮。

● 按<Ctrl + D>组合键。

注意：如要恢复已删除的对象，可用<Ctrl+Z>组合键来完成。

3.5.7　复制/粘贴对象

Step1. 在图形区单击或框选要复制的对象（框选时要框住整个对象）。

Step2. 复制对象。选择下拉菜单 编辑(E) ➡ 复制(C) 命令，将对象复制到剪贴板。

Step3. 粘贴对象。选择下拉菜单 编辑(E) ➡ 粘贴(P) 命令，系统弹出图 3.5.12 所示的"粘贴"对话框。

Step4. 定义变换类型。在"粘贴"对话框的 运动 下拉列表中选择 动态 选项，将复制对象移动到合适的位置单击。

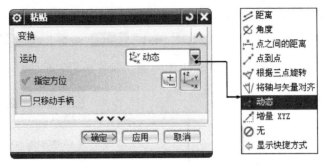

图 3.5.12   "粘贴"对话框

Step5. 单击 < 确定 > 按钮，完成粘贴，结果如图 3.5.13 所示。

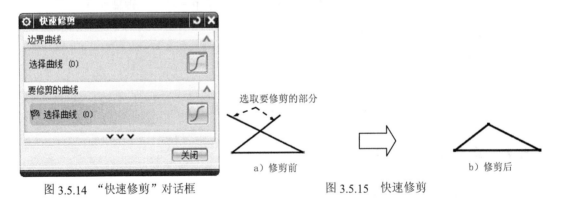

a）要复制的对象   b）复制/粘贴后的结果

图 3.5.13   对象的复制/粘贴

3.5.8   快速修剪

Step1. 选择命令。选择下拉菜单 编辑(E) ➡ 曲线(V)▶ ➡ 快速修剪(Q)... 命令（或单击 按钮）。系统弹出图 3.5.14 所示的"快速修剪"对话框。

Step2. 定义修剪对象。依次单击图 3.5.15a 所示的需要修剪的部分。

Step3. 单击中键，完成对象的修剪，结果如图 3.5.15b 所示。

选取要修剪的部分

a）修剪前   b）修剪后

图 3.5.14   "快速修剪"对话框   图 3.5.15   快速修剪

3.5.9   快速延伸

Step1. 选择下拉菜单 编辑(E) ➡ 曲线(V)▶ ➡ 快速延伸(X)... 命令（或单击 按钮）。

Step2. 选择图 3.5.16a 所示的曲线，完成曲线到下一个边界的延伸，结果如图 3.5.16b 所示。

说明：在延伸时，系统自动选择最近的曲线作为延伸边界。

图 3.5.16 快速延伸

3.5.10 镜像

镜像操作是将草图对象以一条直线为对称中心，将所选取的对象以这条对称中心为轴进行复制，生成新的草图对象。镜像复制的对象与原对象形成一个整体，并且保持相关性。"镜像"操作在绘制对称图形时是非常有用的。下面以图 3.5.17 所示的范例来说明"镜像"的一般操作步骤。

Step1. 打开文件 D:\ug12nc\work\ch03.05\mirror.prt。

Step2. 双击草图，单击 按钮，进入草图环境。

Step3. 选择命令。选择下拉菜单 插入(S) ➡ 来自曲线集的曲线(F)▶ ➡ 镜像曲线(M)... 命令（或单击  按钮），系统弹出图 3.5.18 所示的"镜像曲线"对话框。

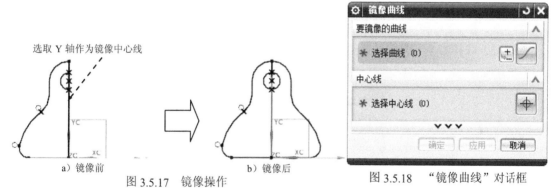

图 3.5.17 镜像操作

图 3.5.18 "镜像曲线"对话框

Step4. 定义镜像对象。在"镜像曲线"对话框中单击"曲线"按钮 ，选取图形区中的所有草图曲线。

Step5. 定义中心线。单击"镜像曲线"对话框中的"中心线"按钮 ，选取坐标系的 Y 轴作为镜像中心线。

注意：选择的镜像中心线不能是镜像对象的一部分，否则无法完成镜像操作。

Step6. 单击 应用 按钮，则完成镜像操作（如果没有其他镜像操作，直接单击 <确定 > 按钮），结果如图 3.5.17b 所示。

图 3.5.18 所示的"镜像曲线"对话框中各按钮的功能说明如下。

● （中心线）：用于选择存在的直线或轴作为镜像的中心线。选择草图中的直线作为镜像中心线时，所选的直线会变成参考线，暂时失去作用。如果要将其转化为正常的草图对象，可用 主页 功能选项卡 约束 区域中的"转换至/自参考对象"功

能。

- （曲线）：用于选择一个或多个要镜像的草图对象。在选取镜像中心线后，用户可以在草图中选取要进行"镜像"操作的草图对象。

3.5.11　偏置曲线

"偏置曲线"就是对当前草图中的曲线进行偏移，从而产生与源曲线相关联、形状相似的新的曲线。可偏移的曲线包括基本绘制的曲线、投影曲线以及边缘曲线等。创建图 3.5.19所示的偏置曲线的具体步骤如下。

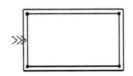 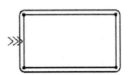

a）参照曲线　　　　　b）"延伸端盖"形式的曲线　　c）"圆弧帽形体"形式的曲线

图 3.5.19　偏置曲线的创建

Step1. 打开文件 D:\ug12nc\work\ch03.05\offset.prt。

Step2. 双击草图，在 直接草图 下拉选项 更多 中单击 在草图任务环境中打开 按钮，进入草图环境。

Step3. 选择命令。选择下拉菜单 插入(S) ➡ 来自曲线集的曲线(F)▶ ➡ 偏置曲线(V)... 命令，系统弹出图 3.5.20 所示的"偏置曲线"对话框。

图 3.5.20　"偏置曲线"对话框

Step4. 定义偏置曲线。在图形区选取图 3.5.19a 所示的草图。

Step5. 定义偏置参数。在 距离 文本框中输入偏置距离值 5，应取消选中 ☑ 创建尺寸 复选框。

Step6. 定义端盖选项。在 端盖选项 下拉列表中选择 延伸端盖 选项。

说明：如果在 端盖选项 下拉列表中选择 圆弧帽形体 选项，则偏置后的结果如图 3.5.19c 所示。

Step7. 定义近似公差。接受 公差 文本框中默认的偏置曲线精度值。

Step8. 完成偏置。单击 应用 按钮，完成指定曲线偏置操作。还可以对其他对象进行相同的操作，操作完成后，单击 <确定> 按钮，完成所有曲线的偏置操作。

注意：可以单击"偏置曲线"对话框中的 按钮改变偏置的方向。

3.5.12　编辑定义截面

草图曲线一般可用于拉伸、旋转和扫掠等特征的剖面，如果要改变特征截面的形状，可以通过"编辑定义截面"功能实现。图 3.5.21 所示的编辑定义截面的具体操作步骤如下。

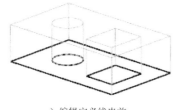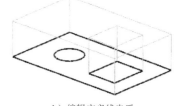

a）编辑定义线串前　　　　　　　　　　b）编辑定义线串后

图 3.5.21　编辑定义截面

Step1. 打开文件 D:\ug12nc\work\ch03.05\edit_defined_curve.prt。

Step2. 在特征树中右击草图，在系统弹出的快捷菜单中选择 可回滚编辑... 命令，进入草图编辑环境。选择下拉菜单 编辑(E) ➡ 编辑定义截面(F)... 命令，系统弹出图 3.5.22 所示的"编辑定义截面"对话框（一）。如果当前草图中没有曲线经过拉伸、旋转等操作来生成几何体，系统弹出图 3.5.23 所示的"编辑定义截面"对话框（二）。

图 3.5.22　"编辑定义截面"对话框（一）　　图 3.5.23　"编辑定义截面"对话框（二）

注意："编辑定义截面"操作只适用于经过拉伸、旋转生成特征的曲线，如果不符合此要求，该操作就不能实现。

Step3. 按住 Shift 键，在草图中选取图 3.5.24 所示的所有曲线（两个矩形和一个圆），系统则排除整个草图曲线；再选取图 3.5.24 所示的两个矩形（此时不用按住 Shift 键）作为新的草图截面，单击对话框中的"替换助理"按钮 。

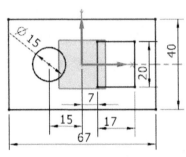

图 3.5.24　添加选中的曲线

说明：用<Shift+左键>选择要移除的对象；用左键选择要添加的对象。

Step4. 单击 确定 按钮，完成草图截面的编辑。单击 完成草图 按钮，退出草图环境。

说明：此处如果无法看到编辑后的结果，可以选择下拉菜单 工具(T) ➡ 更新(U) ▶

➡ 更新以获取外部更改(E) 命令对模型进行更新。

3.5.13　相交曲线

"相交曲线"命令可以通过用户指定的面与草图基准平面相交产生一条曲线。下面以图 3.5.25 所示的模型为例，讲解相交曲线的操作步骤。

Step1. 打开文件 D:\ug12nc\work\ch03.05\intersect01.prt。

Step2. 定义草绘平面。选择下拉菜单 插入(S) ➡ 在任务环境中绘制草图(V)... 命令，选取 XY 平面作为草图平面，单击 确定 按钮。

a）创建前　　　　　　　　　　　　　　　　　　b）创建后

图 3.5.25　创建相交曲线

Step3. 选择命令。选择下拉菜单 插入(S) ➡ 配方曲线(U) ▶ ➡ 相交曲线(U)... 命令（或单击"相交曲线"按钮 ），系统弹出图 3.5.26 所示的"相交曲线"对话框。

Step4. 选取要相交的面。选取图 3.5.25a 所示的模型表面为要相交的面，即产生图

3.5.25b 所示的相交曲线，接受默认的 距离公差 和 角度公差 值。

Step5. 单击"相交曲线"对话框中的 <确定> 按钮，完成相交曲线的创建。

图 3.5.26 "相交曲线"对话框

图 3.5.26 所示的"相交曲线"对话框中各按钮的功能说明如下。

- （面）：选择要在其上创建相交曲线的面。
- 忽略孔 复选框：当选取的"要相交的面"上有孔特征时，勾选此复选框后，系统会在曲线遇到的第一个孔处停止相交曲线。
- 连结曲线 复选框：用于多个"相交曲线"之间的连接。勾选此复选框后，系统会自动将多个相交曲线连接成一个整体。

3.5.14 投影曲线

"投影曲线"功能是将选取的对象按垂直于草图工作平面的方向投影到草图中，使之成为草图对象。创建图 3.5.27 所示的投影曲线的步骤如下。

图 3.5.27 创建投影曲线

Step1. 打开文件 D:\ug12nc\work\ch03.05\projection.prt。

Step2. 进入草图环境。选择下拉菜单 插入(S) ➡️ 在任务环境中绘制草图(V)... 命令，选取图 3.5.27a 所示的平面作为草图平面，单击 确定 按钮。

Step3. 选择命令。选择下拉菜单 插入(S) ➡️ 配方曲线(U) ▶ ➡️ 投影曲线(J)... 命令

（或单击"投影曲线"按钮），系统弹出图 3.5.28 所示的"投影曲线"对话框。

Step4. 选取要投影的对象。选取图 3.5.27a 所示的四条边线为投影对象。

Step5. 单击 确定 按钮，完成投影曲线的创建，结果如图 3.5.27b 所示。

图 3.5.28　"投影曲线"对话框

图 3.5.28 所示的"投影曲线"对话框中各选项的功能说明如下。

- （曲线）：用于选择要投影的对象，默认情况下为按下状态。

- （点）：单击该按钮后，系统将弹出"点"对话框。

- 关联 复选框：定义投影曲线与投影对象之间的关联性。选中该复选框后，投影曲线与投影对象将存在关联性，即投影对象发生改变时，投影曲线也随之改变。

- 输出曲线类型 下拉列表：该下拉列表包括 原始 、 样条段 和 单个样条 三个选项。

3.6　草图的约束

3.6.1　草图约束概述

草图约束主要包括"几何约束"和"尺寸约束"两种类型。几何约束是用来定位草图对象和确定草图对象之间的相互关系，而尺寸约束是用来驱动、限制和约束草图几何对象的大小和形状的。

进入草图环境后，在"主页"功能选项卡的 约束 区域中会出现草图约束时所需的各种工具按钮，如图 3.6.1 所示。

图 3.6.1　"约束"区域

图 3.6.1 所示的"主页"功能选项卡中"约束"部分各按钮的说明如下。

A1: 快速尺寸。通过基于选定的对象和光标的位置自动判断尺寸类型来创建尺寸约束。

A2: 线性尺寸。该按钮用于在所选的两个对象或点位置之间创建线性距离约束。

A3: 径向尺寸。该按钮用于创建圆形对象的半径或直径约束。

A4: 角度尺寸。该按钮用于在所选的两条不平行直线之间创建角度约束。

A5: 周长尺寸。该按钮用于对所选的多个对象进行周长尺寸约束。

(几何约束): 用户自己对存在的草图对象指定约束类型。

(设为对称): 将两个点或曲线约束为相对于草图上的对称线对称。

(显示草图约束): 显示施加到草图上的所有几何约束。

(自动约束): 单击该按钮,系统会弹出图 3.6.2 所示的"自动约束"对话框,用于自动地添加约束。

(自动标注尺寸): 根据设置的规则在曲线上自动创建尺寸。

(关系浏览器): 显示与选定的草图几何图形关联的几何约束,并移除所有这些约束或列出信息。

(转换至/自参考对象): 将草图曲线或草图尺寸从活动转换为参考,或者反过来。下游命令(如拉伸)不使用参考曲线,并且参考尺寸不控制草图几何体。

(备选解): 备选尺寸或几何约束解算方案。

(自动判断约束和尺寸): 控制哪些约束或尺寸在曲线构造过程中被自动判断。

(创建自动判断约束): 在曲线构造过程中启用自动判断约束。

(连续自动标注尺寸): 在曲线构造过程中启用自动标注尺寸。

在草图绘制过程中,读者可以自己设定自动约束的类型,单击"自动约束"按钮,系统弹出"自动约束"对话框,如图 3.6.2 所示,在对话框中可以设定自动约束类型。

图 3.6.2 所示的"自动约束"对话框中所建立的几何约束的用法如下。

- (水平): 约束直线为水平直线(即平行于 XC 轴)。

- (竖直): 约束直线为竖直直线(即平行于 YC 轴)。

- (相切): 约束所选的两个对象相切。

图 3.6.2 "自动约束"对话框

- ∥ (平行)：约束两直线互相平行。
- ⊥ (垂直)：约束两直线互相垂直。
- ＼ (共线)：约束多条直线对象位于或通过同一直线。
- ◎ (同心)：约束多个圆弧或椭圆弧的中心点重合。
- ＝ (等长)：约束多条直线为同一长度。
- ⌒ (等半径)：约束多个弧有相同的半径。
- ┃ (点在曲线上)：约束所选点在曲线上。
- ⌐ (重合)：约束多点重合。

在草图中，被添加完约束对象中的约束符号显示方式见表3.6.1。

表3.6.1　约束符号列表

约束名称	约束符号显示
固定/完全固定	⅂
固定长度	↔
水平	→
竖直	↑
固定角度	∠
等半径	⌒
相切	✕
同轴	◎
中点	┼
点在曲线上	⋆
垂直的	⌐
平行的	⫽
共线	⫽
等长度	＝
重合	⌒

在一般绘图过程中，我们习惯于先绘制出对象的大概形状，然后通过添加"几何约束"来定位草图对象和确定草图对象之间的相互关系，再添加"尺寸约束"来驱动、限制和约束草图几何对象的大小和形状。下面先介绍如何添加"几何约束"，再介绍添加"尺寸约束"的具体方法。

3.6.2　添加几何约束

在二维草图中，添加几何约束主要有两种方法：手工添加几何约束和自动产生几何约束。一般在添加几何约束时，要先单击"显示草图约束"按钮 ，则二维草图中存在的所有约束都显示在图中。

方法一：手工添加约束。手工添加约束是指由用户自己对所选对象指定某种约束。在"主页"功能选项卡的 约束 区域中单击 按钮，系统就进入了几何约束操作状态。此时，在图形区中选择一个或多个草图对象，所选对象在图形区中会加亮显示。同时，可添加的几何约束类型按钮将会出现在图形区的左上角。

根据所选对象的几何关系，在几何约束类型中选择一个或多个约束类型，则系统会添加指定类型的几何约束到所选草图对象上。这些草图对象会因所添加的约束而不能随意移动或旋转。

下面通过添加图 3.6.3 所示的相切约束来说明创建约束的一般操作步骤。

选取这两条曲线

a）约束前　　　　　　　　　　　b）约束后

图 3.6.3　添加相切约束

Step1. 打开文件 D:\ug12nc\work\ch03.06\add_1.prt。

Step2. 双击已有草图，在 直接草图 下拉选项 更多 中单击 在草图任务环境中打开 按钮，进入草图工作环境，单击"显示草图约束"按钮 和"几何约束"按钮 ，系统弹出图 3.6.4 所示的"几何约束"对话框。

Step3. 定义约束类型。单击 按钮，添加"相切"约束。

图 3.6.4　"几何约束"对话框

Step4. 定义约束对象。根据系统 **选择要约束的对象** 的提示，选取图 3.6.3a 所示的直线并单击鼠标中键，再选取圆。

Step5. 单击 关闭 按钮，完成创建，草图中会自动添加约束符号，如图 3.6.3b 所示。

下面通过添加图 3.6.5b 所示的约束来说明创建多个约束的一般操作步骤。

图 3.6.5 添加多个约束

Step1. 打开文件 D:\ug12nc\work\ch03.06\add_2.prt。

Step2. 双击已有草图，在 **直接草图** 下拉选项 **更多** 中单击 在草图任务环境中打开 按钮，进入草图工作环境，单击"显示草图约束"按钮 和"几何约束"按钮 ，系统弹出"几何约束"对话框。单击"等长"按钮 ，添加"等长"约束，根据系统 **选择要创建约束的曲线** 的提示，分别选取图 3.6.5a 所示的两条直线；单击"平行"按钮 ，同样分别选取两条直线，则直线之间会添加"平行"约束。

Step3. 单击 关闭 按钮，完成创建，草图中会自动添加约束符号，如图 3.6.5b 所示。

关于其他类型约束的创建，与以上两个范例的创建过程相似，这里不再赘述，读者可以自行研究。

方法二：自动产生几何约束。自动产生几何约束是指系统根据选择的几何约束类型以及草图对象间的关系，自动添加相应约束到草图对象上。一般都利用"自动约束"按钮 让系统自动添加约束。其操作步骤如下。

Step1. 单击 **主页** 功能选项卡 **约束** 区域中的"自动约束"按钮 ，系统弹出"自动约束"对话框。

Step2. 在"自动约束"对话框中单击要自动创建约束的相应按钮，然后单击 确定 按钮。用户一般都选择"自动创建所有的约束"，这样只需在对话框中单击 全部设置 按钮，则对话框中的约束复选框全部被选中，然后单击 确定 按钮，完成自动创建约束的设置。

这样，在草图中画任意曲线，系统会自动添加相应的约束，而系统没有自动添加的约束就需要用户利用手动添加约束的方法来自己添加。

3.6.3 添加尺寸约束

添加尺寸约束也就是在草图上标注尺寸，并设置尺寸标注线的形式与尺寸大小来驱动、限制和约束草图几何对象。选择下拉菜单 **插入(S)** ➡ **尺寸(M)** 中的命令。添加尺寸约束主要包括以下 7 种标注方式。

1. 标注水平尺寸

标注水平尺寸是标注直线或两点之间的水平投影距离。下面通过标注图 3.6.6 所示的尺寸来说明创建水平尺寸标注的一般操作步骤。

Step1. 打开文件 D:\ug12nc\work\ch03.06\add_dimension_1.prt。

Step2. 双击图 3.6.6a 所示的直线，在 直接草图 下拉选项 更多 中单击 在草图任务环境中打开 按钮，进入草图工作环境，选择下拉菜单 插入(S) ➡ 尺寸(M) ▶ ➡ 线性(L)... 命令，此时系统弹出"线性尺寸"对话框。

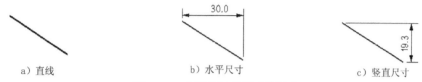

a) 直线   b) 水平尺寸   c) 竖直尺寸

图 3.6.6 水平和竖直尺寸的标注

Step3. 定义标注尺寸的对象。在"线性尺寸"对话框 测量 区域的 方法 下拉列表中选择 水平 选项，选择图 3.6.6a 所示的直线，则系统生成水平尺寸。

Step4. 定义尺寸放置的位置。移动鼠标至合适位置，单击放置尺寸。如果要改变直线尺寸，则可以在系统弹出的动态输入框中输入所需的数值。

Step5. 单击"线性尺寸"对话框中的 关闭 按钮，完成水平尺寸的标注，如图 3.6.6b 所示。

2. 标注竖直尺寸

标注竖直尺寸是标注直线或两点之间的垂直投影距离。下面通过标注图 3.6.6c 所示的尺寸来说明创建竖直尺寸标注的步骤。

Step1. 选择刚标注的水平距离并右击，在系统弹出的快捷菜单中选择 删除(D) 命令，删除该水平尺寸。

Step2. 选择下拉菜单 插入(S) ➡ 尺寸(M) ➡ 线性(L)... 命令，在"线性尺寸"对话框 测量 区域的 方法 下拉列表中选择 竖直 选项，单击选取图 3.6.6a 所示的直线，则系统生成竖直尺寸。

Step3. 移动鼠标至合适位置，单击放置尺寸。如果要改变距离，则可以在系统弹出的动态输入框中输入所需的数值。

Step4. 单击"线性尺寸"对话框中的 关闭 按钮，完成竖直尺寸的标注，如图 3.6.6c 所示。

3. 标注平行尺寸

标注平行尺寸是标注所选直线两端点之间的最短距离。下面通过标注图 3.6.7b 所示的

尺寸来说明创建平行尺寸标注的步骤。

Step1. 打开文件 D:\ug12nc\work\ch03.06\add_dimension_2.prt。

Step2. 双击图 3.6.7a 所示的直线，在 直接草图 下拉选项 更多 中单击 在草图任务环境中打开 按钮，进入草图工作环境。选择下拉菜单 插入(S) ➡ 尺寸(M) ➡ 线性(L)... 命令，在"线性尺寸"对话框 测量 区域的 方法 下拉列表中选择 点到点 选项，选择两条直线的两个端点，系统生成平行尺寸。

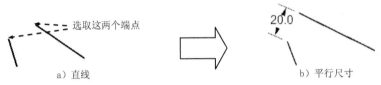

图 3.6.7　平行尺寸的标注

Step3. 移动鼠标至合适位置，单击放置尺寸。

Step4. 单击"线性尺寸"对话框中的 关闭 按钮，完成平行尺寸的标注，如图 3.6.7b 所示。

4．标注垂直尺寸

标注垂直尺寸是标注所选点与直线之间的垂直距离。下面通过标注图 3.6.8 所示的尺寸来说明创建垂直尺寸标注的步骤。

Step1. 打开文件 D:\ug12nc\work\ch03.06\add_dimension_3.prt。

Step2. 双击图 3.6.8a 所示的直线，在 直接草图 下拉选项 更多 中单击 在草图任务环境中打开 按钮，进入草图工作环境，选择下拉菜单 插入(S) ➡ 尺寸(M) ➡ 线性(L)... 命令，在"线性尺寸"对话框 测量 区域的 方法 下拉列表中选择 垂直 选项，标注点到直线的距离，先选择直线，然后再选择点，系统生成垂直尺寸。

Step3. 移动鼠标至合适位置，单击左键放置尺寸。

Step4. 单击"线性尺寸"对话框中的 关闭 按钮，完成垂直尺寸的标注，如图 3.6.8b 所示。

注意：要标注点到直线的距离，必须先选择直线，然后再选择点。

图 3.6.8　垂直尺寸的标注

5．标注两条直线间的角度

标注两条直线间的角度是标注所选直线之间夹角的大小，且角度有锐角和钝角之分。下面通过标注图 3.6.9 所示的角度来说明标注直线间角度的步骤。

Step1．打开文件 D:\ug12nc\work\ch03.06\add_angle.prt。

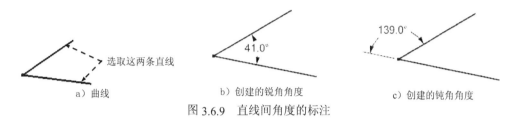

图 3.6.9　直线间角度的标注

Step2．双击已有草图，在 直接草图 下拉选项 更多 中单击 在草图任务环境中打开 按钮，进入草图工作环境，选择下拉菜单 插入(S) ➡ 尺寸(M) ➡ 角度(A)... 命令，选择两条直线（图 3.6.9a），系统生成角度。

Step3．移动鼠标至合适位置（移动的位置不同，生成的角度可能是锐角或钝角，如图 3.6.9 所示），单击放置尺寸。

Step4．单击"角度尺寸"对话框中的 关闭 按钮，完成角度的标注，如图 3.6.9b、c 所示。

6．标注直径

标注直径是标注所选圆直径的大小。下面通过标注图 3.6.10 所示圆的直径来说明标注直径的步骤。

图 3.6.10　直径的标注

Step1．打开文件 D:\ug12nc\work\ch03.06\add_d.prt。

Step2．双击已有草图，在 直接草图 下拉选项 更多 中单击 在草图任务环境中打开 按钮，进入草图工作环境，选择下拉菜单 插入(S) ➡ 尺寸(M) ➡ 径向(R) 命令，选择图 3.6.10a 所示的圆，然后在"径向尺寸"对话框 测量 区域的 方法 下拉列表中选择 直径 选项，系统生成直径尺寸。

Step3．移动鼠标至合适位置，单击放置尺寸。

Step4．单击"径向尺寸"对话框中的 关闭 按钮，完成直径的标注，如图 3.6.10b

所示。

7．标注半径

标注半径是标注所选圆或圆弧半径的大小。下面通过标注图 3.6.11b 所示圆弧的半径来说明标注半径的步骤。

图 3.6.11 半径的标注

Step1. 打开文件 D:\ug12nc\work\ch03.06\add_arc.prt。

Step2. 双击已有草图，在 直接草图▼ 下拉选项 更多▼ 中单击 🔲在草图任务环境中打开 按钮，进入草图工作环境，选择下拉菜单 插入(S) ➡ 尺寸(M) ➡ ⚋径向(R)... 命令，选择圆弧（图 3.6.11a），系统生成半径尺寸。

Step3. 移动鼠标至合适位置，单击放置尺寸。如果要改变圆的半径尺寸，则在系统弹出的动态输入框中输入所需的数值。

Step4. 单击"径向尺寸"对话框中的 关闭 按钮，完成半径的标注，如图 3.6.11b 所示。

3.7 修改草图约束

3.7.1 尺寸的移动

为了使草图的布局更清晰合理，可以移动尺寸文本的位置，操作步骤如下。

Step1. 将鼠标移至要移动的尺寸处，按住左键。

Step2. 左右或上下移动鼠标，可以移动尺寸箭头和文本框的位置。

Step3. 在合适的位置松开左键，完成尺寸位置的移动。

3.7.2 编辑尺寸值

修改草图的标注尺寸有如下两种方法。

方法一：

Step1. 双击要修改的尺寸，如图 3.7.1 所示。

Step2. 系统弹出动态输入框，如图 3.7.2 所示。在动态输入框中输入新的尺寸值，并按鼠标中键，完成尺寸的修改，如图 3.7.3 所示。

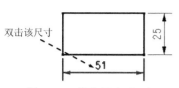

双击该尺寸

图 3.7.1　修改尺寸（一）

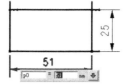

图 3.7.2　修改尺寸（二）

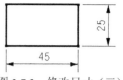

图 3.7.3　修改尺寸（三）

方法二：

Step1. 将鼠标移至要修改的尺寸处右击。

Step2. 在系统弹出的快捷菜单中选择 编辑(E)... 命令。

Step3. 在系统弹出的动态输入框中输入新的尺寸值，单击中键完成尺寸的修改。

3.8　草图范例 1

范例概述

本范例主要介绍草图的绘制、编辑和标注的过程，读者要重点掌握约束与尺寸的标注，如图 3.8.1 所示。其绘制过程如下。

注意： 在后面要数控加工的零件三维建模中，将会用到该草图范例。

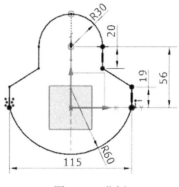

图 3.8.1　范例 1

Step1. 新建一个文件。

（1）选择下拉菜单 文件(F) ➡ 新建(N)... 命令，系统弹出"新建"对话框。

（2）在"新建"对话框的 模板 选项栏中选取模板类型为 模型 ，在 名称 文本框中输入文件名为 sketch01，然后单击 确定 按钮。

Step2. 选择下拉菜单 插入(S) ➡ 在任务环境中绘制草图(V)... 命令，系统弹出"创建草图"对话框，选择 XY 平面为草图平面，单击该对话框中的 确定 按钮，系统进入草图环境。

Step3. 选择下拉菜单 插入(S) ➡ 曲线(C)▶ ➡ 轮廓(O)... 命令，大致绘制图 3.8.2

所示的草图。

Step4. 添加几何约束。

（1）单击"显示草图约束"按钮 和"几何约束"按钮 ，系统弹出图 3.8.3 所示的"几何约束"对话框，单击 按钮，选取图 3.8.4 所示的直线端点和 X 轴，则在直线端点和 X 轴之间添加图 3.8.5 所示的"点在曲线上"约束。

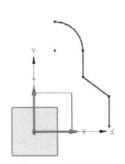

图 3.8.2 绘制草图

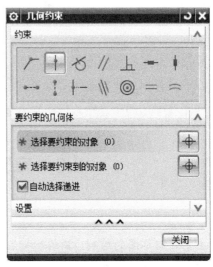

图 3.8.3 "几何约束"对话框

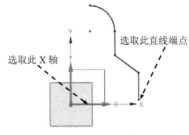

图 3.8.4 定义约束对象

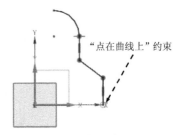

图 3.8.5 添加约束（一）

（2）参照上述步骤完成图 3.8.6 和图 3.8.7 所示的"点在曲线上"的约束。

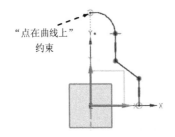

图 3.8.6 添加约束（二）

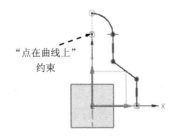

图 3.8.7 添加约束（三）

（3）创建图 3.8.8 所示的镜像曲线特征。选择下拉菜单 插入(S) ➡ 草图曲线(S) ▶

➡️ 🔲镜像曲线(M)... 命令。系统弹出"镜像曲线"对话框，选取图 3.8.8a 所示的相连曲线为要镜像的曲线，选取图 3.8.8a 中的竖直轴线为镜像中心线，单击对话框中的 <确定> 按钮，完成镜像曲线特征的操作。

镜像中心线

选取此相连曲线

a）镜像前

b）镜像后

图 3.8.8 镜像特征

Step5. 绘制圆弧。选择下拉菜单 插入(S) ➡️ 曲线(C)▶ ➡️ 🔲圆弧(A)... 命令，绘制图 3.8.9 所示的圆弧。

Step6. 添加尺寸约束。选择下拉菜单 插入(S) ➡️ 草图约束(K) ▶ ➡️ 尺寸(M)▶

➡️ 🔲自动判断(I)... 命令，标注图 3.8.10 所示的尺寸。

说明：若草图没有完成约束，此时要检查几何约束是否添加完全。

Step7. 修改尺寸。分别双击每个尺寸，修改后如图 3.8.1 所示。

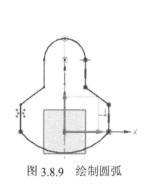

图 3.8.9 绘制圆弧

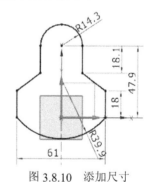

图 3.8.10 添加尺寸

3.9 草图范例 2

范例概述

本范例详细地介绍草图的绘制、编辑、标注过程和镜像特征，重点在于对简单特征的综合运用，从而使读者收到循序渐进的学习效果。本节主要绘制图 3.9.1 所示的图形，其具体绘制过程如下。

注意：在后面要数控加工的零件三维建模中，将会用到该草图范例。

说明：本范例的详细操作过程请参见学习资源 video 文件夹中对应章节的语音视频讲解文件。模型文件为 D:\ug12nc\work\ch03.09\sketch02。

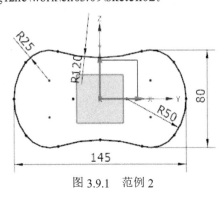

图 3.9.1　范例 2

3.10　草图范例 3

范例概述

本范例从新建一个草图开始，详细介绍草图的绘制、编辑和标注及镜像特征的创建过程，要重点掌握绘图前的设置、约束的处理、镜像特征创建的操作过程与细节。本节主要绘制图 3.10.1 所示的图形，其具体绘制过程如下。

注意：　在后面要数控加工的零件三维建模中，将会用到该草图范例。

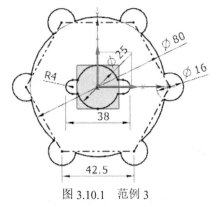

图 3.10.1　范例 3

说明：本范例的详细操作过程请参见学习资源 video 文件夹中对应章节的语音视频讲解文件。模型文件为 D:\ug12nc\work\ch03.10\sketch03。

学习拓展：扫码学习更多视频讲解。

讲解内容：主要包含二维草图的绘制思路、流程与技巧总结，另外还有二十多个来自实际产品设计中草图案例的讲解。草图是创建三维实体特征的基础，掌握高效的草图绘制技巧，有助于提高零件设计的效率。

第4章 零件设计

4.1 UG NX 12.0 文件的操作

4.1.1 新建文件

新建一个 UG 文件可以采用以下方法。

Step1. 选择下拉菜单 文件(F) ➡ 新建(N)... 命令（或单击"新建"按钮 ）。

Step2. 系统弹出图 4.1.1 所示的"新建"对话框；在 模板 列表框中选择模板类型为 模型 ，在 名称 文本框中输入文件名称（如_model1），单击 文件夹 文本框后的 按钮设置文件存放路径（或者在 文件夹 文本框中输入文件保存路径）。

Step3. 单击 确定 按钮，完成新部件的创建。

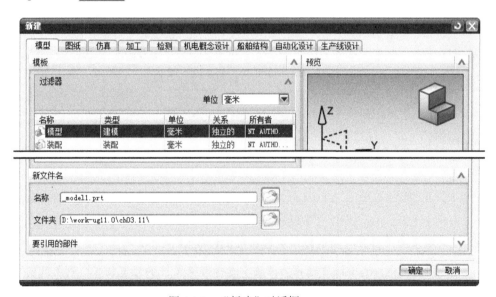

图 4.1.1 "新建"对话框

图 4.1.1 所示的"新建"对话框中主要选项的说明如下。

- 单位 下拉列表：规定新部件的测量单位，包括 全部 、英寸 和 毫米 选项（如果软件安装的是简体中文版，则默认单位是毫米）。

- 名称 文本框：显示要创建的新部件文件名。写入文件名时，可以省略扩展名.prt。当系统建立文件时，添加扩展名。文件名最长为 128 个字符，路径名最长为 256 个字符。有效的文件名字符与操作系统相关。文件名使用如下字符无效：*（星号）、/（正斜杠）、<（小于号）、>（大于号）、:（冒号）、\（反斜杠）、|（垂直杠）等符号。

- 文件夹 文本框：用于设置文件的存放路径。

4.1.2　打开文件

1．打开一个文件

打开一个文件，一般采用以下方法。

Step1. 选择下拉菜单 文件(F) ➡ 打开(O)... 命令。

Step2. 系统弹出图 4.1.2 所示的"打开"对话框；在 查找范围(I): 下拉列表中选择需打开文件所在的目录（如 D:\ug12nc\work\ch02），选中要打开的文件后，在 文件名(N): 文本框中显示部件名称（如 down_base.prt），也可以在 文件类型(T): 下拉列表中选择文件类型。

Step3. 单击 OK 按钮，即可打开部件文件。

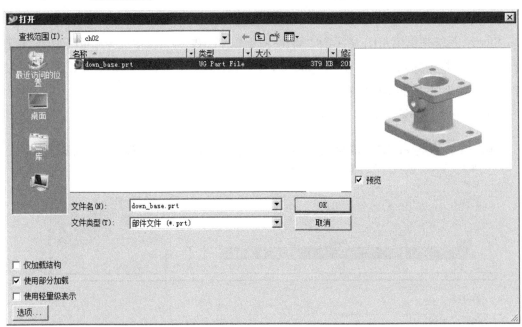

图 4.1.2　"打开"对话框

图 4.1.2 所示的"打开"对话框中主要选项的说明如下。

- ☑ 预览 复选框：选中该复选框，将显示选择部件文件的预览图像。利用此功能观看部件文件而不必在 UG NX 12.0 软件中一一打开，这样可以很快地找到所需要的部件文件。"预览"功能仅针对存储在 UG NX 12.0 中的部件，在 Windows 平台上有效。如果不想预览，取消选中该复选框即可。

- 文件名(N): 文本框：显示选择的部件文件，也可以输入一部件文件的路径名，路径名长度最多为 256 个字符。

- 文件类型(T): 下拉列表：用于选择文件的类型。选择了某类型后，在"打开"对话框的列表框中仅显示该类型的文件，系统也自动地用显示在此区域中的扩展名存储部件文件。

- （选项）：单击此按钮，系统弹出图 4.1.3 所示的"装配加载选项"对话框，利用该对话框可以对加载方式、加载组件和搜索路径等进行设置。

2．打开多个文件

在同一进程中，UG NX 12.0 允许同时创建和打开多个部件文件，可以在几个文件中不断切换并进行操作，很方便地同时创建彼此有关系的零件。单击"快速访问工具栏"中的 切换窗口 按钮，在系统弹出的"更改窗口"对话框（图 4.1.4）中每次选中不同的文件窗口即可互相切换。

图 4.1.3 "装配加载选项"对话框

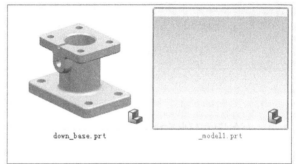

图 4.1.4 "更改窗口"对话框

4.1.3 保存文件

1．保存

在 UG NX 12.0 中，如果新建文件时，在"新建"对话框的 名称 文本框中输入了新的文件名称（不是默认的文件名_model1），选择下拉菜单 文件(F) → 保存(S) 命令即可保存文件。

如果新建文件时没有修改系统默认的名称，选择"保存"命令时，系统会弹出图 4.1.5 所示的"命名部件"对话框，可以在该对话框中根据需要再次输入文件名称和保存路径后，单击 确定 按钮即可保存文件。

2．另存为

选择下拉菜单 文件(F) → 另存为(A)... 命令，系统弹出图 4.1.6 所示的"另存为"对话框。可以利用不同的文件名存储一个已有的部件文件作为备份。

图 4.1.5　"命名部件"对话框

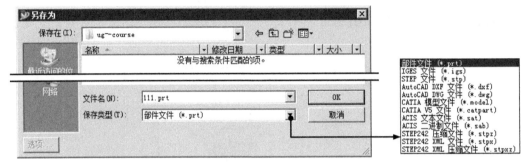

图 4.1.6　"另存为"对话框

4.1.4　关闭部件和退出 UG NX 12.0

1．关闭选择的部件

选择下拉菜单 文件(F) ➡ 关闭(C) ▸ ➡ 选定的部件(P)... 命令，系统弹出图 4.1.7 所示的
"关闭部件"对话框。通过此对话框可以关闭选择的一个或多个打开的部件文件，也可以
通过单击 关闭所有打开的部件 按钮，关闭系统当前打开的所有部件。使用
此方式关闭部件文件时不存储部件，它仅从工作站的内存中清除部件文件。

注意：选择下拉菜单 文件(F) ➡ 关闭(C) ▸ 命令后，系统弹出图 4.1.8 所示的"关闭"
子菜单。

图 4.1.8 所示的"关闭"子菜单中相关命令的说明如下。

A1：关闭当前所有的部件。

A2：以当前名称和位置保存并关闭当前显示的部件。

A3：以不同的名称和（或）不同的位置保存当前显示的部件。

A4：以当前名称和位置保存并关闭所有打开的部件。

A5：保存所有修改过的已打开部件（不包括部分加载的部件），然后退出 UG NX 12.0。

图 4.1.7 "关闭部件"对话框

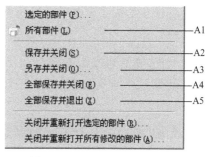

图 4.1.8 "关闭"子菜单

2．退出 UG NX 12.0

选择下拉菜单 文件(F) ➡ 退出(X) 命令（或在工作界面右上角单击 X 按钮），如果部件文件已被修改，系统会弹出图 4.1.9 所示的"退出"对话框。单击 是－保存并退出(Y) 按钮，退出 UG NX 12.0。

图 4.1.9 "退出"对话框

图 4.1.9 所示的"退出"对话框中各选项的说明如下。

- 是－保存并退出(Y) 按钮：保存部件并关闭当前文件。
- 否－退出(N) 按钮：不保存部件并关闭当前文件。
- 取消(C) 按钮：取消此次操作，继续停留在当前文件。

4.2 创 建 体 素

特征是组成零件的基本单元。一般而言，长方体、圆柱体、圆锥体和球体四个基本体素特征常常作为零件模型的第一个特征（基础特征）使用，然后在基础特征之上通过添加新的特征，以得到所需的模型，因此体素特征对零件的设计而言是最基本的特征。下面分

别介绍以上四种基本体素特征的创建方法。

1. 创建长方体

进入建模环境后，选择下拉菜单 插入(S) ➤ 设计特征(E)▸ ➤ 长方体(K)... 命令（或在 主页 功能选项卡 特征 区域的 下拉列表中单击 长方体 按钮），系统弹出图 4.2.1 所示的 "长方体"对话框。在 类型 下拉列表中可以选择创建长方体的方法，共有 3 种。

注意：如果下拉菜单 插入(S) ➤ 设计特征(E)▸ 中没有 长方体(K)... 命令，则需要定制，具体定制过程请参见第 2 章相关小节的内容。在后面的章节中如果有类似情况，将不再进行具体说明。

方法一："原点和边长"方法。

下面以图 4.2.2 所示的长方体特征为例，说明使用"原点和边长"方法创建长方体的一般过程。

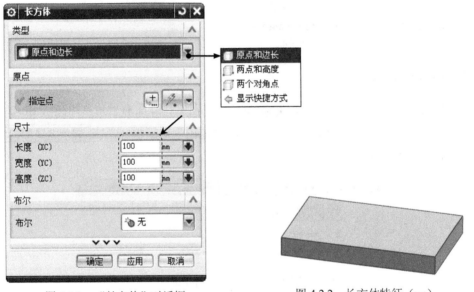

图 4.2.1　"长方体"对话框　　　图 4.2.2　长方体特征（一）

Step1. 选择命令。选择下拉菜单 插入(S) ➤ 设计特征(E)▸ ➤ 长方体(K)... 命令，系统弹出"长方体"对话框。

Step2. 选择创建长方体的方法。在 类型 下拉列表中选择 原点和边长 选项，如图 4.2.1 所示。

Step3. 定义长方体的原点（即长方体的一个顶点）。选择坐标原点为长方体顶点（系统默认选择坐标原点为长方体顶点）。

Step4. 定义长方体的参数。在 长度(XC) 文本框中输入值 140，在 宽度(YC) 文本框中输入值 90，在 高度(ZC) 文本框中输入值 16。

Step5. 单击 确定 按钮，完成长方体的创建。

说明：长方体创建完成后，如果要对其进行修改，可直接双击该长方体，然后根据系统信息提示编辑其参数。

方法二："两点和高度"方法。

"两点和高度"方法要求指定长方体在 Z 轴方向上的高度和其底面两个对角点的位置，以此创建长方体。下面以图 4.2.3 所示的长方体特征为例，说明使用"两点和高度"方法创建长方体的一般过程。

Step1. 打开文件 D:\ug12nc\work\ch04.02\block02.prt。

Step2. 选择命令。选择下拉菜单 插入(S) ➡ 设计特征(E)▶ ➡ 长方体(K)... 命令，系统弹出"长方体"对话框。

Step3. 选择创建长方体的方法。在 类型 下拉列表选择 两点和高度 选项。

Step4. 定义长方体的底面对角点。在图形区中单击图 4.2.4 所示的两个点作为长方体的底面对角点。

图 4.2.3　长方体特征（二）

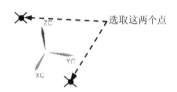

图 4.2.4　选取两个点作为底面对角点

Step5. 定义长方体的高度。在 高度(ZC) 文本框中输入值 100。

Step6. 单击 确定 按钮，完成长方体的创建。

方法三："两个对角点"方法。

该方法要求设置长方体两个对角点的位置，而不用设置长方体的高度，系统即可从对角点创建长方体。下面以图 4.2.5 所示的长方体特征为例，说明使用"两个对角点"方法创建长方体的一般过程。

Step1. 打开文件 D:\ug12nc\work\ch04.02\block03.prt。

Step2. 选择下拉菜单 插入(S) ➡ 设计特征(E)▶ ➡ 长方体(K)... 命令，系统弹出"长方体"对话框。

Step3. 选择创建长方体的方法。在 类型 下拉列表中选择 两个对角点 选项。

Step4. 定义长方体的对角点。在图形区中单击图 4.2.6 所示的两个点作为长方体的对角点。

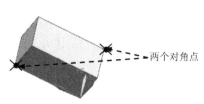

图 4.2.5　长方体特征（三）

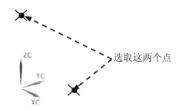

图 4.2.6　选取两个点作为对角点

UG NX 12.0

数控加工完全学习手册

Step5. 单击 确定 按钮，完成长方体的创建。

2．创建圆柱体

创建圆柱体有"轴、直径和高度"和"圆弧和高度"两种方法，下面将分别介绍。

方法一："轴、直径和高度"方法。

"轴、直径和高度"方法要求确定一个矢量方向作为圆柱体的轴线方向，再设置圆柱体的直径和高度参数，以及圆柱体底面中心的位置。下面以图 4.2.7 所示的零件基础特征（圆柱体）为例，说明使用"轴、直径和高度"方法创建圆柱体的一般操作过程。

Step1. 选择命令。选择下拉菜单 插入(S) ➡ 设计特征(E)▶ ➡ 圆柱(C)... 命令（或在 主页 功能选项卡 特征 区域的 下拉列表中单击 圆柱 按钮），系统弹出图 4.2.8 所示的"圆柱"对话框。

Step2. 选择创建圆柱体的方法。在 类型 下拉列表中选择 轴、直径和高度 选项。

Step3. 定义圆柱体轴线方向。单击"矢量对话框"按钮 ，系统弹出图 4.2.9 所示的"矢量"对话框。在该对话框的 类型 下拉列表中选择 ZC 轴 选项，单击 确定 按钮。

图 4.2.7　创建圆柱体（一）

图 4.2.9　"矢量"对话框

图 4.2.8　"圆柱"对话框

Step4. 定义圆柱底面圆心位置。在"圆柱"对话框中单击"点对话框"按钮 ，系统弹出"点"对话框。在该对话框中设置圆心的坐标为 XC=0.0、YC=0.0、ZC=0.0，单击 确定 按钮，系统返回到"圆柱"对话框。

Step5. 定义圆柱体参数。在"圆柱"对话框的 直径 文本框中输入值 100，在 高度 文本框中输入值 100，单击 确定 按钮，完成圆柱体的创建。

方法二："圆弧和高度"方法。

"圆弧和高度"方法就是通过设置所选取的圆弧和高度来创建圆柱体。下面以图 4.2.10 所示的零件基础特征(圆柱体)为例,说明使用"圆弧和高度"方法创建圆柱体的一般操作过程。

Step1. 打开文件 D:\ug12nc\work\ch04.02\cylinder02.prt。

Step2. 选择命令。选择下拉菜单 插入(S) ➡ 设计特征(E)▸ ➡ 圆柱(C)... 命令,系统弹出"圆柱"对话框。

Step3. 选择创建圆柱体的方法。在 类型 下拉列表中选择 圆弧和高度 选项。

Step4. 定义圆柱体参数。根据系统 为圆柱体直径选择圆弧或圆 的提示,在图形区中选中图 4.2.11 所示的圆弧,在 高度 文本框中输入值 100。

Step5. 单击 确定 按钮,完成圆柱体的创建。

图 4.2.10 创建圆柱体(二)

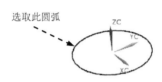

图 4.2.11 选取圆弧

3. 创建圆锥体

圆锥体的创建方法有以下 5 种。

方法一:"直径和高度"方法。

"直径和高度"方法就是通过设置圆锥体的底部直径、顶部直径、高度以及圆锥轴线方向来创建圆锥体。下面以图 4.2.12 所示的圆锥体特征为例,说明使用"直径和高度"方法创建圆锥体的一般操作过程。

Step1. 选择命令。选择下拉菜单 插入(S) ➡ 设计特征(E)▸ ➡ 圆锥(O)... 命令(或在 主页 功能选项卡 特征 区域的 下拉列表中单击 圆锥 按钮),系统弹出图 4.2.13 所示的"圆锥"对话框。

Step2. 选择创建圆锥体的方法。在 类型 下拉列表中选择 直径和高度 选项。

Step3. 定义圆锥体轴线方向。在该对话框中单击 按钮,系统弹出"矢量"对话框,在"矢量"对话框的 类型 下拉列表中选择 ZC 轴 选项。

Step4. 定义圆锥体底面原点(圆心)。接受系统默认的原点(0,0,0)为底圆原点。

Step5. 定义圆锥体参数。在 底部直径 文本框中输入值 50,在 顶部直径 文本框中输入值 0,在 高度 文本框中输入值 25。

Step6. 单击 确定 按钮,完成圆锥体的创建。

图 4.2.12　圆锥体特征（一）　　　　　　　　图 4.2.13　"圆锥"对话框

方法二："直径和半角"方法。

"直径和半角"方法就是通过设置底部直径、顶部直径、半角以及圆锥轴线方向来创建圆锥体。下面以图 4.2.14 所示的圆锥体特征为例，说明使用"直径和半角"方法创建圆锥体的一般操作过程。

图 4.2.14　圆锥体特征（二）

Step1. 选择命令。选择下拉菜单 插入(S) ➡️ 设计特征(E) ▶ ➡️ ⚠️ 圆锥(O)... 命令，系统弹出"圆锥"对话框。

Step2. 选择创建圆锥体的方法。在 类型 下拉列表中选择 ⚠️ 直径和半角 选项。

Step3. 定义圆锥体轴线方向。在该对话框中单击 ⤴ 按钮，系统弹出"矢量"对话框，在"矢量"对话框的 类型 下拉列表中选择 ▲ ZC 轴 选项。

Step4. 定义圆锥体底面原点（圆心）。选择系统默认的坐标原点（0,0,0）为底面原点。

Step5. 定义圆锥体参数。在 底部直径 文本框中输入值 50，在 顶部直径 文本框中输入值 0，在 半角 文本框中输入值 30，单击 确定 按钮，完成圆锥体的创建。

方法三："底部直径，高度和半角"方法。

"底部直径，高度和半角"方法是通过设置底部直径、高度和半角参数以及圆锥轴线方向来创建圆锥体。下面以图 4.2.15 所示的圆锥体特征为例，说明使用"底部直径，高度和半角"方法创建圆锥体的一般操作过程。

图 4.2.15　圆锥体特征（三）

Step1. 选择命令。选择下拉菜单 插入(S) ➡ 设计特征(E)▶ ➡ ⚠圆锥(O)... 命令，系统弹出"圆锥"对话框。

Step2. 选择创建圆锥体的方法。在 类型 下拉列表中选择 ⬛底部直径，高度和半角 选项。

Step3. 定义圆锥体轴线方向。在该对话框中单击 ⬚ 按钮，系统弹出"矢量"对话框，在"矢量"对话框的 类型 下拉列表中选择 ZC 轴 选项。

Step4. 定义圆锥体底面原点（圆心）。选择系统默认的坐标原点（0,0,0）为底面原点。

Step5. 定义圆锥体参数。在 底部直径、高度、半角 文本框中分别输入值 100、86.6、30。单击 确定 按钮，完成圆锥体的创建。

方法四："顶部直径，高度和半角"方法。

"顶部直径，高度和半角"方法是通过设置顶部直径、高度和半角参数以及圆锥轴线方向来创建圆锥体。其操作和"底部直径，高度和半角"方法基本一致，可参照其创建的步骤，在此不再赘述。

方法五："两个共轴的圆弧"方法。

"两个共轴的圆弧"方法是通过选取两个圆弧对象来创建圆锥体。下面以图 4.2.16 所示的圆锥体特征为例，说明使用"两个共轴的圆弧"方法创建圆锥体的一般操作过程。

Step1. 打开文件 D:\ug12nc\work\ch04.02\cone04.prt。

Step2. 选择命令。选择下拉菜单 插入(S) ➡ 设计特征(E)▶ ➡ ⚠圆锥(O)... 命令，系统弹出"圆锥"对话框。

Step3. 选择创建圆锥体的方法。在 类型 下拉列表中选择 ⬛两个共轴的圆弧 选项。

Step4. 选择图 4.2.17 所示的两条圆弧分别为底部圆弧和顶部圆弧，单击 确定 按钮，完成圆锥体的创建。

图 4.2.16　圆锥体特征（四）

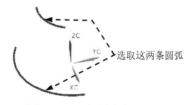

选取这两条圆弧

图 4.2.17　选取圆弧

注意：创建圆锥体中的"两个共轴的圆弧"方法所选的这两条弧（或圆）必须共轴。两条弧（圆）的直径不能相等，否则创建出错。

4．创建球体

球体的创建可以通过"中心点和直径"及"圆弧"这两种方法，下面分别介绍。

方法一："中心点和直径"方法。

"中心点和直径"方法就是通过设置球体的直径和球体中心点位置来创建球特征。下面以图 4.2.18 所示的零件基础特征——球体特征为例，说明使用"中心点和直径"方法创建球体的一般操作过程。

Step1. 选择命令。选择下拉菜单 插入(S) ➡ 设计特征(E)▶ ➡ 球(S)... 命令，系统弹出"球"对话框。

Step2. 选择创建球体的方法。在 类型 下拉列表中选择 中心点和直径 选项，此时"球"对话框如图 4.2.19 所示。

Step3. 定义球中心点位置。在该对话框中单击 按钮，系统弹出 "点"对话框，接受系统默认的坐标原点（0，0，0）为球心。

Step4. 定义球体直径。在 直径 文本框中输入值 100。单击 确定 按钮，完成球体的创建。

图 4.2.18　球体特征（一）　　　　　　图 4.2.19　"球"对话框

方法二："圆弧"方法。

"圆弧"方法就是通过选取的圆弧来创建球体，选取的圆弧可以是一段弧，也可以是圆。下面以图 4.2.20 所示的零件基础特征——球体特征为例，说明使用"圆弧"方法创建球体的一般操作过程。

Step1. 打开文件 D:\ug12nc\work\ch04.02\sphere02.prt。

Step2. 选择命令。选择下拉菜单 插入(S) ➡ 设计特征(E)▶ ➡ 球(S)... 命令，系统

弹出"球"对话框。

Step3. 选择创建球体的方法。在 类型 下拉列表中选择 ◯ 圆弧 选项。

Step4. 根据系统 选择圆弧 的提示，在图形区选取图 4.2.21 所示的圆弧，单击 确定 按钮，完成球体的创建。

图 4.2.20 球体特征（二）

图 4.2.21 选取圆弧

4.3 三维建模的布尔操作

4.3.1 布尔操作概述

布尔操作可以将原先存在的多个独立实体进行运算，以产生新的实体。进行布尔运算时，首先选择目标体（即对其执行布尔运算的实体，只能选择一个），然后选择工具体（即在目标体上执行操作的实体，可以选择多个），运算完成后，工具体成为目标体的一部分，而且如果目标体和工具体具有不同的图层、颜色、线型等特性，产生的新实体具有与目标体相同的特性。如果部件文件中已存有实体，当建立新特征时，新特征可以作为工具体，已存在的实体作为目标体。布尔操作主要包括以下三部分内容。

- 布尔求和操作。
- 布尔求差操作。
- 布尔求交操作。

4.3.2 布尔求和操作

布尔求和操作用于将工具体和目标体合并成一体。下面以图 4.3.1 所示的模型为例，介绍布尔求和操作的一般过程。

Step1. 打开文件 D:\ug12nc\work\ch04.03\unite.prt。

Step2. 选择命令。选择下拉菜单 插入(S) ➡ 组合(B) ▶ ➡ 合并(U) 命令，系统弹出图 4.3.2 所示的"合并"对话框。

Step3. 定义目标体和工具体。在图 4.3.1a 中，依次选择目标（长方体）和刀具（球体），单击 ＜确定＞ 按钮，完成布尔求和操作，结果如图 4.3.1b 所示。

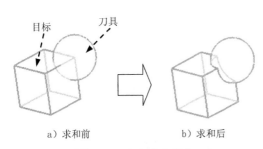

目标　刀具

a）求和前　　　　　　　　b）求和后

图 4.3.1　布尔求和操作

图 4.3.2　"合并"对话框

注意： 布尔求和操作要求工具体和目标体必须在空间上接触才能进行运算，否则将提示出错。

图 4.3.2 所示的"合并"对话框中各复选框的功能说明如下。

- ☑ **保存目标** 复选框：为求和操作保存目标体。如果需要在一个未修改的状态下保存所选目标体的副本时，使用此选项。

- ☑ **保存工具** 复选框：为求和操作保存工具体。如果需要在一个未修改的状态下保存所选工具体的副本时，使用此选项。在编辑"求和"特征时，"保存工具"选项不可用。

4.3.3　布尔求差操作

布尔求差操作用于将工具体从目标体中移除。下面以图 4.3.3 所示的模型为例，介绍布尔求差操作的一般过程。

Step1. 打开文件 D:\ug12nc\work\ch04.03\subtract.prt。

Step2. 选择命令。选择下拉菜单 插入(S) ➡ 组合(B) ▶ ➡ 🗗 减去(S)... 命令，系统弹出图 4.3.4 所示的"求差"对话框。

Step3. 定义目标体和刀具体。依次选择图 4.3.3a 所示的目标和刀具，单击 < 确定 > 按钮，完成布尔求差操作。

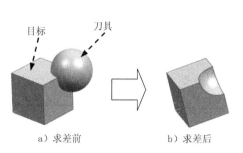

a) 求差前   b) 求差后

图 4.3.3　布尔求差操作

图 4.3.4　"求差"对话框

4.3.4　布尔求交操作

布尔求交操作用于创建包含两个不同实体的公共部分。进行布尔求交运算时，工具体与目标体必须相交。下面以图 4.3.5 所示的模型为例，介绍布尔求交操作的一般过程。

Step1. 打开文件 D:\ug12nc\work\ch04.03\intersection.prt。

Step2. 选择命令。选择下拉菜单 插入(S) ➡ 组合(B) ▶ ➡ 相交(I)... 命令，系统弹出图 4.3.6 所示的"相交"对话框。

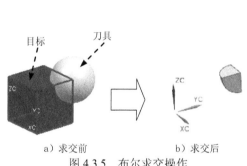

a) 求交前   b) 求交后

图 4.3.5　布尔求交操作

图 4.3.6　"相交"对话框

Step3. 定义目标体和工具体。依次选取图 4.3.5a 所示的实体作为目标和刀具，单击 确定 按钮，完成布尔求交操作。

4.3.5　布尔出错消息

如果布尔运算的使用不正确，则可能出现错误，其出错信息如下。

● 在进行实体的求差和求交运算时，所选工具体必须与目标体相交，否则系统会发布警告信息"工具体完全在目标体外"。

● 在进行操作时，如果使用复制目标，且没有创建一个或多个特征，则系统会发布警告信息"不能创建任何特征"。

- 如果在执行一个片体与另一个片体求差操作时，则系统会发布警告信息"非歧义实体"。
- 如果在执行一个片体与另一个片体求交操作时，则系统会发布警告信息"无法执行布尔运算"。

注意： 如果创建的是第一个特征，此时不存在布尔运算，"布尔操作"列表框为灰色。从创建第二个特征开始，以后加入的特征都可以选择"布尔操作"，而且对于一个独立的部件，每一个添加的特征都需要选择"布尔操作"，系统默认选中"创建"类型。

4.4 拉 伸 特 征

4.4.1 拉伸特征概述

拉伸特征是将截面沿着草图平面的垂直方向拉伸而成的特征，它是最常用的零件建模方法。下面以一个简单实体三维模型（图 4.4.1）为例，说明拉伸特征的基本概念及其创建方法，同时介绍用 UG 软件创建零件三维模型的一般过程。

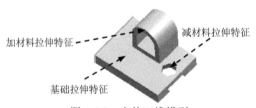

图 4.4.1　实体三维模型

4.4.2 创建基础特征——拉伸

下面以图 4.4.2 所示的拉伸特征为例，说明创建拉伸特征的一般步骤。创建前，请先新建一个模型文件，命名为 base_block，进入建模环境。

图 4.4.2　拉伸特征

1. 选取拉伸特征命令

选取特征命令一般有如下两种方法。

方法一： 从下拉菜单中获取特征命令。选择下拉菜单 插入(S) ➡ 设计特征(E) ➡ 拉伸(E) 命令。

方法二：从功能区中获取特征命令。本例可以直接单击 主页 功能选项卡 特征 区域的 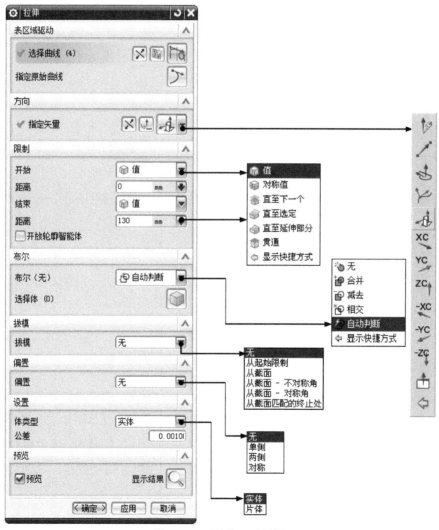 按钮。

2．定义拉伸特征的截面草图

定义拉伸特征截面草图的方法有两种：选择已有草图作为截面草图；创建新草图作为截面草图，本例中介绍第二种方法，具体定义过程如下。

Step1. 选取"新建草图"命令。选择特征命令后，系统弹出图 4.4.3 所示的"拉伸"对话框，在该对话框中单击 按钮，创建新草图。

图 4.4.3　"拉伸"对话框

图 4.4.3 所示的"拉伸"对话框中相关选项的功能说明如下。

● （选择曲线）：选择已有的草图或几何体边缘作为拉伸特征的截面。

● （绘制截面）：创建一个新草图作为拉伸特征的截面。完成草图并退出草图环

境后，系统自动选择该草图作为拉伸特征的截面。

- ● [图标]：该选项用于指定拉伸的方向。可单击对话框中的[图标]按钮，从系统弹出的下拉列表中选取相应的方式，指定拉伸的矢量方向。单击[图标]按钮，系统就会自动使当前的拉伸方向反向。

- ● [体类型]：用于指定拉伸生成的是片体（即曲面）特征还是实体特征。

说明：在拉伸操作中，也可以在图形区拖动相应的手柄按钮，设置拔模角度和偏置值等，这样操作更加方便和灵活。另外，UG NX 12.0 支持最新的动态拉伸操作方法——可以用鼠标选中要拉伸的曲线，然后右击，在系统弹出的快捷菜单中选择[图标] 拉伸(E)...命令，同样可以完成相应的拉伸操作。

Step2. 定义草图平面。

对草图平面的概念和有关选项介绍如下。

- ● 草图平面是特征截面或轨迹的绘制平面。

- ● 选择的草图平面可以是 XY 平面、YZ 平面和 ZX 平面中的一个，也可以是模型的某个表面。

完成上步操作后，选取 ZX 平面作为草图平面，单击 确定 按钮，进入草图环境。

Step3. 绘制截面草图。

基础拉伸特征的截面草图如图 4.4.4 所示。绘制特征截面草图图形的一般步骤如下。

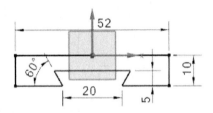

图 4.4.4　基础特征的截面草图

（1）设置草图环境，调整草图区。

① 进入草图环境后，若图形被移动至不方便绘制的方位，应单击"草图生成器"工具栏中的"定向到草图"按钮[图标]，调整到正视于草图的方位（也就是使草图基准面与屏幕平行）。

② 除可以移动和缩放草图区外，如果用户想在三维空间绘制草图，或希望看到模型截面图在三维空间的方位，可以旋转草图区，方法是按住中键并移动鼠标，此时可看到图形跟着鼠标旋转。

（2）创建截面草图。下面介绍创建截面草图的一般流程，在以后的章节中创建截面草图时，可参照这里的内容。

① 绘制截面几何图形的大体轮廓。

注意：绘制草图时，开始没有必要很精确地绘制截面的几何形状、位置和尺寸，只要大概的形状与图 4.4.5 相似就可以。

② 建立几何约束。建立图 4.4.6 所示的水平、竖直、相等、共线和对称约束。

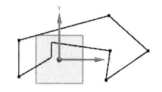

图 4.4.5 截面草图的初步图形

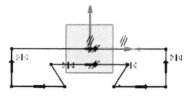

图 4.4.6 建立几何约束

③ 建立尺寸约束。单击 主页 功能选项卡 约束 区域中的"快速尺寸"按钮，标注图 4.4.7 所示的五个尺寸，建立尺寸约束。

④ 修改尺寸。将尺寸修改为设计要求的尺寸，如图 4.4.8 所示。其操作提示与注意事项如下。

● 尺寸的修改应安排在建立完约束以后进行。

● 注意修改尺寸的顺序，先修改对截面外观影响不大的尺寸。

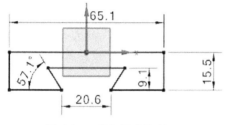

图 4.4.7 建立尺寸约束

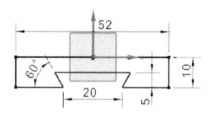

图 4.4.8 修改尺寸

Step4. 完成草图绘制后，选择下拉菜单 任务(K) ➡ 完成草图(K) 命令，退出草图环境。

3．定义拉伸类型

退出草图环境后，图形区出现拉伸的预览，在对话框中不进行选项操作，创建系统默认的实体类型。

4．定义拉伸深度属性

Step1. 定义拉伸方向。拉伸方向采用系统默认的矢量方向，如图 4.4.9 所示。

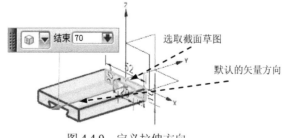

图 4.4.9 定义拉伸方向

说明："拉伸"对话框中的 选项用于指定拉伸的方向，单击对话框中的 按钮，从

系统弹出的下拉列表中选取相应的方式，即可指定拉伸的矢量方向，单击 ✗ 按钮，系统就会自动使当前的拉伸方向反向。

Step2. 定义拉伸深度。在 开始 下拉列表中选择 ⟦对称值⟧ 选项，在 距离 文本框中输入值35.0，此时图形区如图 4.4.9 所示。

说明：

- ⟦限制⟧ 区域：⟦开始⟧ 下拉列表包括 6 种拉伸控制方式。

    ☑ ⟦值⟧：分别在 ⟦开始⟧ 和 ⟦结束⟧ 下面的 距离 文本框输入具体的数值（可以为负值）来确定拉伸的深度，起始值与结束值之差的绝对值为拉伸的深度，如图 4.4.10 所示。

    ☑ ⟦对称值⟧：特征将在截面所在平面的两侧进行拉伸，且两侧的拉伸深度值相等，如图 4.4.10 所示。

    ☑ ⟦直至下一个⟧：特征拉伸至下一个障碍物的表面处终止，如图 4.4.10 所示。

    ☑ ⟦直至选定⟧：特征拉伸到选定的实体、平面、辅助面或曲面为止，如图 4.4.10 所示。

    ☑ ⟦直至延伸部分⟧：把特征拉伸到选定的曲面，但是选定面的大小不能与拉伸体完全相交，系统就会自动按照面的边界延伸面的大小，然后再切除生成拉伸体，圆柱的拉伸被选择的面（框体的内表面）延伸后切除。

    ☑ ⟦贯通⟧：特征在拉伸方向上延伸，直至与所有曲面相交，如图 4.4.10 所示。

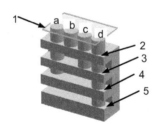

a.值
b.直至下一个
c.直至选定对象
d.贯穿

1.草图基准平面
2.下一个曲面（平面）
3~5.模型的其他曲面（平面）

图 4.4.10　拉伸深度选项示意图

- ⟦布尔⟧ 区域：如果图形区在拉伸之前已经创建了其他实体，则可以在进行拉伸的同时与这些实体进行布尔操作，包括创建求和、求差和求交。

- ⟦拔模⟧ 区域：对拉伸体沿拉伸方向进行拔模。角度大于 0 时，沿拉伸方向向内拔模；角度小于 0 时，沿拉伸方向向外拔模。

    ☑ ⟦从起始限制⟧：将直接从设置的起始位置开始拔模。

    ☑ ⟦从截面⟧：用于设置拉伸特征拔模的起始位置为拉伸截面处。

    ☑ ⟦从截面 - 不对称角⟧：在拉伸截面两侧进行不对称的拔模。

    ☑ ⟦从截面 - 对称角⟧：在拉伸截面两侧进行对称的拔模，如图 4.4.11 所示。

    ☑ ⟦从截面匹配的终止处⟧：在拉伸截面两侧进行拔模，所输入的角度为"结束"侧的拔模角度，且起始面与结束面的大小相同，如图 4.4.12 所示。

- ⟦偏置⟧ 区域：通过设置起始值与结束值，可以创建拉伸薄壁类型特征，如图 4.4.13

所示，起始值与结束值之差的绝对值为薄壁的厚度。

图 4.4.11 "对称角"

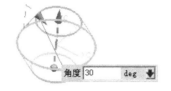

图 4.4.12 "从截面匹配的终止处"

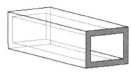

图 4.4.13 "偏置"

5. 完成拉伸特征的定义

Step1. 特征的所有要素定义完毕后，预览所创建的特征，检查各要素的定义是否正确。

说明：预览时，可按住鼠标中键进行旋转查看，如果所创建的特征不符合设计意图，可选择对话框中的相关选项重新定义。

Step2. 预览完成后，单击"拉伸"对话框中的 < 确定 > 按钮，完成特征的创建。

4.4.3 添加其他特征

1. 添加"加材料拉伸特征"

在创建零件的基本特征后，可以增加其他特征。现在要添加图 4.4.14 所示的"加材料拉伸特征"，操作步骤如下。

Step1. 选择下拉菜单 插入(S) ➡ 设计特征(E)▶ ➡ 拉伸(E)... 命令（或单击"特征"区域中的 按钮），系统弹出"拉伸"对话框。

Step2. 创建截面草图。

（1）选取草图基准平面。在"拉伸"对话框中单击 按钮，然后选取图 4.4.15 所示的模型表面作为草图基准平面，单击 确定 按钮，进入草图环境。

（2）绘制特征的截面草图。绘制图 4.4.16 所示的截面草图的大体轮廓。完成草图绘制后，单击 主页 功能选项卡"草图"区域中的 完成 按钮，退出草图环境。

Step3. 定义拉伸属性。

（1）定义拉伸深度方向。单击对话框中的 按钮，反转拉伸方向。

（2）定义拉伸深度。在"拉伸"对话框的 开始 下拉列表中选择 值 选项，在其下的 距离 文本框中输入值 0，在 结束 下拉列表中选择 值 选项，在其下的 距离 文本框中输入值 25，在 偏置 区域的下拉列表中选择 两侧 选项，在 开始 文本框中输入值-5，在 结束 文本框中输入值 0，其他采用系统默认设置值。在 布尔 区域中选择 合并 选项，采用系统默认的求和对象。

Step4. 单击"拉伸"对话框中的 < 确定 > 按钮，完成特征的创建。

注意： 此处进行布尔操作是将基础拉伸特征与加材料拉伸特征合并为一体，如果不进行此操作，基础拉伸特征与加材料拉伸特征将是两个独立的实体。

　　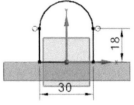

图 4.4.14　添加"加材料拉伸特征"　　图 4.4.15　选取草图基准平面　　图 4.4.16　截面草图

2．添加"减材料拉伸特征"

减材料拉伸特征的创建方法与加材料拉伸基本一致，只不过加材料拉伸是增加实体，而减材料拉伸则是减去实体。现在要添加图 4.4.17 所示的"减材料拉伸特征"，具体操作步骤如下。

Step1．选择命令。选择下拉菜单 插入(S) ➡ 设计特征(E)▶ ➡ 📖拉伸(E)... 命令（或单击"特征"区域中的📖按钮），系统弹出"拉伸"对话框。

Step2．创建截面草图。

（1）选取草图基准平面。在"拉伸"对话框中单击📷按钮，然后选取图 4.4.18 所示的模型表面作为草图基准平面，单击 确定 按钮，进入草图环境。

（2）绘制特征的截面草图。绘制图 4.4.19 所示的截面草图的大体轮廓。完成草图绘制后，单击 📋 按钮，退出草图环境。

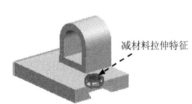　　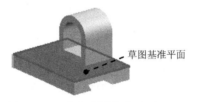　　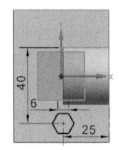

图 4.4.17　添加"减材料拉伸特征"　　图 4.4.18　选取草图基准平面　　图 4.4.19　截面草图

Step3．定义拉伸属性。

（1）定义拉伸深度方向。单击对话框中的 ✗ 按钮，反转拉伸方向。

（2）定义拉伸深度类型和深度值。在"拉伸"对话框的 结束 下拉列表中选择 贯通 选项，在 布尔 区域中选择 🔘 减去 选项，采用系统默认的求差对象。

Step4．单击"拉伸"对话框中的 < 确定 > 按钮，完成特征的创建。

Step5．选择下拉菜单 文件(F) ➡ 📄 保存(S) 命令，保存模型文件。

4.5 旋 转 特 征

4.5.1 旋转特征概述

旋转特征是将截面绕着一条中心轴线旋转而形成的特征,如图 4.5.1 所示。选择下拉菜单 插入(S) ➡ 设计特征(E)▶ ➡ 旋转(R)... 命令(或单击 主页 功能选项卡 特征 区域 ⊞ ▾ 下拉列表中的 旋转 按钮),系统弹出"旋转"对话框,如图 4.5.2 所示。

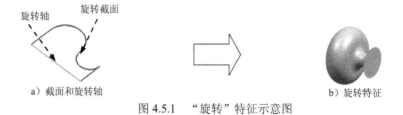

旋转轴 旋转截面

a)截面和旋转轴
b)旋转特征

图 4.5.1 "旋转"特征示意图

图 4.5.2 "旋转"对话框

图 4.5.2 所示的"旋转"对话框中各选项的功能说明如下。

- ▣ （选择截面）：选择已有的草图或几何体边缘作为旋转特征的截面。

- ▣ （绘制截面）：创建一个新草图作为旋转特征的截面。完成草图并退出草图环境后，系统自动选择该草图作为旋转特征的截面。

- 限制 区域：包含 开始 和 结束 两个下拉列表及两个位于其下的 角度 文本框。

  - ☑ 开始 下拉列表：用于设置旋转的类项，角度 文本框用于设置旋转的起始角度，其值的大小是相对于截面所在的平面而言的，其方向以与旋转轴成右手定则的方向为准。在 开始 下拉列表中选择 ▣ 值 选项，则需设置起始角度和终止角度；在 开始 下拉列表中选择 ▣ 直至选定 选项，则需选择要开始或停止旋转的面或相对基准平面，其使用结果如图 4.5.3 所示。

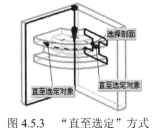

图 4.5.3 "直至选定"方式

  - ☑ 结束 下拉列表：用于设置旋转的类项，角度 文本框设置旋转对象旋转的终止角度，其值的大小也是相对于截面所在的平面而言的，其方向也是以与旋转轴成右手定则为准。

- 偏置 区域：利用该区域可以创建旋转薄壁类型特征。

- ☑ 预览 复选框：使用预览可确定创建旋转特征之前参数的正确性。系统默认选中该复选框。

- ▣ 按钮：可以选取已有的直线或者轴作为旋转轴矢量，也可以使用"矢量构造器"方式构造一个矢量作为旋转轴矢量。

- ▣ 按钮：如果用于指定旋转轴的矢量方法，则需要单独再选定一点，例如用于平面法向时，此选项将变为可用。

- 布尔 区域：创建旋转特征时，如果已经存在其他实体，则可以与其进行布尔操作，包括创建求和、求差和求交。

注意：在图 4.5.2 所示的"旋转"对话框中单击 ▣ 按钮，系统弹出"矢量"对话框，其应用将在下一节中详细介绍。

4.5.2　关于"矢量"对话框

在建模的过程中，矢量的应用十分广泛，如对定义对象的高度方向、投影方向和旋转中心轴等进行设置。"矢量"对话框如图 4.5.4 所示。图 4.5.4 中的 XC 轴、YC 轴和 ZC 轴等矢量就是当前工作坐标系（WCS）的坐标轴方向，调整工作坐标系的方位，就能改变当前建模环境中的 XC 轴、YC 轴和 ZC 轴等矢量，但不会影响前面已经创建的与矢量有关的操作。

图 4.5.4 "矢量"对话框

图 4.5.4 所示的"矢量"对话框 类型 下拉列表中各选项的功能说明如下。

- 自动判断的矢量：可以根据选取的对象自动判断所定义矢量的类型。

- 两点：利用空间两点创建一个矢量，矢量方向为由第一点指向第二点。

- 与 XC 成一角度：用于在 XY 平面上创建与 XC 轴成一定角度的矢量。

- 曲线/轴矢量：通过选取曲线上某点的切向矢量来创建一个矢量。

- 曲线上矢量：在曲线上的任一点指定一个与曲线相切的矢量。可按照圆弧长或百分比圆弧长指定位置。

- 面/平面法向：用于创建与实体表面（必须是平面）法线或圆柱面的轴线平行的矢量。

- XC 轴：用于创建与 XC 轴平行的矢量。注意，这里的"与 XC 轴平行的矢量"不是 XC 轴。例如，在定义旋转特征的旋转轴时，如果选择此项，只是表示旋转轴的方向与 XC 轴平行，并不表示旋转轴就是 XC 轴，所以这时要完全定义旋转轴，还必须再选取一点定位旋转轴。下面五项与此相同。

- YC 轴：用于创建与 YC 轴平行的矢量。

- ZC 轴：用于创建与 ZC 轴平行的矢量。

- -XC 轴：用于创建与-XC 轴平行的矢量。

- -YC 轴：用于创建与-YC 轴平行的矢量。

- -ZC 轴：用于创建与-ZC 轴平行的矢量。

- 视图方向：指定与当前工作视图平行的矢量。

- 按系数：按系数指定一个矢量。

- 按表达式：使用矢量类型的表达式来指定矢量。

创建矢量有两种方法，下面分别介绍。

方法一：

利用"矢量"对话框中的按钮创建矢量，共有 15 种方式。

方法二：

输入矢量的各分量值创建矢量。使用该方式需要确定矢量分量的表达方式。UG NX 12.0 软件提供了下面两种坐标系。

- ⊙ 笛卡尔坐标系 ：用矢量的各分量来确定直角坐标，即在"矢量"对话框的 I 、J 和 K 文本框中输入矢量的各分量值来创建矢量。

- ⊙ 球坐标系 ：矢量坐标分量为球形坐标系的两个角度值，其中 Phi 是矢量与 X 轴的夹角， Theta 是矢量在 XY 面内的投影与 ZC 轴的夹角，通过在文本框中输入角度值，定义矢量方向。

4.5.3　旋转特征创建的一般过程

下面以图 4.5.5 所示的模型和模型树为例，说明创建旋转特征的一般操作过程。

Step1. 打开文件 D:\ug12nc\work\ch04.05\revolved.prt。

Step2. 选择命令。选择 插入(S) ➡ 设计特征(E)▶ ➡ 旋转(R)... 命令，系统弹出"旋转"对话框。

Step3. 定义旋转截面。单击 按钮，选取图 4.5.6 所示的曲线为旋转截面，单击中键确认。

Step4. 定义旋转轴。单击 按钮，在系统弹出的"矢量"对话框的 类型 下拉列表中选择 曲线/轴矢量 选项，选取图 4.5.6 所示的直线为旋转轴，然后单击"矢量"对话框中的 确定 按钮。

图 4.5.5　模型及模型树

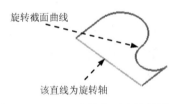

图 4.5.6　定义旋转截面和旋转轴

注意：

（1）Step3 和 Step4 两步操作可以简化为：先选取图 4.5.6 所示的曲线为旋转截面，再单击中键以结束截面曲线的选取，然后选取图 4.5.6 所示的直线为旋转轴。

（2）如图 4.5.6 所示，作为旋转截面的曲线和作为旋转轴的直线是两个独立的草图。

Step5. 确定旋转角度的起始值和结束值。在"旋转"对话框 开始 区域的 角度 文本框中

输入值 0，在 结束 区域的 角度 文本框中输入值 360。

Step6. 单击 ＜ 确定 ＞ 按钮，完成旋转特征的创建。

4.6 倒 斜 角

构建特征不能单独生成，而只能在其他特征上生成，孔特征、倒斜角特征和倒圆角特征等都是典型的构建特征。使用"倒斜角"命令可以在两个面之间创建用户需要的倒角。下面以图 4.6.1 所示的范例来说明创建倒斜角的一般过程。

<table>
<tr><td>a）倒斜角前</td><td>b）倒斜角后</td></tr>
</table>

图 4.6.1 创建倒斜角

Step1. 打开文件 D:\ug12nc\work\ch04.07\chamber.prt。

Step2. 选择命令。选择下拉菜单 插入(S) ➡ 细节特征(L) ➡ 倒斜角(M) 命令，系统弹出图 4.6.2 所示的"倒斜角"对话框。

Step3. 选择倒斜角方式。在 横截面 下拉列表中选择 对称 选项，如图 4.6.2 所示。

Step4. 选取图 4.6.3 所示的边线为倒斜角的参照边。

Step5. 定义倒角参数。在系统弹出的动态输入框中输入偏置值 2.0（可拖动屏幕上的拖拽手柄至用户需要的偏置值），如图 4.6.4 所示。

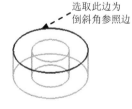
选取此边为
倒斜角参照边

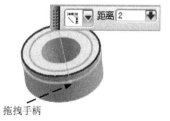
拖拽手柄

图 4.6.2 "倒斜角"对话框   图 4.6.3 选择倒斜角参照边   图 4.6.4 拖动拖拽手柄

Step6. 单击 ＜ 确定 ＞ 按钮，完成倒斜角的创建。

图 4.6.2 所示的"倒斜角"对话框中有关选项的说明如下。

- ▊对称▊: 单击该按钮, 建立一简单倒斜角, 沿两个表面的偏置值是相同的。
- ▊非对称▊: 单击该按钮, 建立一简单倒斜角, 沿两个表面有不同的偏置量。对于不对称偏置, 可利用 ⤢ 按钮反转倒斜角偏置顺序 (从边缘一侧到另一侧)。
- ▊偏置和角度▊: 单击该按钮, 建立一简单倒斜角, 它的偏置量是由一个偏置值和一个角度决定的。
- ▊偏置方法▊: 包括以下两种偏置方法。
   - ☑ ▊沿面偏置边▊: 仅为简单形状生成精确的倒斜角, 从倒斜角的边开始, 沿着面测量偏置值, 这将定义新倒斜角面的边。
   - ☑ ▊偏置面并修剪▊: 如果被倒斜角的面很复杂, 此选项可延伸用于修剪原始曲面的每个偏置曲面。

4.7 边 倒 圆

使用"边倒圆"(倒圆角) 命令可以使多个面共享的边缘变光滑, 如图 4.7.1 所示。它既可以创建圆角的边倒圆 (对凸边缘则去除材料), 也可以创建倒圆角的边倒圆 (对凹边缘则添加材料)。下面以图 4.7.1 所示的范例说明边倒圆的一般创建过程。

Task1. 打开零件模型

打开文件 D:\ug12nc\work\ch04.07\blend.prt。

a) 边倒圆前   b) 边倒圆后

图 4.7.1 "边倒圆"模型

Task2. 创建等半径边倒圆

Step1. 选择命令。选择下拉菜单 插入(S) ➡ 细节特征(L) ➡ ▊边倒圆(E)...▊命令, 系统弹出图 4.7.2 所示的"边倒圆"对话框。

Step2. 定义圆角形状。在对话框的 形状 下拉列表中选择 ▊圆形▊ 选项。

图 4.7.2 所示的"边倒圆"对话框中各选项的说明如下。

- ▢ (选择边): 该按钮用于创建一个恒定半径的圆角, 这是最简单、最容易生成的圆角。
- 形状 下拉列表: 用于定义倒圆角的形状, 包括以下两个形状。
   - ☑ ▊圆形▊: 选择此选项, 倒圆角的截面形状为圆形。

☑ **二次曲线**：选择此选项，倒圆角的截面形状为二次曲线。

● **变半径**：定义边缘上的点，然后输入各点位置的圆角半径值，沿边缘的长度改变倒圆半径。在改变圆角半径时，必须至少已指定了一个半径恒定的边缘，才能使用该选项对它添加可变半径点。

● **拐角倒角**：添加回切点到一倒圆拐角，通过调整每一个回切点到顶点的距离，对拐角应用其他的变形。

● **拐角突然停止**：通过添加突然停止点，可以在非边缘端点处停止倒圆，进行局部边缘段倒圆。

图 4.7.2 "边倒圆"对话框

Step3. 选取要倒圆的边。单击 边 区域中的 <img> 按钮，选取要倒圆的边，如图 4.7.3 所示。

图 4.7.3 创建边倒圆

Step4. 输入倒圆参数。在对话框的 半径 1 文本框中输入圆角半径值 5。

Step5. 单击 < 确定 > 按钮，完成倒圆特征的创建。

Task3. 创建变半径边倒圆

Step1. 选择命令。选择下拉菜单 插入(S) ➡ 细节特征(L) ➡ 边倒圆(E) 命令，系统弹出"边倒圆"对话框。

Step2. 选取要倒圆的边。选取图 4.7.4 所示的倒圆参照边。

Step3. 定义圆角形状。在对话框的 形状 下拉列表中选择 圆形 选项。

Step4. 定义变半径点。单击 变半径 下方的 指定半径点 区域，单击参照边上任意一点，系统在参照边上出现"圆弧长锚"，如图 4.7.5 所示。单击"圆弧长锚"并按住左键不放，拖动到弧长百分比值为 91.0% 的位置（或输入弧长百分比值 91.0%）。

Step5. 定义圆角参数。在系统弹出的动态输入框中输入半径值 2（也可拖动"可变半径拖动手柄"至需要的半径值）。

Step6. 定义第二个变半径点。其圆角半径值为 5，弧长百分比值为 28.0%，详细步骤同 Step4、Step5。

Step7. 单击 < 确定 > 按钮，完成可变半径倒圆特征的创建。

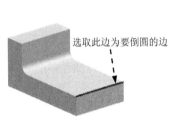

图 4.7.4 选取倒圆参照边

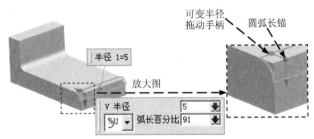

图 4.7.5 创建第一个"圆弧长锚"

4.8 对 象 操 作

在对模型特征进行操作时，通常需要对目标对象进行显示、隐藏、分类和删除等操作，使用户能更快捷、更容易地达到目的。

4.8.1 控制对象模型的显示

模型的显示控制主要通过图 4.8.1 所示的"视图"功能选项卡来实现，也可通过 视图(V) 下拉菜单中的命令来实现。

图 4.8.1 所示的"视图"功能选项卡中部分选项说明如下。

⊞（适合窗口）：调整工作视图的中心和比例以显示所有对象。

🔧：正三轴测图。　　　　　　　□：俯视图。

🔧：正等测图。　　　　　　　　◻：左视图。

📐：前视图。　　　　　　　　　◻：右视图。

: 后视图。　　　　　　　　　　: 仰视图。

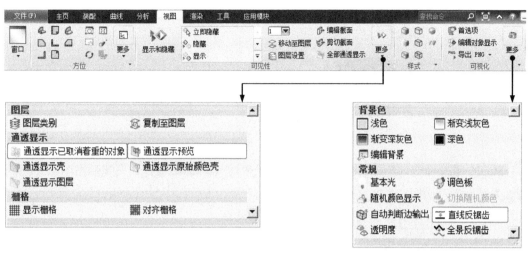

图 4.8.1 "视图"功能选项卡

: 以带线框的着色图显示。　　　: 以纯着色图显示。

: 不可见边用虚线表示的线框图。　: 隐藏不可见边的线框图。

: 可见边和不可见边都用实线表示的线框图。

: 艺术外观。在此显示模式下，选择下拉菜单 视图(V) ➡ 可视化(V) ➡

材料/纹理(M)...命令，可以对它们指定的材料和纹理特性进行实际渲染。没有指定材料或纹理特性的对象，看起来与"着色"渲染样式下所进行的着色相同。

: 在"面分析"渲染样式下，选定的曲面对象由小平面几何体表示，并渲染小平面以指示曲面分析数据，剩余的曲面对象由边缘几何体表示。

: 在"局部着色"渲染样式中，选定曲面对象由小平面几何体表示，这些几何体通过着色和渲染显示，剩余的曲面对象由边缘几何体显示。

全部通透显示: 全部通透显示。

通透显示壳: 使用指定的颜色将已取消着重的着色几何体显示为透明壳。

通透显示原始颜色壳: 将已取消着重的着色几何体显示为透明壳，并保留原始的着色几何体颜色。

通透显示图层: 使用指定的颜色将已取消着重的着色几何体显示为透明图层。

浅色: 浅色背景。　渐变浅灰色: 渐变浅灰色背景。　渐变深灰色: 渐变深灰色背景。

深色: 深色背景。

剪切截面: 剪切工作截面。　编辑截面: 编辑工作截面。

4.8.2　删除对象

利用 编辑(E) 下拉菜单中的 × 删除(D)... 命令可以删除一个或多个对象。下面以图 4.8.2 所

示的模型为例，说明删除对象的一般操作过程。

Step1. 打开文件 D:\ug12nc\work\ch04.08\delete.prt。

选取此实体

a）删除前　　　　　　　　　　　b）删除后

图 4.8.2　删除对象

Step2. 选择命令。选择下拉菜单 编辑(E) ➡ ✕ 删除(D)... 命令，系统弹出图 4.8.3 所示的"类选择"对话框。

Step3. 定义删除对象。选取图 4.8.2a 所示的实体。

Step4. 单击 确定 按钮，完成对象的删除。

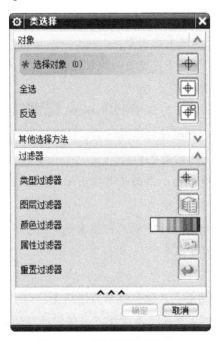

图 4.8.3　"类选择"对话框

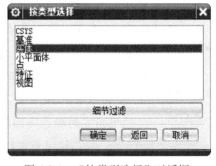

图 4.8.4　"按类型选择"对话框

图 4.8.3 所示的"类选择"对话框中各选项功能的说明如下。

- ⊕ 按钮：用于选取图形区中可见的所有对象。

- ⊕ 按钮：用于选取图形区中未被选中的全部对象。

- 根据名称选择 文本框：输入预选对象的名称，系统会自动选取对象。

- 过滤器 区域：用于设置选取对象的类型。

  ☑ ✛ 按钮：通过指定对象的类型来选取对象。单击该按钮，系统弹出图 4.8.4 所示的"按类型选择"对话框，可以在列表中选择所需的对象类型。

  ☑ 按钮：通过指定图层来选取对象。

☑ 　颜色过滤器 ：通过指定颜色来选取对象。

☑ 　 按钮：利用其他形式进行对象选取。单击该按钮，系统弹出"按属性选择"

对话框，可以在列表中选择对象所具有的属性，也允许自定义某种对象的属性。

☑ 　 按钮：取消之前设置的所有过滤方式，恢复到系统默认的设置。

4.8.3　隐藏与显示对象

对象的隐藏就是使该对象在零件模型中不显示。下面以图 4.8.5 所示的模型为例，说明隐藏与显示对象的一般操作过程。

a）隐藏前　　　　　　　　　　　　b）隐藏后

图 4.8.5　隐藏对象

Step1. 打开文件 D:\ug12nc\work\ch04.08\hide.prt。

Step2. 选择命令。选择下拉菜单 编辑(E) ➡ 显示和隐藏(H)▶ ➡ 隐藏(H)... 命令，系统弹出"类选择"对话框。

Step3. 定义隐藏对象。选取图 4.8.5a 所示的实体。

Step4. 单击 确定 按钮，完成对象的隐藏。

Step5. 显示被隐藏的对象。选择下拉菜单 编辑(E) ➡ 显示和隐藏(H)▶ ➡ 显示(S)... 命令（或按<Ctrl+Shift+K>组合键），系统弹出"类选择"对话框，选取 Step3 中隐藏的实体，则又恢复到图 4.8.5a 所示的状态。

说明：还可以在模型树中右击对象，在系统弹出的快捷菜单中选择 隐藏(H) 或 显示(S) 命令，快速完成对象的隐藏或显示。

4.8.4　编辑对象的显示

编辑对象的显示就是修改对象的层、颜色、线型和宽度等。下面以图 4.8.6 所示的模型为例，说明编辑对象显示的一般过程。

Step1. 打开文件 D:\ug12nc\work\ch04.08\display.prt。

Step2. 选择命令。选择下拉菜单 编辑(E) ➡ 对象显示(J)... 命令，系统弹出"类选择"对话框。

Step3. 定义需编辑的对象。选择图 4.8.6a 所示的圆柱体，单击 确定 按钮，系统弹出图 4.8.7 所示的"编辑对象显示"对话框。

Step4. 修改对象显示属性。在该对话框的 颜色 区域中选择黑色，单击 确定 按钮，在

线型下拉列表中选择虚线，在宽度下拉列表中选择粗线宽度，如图 4.8.7 所示。

Step5. 单击 确定 按钮，完成对象显示的编辑。

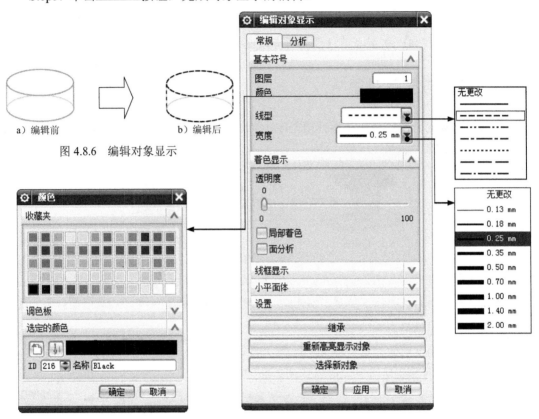

a）编辑前   b）编辑后

图 4.8.6 编辑对象显示

图 4.8.7 "编辑对象显示"对话框

4.9 基 准 特 征

4.9.1 基准平面

基准平面可作为创建其他特征（如圆柱、圆锥、球以及旋转的实体等）的辅助工具。可以创建两种类型的基准平面：相对的和固定的。

（1）相对基准平面：它是根据模型中的其他对象创建的，可使用曲线、面、边缘、点及其他基准作为基准平面的参考对象。

（2）固定基准平面：它既不供参考，也不受其他几何对象的约束，但在用户定义特征中除外。可使用任意相对基准平面方法创建固定基准平面，方法是：取消选择"基准平面"对话框中的☐关联复选框；还可根据 WCS 和绝对坐标系，并通过使用方程式中的系数，使用一些特殊方法创建固定基准平面。

下面以图 4.9.1 所示的范例来说明创建基准平面的一般过程。

Step1. 打开文件 D:\ug12nc\work\ch04.09\define_plane.prt。

选取此面为参考面

选取此边为参考轴

创建此基准平面

a）创建前

b）创建后

图 4.9.1 创建基准平面

Step2. 选择命令。选择下拉菜单 插入(S) ➡ 基准/点(D)▶ ➡ □ 基准平面(D)... 命令，系统弹出图 4.9.2 所示的"基准平面"对话框。

图 4.9.2 "基准平面"对话框

Step3. 选择创建基准平面的方法。在"基准平面"对话框的 类型 下拉列表中选择 ▌成一角度 选项，如图 4.9.2 所示。

Step4. 定义参考对象。选取上平面为参考平面，选取与平面平行的一边为参考轴，如图 4.9.1a 所示。

Step5. 定义参数。在对话框的 角度 文本框中输入角度值 60，单击 < 确定 > 按钮，完成基准平面的创建。

图 4.9.2 所示的"基准平面"对话框 类型 下拉列表中各选项功能的说明如下。

● ▨ 自动判断：通过选择的对象自动判断约束条件。例如，选取一个表面或基准平面时，系统自动生成一个预览基准平面，可以输入偏置值和数量来创建基准平面。

● ▨ 按某一距离：通过输入偏置值创建与已知平面（基准平面或零件表面）平行的基准平面。

● ▌成一角度：通过输入角度值创建与已知平面成一角度的基准平面。先选择一个平的面或基准平面，然后选择一个与所选面平行的线性曲线或基准轴，以定义旋转轴。

● ▨ 二等分：创建与两平行平面距离相等的基准平面，或创建与两相交平面所成角

度相等的基准平面。

- 曲线和点：先指定一个点，然后指定第二个点或者一条直线、线性边、基准轴、面等。如果选择直线、基准轴、线性曲线或特征的边缘作为第二个对象，则基准平面同时通过这两个对象；如果选择一般平面或基准平面作为第二个对象，则基准平面通过第一个点，但与第二个对象平行；如果选择两个点，则基准平面通过第一个点并垂直于这两个点所定义的方向；如果选择三个点，则基准平面通过这三个点。

- 两直线：通过选择两条现有直线，或直线与线性边、面的法向向量或基准轴的组合，创建的基准平面包含第一条直线且平行于第二条线。如果两条直线共面，则创建的基准平面将同时包含这两条直线。否则，还会有下面 2 种可能的情况：

  - ☑ 这两条线不垂直。创建的基准平面包含第二条直线且平行于第一条直线。

  - ☑ 这两条线垂直。创建的基准平面包含第一条直线且垂直于第二条直线，或是包含第二条直线且垂直于第一条直线（可以使用循环解实现）。

- 相切：创建一个与任意非平的表面相切的基准平面，还可选择与第二个选定对象相切。选择曲面后，系统显示与其相切的基准平面的预览，可接受预览的基准平面或选择第二个对象。

- 通过对象：根据选定的对象平面创建基准平面，对象包括曲线、边缘、面、基准、平面、圆柱、圆锥或旋转面的轴、基准坐标系、坐标系以及球面和旋转曲面。如果选择圆锥面或圆柱面，则在该面的轴线上创建基准平面。

- 点和方向：通过定义一个点和一个方向来创建基准平面。定义的点可以是使用点构造器创建的点，也可以是曲线或曲面上的点；定义的方向可以通过选取的对象自动判断，也可以使用矢量构造器来构建。

- 在曲线上：创建一个与曲线垂直或相切且通过已知点的基准平面。

- YC-ZC 平面：沿工作坐标系（WCS）或绝对坐标系（ACS）的 YC-ZC 轴创建一个固定的基准平面。

- XC-ZC 平面：沿工作坐标系（WCS）或绝对坐标系（ACS）的 XC-ZC 轴创建一个固定的基准平面。

- XC-YC 平面：沿工作坐标系（WCS）或绝对坐标系（ACS）的 XC-YC 轴创建一个固定的基准平面。

- 视图平面：创建平行于视图平面并穿过绝对坐标系（ACS）原点的固定基准平面。

- 按系数：通过使用系数 a、b、c 和 d 指定一个方程的方式，创建固定基准平面，该基准平面由方程 $ax + by + cz = d$ 确定。

4.9.2 基准轴

基准轴既可以是相对的，也可以是固定的。以创建的基准轴为参考对象，可以创建其他对象，比如基准平面、旋转特征和拉伸体等。下面通过图4.9.3所示的范例来说明创建基准轴的一般操作步骤。

a）创建前   b）创建后

图 4.9.3 创建基准轴

Step1. 打开文件 D:\ug12nc\work\ch04.09\define_axis.prt。

Step2. 选择命令。选择下拉菜单 插入(S) ➡ 基准/点(D)▶ ➡ 基准轴(A)... 命令，系统弹出图4.9.4所示的"基准轴"对话框。

图 4.9.4 "基准轴"对话框

Step3. 选择"两点"方式来创建基准轴。在"基准轴"对话框的 类型 下拉列表中选择 两点 选项。

Step4. 定义参考点。选取立方体两个顶点为参考点，如图 4.9.3a 所示（创建的基准轴与选择点的先后顺序有关，可以通过单击"基准轴"对话框中的"反向"按钮 调整）。

Step5. 单击 < 确定 > 按钮，完成基准轴的创建。

图 4.9.4 所示的"基准轴"对话框 类型 下拉列表中各选项功能的说明如下。

- 自动判断：系统根据选择的对象自动判断约束。
- 交点：通过两个相交平面创建基准轴。
- 曲线/面轴：创建一个起点在选择曲线上的基准轴。
- 曲线上矢量：创建与曲线的某点相切、垂直，或者与另一对象垂直或平行的基准轴。

- ■XC 轴■：选择该选项，可以沿 XC 方向创建基准轴。

- ■YC 轴■：选择该选项，可以沿 YC 方向创建基准轴。

- ■ZC 轴■：选择该选项，可以沿 ZC 方向创建基准轴。

- ■点和方向■：通过定义一个点和一个矢量方向来创建基准轴。通过曲线、边或曲面上的一点，可以创建一条平行于线性几何体或基准轴、面轴，或垂直于一个曲面的基准轴。

- ■两点■：通过定义轴上的两点来创建基准轴。第一点为基点，第二点定义了从第一点到第二点的方向。

4.9.3 基准点

基准点用来为网格生成加载点、在绘图中连接基准目标和注释、创建坐标系及管道特征轨迹，也可以在基准点处放置轴、基准平面、孔和轴肩。

默认情况下，UG NX 12.0 将一个基准点显示为加号"+"，其名称显示为 point（n），其中 n 是基准点的编号。要选取一个基准点，可选择基准点自身或其名称。

1．通过给定坐标值创建点

无论用哪种方式创建点，得到的点都有唯一的坐标值与之相对应。只是不同方式的操作步骤和简便程度不同。在可以通过其他方式方便快捷地创建点时，就没有必要再通过给定点的坐标值来创建。仅在读者确定点的坐标值时推荐使用此方式。

本节将创建如下几个点，坐标值分别是（40.0，40.0，0.0）、（-40.0，-40.0，0.0）、（40.0，-40.0，40.0）和（-40.0，40.0，40.0），操作步骤如下。

Step1. 打开文件 D:\ug12nc\work\ch04.09\point_01.prt。

Step2. 选择下拉菜单 插入(S) ➡️ 基准/点 (D)▶
➡️ ✛ 点(P)... 命令，系统弹出"点"对话框。

Step3. 在"点"对话框的 X 、Y 、Z 文本框中输入相应的坐标值，单击 < 确定 > 按钮，完成四个点的创建，结果如图 4.9.5 所示。

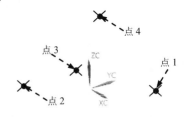

图 4.9.5　利用坐标值创建点

2．在端点上创建点

在端点上创建点是指在直线或曲线的末端创建点。下面以图 4.9.6 所示的范例说明在端点创建点的一般过程。现要在模型的顶点处创建一个点，其操作步骤如下。

Step1. 打开文件 D:\ug12nc\work\ch04.09.03\point_02.prt。

Step2. 选择下拉菜单 插入(S) ➡️ 基准/点 (D)▶ ➡️ ✛ 点(P)... 命令，系统弹出"点"对

话框（在对话框的 设置 区域中默认的设置是 ☑关联 复选框被选中，即所创建的点与所选对象参数相关）。

a）创建前   b）创建后

图 4.9.6 通过端点创建点

Step3. 选择以"端点"的方式创建点。在对话框的 类型 下拉列表中选择 终点 选项，选取图 4.9.6a 所示的模型边线，单击 < 确定 > 按钮，完成点的创建，结果如图 4.9.6b 所示。

说明：系统默认的线的端点是离点选位置最近的点，读者在选取边线时应注意点选位置，以免所创建的点不是所需的点。

4.9.4 基准坐标系

基准坐标系由三个基准平面、三个基准轴和原点组成，在基准坐标系中可以选择单个基准平面、基准轴或原点。基准坐标系可用来创建其他特征、约束草图和定位在一个装配中的组件等。下面通过图 4.9.7 所示的范例来说明创建基准坐标系的一般操作过程。

a）创建前   b）创建后

图 4.9.7 创建基准坐标系

Step1. 打开文件 D:\ug12nc\work\ch04.09\define_csys.prt。

Step2. 选择命令。选择下拉菜单 插入(S) ➡ 基准/点(D)▶ ➡ 基准坐标系(C)... 命令，系统弹出图 4.9.8 所示的"基准坐标系"对话框。

Step3. 选择创建基准坐标系的方式。在"基准坐标系"对话框的 类型 下拉列表中选择 原点，X 点，Y 点 选项。

Step4. 定义参考点。选取立方体的三个顶点作为基准坐标系的参考点，其中原点是第一点，X 轴是从第一点到第二点的矢量，Y 轴是从第一点到第三点的矢量，如图 4.9.7a 所示。

Step5. 单击 < 确定 > 按钮，完成基准坐标系的创建。

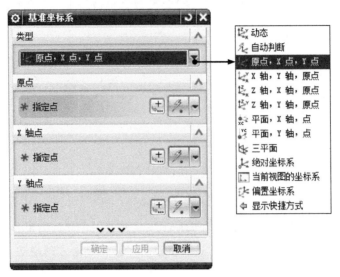

图 4.9.8 "基准坐标系"对话框

图 4.9.8 所示的"基准坐标系"对话框中各选项功能的说明如下。

- **动态**：选择该选项，读者可以手动将坐标系移到所需的任何位置和方向。

- **自动判断**：创建一个与所选对象相关的坐标系，或通过 X、Y 和 Z 分量的增量来创建坐标系。实际所使用的方法是基于所选择的对象和选项。要选择当前的坐标系，可选择自动判断的方法。

- **原点，X 点，Y 点**：根据选择的三个点或创建三个点来创建坐标系。要想指定三个点，可以使用点方法选项或使用相同功能的菜单，打开"点构造器"对话框。X 轴是从第一点到第二点的矢量；Y 轴是从第一点到第三点的矢量；原点是第一点。

- **X 轴，Y 轴，原点**：根据所选择或定义的一点和两个矢量来创建坐标系。选择的两个矢量作为坐标系的 X 轴和 Y 轴；选择的点作为坐标系的原点。

- **Z 轴，X 轴，原点**：根据所选择或定义的一点和两个矢量来创建坐标系。选择的两个矢量作为坐标系的 Z 轴和 X 轴；选择的点作为坐标系的原点。

- **Z 轴，Y 轴，原点**：根据所选择或定义的一点和两个矢量来创建坐标系。选择的两个矢量作为坐标系的 Z 轴和 Y 轴；选择的点作为坐标系的原点。

- **平面，X 轴，点**：根据所选择的一个平面、X 轴和原点来创建坐标系。其中选择的平面为 Z 轴平面，选取的 X 轴方向即为坐标系中 X 轴方向，选取的原点为坐标系的原点。

- **三平面**：根据所选择的三个平面来创建坐标系。X 轴是第一个"基准平面/平的面"的法线；Y 轴是第二个"基准平面/平的面"的法线；原点是这三个基准平面/面的交点。

- **绝对 CSYS**：指定模型空间坐标系作为坐标系。X 轴和 Y 轴是"绝对坐标系"的 X 轴和 Y 轴；原点为"绝对坐标系"的原点。

- **当前视图的 CSYS**：将当前视图的坐标系设置为坐标系。X 轴平行于视图底部；Y 轴平行于视图的侧面；原点为视图的原点（图形屏幕中间）。如果通过名称来选择，坐标系将不可见或在不可选择的层中。

- **偏置 CSYS**：根据所选择的现有基准坐标系的 X、Y 和 Z 的增量来创建坐标系。X 轴和 Y 轴为现有坐标系的 X 轴和 Y 轴；原点为指定的点。

在建模过程中，经常需要对工作坐标系进行操作，以便于建模。选择下拉菜单 **格式(R)** ➡ **WCS ▶** ➡ **定向(N)...** 命令，系统弹出图 4.9.9 所示的"坐标系"对话框，对所建的工作坐标系进行操作。其创建的操作步骤和创建基准坐标系一致。

图 4.9.9　"坐标系"对话框

图 4.9.9 所示的"坐标系"对话框 **类型** 下拉列表中各选项功能的说明如下。

- **自动判断**：通过选择的对象或输入坐标分量值来创建一个坐标系。

- **原点，X 点，Y 点**：通过三个点来创建一个坐标系。这三点依次是原点、X 轴方向上的点和 Y 轴方向上的点。第一点到第二点的矢量方向为 X 轴正向，Z 轴正向由第二点到第三点按右手定则来确定。

- **X 轴，Y 轴**：通过两个矢量来创建一个坐标系。坐标系的原点为第一矢量与第二矢量的交点，XC-YC 平面为第一矢量与第二矢量所确定的平面，X 轴正向为第一矢量方向，从第一矢量至第二矢量按右手定则确定 Z 轴的正向。

- **X 轴，Y 轴，原点**：创建一点作为坐标系原点，再选取或创建两个矢量来创建坐标系。X 轴正向平行于第一矢量方向，XC-YC 平面平行于第一矢量与第二矢量所在平面，Z 轴正向由从第一矢量在 XC-YC 平面上的投影矢量至第二矢量在 XC-YC

平面上的投影矢量，按右手定则确定。

- 　Z 轴，X 点 ：通过选择或创建一个矢量和一个点来创建一个坐标系。Z 轴正向为矢量的方向，X 轴正向为沿点和矢量的垂线指向定义点的方向，Y 轴正向由从Z 轴至 X 轴按右手定则确定，原点为三个矢量的交点。

- 　对象的坐标系 ：用选择的平面曲线、平面或工程图来创建坐标系，XC-YC 平面为对象所在的平面。

- 　点，垂直于曲线 ：利用所选曲线的切线和一个点的方法来创建一个坐标系。原点为切点，曲线切线的方向即为 Z 轴矢量，X 轴正向为沿点到切线的垂线指向点的方向，Y 轴正向由从 Z 轴至 X 轴矢量按右手定则确定。

- 　平面和矢量 ：通过选择一个平面、选择或创建一个矢量来创建一个坐标系。X 轴正向为面的法线方向，Y 轴为矢量在平面上的投影，原点为矢量与平面的交点。

- 　三平面 ：通过依次选择三个平面来创建一个坐标系。三个平面的交点为坐标系的原点，第一个平面的法向为 X 轴，第一个平面与第二个平面的交线为 Z 轴。

- 　绝对 CSYS ：在绝对坐标原点（0,0,0）处创建一个坐标系，即与绝对坐标系重合的新坐标系。

- 　当前视图的 CSYS：用当前视图来创建一个坐标系。当前视图的平面即为 XC-YC 平面。

说明："坐标系"对话框中的一些选项与"基准坐标系"对话框中的相同，此处不再赘述。

4.10 孔 特 征

在 UG NX 12.0 中，可以创建以下 3 种类型的孔特征（Hole）。

- 简单孔：具有圆形截面的切口，它始于放置曲面并延伸到指定的终止曲面或用户定义的深度。创建时要指定"直径""深度"和"尖端尖角"。

- 埋头孔：该选项允许用户创建指定"孔直径""孔深度""尖角""埋头直径"和"埋头深度"的埋头孔。

- 沉头孔：该选项允许用户创建指定"孔直径""孔深度""尖角""沉头直径"和"沉头深度"的沉头孔。

下面以图 4.10.1 所示的零件为例，说明在一个模型上添加孔特征（简单孔）的一般操作过程。

a）创建前　　　　　　　　　　　　　　b）创建后

图 4.10.1　创建孔特征

Task1. 打开零件模型

打开文件 D:\ug12nc\work\ch04.10\hole.prt。

Task2. 添加孔特征（简单孔）

Step1. 选择命令。选择下拉菜单 插入(S) ➡ 设计特征(E)▶ ➡ 🔳 孔(H)... 命令（或在 主页 功能选项卡的 特征 区域中单击 ⬚ 按钮），系统弹出图 4.10.2 所示的"孔"对话框。

Step2. 选取孔的类型。在"孔"对话框的 类型 下拉列表中选择 常规孔 选项。

Step3. 定义孔的放置位置。首先确认"上边框条"工具条中的 ⊕ 按钮被按下，选择图 4.10.3 所示圆的圆心为孔的放置点。

Step4. 定义孔参数。在 直径 文本框中输入值 8.0，在 深度限制 下拉列表中选择 贯通体 选项。

Step5. 完成孔的创建。对话框中的其余设置保持系统默认，单击 < 确定 > 按钮，完成孔特征的创建。

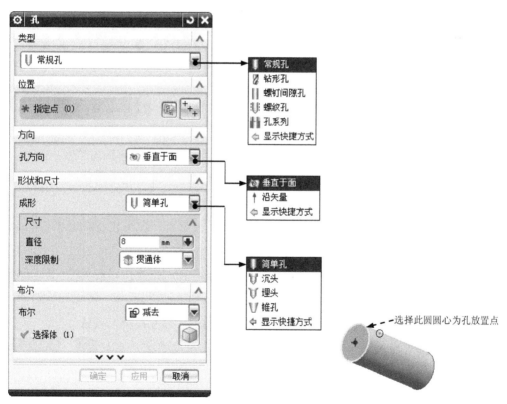

图 4.10.2 "孔"对话框   图 4.10.3 选取放置点

图 4.10.2 所示的"孔"对话框中部分选项的功能说明如下。

● 类型 下拉列表：

☑ 常规孔：创建指定尺寸的简单孔、沉头孔、埋头孔或锥孔特征等，常规孔可以是不通孔、通孔或指定深度条件的孔。

☑   钻形孔：根据 ANSI 或 ISO 标准创建简单钻形孔特征。

☑   螺钉间隙孔：创建简单孔、沉头孔或埋头通孔，它们是为具体应用而设计的，例如螺钉间隙孔。

☑   螺纹孔：创建螺纹孔，其尺寸标注由标准、螺纹尺寸和径向进给等参数控制。

☑   孔系列：创建起始、中间和结束孔尺寸一致的多形状、多目标体的对齐孔。

● 位置下拉列表：

☑   按钮：单击此按钮，打开"创建草图"对话框，并通过指定放置面和方位来创建中心点。

☑   按钮：可使用现有的点来指定孔的中心。可以是"上边框条"工具条中提供的选择意图下的现有点或点特征。

● 孔方向下拉列表：此下拉列表用于指定将要创建的孔的方向，有垂直于面和沿矢量两个选项。

☑   垂直于面选项：沿着与公差范围内每个指定点最近的面法向的反向定义孔的方向。

☑   沿矢量选项：沿指定的矢量定义孔方向。

● 成形下拉列表：此下拉列表用于指定孔特征的形状，有简单孔、沉头、埋头和锥孔四个选项。

☑   简单孔选项：创建具有指定直径、深度和尖端顶锥角的简单孔。

☑   沉头选项：创建具有指定直径、深度、顶锥角、沉头孔径和沉头孔深度的沉头孔。

☑   埋头选项：创建有指定直径、深度、顶锥角、埋头孔径和埋头孔角度的埋头孔。

☑   锥孔选项：创建具有指定斜度和直径的孔，此项只有在类型下拉列表中选择常规孔选项时可用。

● 直径文本框：此文本框用于控制孔直径的大小，可直接输入数值。

● 深度限制下拉列表：此下拉列表用于控制孔深度类型，包括值、直至选定对象、直至下一个和贯通体四个选项。

☑   值选项：给定孔的具体深度值。

☑   直至选定对象选项：创建一个深度为直至选定对象的孔。

☑   直至下一个选项：对孔进行扩展，直至孔到达下一个面。

☑   贯通体选项：创建一个通孔，贯通所有特征。

● 布尔下拉列表：此下拉列表用于指定创建孔特征的布尔操作，包括无和减去两个选项。

☑ **无**选项：创建孔特征的实体表示，而不是将其从工作部件中减去。

☑ **减去**选项：从工作部件或其组件的目标体减去工具体。

4.11 螺 纹 特 征

在 UG NX 12.0 中可以创建两种类型的螺纹。

● 符号螺纹：以虚线圆的形式显示在要攻螺纹的一个或几个面上。符号螺纹可使用外部螺纹表文件（可以根据特殊螺纹要求来定制这些文件），以确定其参数。

● 详细螺纹：比符号螺纹看起来更真实，但由于其几何形状的复杂性，创建和更新都需要较长的时间。详细螺纹是完全关联的，如果特征被修改，则螺纹也相应更新。可以选择生成部分关联的符号螺纹，或指定固定的长度。部分关联是指如果螺纹被修改，则特征也将更新（但反过来则不行）。

在产品设计时，当需要制作产品的工程图时，应选择符号螺纹；如果不需要制作产品的工程图，而是需要反映产品的真实结构（如产品的广告图和效果图），则选择详细螺纹。

说明：详细螺纹每次只能创建一个，而符号螺纹可以创建多组，而且创建时需要的时间较少。

下面以图 4.11.1 所示的零件为例，说明在一个模型上创建螺纹特征（详细螺纹）的一般操作过程。

a）创建螺纹前　　　　　　　　　　　　　b）创建螺纹后

图 4.11.1　创建螺纹特征（详细螺纹）

1. 打开一个已有的零件模型

打开文件 D:\ug12nc\work\ch04.11\threads.prt。

2. 创建螺纹特征（详细螺纹）

Step1. 选择命令。选择下拉菜单 **插入(S)** ➡ **设计特征(E)▶** ➡ **螺纹(T)...** 命令（或在 **主页** 功能选项卡的 **特征** 区域的 **⊞▼** 下拉列表中单击 **螺纹** 按钮），系统弹出图 4.11.2 所示的"螺纹切削"对话框（一）。

Step2. 选取螺纹的类型。在"螺纹切削"对话框（一）中选中 **⊙详细** 单选项，系统弹出图 4.11.3 所示的"螺纹切削"对话框（二）。

Step3. 定义螺纹的放置。

图 4.11.2　"螺纹切削"对话框（一）

图 4.11.3　"螺纹切削"对话框（二）

（1）定义螺纹的放置面。选取图 4.11.4 所示的柱面为放置面，此时系统自动生成螺纹的方向矢量，并弹出图 4.11.5 所示的"螺纹切削"对话框（三）。

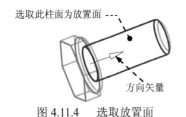

图 4.11.4　选取放置面

图 4.11.5　"螺纹切削"对话框（三）

（2）定义螺纹起始面。选取图 4.11.6 所示的平面为螺纹的起始面，系统弹出图 4.11.7 所示的"螺纹切削"对话框（四）。

Step4. 定义螺纹起始条件。在"螺纹切削"对话框（四）的 起始条件 下拉列表中选择 延伸通过起点 选项，单击 螺纹轴反向 按钮，使螺纹轴线方向如图 4.11.6 所示，系统返回"螺纹切削"对话框（二）。

图 4.11.6　选取起始面

图 4.11.7　"螺纹切削"对话框（四）

Step5. 定义螺纹参数。在"螺纹切削"对话框（二）中输入图 4.11.3 所示的参数，单击 确定 按钮，完成螺纹特征的创建。

说明："螺纹切削"对话框（二）在最初弹出时是没有任何数据的，只有在选择了放置面后才有数据出现，也允许用户修改。

4.12　拔模特征

使用"拔模"命令可以使面相对于指定的拔模方向成一定的角度。拔模通常用于对模型、部件、模具或冲模的竖直面添加斜度，以便借助拔模面将部件或模型与其模具或冲模分开。用户可以为拔模操作选择一个或多个面，但它们必须都是同一实体的一部分。下面分别以面拔模和边拔模为例介绍拔模过程。

1．面拔模

下面以图 4.12.1 所示的模型为例，说明面拔模的一般操作过程。

Step1. 打开文件 D:\ug12nc\work\ch04.12\traft_1.prt。

Step2. 选择命令。选择下拉菜单 插入(S) ➡ 细节特征(L) ➡ 拔模(T)... 命令，系统弹出图 4.12.2 所示的"拔模"对话框。

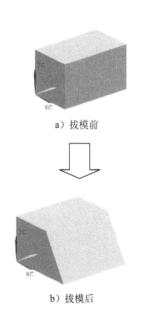

a）拔模前

b）拔模后

图 4.12.1　创建面拔模

图 4.12.2　"拔模"对话框

Step3. 选择拔模方式。在"拔模"对话框的 类型 下拉列表中选择 面 选项。

Step4. 指定拔模方向。单击 按钮，选取 ZC↑ 作为拔模的方向。

Step5. 定义拔模固定平面。选取图 4.12.3 所示的表面为拔模固定平面。

Step6. 选取要拔模的面。选取图 4.12.4 所示的表面为拔模面。

图 4.12.3　定义拔模固定平面

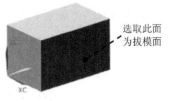

图 4.12.4　定义拔模面

Step7. 定义拔模角。系统将弹出设置拔模角的动态文本框，输入拔模角度值 30（也可拖动拔模手柄至需要的拔模角度）。

Step8. 单击 〈 确定 〉 按钮，完成拔模操作。

图 4.12.2 所示的"拔模"对话框中部分按钮的说明如下。

- 类型 下拉列表：
  - ☑ 面：选择该选项，在静止平面上，实体的横截面通过拔模操作维持不变。
  - ☑ 边：选择该选项，使整个面在旋转过程中保持通过部件的横截面是平的。
  - ☑ 与面相切：在拔模操作之后，拔模的面仍与相邻的面相切。此时，固定边未被固定，是可移动的，以保持与选定面之间的相切约束。
  - ☑ 分型边：在整个面旋转过程中，保留通过该部件中平的横截面，并且根据需要在分型边缘创建突出部分。

- ↗ （自动判断的矢量）：单击该按钮，可以从所有的 NX 矢量创建选项中进行选择，如图 4.12.2 所示。

- ⬜ （固定面）：单击该按钮，允许通过选择的平面、基准平面或与拔模方向垂直的平面所通过的一点来选择该面。此选择步骤仅可用于从固定平面拔模和拔模到分型边缘这两种拔模类型。

- ⬜ （要拔模的面）：单击该按钮，允许选择要拔模的面。此选择步骤仅在创建从固定平面拔模类型时可用。

- ↗ （反向）：单击该按钮将显示方向的矢量反向。

2. 边拔模

下面以图 4.12.5 所示的模型为例，说明边拔模的一般操作过程。

a）拔模前

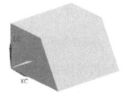

b）拔模后

图 4.12.5　创建边拔模

Step1. 打开文件 D:\ug12nc\work\ch04.12\traft_2.prt。

Step2. 选择命令。选择下拉菜单 插入(S) ➡ 细节特征(L) ➡ 拔模(T)... 命令，系统弹出"拔模"对话框。

Step3. 选择拔模类型。在"拔模"对话框的 类型 下拉列表中选择 边 选项。

Step4. 指定拔模方向。单击 按钮，选取 作为拔模的方向。

Step5. 定义拔模边缘。选取图 4.12.6 所示长方体的一个边线为拔模边缘线。

Step6. 定义拔模角。系统弹出设置拔模角的动态文本框，在动态文本框内输入拔模角度值 30（也可拖动拔模手柄至需要的拔模角度），如图 4.12.7 所示。

Step7. 单击 < 确定 > 按钮，完成拔模操作。

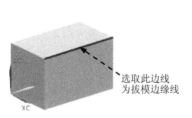

选取此边线
为拔模边缘线

图 4.12.6 选择拔模边缘线

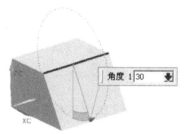

角度 1 30

图 4.12.7 输入拔模角

4.13 抽 壳 特 征

使用"抽壳"命令可以利用指定的壁厚值来抽空一实体，或绕实体建立一壳体。可以指定不同表面的厚度，也可以移除单个面。图 4.13.1 所示为长方体面抽壳和体抽壳后的模型。

a）面抽壳

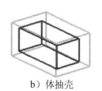

b）体抽壳

图 4.13.1 抽壳

1. 在长方体上执行面抽壳操作

下面以图 4.13.2 所示的模型为例，说明面抽壳的一般操作过程。

a）创建前

b）创建后

图 4.13.2 创建面抽壳

Step1. 打开文件 D:\ug12nc\work\ch04.13\shell_01.prt。

Step2. 选择命令。选择下拉菜单 插入(S) ➡ 偏置/缩放(O)▶ ➡ 抽壳(H)... 命令，系

统弹出图 4.13.3 所示的"抽壳"对话框。

Step3. 定义抽壳类型。在对话框的 类型 下拉列表中选择 移除面，然后抽壳 选项。

Step4. 定义移除面。选取图 4.13.4 所示的表面为要移除的面。

Step5. 定义抽壳厚度。在"抽壳"对话框的 厚度 文本框内输入值 10，也可以拖动抽壳手柄至需要的数值，如图 4.13.5 所示。

Step6. 单击 < 确定 > 按钮，完成抽壳操作。

图 4.13.3 所示的"抽壳"对话框中各选项的说明如下。

● 移除面，然后抽壳 ：选取该选项，选择要从壳体中移除的面。可以选择多于一个移除面，当选择移除面时，"选择意图"工具条被激活。

● 对所有面抽壳 ：选取该选项，选择要抽壳的体，壳的偏置方向是所选择面的法向。如果在部件中仅有一个实体，它将被自动选中。

2．在长方体上执行体抽壳操作

下面以图 4.13.6 所示的模型为例，说明体抽壳的一般操作过程。

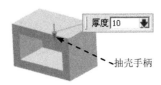

图 4.13.4　定义移除面

图 4.13.3　"抽壳"对话框

图 4.13.5　定义抽壳厚度

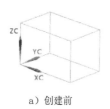

a）创建前　　　　　　　　　　　b）创建后

图 4.13.6　体抽壳

Step1. 打开文件 D:\ug12nc\work\ch04.13\shell_02.prt。

Step2. 选择命令。选择下拉菜单 插入(S) ➡ 偏置/缩放(O) ➡ 抽壳(H)... 命令，系统弹出"抽壳"对话框。

Step3. 定义抽壳类型。在对话框的 [类型] 下拉列表中选择 [⬡ 对所有面抽壳] 选项。

Step4. 定义抽壳对象。选取长方体为要抽壳的体。

Step5. 定义抽壳厚度。在 [厚度] 文本框中输入厚度值 6（图 4.13.7）。

Step6. 创建变厚度抽壳。在"抽壳"对话框的 [备选厚度] 区域单击 [⬚] 按钮，选取图 4.13.8 所示的抽壳备选厚度面，在 [厚度] 文本框中输入厚度值 45，或者拖动抽壳手柄至需要的数值，如图 4.13.8 所示。

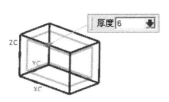
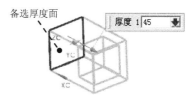

图 4.13.7 定义抽壳厚度　　　　　图 4.13.8 创建变厚度抽壳

说明：用户还可以更换其他面的厚度值，单击 [✛] 按钮，操作同 Step6。

Step7. 单击 [< 确定 >] 按钮，完成抽壳操作。

4.14 扫 掠 特 征

扫掠特征是用规定的方法沿一条空间的路径移动一条曲线而产生的体。移动曲线称为截面线串，其路径称为引导线串。下面以图 4.14.1 所示的模型为例，说明创建扫掠特征的一般操作过程。

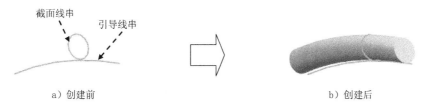

a）创建前　　　　　　　　　　　b）创建后

图 4.14.1 创建扫掠特征

Task1. 打开一个已有的零件模型

打开文件 D:\ug12nc\work\ch04.14\sweep.prt。

Task2. 添加扫掠特征

Step1. 选择命令。选择下拉菜单 [插入(S)] ➡ [扫掠(W)] ➡ [⬡ 扫掠(S)…] 命令，系统弹出图 4.14.2 所示的"扫掠"对话框。

Step2. 定义截面线串。选取图 4.14.1a 所示的截面线串。

Step3. 定义引导线串。在 引导线（最多 3 根） 区域中单击 ＊选择曲线 (0) 按钮，选取图 4.14.1a 所示的引导线串。

Step4. 在"扫掠"对话框中单击 < 确定 > 按钮，完成扫掠特征的创建。

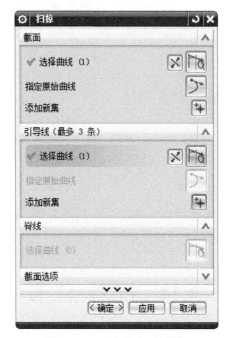

图 4.14.2 "扫掠"对话框

4.15 模型的关联复制

4.15.1 抽取几何特征

抽取几何特征是用来创建所选取几何的关联副本。抽取几何特征操作的对象包括复合曲线、点、基准、面、面区域和体。如果抽取一条曲线，则创建的是曲线特征；如果抽取一个面或一个区域，则创建一个片体；如果抽取一个体，则新体的类型将与原先的体相同（实体或片体）。当更改原来的特征时，可以决定抽取后得到的特征是否需要更新。在零件设计中，常会用到抽取模型特征的功能，它可以充分地利用已有的模型，大大地提高工作效率。下面以 3 个范例来说明如何使用抽取几何特征命令。

1. 抽取面特征

图 4.15.1 所示的抽取单个曲面特征的操作过程如下。

Step1. 打开文件 D:\ug12nc\work\ch04.15\extracted01.prt。

Step2. 选择下拉菜单 插入(S) ➡ 关联复制(A) ➡ 抽取几何特征(E)... 命令，系统弹出

图 4.15.2 所示的"抽取几何特征"对话框。

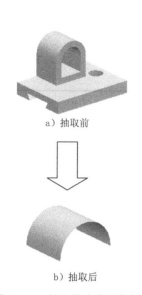

a）抽取前

b）抽取后

图 4.15.1 抽取单个曲面特征

图 4.15.2 "抽取几何特征"对话框

图 4.15.2 所示的"抽取几何特征"对话框中部分选项功能的说明如下。

● **面**：用于从实体或片体模型中抽取曲面特征，能生成三种类型的曲面。

● **面区域**：抽取区域曲面时，是通过定义种子曲面和边界曲面来创建片体，创建的片体是从种子曲面开始向四周延伸到边界面的所有曲面构成的片体（其中包括种子曲面，但不包括边界曲面）。

● **体**：用于生成与整个所选特征相关联的实体。

● **与原先相同**：从模型中抽取的曲面特征保留原来的曲面类型。

● **三次多项式**：用于将模型的选中面抽取为三次多项式 B 曲面类型。

● **一般 B 曲面**：用于将模型的选中面抽取为一般的 B 曲面类型。

Step3. 定义抽取类型。在"抽取几何特征"对话框的**类型**下拉列表中选择**面**选项。

Step4. 选取抽取对象。在图形区选取图 4.15.3 所示的曲面。

Step5. 隐藏源特征。在**设置**区域选中 **隐藏原先的** 复选框。单击**〈确定〉**按钮，完成对曲面特征的抽取。

选取此曲面

图 4.15.3 选取曲面

2．抽取面区域特征

抽取区域特征用于创建一个片体，该片体是一组和"种子面"相关，且被边界面限制的面。

用户根据系统提示选取种子面和边界面后，系统会自动选取从种子面开始向四周延伸直到边界面的所有曲面（包括种子面，但不包括边界面）。

抽取区域特征的具体操作在后面第 5 章中有详细介绍，在此不再赘述。

3．抽取体特征

抽取体特征可以创建整个体的关联副本，并将各种特征添加到抽取体特征上，而不在原先的体上出现。当更改原先的体时，还可以决定"抽取体"特征是否更新。

Step1. 打开文件 D:\ug12nc\work\ch04.15\extracted02.prt。

Step2. 选择下拉菜单 插入(S) ➡ 关联复制(A)▶ ➡ 抽取几何特征(E)...命令，系统弹出"抽取几何特征"对话框。

Step3. 定义抽取类型。在"抽取几何特征"对话框的类型下拉列表中选择 体 选项。

Step4. 选取抽取对象。在图形区选取图 4.15.4 所示的体特征。

Step5. 隐藏源特征。在 设置 区域选中 ☑ 隐藏原先的 复选框。单击 确定 按钮，完成对体特征的抽取（建模窗口中所显示的特征是原来特征的关联副本）。

图 4.15.4　选取体特征

注意：所抽取的体特征与原特征相互关联，类似于复制功能。

4.15.2　阵列特征

"阵列特征"操作就是对特征进行阵列，也就是对特征进行一个或者多个的关联复制，并按照一定的规律排列复制的特征，而且特征阵列的所有实例都是相互关联的，可以通过编辑原特征的参数来改变其所有的实例。常用的阵列方式有线性阵列、圆形阵列、多边形阵列、螺旋式阵列、沿曲线阵列、常规阵列和参考阵列等。

1．线性阵列

线性阵列功能可以将所有阵列实例成直线或矩形排列。下面以一个范例来说明创建线性阵列的过程，如图 4.15.5 所示。

Step1. 打开文件 D:\ug12nc\work\ch04.15\Rectangular_Array.prt。

Step2. 选择下拉菜单 插入(S) ➡ 关联复制(A)▶ ➡ 阵列特征(A)...命令，系统弹出图 4.15.6 所示的"阵列特征"对话框。

a）线性阵列前

b）线性阵列后

图 4.15.5 创建线性阵列

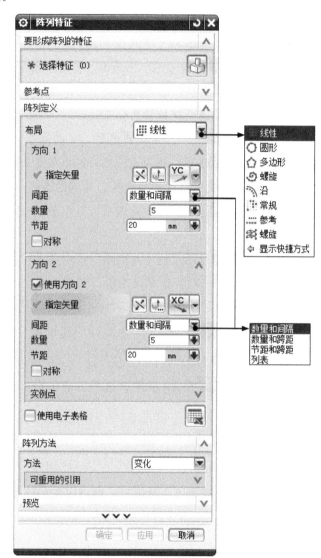

图 4.15.6 "阵列特征"对话框

Step3. 选取阵列的对象。在特征树中选取简单孔特征为要阵列的特征。

Step4. 定义阵列方法。在对话框的 布局 下拉列表中选择 线性 选项。

Step5. 定义方向 1 阵列参数。在对话框的 方向 1 区域中单击 按钮，选择 YC 轴为第一阵列方向；在 间距 下拉列表中选择 数量和间隔 选项，然后在 数量 文本框中输入阵列数量值为 5，在 节距 文本框中输入阵列节距值为 20。

Step6. 定义方向 2 阵列参数。在对话框的 方向 2 区域中选中 ☑ 使用方向 2 复选框，然后单

击  按钮，选择XC轴为第二阵列方向；在 间距 下拉列表中选择 数量和间隔 选项，然后在 数量 文本框中输入阵列数量值为 5，在 节距 文本框中输入阵列节距值为 20。

Step7. 单击 确定 按钮，完成矩形阵列的创建。

图 4.15.6 所示的"阵列特征"对话框中部分选项的功能说明如下。

- 布局 下拉列表：用于定义阵列方式。
  - ◆ 线性 选项：选中此选项，可以根据指定的一个或两个线性方向进行阵列。
  - ◆ 圆形 选项：选中此选项，可以绕着一根指定的旋转轴进行环形阵列，阵列实例绕着旋转轴圆周分布。
  - ◆ 多边形 选项：选中此选项，可以沿着一个正多边形进行阵列。
  - ☑ 螺旋 选项：选中此选项，可以沿着平面螺旋线进行阵列。
  - ☑ 沿 选项：选中此选项，可以沿着一条曲线路径进行阵列。
  - ☑ 常规 选项：选中此选项，可以根据空间的点或由坐标系定义的位置点进行阵列。
  - ☑ 参考 选项：选中此选项，可以参考模型中已有的阵列方式进行阵列。
  - ☑ 螺旋 选项：选中此选项，可以沿着空间螺旋线进行阵列。
- 间距 下拉列表：用于定义各阵列方向的数量和间距。
  - ☑ 数量和间隔 选项：选中此选项，通过输入阵列的数量和每两个实例的中心距离进行阵列。
  - ☑ 数量和跨距 选项：选中此选项，通过输入阵列的数量和每两个实例的间距进行阵列。
  - ☑ 节距和跨距 选项：选中此选项，通过输入阵列的数量和每两个实例的中心距离及间距进行阵列。
  - ☑ 列表 选项：选中此选项，通过定义的阵列表格进行阵列。

2. 圆形阵列

圆形阵列功能可以将所有阵列实例成圆形排列。下面以一个范例来说明创建圆形阵列的过程，如图 4.15.7 所示。

选取实例特征

a）圆形阵列前　　　　　b）圆形阵列后

图 4.15.7　创建圆形阵列

Step1. 打开文件 D:\ug12nc\work\ch04.15\Circular_Array.prt。

Step2. 选择下拉菜单 插入(S) ➡ 关联复制(A)▶ ➡ 阵列特征(A)... 命令，系统弹出

"阵列特征"对话框。

Step3. 选取阵列的对象。在特征树中选取简单孔特征为要阵列的特征。

Step4. 定义阵列方法。在对话框的 布局 下拉列表中选择 圆形 选项。

Step5. 定义旋转轴和中心点。在对话框的 旋转轴 区域中单击 *指定矢量 后面的 按钮,选择 ZC 轴为旋转轴;单击 *指定点 后面的 按钮,选取图 4.15.8 所示的圆心点为中心点。

Step6. 定义阵列参数。在对话框 角度方向 区域的 间距 下拉列表中选择 数量和间隔 选项,然后在 数量 文本框中输入阵列数量值为6,在 节距角 文本框中输入阵列角度值为60,如图4.15.9 所示。

Step7. 单击 确定 按钮,完成圆形阵列的创建。

图 4.15.8 选取中心点

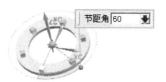

图 4.15.9 定义阵列参数

4.15.3 镜像特征

镜像特征功能可以将所选的特征相对于一个部件平面或基准平面(称为镜像中心平面)进行对称的复制,从而得到所选特征的一个副本。下面以一个范例来说明创建镜像特征的一般过程,如图 4.15.10 所示。

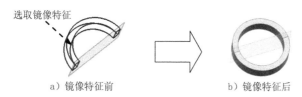

选取镜像特征

a)镜像特征前　　　　　　　b)镜像特征后

图 4.15.10 创建镜像特征

Step1. 打开文件 D:\ug12nc\work\ch04.15\mirror.prt。

Step2. 选择下拉菜单 插入(S) ➡ 关联复制(A) ➡ 镜像特征(R) 命令,系统弹出图 4.15.11 所示的"镜像特征"对话框。

Step3. 定义镜像对象。单击"镜像特征"对话框中的 按钮,选取图 4.15.10a 所示的镜像特征。

Step4. 定义镜像平面。在 平面 下拉列表中选择 现有平面 选项,单击"平面"按钮 ,选取图 4.15.12 所示的镜像平面,单击 确定 按钮,完成镜像特征的操作。

图 4.15.11　"镜像特征"对话框　　　　图 4.15.12　选取镜像平面

4.15.4　阵列几何特征

用户可以通过使用"阵列几何特征"命令创建对象的副本，即可以轻松地复制几何体、面、边、曲线、点、基准平面和基准轴，并保持实例特征与其原始体之间的关联性。下面以一个范例来说明阵列几何特征的一般操作过程，如图 4.15.13 所示。

Step1. 打开文件 D:\ug12nc\work\ch04.15\excerpt.prt。

a）"阵列几何特征"前　　　　b）"阵列几何特征"后

图 4.15.13　阵列几何特征

Step2. 选择下拉菜单 插入(S) ➡ 关联复制(A)▸ ➡ 阵列几何特征(I)... 命令，系统弹出"阵列几何特征"对话框。

Step3. 选取几何体对象。选取图 4.15.13a 所示的实体为要生成实例的几何特征。

Step4. 定义参考点。选取图 4.15.13a 所示实体的圆心为指定点。

Step5. 定义类型。在"阵列几何特征"对话框 阵列定义 区域的 布局 下拉列表中选择 螺旋 选项。

Step6. 定义平面的法向矢量。在对话框中选择 下拉列表中的 ZC↑ 选项。

Step7. 定义参考矢量。在对话框中选择 下拉列表中的 YC 选项。

Step8. 定义阵列几何特征参数。在 螺旋 区域的 径向节距 文本框中输入角度值 120，在

螺旋向节距 文本框中输入偏移距离值 50，其余采用默认设置。

Step9. 单击 〈 确定 〉 按钮，完成阵列几何特征的操作。

4.16 UG 机械零件设计实际应用 1——支撑座

应用概述

本应用介绍了一款支撑座的三维模型设计过程，主要讲述实体拉伸、镜像、沉头孔、简单孔、边倒圆等特征命令的应用。本应用模型的难点在于"孔"特征的创建，希望通过此应用的学习，读者能对该命令有更好的理解。支撑座的零件模型如图 4.16.1 所示。

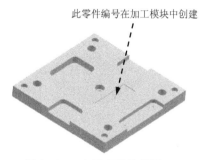

此零件编号在加工模块中创建

图 4.16.1 支撑座零件模型

注意：在后面的数控部分，将会介绍该三维模型零件的数控加工与编程。

说明：本应用的详细操作过程请参见学习资源 video 文件夹中对应章节的语音视频讲解文件。模型文件为 D:\ug12nc\work\ch04.16\mold_board.prt。

4.17 UG 机械零件设计实际应用 2——连接轴

应用概述

本应用介绍了连接轴的设计过程，主要介绍了旋转、基准特征、拉伸、阵列、边倒圆、倒斜角、扫掠等特征命令的应用。本应用模型的难点在于"扫掠""阵列"特征的创建，希望通过对此应用的学习，读者能对该命令有更好的理解。连接轴的零件模型如图 4.17.1 所示。

图 4.17.1 连接轴零件模型

说明：本应用的详细操作过程请参见学习资源 video 文件夹中对应章节的语音视频讲解文件。模型文件为 D:\ug12nc\work\ch04.17\connect_axis.prt。

4.18 UG 机械零件设计实际应用 3——定位盘

应用概述

本应用介绍了定位盘的设计过程，主要讲述实体拉伸、创建基准面、阵列、键槽与孔特征命令的应用。希望通过对此应用的学习，读者能对这些命令有更好的理解。定位盘的零件模型如图 4.18.1 所示。

图 4.18.1 定位盘零件模型

说明：本应用的详细操作过程请参见学习资源 video 文件夹中对应章节的语音视频讲解文件。模型文件为 D:\ug12nc\work\ch04.18\fixed plate.prt。

学习拓展：扫码学习更多视频讲解。

讲解内容：零件设计实例精选，包含六十多个各行各业零件设计的全过程讲解。讲解中，首先分析了设计的思路以及建模要点，然后对设计操作步骤做了详细的演示，最后对设计方法和技巧做了总结。

第5章　曲面造型设计

5.1　曲线线框设计

曲线是曲面的基础，是曲面造型设计中必须用到的基础元素，并且曲线质量的好坏直接影响到曲面质量的高低。因此，了解和掌握曲线的创建方法，是学习曲面设计的基本要求。利用 UG NX 12.0 的曲线功能可以创建多种曲线，其中基本曲线包括点及点集、直线、圆及圆弧、倒圆角、倒斜角等，特殊曲线包括样条曲线、二次曲线、螺旋线和规律曲线等。

5.1.1　基本空间曲线

UG NX 12.0 基本曲线的创建包括直线、圆弧、圆等规则曲线的创建，以及曲线的倒圆角等操作。

1. 直线

/ 直线(L)... 命令可以根据约束关系的不同创建出不同的直线，下面介绍创建图 5.1.1 所示的空间直线的一般操作过程。

　　　　a）创建前　　　　　　　　　　　　　　　　　　b）创建后

图 5.1.1　创建空间直线

Step1. 打开文件 D:\ug12nc\work\ch05.01.01\line.prt。

Step2. 选择下拉菜单 插入(S) ➡ 曲线(C) ➡ / 直线(L)... 命令，系统弹出图 5.1.2 所示的"直线"对话框（一）。

图 5.1.2　"直线"对话框（一）

说明：按 F3 键可以将动态文本输入框隐藏，按第二次可以将"直线"对话框隐藏，再按一次则显示"直线"对话框和动态文本输入框。

Step3. 设置起始点的约束关系和位置。在"直线"对话框 起点 区域的 起点选项 下拉列表中选择 点 选项或者在图形区右击，在系统弹出的快捷菜单中选择 点 命令，此时系统弹出动态文本输入框，在 XC、YC 和 ZC 文本框中分别输入值 10、30 和 0，并分别按 Enter 键确认。

说明：在系统弹出的动态文本输入框中输入数值时，通过键盘上的 Tab 键来切换，完成数值的输入。

Step4. 设置终点的约束关系和位置。在"直线"对话框 终点或方向 区域的 终点选项 下拉列表中选择 相切 选项（图 5.1.3），或者在图形区右击，在系统弹出的快捷菜单中选择 相切 命令，然后在图形区选取图 5.1.4 所示的曲线（即靠近上部的边缘线）。

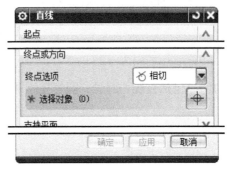

图 5.1.3 "直线"对话框（二）

Step5. 单击"直线"对话框中的 ＜ 确定 ＞ 按钮（或者单击中键），完成直线的创建，如图 5.1.5 所示。

2. 圆弧/圆

圆弧/圆 (C)... 命令可以根据约束关系的不同创建出不同的圆弧或圆，下面介绍创建图 5.1.6 所示的空间圆弧/圆的一般操作过程。

图 5.1.4 选取曲线　　图 5.1.5 创建的直线　　图 5.1.6 圆弧/圆的创建

Step1. 打开文件 D:\ug12nc\work\ch05.01.01\circle.prt。

Step2. 选择下拉菜单 插入 (S) ➡ 曲线 (C) ➡ 圆弧/圆 (C)... 命令，此时系统弹出"圆弧/圆"对话框（一），如图 5.1.7 所示。

Step3. 设置起始位置的约束关系。在"圆弧/圆"对话框（一）起点 区域的 起点选项 下拉列表中选择 相切 选项（图 5.1.7），或者在图形区右击，在系统弹出的快捷菜单中选择 相切 命令，然后选取图 5.1.8 所示的曲线 1。

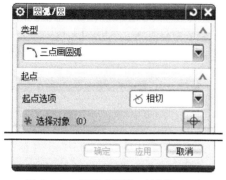

图 5.1.7 "圆弧/圆"对话框（一）

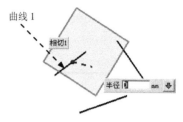

图 5.1.8 选取曲线 1

Step4. 设置端点位置的约束关系。在"圆弧/圆"对话框（二） 端点 区域的 终点选项 下拉列表中选择 相切 选项（图 5.1.9），或者在图形区右击，在系统弹出的快捷菜单中选择 相切 命令，然后在图形区选取图 5.1.10 所示的曲线 2。

Step5. 设置中点位置的约束关系。在"圆弧/圆"对话框（二） 中点 区域的 中点选项 下拉列表中选择 相切 选项，或者在图形区右击，在系统弹出的快捷菜单中选择 相切 命令，然后在图形区选取图 5.1.11 所示的曲线 3。

Step6. 选取备选解。在"圆弧/圆"对话框（二） 设置 区域连续单击"备选解"按钮 ，直到出现图 5.1.12a 所示的圆弧，在 限制 区域选中 整圆 复选框，再单击 < 确定 > 按钮或者单击中键，完成圆的创建。

图 5.1.9 "圆弧/圆"对话框（二）

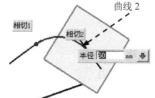

图 5.1.10 选取曲线 2

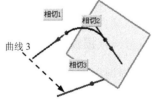

图 5.1.11 选取曲线 3

说明：当选取曲线 3 后，"圆弧/圆"对话框（三）如图 5.1.13 所示，该对话框中的部分选项按钮说明如下。

- 起始限制 下拉列表：限制弧的起始位置。

- 终止限制 下拉列表：限制弧的终止位置。

- 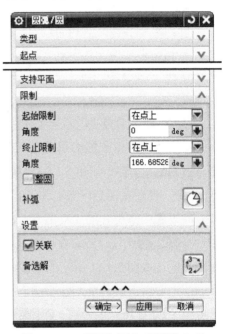 备选解: 有多种满足条件的曲线时, 可以单击该按钮在这些备选解之间切换。
- 补弧: 单击该按钮, 图形区中的弧变为它的补弧, 如图 5.1.12b 所示。
- ☑ 整圆 (整圆): 该复选框被选中时, 生成的曲线为一个整圆, 如图 5.1.12c 所示。

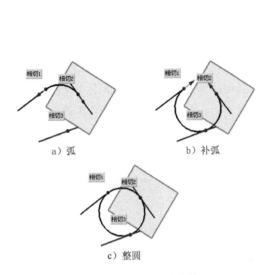

图 5.1.12　几种圆弧/圆的比较

图 5.1.13　"圆弧/圆"对话框（三）

5.1.2　高级空间曲线

高级空间曲线在曲面建模中的使用非常频繁, 主要包括样条曲线和文本曲线等。下面将对其一一进行介绍。

样条曲线

样条曲线的创建方法有四种: 根据极点、通过点、拟合和垂直于平面。下面将对"根据极点"和"通过点"两种方法进行说明, 另外两种方法请读者自行练习。

1. 根据极点

根据极点是指样条曲线不通过极点, 其形状由极点形成的多边形控制。下面通过创建图 5.1.14 所示的样条曲线来说明通过"根据极点"方式创建样条曲线的一般操作过程。

图 5.1.14　"根据极点"方式创建样条曲线

Step1. 新建一个模型文件，文件名为 spline.prt。

Step2. 选择命令。选择下拉菜单插入(S) ➡ 曲线(C) ➡ 艺术样条(I)…命令，系统弹出图 5.1.15 所示的"艺术样条"对话框。

图 5.1.15　"艺术样条"对话框

Step3. 定义曲线类型。在 类型 区域的下拉列表中选择 根据极点 选项。

Step4. 定义极点。单击 极点位置 区域的"点构造器"按钮，系统弹出"点"对话框；在"点"对话框 输出坐标 区域的 X 、 Y 、 Z 文本框中分别输入值 0、0、0，单击 确定 按钮，完成第一极点坐标的指定。

Step5. 参照 Step4 创建其余极点。依次输入值 10、-20、0；30、20、0；40、0、0，单击 确定 按钮。

Step6. 定义曲线次数。在"艺术样条"对话框 参数化 区域的 次数 文本框中输入值 3。

Step7. 单击 < 确定 > 按钮，完成样条曲线的创建。

2. 通过点

样条曲线还可以通过使用文档中点的坐标数据来创建。下面通过创建图 5.1.16 所示的样条曲线来说明利用"通过点"方式创建样条曲线的一般操作过程。

Step1. 新建一个模型文件，文件名为 spline1.prt。

图 5.1.16　"通过点"方式创建样条

Step2. 选择命令。选择下拉菜单 插入(S) ➡ 曲线(C)▶ ➡ ⟋艺术样条(D)... 命令，系统弹出图 5.1.15 所示的"样条"对话框。

Step3. 定义曲线类型。在对话框的 类型 下拉列表中选择 通过点 选项。

Step4. 定义极点。单击 点位置 区域的"点构造器"按钮 ⁺⌐，系统弹出"点"对话框；在"点"对话框 输出坐标 区域的 X 、 Y 、 Z 文本框中分别输入值 0、0、0，单击 确定 按钮，完成第一极点坐标的指定。

Step5. 参照 Step4 创建其余极点。依次输入值 10、10、0；20、0、0；40、0、0，单击 确定 按钮。

Step6. 单击 < 确定 > 按钮，完成样条曲线的创建。

3．文本曲线

使用 A 文本(T)... 命令可将本地 Windows 字体库中 True Type 字体中的"文本"生成 NX 曲线。无论何时需要文本，都可以将此功能作为部件模型中的一个设计元素使用。在"文本"对话框中，允许用户选择 Windows 字体库中的任何字体，指定字符属性（粗体、斜体、类型、字母）；在"文本"对话框中输入文本字符串，并立即在 NX 部件模型内将字符串转换为几何体。文本将跟踪所选 True Type 字体的形状，并使用线条和样条生成文本字符串的字符外形，在平面、曲线或曲面上放置生成的几何体。

下面通过创建图 5.1.17 所示的文本曲线来说明创建文本曲线的一般操作过程。

图 5.1.17　文本曲线

Step1. 打开文件 D:\ug12nc\work\ch05.01.02\text_line.prt。

Step2. 选择下拉菜单 插入(S) ➡ 曲线(C)▶ ➡ A 文本(T)... 命令，系统弹出图 5.1.18 所示的"文本"对话框（一）。在 文本属性 文本框中输入"HELLO"并设置其属性。

Step3. 在 类型 区域的下拉列表中选择 曲线上 选项。

Step4. 选择图 5.1.19 所示的样条曲线作为引导线。

图 5.1.18 "文本"对话框(一)

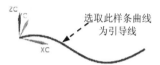

图 5.1.19 文本曲线放置路径

Step5. 在图 5.1.20 所示"文本"对话框(二)^{竖直方向}区域的^{定位方法}下拉列表中选择^{自然}选项。

图 5.1.20 "文本"对话框(二)

Step6. 在"文本"对话框^{文本框}区域的^{锚点位置}下拉列表中选择^左选项,并在其下的^{参数百分比}文本框中输入值 3。

Step7. 在"文本"对话框中单击 < 确定 > 按钮,完成文本曲线的创建。

说明：如果曲线长度不够放置文本，可对文本的尺寸进行相应的调整。

图 5.1.18 和图 5.1.20 所示的"文本"对话框中的部分按钮说明如下。

- **类型**区域：该区域包括 **平面的** 选项、 **曲线上** 选项和 **面上** 选项，用于定义放置文本的类型。
  - ☑ **平面的**：用于在平面上创建文本。
  - ☑ **曲线上**：用于沿曲线创建文本。
  - ☑ **面上**：用于在一个或多个相连面上创建文本。
- **文本放置曲线**区域：该区域中的按钮会因在**类型**区域中选择按钮的不同而变化。例如在**类型**区域选择 **曲线上** 选项，则在**文本放置曲线**区域中出现 ∫ 按钮。
  - ☑ ∫ （截面）：该按钮用于选取放置文字的曲线。
- ☑ **使用字距调整**：该复选框用于增大或者减小字符间的间距。如果使用中的字体内置有字距调整的数据，才有可能使用字距调整，但并不是所有的字体都有字距调整的数据。
- ☐ **创建边框曲线**：该复选框在选中 **平面的** 选项时可用，用于在文本四周添加边框。
- ☑ **连结曲线**选项：选中该选项可以连接所有曲线形成一个环形的样条，因而可大大减少每个文本特征的曲线输出数目。

5.1.3 派生曲线

来自曲线集的曲线是指利用现有的曲线，通过不同的方式而创建的新曲线。在 UG NX 12.0 中，主要是通过在 **插入(S)** 下拉菜单的 **派生曲线(U)** 子菜单中选择相应的命令来进行操作的。下面将分别对镜像、偏置、在面上偏置和投影等方法进行介绍。

1. 镜像

曲线的镜像复制是将源曲线相对于一个平面或基准平面（称为镜像中心平面）进行镜像，从而得到源曲线的一个副本。下面介绍创建图 5.1.21 所示的镜像曲线的一般操作过程。

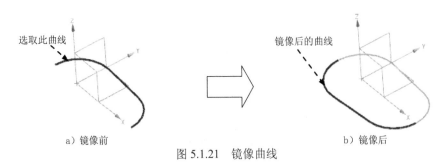

a）镜像前   b）镜像后

图 5.1.21 镜像曲线

Step1. 打开文件 D:\ug12nc\work\ch05.01.03\mirror_curves.prt。

Step2. 选择下拉菜单 **插入(S)** ➡ **派生曲线(U)** ➡ **镜像(M)...** 命令（或在 **曲线** 功能

选项卡的 派生曲线 区域中单击 镜像曲线 按钮），此时系统弹出"镜像曲线"对话框，如图 5.1.22 所示。

图 5.1.22 "镜像曲线"对话框

Step3. 定义镜像曲线。在图形区选取图 5.1.21a 所示的曲线，然后单击中键确认。

Step4. 选取镜像平面。在"镜像曲线"对话框的 平面 下拉列表中选择 现有平面 选项，然后在图形区中选取 ZX 平面为镜像平面。

Step5. 单击 确定 按钮（或单击中键），完成镜像曲线的创建。

2．偏置

曲线的偏置就是通过移动选中的基本曲线来创建曲线，它也可以用于偏置由直线、圆弧、二次曲线、样条及边缘所组成的线串。曲线可以在其所定义的平面内被偏置，使用 拔模 偏置或者沿着 3D 轴向 指定的矢量偏置的方法，也可以将其偏置到另一个平行平面上。下面介绍创建图 5.1.23 所示的偏置曲线的一般操作过程。

a）偏置前

b）偏置后

图 5.1.23 偏置曲线的创建

Step1. 打开文件 D:\ug12nc\work\ch05.01.03\offset_curve.prt。

Step2. 选择下拉菜单 插入(S) ➡ 派生曲线(U) ➡ 偏置(O)... 命令（或在 曲线 功能选项卡的 派生曲线 区域中单击 偏置曲线 按钮），此时系统弹出图 5.1.24 所示的"偏置曲线"对话框。

Step3. 在 类型 区域的下拉列表中选择 拔模 选项；选择图 5.1.23a 所示的曲线为偏置对象。

Step4. 在 偏置 区域的 高度 文本框中输入值-20；在 角度 文本框中输入值-30；在 副本数 文本框中输入值 1；参数设置见图 5.1.24 所示。

图 5.1.24   "偏置曲线"对话框

Step5. 单击 < 确定 > 按钮，完成偏置曲线的创建。

注意：单击对话框中的"反向"按钮 ✗ 改变偏置的方向，以达到用户想要的方向。

图 5.1.24 所示的"偏置曲线"对话框中 类型 下拉列表的说明如下。

- 距离：该方式按给定的偏置距离来偏置曲线。选择该方式后，可在 偏置 区域的 距离 和 副本数 文本框中分别输入偏置距离和产生偏置曲线的数量，并设定好其他参数。

- 拔模：选择该方式后，高度 和 角度 文本框被激活。高度 为原曲线所在平面和偏置后所在平面间的距离；角度 是偏置方向与原曲线所在平面的法向夹角。

- 规律控制：该方式是按规律控制偏置距离来偏置曲线的。

- 3D 轴向：该方式按照三维空间内指定的矢量方向和偏置距离来偏置曲线。用户按照生成矢量的方法选择需要的矢量方向，然后输入需要偏置的距离，就可以生成相应的偏置曲线。

3. 在面上偏置曲线

在面上偏置... 命令可以在一个或多个面上根据相连的边或曲面上的曲线创建偏置曲线，偏置曲线距源曲线或曲面边缘有一定的距离。下面介绍创建图 5.1.25 所示的在面上偏置曲线的一般操作过程。

Step1. 打开文件 D:\ug12nc\work\ch05.01.03\offset_in_face.prt。

Step2. 选择下拉菜单 插入(S) ➡ 派生曲线(U) ➡ 在面上偏置(F)... 命令（或在 曲线 功能选项卡的 派生曲线 区域中单击 在面上偏置曲线 按钮），此时系统弹出"在面上偏置曲线"

对话框，如图 5.1.26 所示。

图 5.1.25　创建在面上偏置曲线

Step3. 定义偏置类型。在对话框的 **类型** 下拉列表中选择 **恒定** 选项。

Step4. 选取偏置曲线。在图形区的模型上依次选取图 5.1.25a 所示的 4 条边线为要偏置的曲线。

Step5. 定义偏置距离。在对话框的 **截面线1:偏置1** 文本框中输入偏置距离值为 15。

Step6. 定义偏置面。单击对话框 **面或平面** 区域中的"面或平面"按钮，然后选取图 5.1.25a 所示的曲面为偏置面。

Step7. 单击"在面上偏置曲线"对话框中的 **< 确定 >** 按钮，完成在面上偏置曲线的创建。

图 5.1.26　"在面上偏置曲线"对话框

说明：按 F3 键可以显示系统弹出的 **截面线1:偏置1** 动态输入文本框，再按一次则隐藏，再次按则显示。

图 5.1.26 所示的"在面上偏置曲线"对话框中部分选项的功能说明如下。

修剪和延伸偏置曲线 区域：此区域用于修剪和延伸偏置曲线，包括☑ **在截面内修剪至彼此**、☑ **在截面内延伸至彼此**、☑ **修剪至面的边**、☑ **延伸至面的边** 和☑ **移除偏置曲线内的自相交** 五个复选框。

☑ ☑ 在截面内修剪至彼此：将偏置的曲线在截面内相互之间进行修剪。

☑ ☑ 在截面内延伸至彼此：对偏置的曲线在截面内进行延伸。

☑ ☑ 修剪至面的边：将偏置曲线裁剪到面的边。

☑ ☑ 延伸至面的边：将偏置曲线延伸到曲面边。

☑ ☑ 移除偏置曲线内的自相交：将偏置曲线中出现自相交的部分移除。

4. 投影

投影用于将曲线、边缘和点映射到曲面、平面和基准平面等上。投影曲线在孔或面边缘处都要进行修剪，投影之后可以自动合并输出的曲线。下面介绍创建图 5.1.27 所示的投影曲线的一般操作过程。

Step1. 打开文件 D:\ug12nc\work\ch05.01.03\project.prt。

Step2. 选择下拉菜单 插入(S) ➡ 派生曲线(U) ➡ 投影(P)... 命令（或在 曲线 功能选项卡的 派生曲线 区域中单击 投影曲线 按钮），此时系统弹出图 5.1.28 所示的"投影曲线"对话框。

选取该曲面 ┄┄ 选取曲线

a）投影前   b）投影后

图 5.1.27　创建投影曲线

图 5.1.28　"投影曲线"对话框

Step3. 在图形区选取图 5.1.27a 所示的曲线，单击中键确认。

Step4. 定义投影面。在对话框 投影方向 区域的 方向 下拉列表中选择 沿面的法向 选项，然后选

取图 5.1.27a 所示的曲面作为投影曲面。

Step5. 在对话框中单击 < 确定 > 按钮（或者单击中键），完成投影曲线的创建。

图 5.1.28 所示的"投影曲线"对话框 投影方向 区域的 方向 下拉列表中各选项的说明如下。

- 沿面的法向：此方式是沿所选投影面的法向投影面投射曲线。
- 朝向点：此方式用于从原定义曲线朝着一个点向选取的投影面投射曲线。
- 朝向直线：此方式用于从原定义曲线朝着一条直线向选取的投影面投射曲线。
- 沿矢量：此方式用于沿设定的矢量方向选取的投影面投射曲线。
- 与矢量成角度：此方式用于沿与设定矢量方向成一角度的方向，向选取的投影面投射曲线。

5. 组合投影

组合投影可以用来组合两个现有曲线的投影来创建一条新的曲线，两条曲线的投影必须相交。在创建过程中，可以指定新曲线是否与输入曲线关联，以及对输入曲线作保留、隐藏等处理方式。创建图 5.1.29 所示的组合投影曲线的一般操作过程如下。

Step1. 打开文件 D:\ug12nc\work\ch05.01.03\project02.prt。

Step2. 选择下拉菜单 插入(S) ➡ 派生曲线(U) ➡ 组合投影(C)... 命令，系统弹出图 5.1.30 所示的"组合投影"对话框。

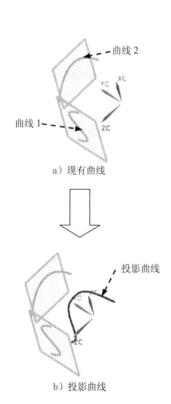

a）现有曲线

b）投影曲线

图 5.1.29　组合投影曲线

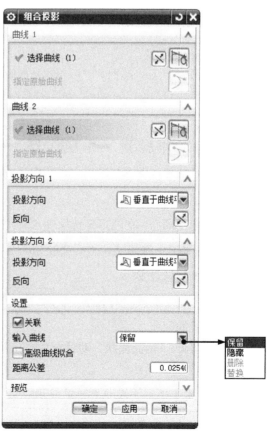

图 5.1.30　"组合投影"对话框

Step3. 选取图 5.1.29a 所示的曲线 1 作为第一曲线串，单击鼠标中键确认。

Step4. 选取图 5.1.29a 所示的曲线 2 作为第二曲线串。

Step5. 定义投影矢量。在"组合投影"对话框 投影方向 1 和 投影方向 2 区域的 方向 下拉列表中都选择 垂直于曲线平面 选项。

Step6. 在"组合投影"对话框中单击 确定 按钮，完成组合投影曲线的创建。

图 5.1.30 所示的"组合投影"对话框中部分选项的说明如下。

● 输入曲线 下拉列表：用于设置在组合投影创建完成后对输入曲线的处理方式。

  ☑ 保留：创建完成后保留输入曲线。

  ☑ 隐藏：创建完成后隐藏输入曲线。

6. 相交曲线

利用 相交① 命令可以创建两组对象之间的相交曲线。相交曲线可以是关联的或不关联的，关联的相交曲线会根据其定义对象的更改而更新。用户可以选择多个对象来创建相交曲线。下面以图 5.1.31 所示的范例来介绍创建相交曲线的一般操作过程。

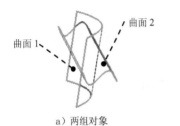
a）两组对象

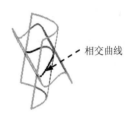
b）创建的相交曲线

图 5.1.31　相交曲线的创建

Step1. 打开文件 D:\ug12nc\work\ch05.01.03\inter_curve.prt。

Step2. 选择下拉菜单 插入⑤ ➡ 派生曲线⑪ ➡ 相交① 命令，系统弹出图 5.1.32 所示的"相交曲线"对话框。

Step3. 定义相交曲面。在图形区选取图 5.1.31a 所示的曲面 1，单击鼠标中键确认，然后选取曲面 2，其他参数均采用系统默认设置。

Step4. 单击"相交曲线"对话框中的 < 确定 > 按钮，完成相交曲线的创建。

图 5.1.32 所示的"相交曲线"对话框中各选项的说明如下。

● 第一组：用于选取要求相交的第一组对象，所选的对象可以是曲面也可以是平面。

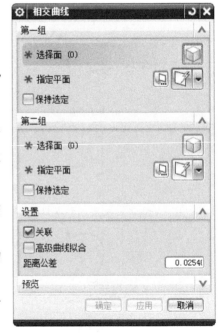

图 5.1.32　"相交曲线"对话框

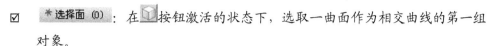

☑ **选择面 (0)**：在 按钮激活的状态下，选取一曲面作为相交曲线的第一组对象。

☑ **指定平面**：选取一平面作为相交曲线的第一组对象。

☑ ☑ **保持选定**：保持选定的对象在相交完成之后继续使用。

● **第二组**：用于选取要求相交的第二组对象，所选的对象可以是曲面也可以是平面。

5.2 创建简单曲面

UG NX 12.0 具有强大的曲面功能，并且在曲面的修改、编辑等方面非常方便。本节主要介绍一些简单曲面的创建，主要内容包括曲面网格显示、拉伸/旋转曲面的创建、有界平面的创建、曲面的偏置以及曲面的抽取。

5.2.1 曲面网格显示

网格线主要用于自由形状特征的显示。网格线仅仅是显示特征，对特征没有影响。下面以图 5.2.1 所示的模型为例来说明曲面网格显示的一般操作过程。

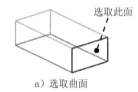

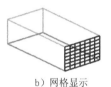

a) 选取曲面   b) 网格显示

图 5.2.1　曲面网格显示

Step1. 打开文件 D:\ug12nc\work\ch05.02\static_wireframe.prt。

Step2. 调整视图显示。在图形区的空白区域右击，在系统弹出的快捷菜单中选择 **渲染样式 (D)** ➡ **静态线框 (W)** 命令，图形区中的模型变成线框状态。

说明：模型在"着色"状态下是不显示网格线的，网格线只在"静态线框""面分析"和"局部着色"三种状态下显示。

Step3. 选择命令。选择下拉菜单 **编辑 (E)** ➡ **对象显示 (J)...** 命令，系统弹出"类选择"对话框。

Step4. 选取网格显示的对象。在图 5.2.2 所示"上边框条"工具条的"类型过滤器"下拉列表中选择 **面** 选项，然后选取图 5.2.1a 所示的面，单击"类选择"对话框中的 **确定** 按钮，系统弹出"编辑对象显示"对话框。

Step5. 定义参数。在"编辑对象显示"对话框中设置图 5.2.3 所示的参数，其他参数采用系统默认设置。

Step6. 单击"编辑对象显示"对话框中的 **确定** 按钮，完成曲面网格显示的设置。

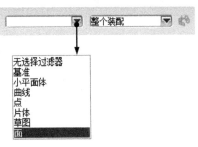

图 5.2.2　"上边框条"工具条

图 5.2.3　"编辑对象显示"对话框

5.2.2　创建拉伸和旋转曲面

拉伸曲面和旋转曲面的创建方法与相应的实体特征相同，只是要求生成特征的类型不同。下面将对这两种方法做简单介绍。

1．创建拉伸曲面

拉伸曲面是将截面草图沿着草图平面的垂直方向拉伸而成的曲面。下面介绍创建图 5.2.4 所示的拉伸曲面特征的过程。

Step1. 打开文件 D:\ ug12nc\work\ch05.02\extrude_surf.prt。

Step2. 选择下拉菜单 插入(S) ➡ 设计特征(E)▸ ➡ ⊞ 拉伸(E)... 命令，此时系统弹出图 5.2.5 所示的"拉伸"对话框。

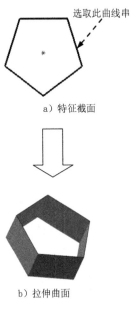

图 5.2.4　拉伸曲面

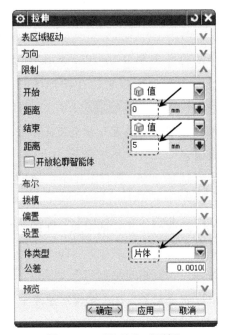

图 5.2.5　"拉伸"对话框

Step3. 定义拉伸截面。在图形区选取图 5.2.4a 所示的曲线串为特征截面。

Step4. 确定拉伸起始值和结束值。在 限制 区域的 开始 下拉列表中选择 值 选项，在 距离 文本框中输入值 0，在 结束 下拉列表中选择 值 选项，在 距离 文本框中输入值 5 并按 Enter 键。

Step5. 定义拉伸特征的体类型。在 设置 区域的 体类型 下拉列表中选择 片体 选项，其他采用默认设置。

Step6. 单击"拉伸"对话框中的 < 确定 > 按钮（或者单击中键），完成拉伸曲面的创建。

2. 创建旋转曲面

创建图 5.2.6b 所示的旋转曲面特征的一般操作过程如下。

Step1. 打开文件 D:\ug12nc\work\ch05.02\rotate_surf.prt。

Step2. 选择下拉菜单 插入(S) ➡ 设计特征(E) ➡ 旋转(R)... 命令，系统弹出"旋转"对话框。

Step3. 定义旋转截面。选取图 5.2.6a 所示的曲线为旋转截面。

Step4. 定义旋转轴。选择 YC 轴作为旋转轴，定义坐标原点为旋转点。

Step5. 定义旋转特征的体类型。在"旋转"对话框 设置 区域的 体类型 下拉列表中选择 片体 选项，如图 5.2.7 所示。

Step6. 单击"旋转"对话框中的 < 确定 > 按钮，完成旋转曲面的创建。

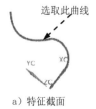

a）特征截面 　　 b）旋转曲面

图 5.2.6　创建旋转曲面　　　　　图 5.2.7　"旋转"对话框

5.2.3 创建有界平面

使用 [有界平面(P)...] 命令可以创建平整曲面，利用拉伸也可以创建曲面，但拉伸创建的是有深度参数的二维或三维曲面，而有界平面创建的是没有深度参数的二维曲面。下面以图 5.2.8 所示的模型为例来说明创建有界平面的一般操作过程。

a）有界平面   b）相同的特征截面   c）拉伸曲面

图 5.2.8 创建有界平面

Step1. 打开文件 D:\ug12nc\work\ch05.02\ambit_surf.prt。

Step2. 选择命令。选择下拉菜单 插入(S) ➡ 曲面(R)▶ ➡ [有界平面(B)...] 命令，系统弹出图 5.2.9 所示的"有界平面"对话框。

Step3. 选取图 5.2.8b 所示的曲线串。

Step4. 单击 < 确定 > 按钮，完成有界平面的创建。

图 5.2.9 "有界平面"对话框

说明：在创建"有界平面"时，所选取的曲线串必须由同一个平面作为载体，即"有界平面"的边界线要求共面，否则不能创建曲面。

5.2.4 曲面的偏置

曲面的偏置用于创建一个或多个现有面的偏置曲面，从而得到新的曲面。下面分别对创建偏置曲面和偏移曲面进行介绍。

1. 创建偏置曲面

创建偏置曲面是以已有曲面为源对象，创建（偏置）新的与源对象形状相似的曲面。下面介绍创建图 5.2.10b 所示的偏置曲面的一般过程。

a）偏置前

b）偏置后

图 5.2.10 偏置曲面的创建

Step1. 打开文件 D:\ ug12nc\work\ch05.02\offset_surface.prt。

Step2. 选择下拉菜单 插入(S) ➡ 偏置/缩放(O) ➡ 偏置曲面(O)...命令（或在 主页 功能选项卡 曲面 区域的 更多 下拉选项中单击 偏置曲面 按钮），此时系统弹出图 5.2.11 所示的"偏置曲面"对话框。

Step3. 在图形区选取图 5.2.12 所示的 5 个面，同时图形区中出现曲面的偏置方向，如图 5.2.12 所示。此时"偏置曲面"对话框中的"反向"按钮 被激活。

Step4. 定义偏置方向。接受系统默认的方向。

Step5. 定义偏置的距离。在系统弹出的 偏置 1 文本框中输入偏置距离值 2 并按 Enter 键，然后在"偏置曲面"对话框中单击 < 确定 > 按钮，完成偏置曲面的创建。

图 5.2.11 "偏置曲面"对话框

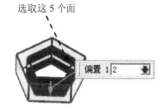
选取这 5 个面

图 5.2.12 选取 5 个面

2．偏置面

下面介绍图 5.2.13 所示的偏置面的一般操作过程。

Step1. 打开文件 D:\ ug12nc\work\ch05.02\offset_surf.prt。

Step2. 选择下拉菜单 插入(S) ➡ 偏置/缩放(O) ➡ 偏置面(F)...命令，系统弹出图 5.2.13 所示的"偏置面"对话框。

Step3. 在图形区选择图 5.2.13 a 所示的曲面，然后在"偏置面"对话框的 偏置 文本框中输入值 2 并按 Enter 键，单击 < 确定 > 按钮或者单击中键，完成曲面的偏置操作。

注意：单击对话框中的"反向"按钮 ，改变偏置的方向。

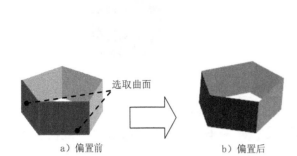

选取曲面

a）偏置前　　　　　　　b）偏置后

图 5.2.13　偏置面

图 5.2.14　"偏置面"对话框

5.2.5　曲面的抽取

曲面的抽取即从一个实体或片体抽取曲面来创建片体，曲面的抽取就是复制曲面的过程。抽取独立曲面时，只需单击此面即可；抽取区域曲面时，通过定义种子曲面和边界曲面来创建片体，创建的片体是从种子曲面开始向四周延伸到边界曲面的所有曲面构成的片体（其中包括种子曲面，但不包括边界曲面），这种方法在加工中定义切削区域时特别重要。下面分别介绍抽取独立曲面和抽取区域曲面。

1．抽取独立曲面

下面以图 5.2.15 所示的模型为例来说明创建抽取曲面的一般操作过程（图 5.2.15b 中实体模型已隐藏）。

a）抽取前　　　　　　　　　　　　　　b）抽取后

图 5.2.15　抽取曲面

Step1. 打开文件 D:\ug12nc\work\ch05.02\extracted_region01.prt。

Step2. 选择下拉菜单 插入(S) ➡ 关联复制(A) ➡ 抽取几何特征(E)... 命令，系统弹出"抽取几何特征"对话框（一），如图 5.2.16 所示。

Step3. 定义抽取类型。在 类型 区域的下拉列表中选择 面 选项，在 面 区域的 面选项 下拉列表中选择 单个面 选项。

Step4. 选取图 5.2.17 所示的面为抽取参照面，在 设置 区域中选中 ☑ 隐藏原先的 复选框，其他参数采用系统默认设置，如图 5.2.16 所示。

Step5. 单击 < 确定 > 按钮，完成曲面的抽取。

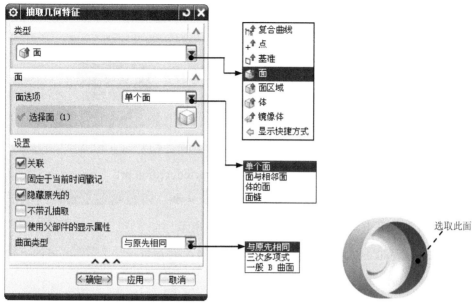

图 5.2.16 "抽取几何特征"对话框（一）　　　　图 5.2.17 选取曲面

图 5.2.16 所示的"抽取几何特征"对话框（一）中部分选项的说明如下。

- 面：用于从实体模型中抽取曲面特征。

- 面区域：用于从实体模型中抽取一组曲面，这组曲面和种子面相关联，且被边界面所制约。

- 体：用于生成与整个所选特征相关联的实体。

- 单个面：用于从模型中选取单个曲面。

- 面与相邻面：用于从模型中选取与选中曲面相邻的多个曲面。

- 体的面：用于从模型中选取实体的整个曲面。

- 面链：用于按指定的链规则从模型中选取曲面。

- 固定于当前时间戳记：用于改变特征编辑过程中是否影响在此之前发生的特征抽取。

- 隐藏原先的：用于在生成抽取特征的时候是否隐藏原来的实体。

- 不带孔抽取：用于表示是否删除选择曲面中的孔特征。

- 使用父部件的显示属性：用于控制抽取特征的显示属性。

- 与原先相同：用于对从模型中抽取的曲面特征保留原来的曲面类型。

- 三次多项式：用于将模型的选中面抽取为三次多项式自由曲面类型。

- 一般 B 曲面：用于将模型的选中面抽取为一般的自由曲面类型。

2. 抽取区域曲面

下面以图 5.2.18 所示的模型为例来说明创建抽取区域曲面的一般操作过程（图 5.2.18b

中的实体模型已隐藏）。

a）抽取前　　　图 5.2.18　抽取区域曲面　　　b）抽取后

Step1. 打开文件 D:\ug12nc\work\ch05.02\extracted_region.prt。

Step2. 选择下拉菜单 插入(S) ➡ 关联复制(A) ➡ 抽取几何特征(E)... 命令，此时系统弹出"抽取几何特征"对话框（二），如图 5.2.19 所示。

Step3. 设置选取面的方式。在"抽取几何特征"对话框（二）类型 区域的下拉列表中选择 面区域 选项，如图 5.2.19 所示。

Step4. 选取需要抽取的面。在图形区选取图 5.2.20 所示的种子曲面和图 5.2.21 所示的边界曲面。

图 5.2.19　"抽取几何特征"对话框（二）

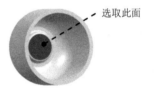

图 5.2.20　选取种子曲面

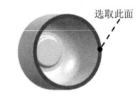

图 5.2.21　选取边界曲面

Step5. 隐藏源曲面或实体。在"抽取几何特征"对话框的 设置 区域中选中 ☑ 隐藏原先的 复选框，如图 5.2.19 所示，其他采用系统默认的设置。

Step6. 单击 < 确定 > 按钮，完成对区域特征的抽取。

图 5.2.19 所示的"抽取几何特征"对话框中主要选项的功能说明如下。

- ☑ 遍历内部边 复选框：用于控制所选区域的内部结构的组成面是否属于选择区域。
- ☑ 使用相切边角度 复选框：用于控制相切边的角度。
- ☑ 关联 复选框：用于控制所选区域操作后还可以进行编辑。
- ☑ 固定于当前时间戳记 复选框：在改变特征编辑过程中，是否影响在此之前的特征抽取。
- ☑ 隐藏原先的 复选框：用于在生成抽取特征的时候，是否隐藏原来的实体。
- ☑ 不带孔抽取 复选框：用于表示是否删除选择区域中的内部结构。
- ☑ 使用父部件的显示属性 复选框：选中该复选框，则父特征显示该抽取特征，子特征也显示；父特征隐藏该抽取特征，子特征也隐藏。

5.3　曲面的编辑

完成曲面的分析，我们只是对曲面的质量有所了解。要想真正得到高质量、符合要求的曲面，就要在进行完分析后对曲面进行修剪，这就涉及曲面的编辑。本节我们将学习 UG NX 12.0 中曲面编辑的几种工具。

5.3.1　曲面的修剪

曲面的修剪（Trim）就是将选定曲面上的某一部分去除。曲面的修剪有多种方法，下面将分别介绍。

1. 一般的曲面修剪

一般的曲面修剪就是在使用拉伸、旋转等操作，通过布尔求差运算将选定曲面上的某部分去除。下面以图 5.3.1 所示的手机盖曲面的修剪为例来说明曲面修剪的一般操作过程。

曲面 1　　曲面 2

a）修剪前　　　　　　　　　　　　　　　b）修剪后

图 5.3.1　一般的曲面修剪

说明：本例中的曲面存在收敛点，无法直接加厚，所以在加厚之前必须通过修剪、补片和缝合等操作去除收敛点。

Step1. 打开文件 D:\ug12nc\work\ch05.03\trim.prt。

Step2. 选择下拉菜单 插入(S) ➡ 设计特征(E) ➡ 拉伸(E)... 命令，系统弹出"拉伸"对话框。

Step3. 单击"拉伸"对话框 表区域驱动 区域中的"绘制截面"按钮，选取 XY 基准平面为草图平面，接受系统默认的方向。单击"创建草图"对话框中的 确定 按钮，进入草图环境。

Step4. 绘制图 5.3.2 所示的截面草图。

Step5. 单击 按钮，退出草图环境。

Step6. 在"拉伸"对话框 限制 区域的 开始 下拉列表中选择 值 选项，并在其下的 距离 文本框中输入值 0；在 限制 区域的 结束 下拉列表中选择 值 选项，并在其下的 距离 文本框中输入值 15；在 方向 区域的 *指定矢量 (0) 下拉列表中选择 ZC↑ 选项；在 布尔 区域的下拉列表中选择 减去 选项，在图形区选取图 5.3.1a 所示的曲面 2 为求差对象，单击 〈 确定 〉 按钮，完成曲面的修剪，结果如图 5.3.3 所示。

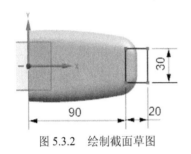
图 5.3.2　绘制截面草图

图 5.3.3　修剪后的曲面

说明：用"旋转"命令也可以对曲面进行修剪，这里不再赘述。

2．修剪片体

修剪片体就是通过一些曲线和曲面作为边界，对指定的曲面进行修剪，形成新的曲面边界。所选的边界可以在将要修剪的曲面上，也可以在曲面之外通过投影方向来确定修剪的边界。图 5.3.4 所示的修剪片体的一般过程如下。

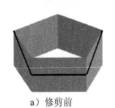
a）修剪前

b）修剪后

图 5.3.4　修剪片体

Step1. 打开文件 D:\ug12nc\work\ch05.03\trim_surface.prt。

Step2. 选择下拉菜单 插入(S) ➡ 修剪(T)▸ ➡ 修剪片体(R)... 命令（或在 主页 功能选项卡 曲面 区域的 更多 下拉选项中单击 修剪片体 按钮），此时系统弹出图 5.3.5 所示的"修剪片体"对话框。

Step3. 设置对话框选项。在"修剪片体"对话框的 投影方向 下拉列表中选择 垂直于面 选

项，然后选择 区域 选项组中的 ⊙ 保留 单选项，如图 5.3.5 所示。

Step4. 在图形区选取需要修剪的曲面和修剪边界，如图 5.3.6 所示。

Step5. 在"修剪片体"对话框中单击 确定 按钮（或者单击中键），完成曲面的修剪。

注意： 在选取需要修剪的曲面时，如果选取曲面的位置不同，则修剪的结果也将截然不同，如图 5.3.7 所示。

图 5.3.5 "修剪片体"对话框　　图 5.3.6 选取修剪曲面和修剪边界

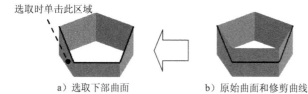

a）选取下部曲面　　b）原始曲面和修剪曲线　　c）选取上部曲面

图 5.3.7 修剪曲面的不同效果

图 5.3.5 所示的"修剪片体"对话框中部分选项的说明如下。

- **目标** 区域：用来定义"修剪片体"命令所需要的目标片体面。
  - ☑ ▭：定义需要进行修剪的目标片体。
- **边界** 区域：用来定义"修剪片体"命令所需要的修剪边界。
  - ☑ ✛：定义需要进行修剪的修剪边界。
- **投影方向** 下拉列表：定义要做标记的曲面的投影方向。该下拉列表包含 **垂直于面**、**垂直于曲线平面** 和 **沿矢量** 选项。
  - ☑ **垂直于面**：定义修剪边界投影方向是选定边界面的垂直投影。
  - ☑ **垂直于曲线平面**：定义修剪边界投影方向是选定边界曲面的垂直投影。
  - ☑ **沿矢量**：定义修剪边界投影方向是用户指定方向投影。
- **区域** 区域：定义所选的区域是被保留还是被舍弃。

☑ ◉保留：定义修剪曲面是选定的区域保留。

☑ ◉放弃：定义修剪曲面是选定的区域舍弃。

3. 分割表面

分割面就是用多个分割对象，如曲线、边缘、面、基准平面或实体，把现有体的一个面或多个面进行分割。在这个操作中，要分割的面和分割对象是关联的，即如果任一对象被更改，那么结果也会随之更新。图 5.3.8 所示的分割面的一般步骤如下。

Step1. 打开文件 D:\ug12nc\work\ch05.03\divide_face.prt。

a）分割前   b）分割后

图 5.3.8 分割面

Step2. 选择下拉菜单 插入(S) ➡ 修剪(T)▸ ➡ 分割面(D)... 命令，此时系统弹出图 5.3.9 所示的"分割面"对话框。

Step3. 定义分割曲面。选取图 5.3.10 所示的曲面为需要分割的曲面，单击中键确认。

Step4. 定义分割对象。在图形区选取图 5.3.11 所示的曲线串为分割对象。曲面分割预览如图 5.3.12 所示。

图 5.3.11 选取曲线串

图 5.3.9 "分割面"对话框   图 5.3.10 选取要分割的曲面   图 5.3.12 曲面分割预览

Step5. 在"分割面"对话框中单击 〈确定〉 按钮，完成分割面的操作。

4. 修剪与延伸

使用 修剪与延伸(N)... 命令可以创建修剪曲面，也可以通过延伸所选定的曲面创建拐角，以达到修剪或延伸的效果。选择下拉菜单 插入(S) ➡ 修剪(T)▸ ➡ 修剪与延伸(N)... 命令，系统弹出"修剪与延伸"对话框。该对话框提供了"直至选定"和"制作拐角"两种修剪与延伸方式。下面以图 5.3.13 所示的修剪与延伸曲面为例来说明"直至选定"修剪与延伸方式的一般操作过程。

Step1. 打开文件 D:\ug12nc\work\ch05.03\trim_and_extend.prt。

a）修剪与延伸前   b）修剪与延伸后

图 5.3.13　修剪与延伸曲面

Step2. 选择下拉菜单 插入(S) ➡ 修剪(T)▶ ➡ 修剪与延伸(N)... 命令，系统弹出图 5.3.14 所示的"修剪和延伸"对话框。

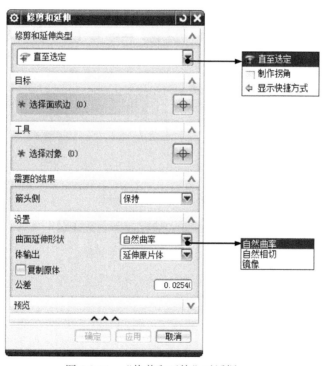

图 5.3.14　"修剪和延伸"对话框

Step3. 在 类型 区域的下拉列表中选择 直至选定 选项，在 设置 区域的 曲面延伸形状 下拉列表中选择 自然曲率 选项，如图 5.3.14 所示。

Step4. 定义目标边。在"上边框条"工具条的下拉列表中选择 相连曲线 选项，如图 5.3.15 所示，然后在图形区选取图 5.3.16 所示的片体边，单击鼠标中键确认。

Step5. 定义刀具面。在图形区选取图 5.3.16 所示的曲面。

Step6. 在"修剪和延伸"对话框中单击 ＜确定＞ 按钮，完成曲面的修剪与延伸操作，结果如图 5.3.13b 所示。

选取该曲面为刀具面

选取此片体边

图 5.3.15　"上边框条"工具条

图 5.3.16　目标边缘和刀具面

5.3.2　曲面的缝合与实体化

1．曲面的缝合

曲面的缝合功能可以将两个或两个以上的曲面连接形成一个曲面。图 5.3.17 所示的曲面缝合的一般过程如下。

Step1．打开文件 D:\ ug12nc\work\ch05.03\sew.prt。

Step2．选择下拉菜单 插入(S) ➡ 组合(B) ➡ 缝合(W)... 命令，此时系统弹出图 5.3.18 所示的"缝合"对话框。

选取曲面2

选取曲面1

a）缝合前

b）缝合后

图 5.3.17　曲面的缝合

图 5.3.18　"缝合"对话框

Step3．设置缝合类型。在"缝合"对话框中 类型 区域的下拉列表中选择 片体 选项。

Step4. 定义目标片体和刀具片体。在图形区选取图 5.3.17a 所示的曲面 1 为目标片体，然后选取曲面 2 为刀具片体。

Step5. 设置缝合公差。在"缝合"对话框的 公差 文本框中输入值 3，然后单击 确定 按钮（或者单击中键），完成曲面的缝合操作。

2．曲面的实体化

曲面的创建最终是为了生成实体，所以曲面的实体化在设计过程中是非常重要的。曲面的实体化有多种类型，下面将分别介绍。

类型一：封闭曲面的实体化

封闭曲面的实体化就是将一组封闭的曲面转化为实体特征。图 5.3.19 所示的封闭曲面实体化的操作过程如下。

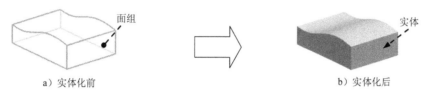

a）实体化前　　　　　　　　　　　　　　　　　b）实体化后

图 5.3.19　封闭曲面的实体化

Step1. 打开文件 D:\ug12nc\work\ch05.03\surface_solid.prt。

Step2. 选择下拉菜单 视图(V) ➞ 截面(S) ▸ ➞ 新建截面(T)... 命令，此时系统弹出图 5.3.20 所示的"视图剖切"对话框。

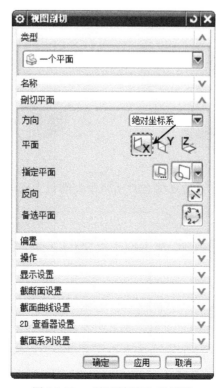

图 5.3.20　"视图剖切"对话框

Step3. 在"视图剖切"对话框 类型 区域的下拉列表中选择 一个平面 选项，然后单击 剖切平面 区域的"设置平面至 X"按钮 ，此时可看到在图形区中显示的特征为片体，如图 5.3.21 所示，然后单击 取消 按钮。

图 5.3.21 截面视图

Step4. 选择下拉菜单 插入(S) ➡ 组合(B) ▸ ➡ 缝合(W)... 命令，此时系统弹出"缝合"对话框。

Step5. 在"缝合"对话框中均采用默认设置，在图形区依次选取片体 1 和曲面 1（图 5.3.22）为目标片体和工具片体，然后单击"缝合"对话框中的 确定 按钮，完成实体化操作。

Step6. 选择下拉菜单 视图(V) ➡ 截面(S) ▸ ➡ 新建截面(T)... 命令，此时系统弹出"视图截面"对话框。

Step7. 在"剖切定义"对话框 类型 区域的下拉列表中选择 一个平面 选项，然后单击 剖切平面 区域的"设置平面至 X"按钮 ，此时可看到在图形区中显示的特征为实体，如图 5.3.23 所示，然后单击 取消 按钮。

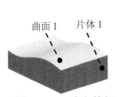

图 5.3.22 选取特征

图 5.3.23 截面视图

说明：在 UG NX 12.0 中，通过缝合封闭曲面会默认生成一个实体。

5.4 UG 曲面零件设计实际应用 1——导流轮

应用概述

本应用介绍了导流轮曲面设计过程。本应用在建模过程中主要使用了旋转、简单孔、螺旋线、扫掠、修剪体和阵列几何特征等命令。其中扫掠和阵列几何特征的相关操作及技巧需读者用心体会。导流轮的零件模型如图 5.4.1 所示。

注意：在后面的数控部分，将会介绍该三维模型零件的数控加工与编程。

说明：本应用的详细操作过程请参见学习资源 video 文件夹中对应章节的语音视频讲解文件。模型文件为 D:\ug12nc\work\ch05.04\diveraxes.prt。

图 5.4.1　导流轮零件模型

5.5　UG 曲面零件设计实际应用 2——泵轮

应用概述

本应用介绍了泵轮的设计过程。在建模过程中主要使用了旋转、通过曲线组、拔模和阵列等命令，其中通过曲线组的相关操作和技巧需读者用心体会。泵轮的零件模型如图 5.5.1 所示。

注意：　在后面的数控部分，将会介绍该三维模型零件的数控加工与编程。

说明：本应用的详细操作过程请参见学习资源 video 文件夹中对应章节的语音视频讲解文件。模型文件为 D:\ug12nc\work\ch05.05\ pump_wheel.prt。

图 5.5.1　泵轮零件模型

学习拓展：扫码学习更多视频讲解。

讲解内容：曲面设计实例精选。本部分首先对常用的曲面设计思路和方法进行了系统的总结，然后讲解了数十个典型曲面产品设计的全过程，并对每个产品的设计要点都进行了深入剖析。

第6章 装配设计

6.1 装配设计概述

一个产品（组件）往往是由多个部件组合（装配）而成的，装配模块用来建立部件间的相对位置关系，从而形成复杂的装配体。部件间位置关系的确定主要通过添加约束实现。

一般的 CAD/CAM 软件包括两种装配模式：多组件装配和虚拟装配。多组件装配是一种简单的装配，其原理是将每个组件的信息复制到装配体中，然后将每个组件放到对应的位置。虚拟装配是建立各组件的链接，装配体与组件是一种引用关系。

相对于多组件装配，虚拟装配有以下明显的优点。

- 虚拟装配中的装配体是引用各组件的信息，而不是复制其本身，因此改动组件时，相应的装配体也自动更新。这样当对组件进行变动时，就不需要对与之相关的装配体进行修改，同时也避免了修改过程中可能出现的错误，提高了效率。

- 虚拟装配中，各组件通过链接应用到装配体中，比复制节省了存储空间。

- 虚拟装配可以通过引用集的引用来控制部件的显示，抑制下层部件在装配体中显示，提高了显示速度。

UG NX 12.0 的装配模块具有下面一些特点。

- 利用装配导航器可以清晰地查询、修改和删除组件以及约束。

- 提供了强大的爆炸图工具，可以方便地生成装配体的爆炸图。

- 提供了很强的虚拟装配功能，有效地提高了工作效率。提供了方便的组件定位方法，可以快捷地设置组件间的位置关系。系统提供了 8 种约束方式，通过对组件添加多个约束，可以准确地把组件装配到位。

相关术语和概念如下。

装配：是指在装配过程中建立部件之间的相对位置关系，由部件和子装配组成。

组件：在装配中按特定位置和方向使用的部件。组件可以是独立的部件，也可以是由其他较低级别的组件组成的子装配。装配中的每个组件仅包含一个指向其主几何体的指针，在修改组件的几何体时，装配体将随之发生变化。

部件：任何 prt 文件都可以作为部件添加到装配文件中。

工作部件：可以在装配模式下编辑的部件。在装配状态下，一般不能对组件直接进行修改，要修改组件，需要将该组件设为工作部件。部件被编辑后，所做修改的变化会反映到所有引用该部件的组件。

子装配：子装配是在高一级装配中被用作组件的装配，子装配也可以拥有自己的子装配。子装配是相对于引用它的高一级装配来说的，任何一个装配部件可在更高级装配中用作子装配。

引用集：定义在每个组件中的附加信息，其内容包括该组件在装配时显示的信息。每个部件可以有多个引用集，供用户在装配时选用。

6.2 装配导航器

为了便于用户管理装配组件，UG NX 12.0 提供了装配导航器功能。装配导航器在一个单独的对话框中以图形的方式显示部件的装配结构，并提供了在装配中操控组件的快捷方法。可以使用装配导航器选择组件进行各种操作，以及执行装配管理功能，如更改工作部件、更改显示部件、隐藏和不隐藏组件等。

装配导航器将装配结构显示为对象的树形图，每个组件都显示为装配树结构中的一个节点。

6.2.1 功能概述

打开文件 D:\ug12nc\work\ch06.02\representative.prt，单击用户界面资源工具条区中的"装配导航器"按钮 ，显示"装配导航器"，如图 6.2.1 所示。在装配导航器的第一栏，可以方便地查看和编辑装配体和各组件的信息。

1. 装配导航器的按钮

装配导航器的模型树中，各部件名称前后有很多图标，不同的图标表示不同的信息。

- ☑：选中此复选标记，表示组件至少已部分打开且未隐藏。
- ☑：取消此复选标记，表示组件至少已部分打开，但不可见。不可见的原因可能是由于被隐藏、在不可见的层上，或在排除引用集中。单击该复选框，系统将完全显示该组件及其子项，图标变成 ☑。
- ☐：此复选标记表示组件关闭，在装配体中将看不到该组件，该组件的图标将变为 ☐（当该组件为非装配或子装配时）或 ☐（当该组件为子装配时）。单击该复选框，系统将完全或部分加载组件及其子项，组件在装配体中显示，该图标变成 ☑。
- ☐：此标记表示组件被抑制。不能通过单击该图标编辑组件状态，如果要消除抑制状态可右击，从系统弹出的快捷菜单中选择 抑制 命令，在系统弹出的"抑制"对话框中选择 从不抑制 单选项，然后进行相应操作。
- ☐：此标记表示该组件是装配体。

● ：此标记表示该组件不是装配体。

图 6.2.1　装配导航器

2. 装配导航器的操作

● 装配导航器对话框的操作。

☑ 显示模式控制：通过单击左上角的  按钮，然后在系统弹出的快捷菜单中选中或取消选中 ✔ 销住 选项，可以使装配导航器对话框在浮动和固定之间切换。

☑ 列设置：装配导航器默认的设置只显示几列信息，大多数都被隐藏了。在装配导航器空白区域右击，在系统弹出的快捷菜单中选择 列 ▶ 选项，系统会展开所有列选项供用户选择。

● 组件操作。

☑ 选择组件：单击组件的节点可以选择单个组件。按住 Ctrl 键可以在装配导航器中选择多个组件。如果要选择的组件是相邻的，可以按住 Shift 键并单击选择第一个组件和最后一个组件，则这中间的组件全部被选中。

☑ 拖放组件：可在按住鼠标左键的同时，选择装配导航器中的一个或多个组件，将它们拖到新位置。松开鼠标左键，目标组件将成为包含该组件的装配体，其按钮也将变为 。

☑ 将组件设为工作组件：双击某一组件，可以将该组件设为工作组件，此时可以对工作组件进行编辑（这与在图形区域双击某一组件的效果是一样的）。要取消工作组件状态，只需在根节点处双击即可。

6.2.2 预览面板和相关性面板

1．预览面板

在"装配导航器"对话框中单击**预览**按钮，可展开或折叠面板，如图 6.2.1 所示。选择装配导航器中的组件，可以在预览面板中查看该组件的预览。添加新组件时，如果该组件已加载到系统中，预览面板也会显示该组件的预览。

2．相关性面板

在"装配导航器"对话框中单击 **相关性** 按钮，可展开或折叠面板，如图 6.2.1 所示。选择装配导航器中的组件，可以在依附性面板中查看该组件的相关性关系。

在相关性面板中，每个装配组件下都有两个文件夹：子级和父级。以选中组件为基础组件，定位其他组件时所建立的约束和接触对象属于子级；以其他组件为基础组件，定位选中的组件时所建立的约束和接触对象属于父级。单击"局部放大图"按钮 🔍，系统详细列出了其中所有的约束条件和接触对象。

6.3 装 配 约 束

装配约束用于在装配中定位组件，可以指定一个部件相对于装配体中另一个部件（或特征）的放置方式和位置。例如，可以指定一个螺栓的圆柱面与一个螺母的内圆柱面同轴。UG NX 12.0 中装配约束的类型包括固定、接触对齐、同轴、距离和中心等。每个组件都有唯一的装配约束，这个装配约束由一个或多个约束组成。每个约束都会限制组件在装配体中的一个或几个自由度，从而确定组件的位置。用户可以在添加组件的过程中添加装配约束，也可以在添加完成后添加约束。如果组件的自由度被全部限制，可称为完全约束；如果组件的自由度没有被全部限制，则称为欠约束。

6.3.1 "装配约束"对话框

在 UG NX 12.0 中，装配约束是通过"装配约束"对话框中的操作来实现的，下面对"装配约束"对话框进行介绍。

选择下拉菜单 装配(A) ➡ 组件位置(P) ▶ ➡ 装配约束(N)... 命令，系统弹出图 6.3.1 所示的"装配约束"对话框。"装配约束"对话框中主要包括 3 个区域："约束类型"区域、"要约束的几何体"区域和"设置"区域。

图 6.3.1 "装配约束"对话框

图 6.3.1 所示的"装配约束"对话框 约束类型 区域中各选项的说明如下。

- [图标]:该约束用于两个组件,使其彼此接触或对齐。当选择该选项后, 要约束的几何体
  区域的 方位 下拉列表中出现 4 个选项。
  - ☑ 首选接触:若选择该选项,则当接触和对齐约束都可能时,显示接触约束
    (在大多数模型中,接触约束比对齐约束更常用);当接触约束过度约束装配
    时,将显示对齐约束。
  - ☑ 接触:若选择该选项,则约束对象的曲面法向在相反方向上。
  - ☑ 对齐:若选择该选项,则约束对象的曲面法向在相同方向上。
  - ☑ 自动判断中心/轴:该选项主要用于定义两圆柱面、两圆锥面或圆柱面与圆锥
    面同轴约束。
- [图标]:该约束用于定义两个组件的圆形边界或椭圆边界的中心重合,并使边界的面
  共面。
- [图标]:该约束用于设定两个接触对象间的最小 3D 距离。选择该选项并选定接触对
  象后, 距离 区域的 距离 文本框被激活,可以直接输入数值。
- [图标]:该约束用于将组件固定在其当前位置,一般用在第一个装配元件上。
- [图标]:该约束用于使两个目标对象的矢量方向平行。
- [图标]:该约束用于使两个目标对象的矢量方向垂直。

- : 该约束用于使两个目标对象的边线或轴线重合。

- : 该约束用于定义将半径相等的两个圆柱面拟合在一起。此约束对确定孔中销或螺栓的位置很有用。如果以后半径变为不等，则该约束无效。

- : 该约束用于组件"焊接"在一起。

- : 该约束用于使一对对象之间的一个或两个对象居中，或使一对对象沿另一个对象居中。当选取该选项时，要约束的几何体区域的 子类型 下拉列表中出现 3 个选项。

  - ☑ 1对2 : 该选项用于定义在后两个所选对象之间使第一个所选对象居中。

  - ☑ 2对1 : 该选项用于定义将两个所选对象沿第三个所选对象居中。

  - ☑ 2对2 : 该选项用于定义将两个所选对象在两个其他所选对象之间居中。

- : 该约束用于约束两对象间的旋转角。选取角度约束后，要约束的几何体区域的 子类型 下拉列表中出现两个选项。

  - ☑ 3D角 : 该选项用于约束需要"源"几何体和"目标"几何体。不指定旋转轴；可以任意选择满足指定几何体之间角度的位置。

  - ☑ 方向角度 : 该选项用于约束需要"源"几何体和"目标"几何体，还特别需要一个定义旋转轴的预先约束，否则创建定位角约束失败。为此，希望尽可能创建 3D 角度约束，而不创建方向角度约束。

6.3.2 "接触对齐"约束

（1）"接触"约束可使两个装配部件中的两个平面重合并且朝向相反，如图 6.3.2 所示。"接触约束"也可以使其他对象接触，如直线与直线接触，如图 6.3.3 所示。

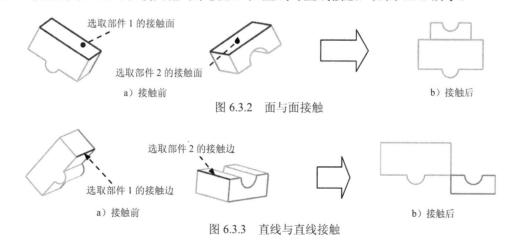

选取部件 1 的接触面
选取部件 2 的接触面
a）接触前
b）接触后
图 6.3.2 面与面接触

选取部件 2 的接触边
选取部件 1 的接触边
a）接触前
b）接触后
图 6.3.3 直线与直线接触

（2）"对齐"约束可使两个装配部件中的两个平面（图 6.3.4a）重合并且朝向相同，如图 6.3.4b 所示；同样，"对齐约束"也可以使其他对象对齐。

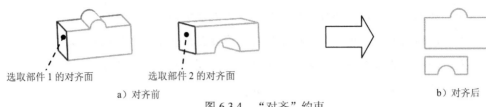

选取部件1的对齐面   选取部件2的对齐面

a）对齐前   b）对齐后

图 6.3.4   "对齐"约束

（3）"自动判断中心/轴"约束可使两个装配部件中的两个旋转面的轴线重合。当轴线不方便选取时，可以用这个约束，如图 6.3.5 所示。

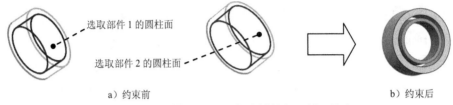

选取部件1的圆柱面

选取部件2的圆柱面

a）约束前   b）约束后

图 6.3.5   "自动判断中心/轴"约束

6.3.3   "角度"约束

"角度"约束可使两个装配部件上的线或面建立一个角度，从而限制部件的相对位置关系，如图 6.3.6 所示。

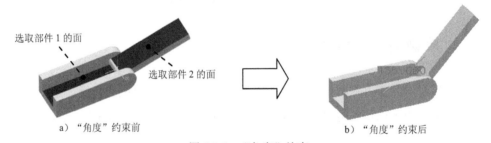

选取部件1的面

选取部件2的面

a）"角度"约束前   b）"角度"约束后

图 6.3.6   "角度"约束

6.3.4   "平行"约束

"平行"约束可使两个装配部件中的两个平面进行平行约束，如图 6.3.7 所示（相应的模型在 D:\ug12nc\work\ch06.03.04 中可以找到）。

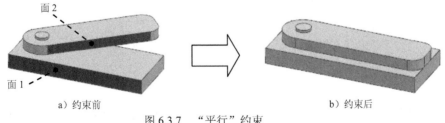

面 2

面 1

a）约束前   b）约束后

图 6.3.7   "平行"约束

说明：图 6.3.7b 所示的约束状态，除添加了"平行"约束以外，还添加了"接触"和

"对齐"约束,以便能更清楚地表示出"平行"约束。

6.3.5 "垂直"约束

"垂直"约束可使两个装配部件中的两个平面进行垂直约束,如图 6.3.8 所示(相应的模型在 D:\ug12nc\work\ch06.03.05 中可以找到)。

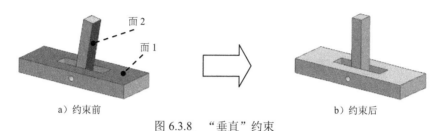

图 6.3.8 "垂直"约束

6.3.6 "距离"约束

"距离"约束可使两个装配部件中的两个平面保持一定的距离,可以直接输入距离值,如图 6.3.9 所示。

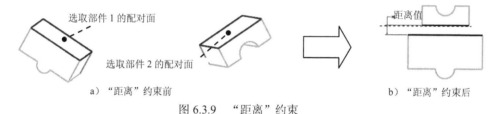

图 6.3.9 "距离"约束

6.3.7 "固定"约束

"固定"约束是将部件固定在图形窗口的当前位置。向装配环境中引入第一个部件时,常常对该部件添加"固定"约束。

6.4 装配的一般过程

6.4.1 概述

部件的装配一般有两种基本方式:自底向上装配和自顶向下装配。如果首先设计好全部部件,然后将部件作为组件添加到装配体中,则称之为自底向上装配;如果首先设计好装配体模型,然后在装配体中创建组件模型,最后生成部件模型,则称之为自顶向下装配。

UG NX 12.0 提供了自底向上和自顶向下装配功能,并且两种方法可以混合使用。自底

向上装配是一种常用的装配模式，本书主要介绍自底向上装配。

下面以两个轴类部件为例，说明自底向上创建装配体的一般过程。

6.4.2　添加第一个部件

Step1. 新建文件，单击 按钮，在系统弹出的"新建"对话框中选择 装配 模板，在 名称 文本框中输入 assemblage，将保存位置设置为 D:\ug12nc\work\ch06.04，单击 确定 按钮。系统弹出图 6.4.1 所示的"添加组件"对话框。

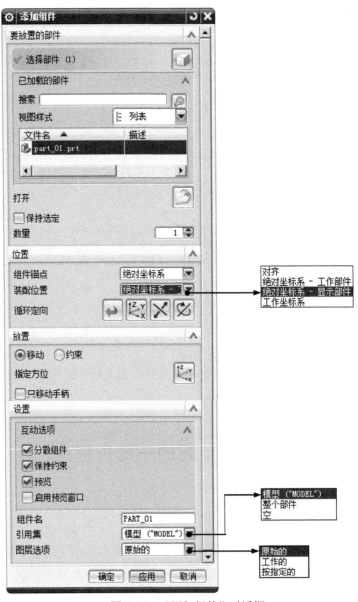

图 6.4.1　"添加组件"对话框

说明：在"添加组件"对话框中，系统提供了两种添加方式：一种是从硬盘中选择加

载的文件；另一种方式是选择已加载或最近访问的部件。

Step2. 添加第一个部件。在"添加组件"对话框中单击"打开"按钮，选择 D:\ug12nc\work\ch06.04\part_01.prt，然后单击 OK 按钮。

Step3. 定义放置定位。在"添加组件"对话框 位置 区域的 装配位置 下拉列表中选取 绝对坐标系 - 显示部件 选项，单击 < 确定 > 按钮。

图 6.4.1 所示的"添加组件"对话框中主要选项的功能说明如下。

- 要放置的部件 区域：用于从硬盘中选取的部件或已经加载的部件。
  - ☑ 已加载的部件：此文本框中的部件是已经加载到此软件中的部件。
  - ☑ 打开：单击"打开"按钮，可以从硬盘中选取要装配的部件。
  - ☑ 数量：在此文本框中输入重复装配部件的个数。

- 位置 区域：该区域是对载入的部件进行定位。
  - ☑ 组件锚点 下拉列表：是指在组件内创建产品接口来定义其他组件系统。
  - ☑ 装配位置 下拉列表：该下拉列表中包含 对齐、绝对坐标系 - 工作部件、绝对坐标系 - 显示部件 和 工作坐标系 三个选项。对齐 是指选择位置来定义坐标系；绝对坐标系 - 工作部件 是指将组件放置到当前工作部件的绝对原点；绝对坐标系 - 显示部件 是指将组件放置到显示装配的绝对原点；工作坐标系 是指将组件放置到工作坐标系。
  - ☑ 循环定向：是指改变组件的位置及方向。

- 放置 区域：该区域是对载入的部件进行放置。
  - ☑ ⦿约束 是指在把添加组件和添加约束放在一个命令中进行，选择该选项，系统显示"装配约束"界面，完成装配约束的定义。
  - ☑ ⦿移动 是指可重新指定载入部件的位置。

- 设置 区域：此区域是设置部件的 组件名、引用集 和 图层选项。
  - ☑ 组件名 文本框：在文本框中可以更改部件的名称。
  - ☑ 图层选项 下拉列表：该下拉列表中包含 原始的、工作的 和 按指定的 三个选项。原始的 是指将新部件放到设计时所在的层；工作的 是将新部件放到当前工作层；按指定的 是指将载入部件放入指定的层中，选择 按指定的 选项后，其下方的 图层 文本框被激活，可以输入层名。

6.4.3 添加第二个部件

Step1. 添加第二个部件。在 装配 选项卡的 组件 区域中单击 ✚ 按钮，在系统弹出的"添加组件"对话框中单击 按钮，选择文件 D:\ug12nc\work\ch06.04\part_02.prt，然后单击

OK 按钮。

Step2. 定义放置定位。在"添加组件"对话框的 放置 区域选择 ⊙约束 选项；在 设置 区域的 互动选项 选项组中选中 ☑启用预览窗口 复选框，此时系统弹出图 6.4.2 所示的"约束类型"界面和图 6.4.3 所示的"组件预览"窗口。

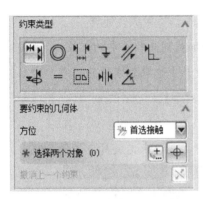

图 6.4.2 "约束类型"界面

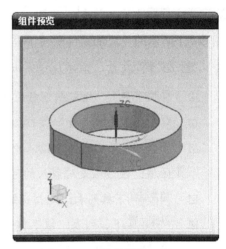

图 6.4.3 "组件预览"窗口

说明：在图 6.4.3 所示的"组件预览"窗口中可单独对要装入的部件进行缩放、旋转和平移，这样就可以将要装配的部件调整到方便选取装配约束参照的位置。

Step3. 添加"接触"约束。在"装配约束"对话框的 约束类型 区域中选择 选项，在 要约束的几何体 区域的 方位 下拉列表中选择 首选接触 选项；在"组件预览"窗口中选取图 6.4.4 所示的接触平面 1，然后在图形区中选取接触平面 2；结果如图 6.4.5 所示。

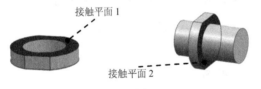

接触平面 1

接触平面 2

图 6.4.4 选取接触平面

图 6.4.5 接触结果

Step4. 添加"对齐"约束。在"装配约束"对话框 要约束的几何体 区域的 方位 下拉列表中选择 对齐 选项，然后选取图 6.4.6 所示的对齐平面 1 和对齐平面 2，结果如图 6.4.7 所示。

对齐平面 2

对齐平面 1

图 6.4.6 选择对齐平面

图 6.4.7 对齐结果

Step5. 添加"同轴"约束。在"装配约束"对话框 要约束的几何体 区域的 方位 下拉列表中选择 自动判断中心/轴 选项，然后选取图 6.4.8 所示的曲面 1 和曲面 2，单击 <确定> 按钮，则这两个圆柱曲面的轴重合，结果如图 6.4.9 所示。

图 6.4.8　选择同轴曲面

图 6.4.9　同轴结果

注意：

- 约束不是随意添加的，各种约束之间有一定的制约关系。如果后加的约束与先加的约束产生矛盾，那么将不能添加成功。

- 有时约束之间并不矛盾，但由于添加顺序不同可能导致不同的解或者无解。例如现在希望得到图 6.4.10 所示的假设装配关系：平面 1 和平面 2 对齐，圆柱面 1 和圆柱面 2 相切，现在尝试使用两种方法添加约束。

方法一： 先让两平面对齐，然后添加两圆柱面相切，如果得不到图中的位置，可以单击 ⤬ 按钮，这样就能得到图中 6.4.10 所示的装配关系。

图 6.4.10　假设装配关系

方法二： 先添加两圆柱面接触（相切）的约束，然后让两平面对齐。多操作几次会发现，两圆柱面的切线是不确定的，通过单击 ⤬ 按钮也只能得到两种解。在多数情况下，平面对齐是不能进行的。

由上面例子看出，组件装配约束的添加并不是随意的，不仅要求约束之间没有矛盾，而且选择合适的添加顺序也很重要。

6.5　编辑装配体中的部件

装配体完成后，可以对该装配体中的任何部件（包括零件和子装配件）进行特征建模、修改尺寸等编辑操作。下面介绍编辑装配体中部件的一般操作过程。

Step1. 打开文件 D:\ug12nc\work\ch06.05\compile.prt。

Step2. 定义工作部件。双击部件 round，将该部件设为工作组件，装配体中的非工作部件将变为透明，如图 6.5.1 所示，此时可以对工作部件进行编辑。

Step3. 切换到建模环境下。在 应用模块 功能选项卡中单击 设计 区域的 建模 按钮。

Step4. 选择命令。选择下拉菜单 插入(S) → 设计特征(E) → 孔(H)... 命令，系统

弹出"孔"对话框。

Step5. 定义孔位置。选取图 6.5.2 所示圆心为孔的放置点。

Step6. 定义编辑参数。在"孔"对话框的 类型 下拉列表中选择 常规孔 选项，在 方向 区域的 孔方向 下拉列表中选择 沿矢量 选项，再选择 ZC 选项，直径值为 20，深度值为 50，顶锥角为 118°，位置为零件底面的圆心，单击 < 确定 > 按钮，完成孔的创建，结果如图 6.5.3 所示。

双击此部件 1

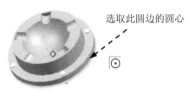

选取此圆边的圆心

图 6.5.1   设置工作部件（一）   图 6.5.2   设置工作部件（二）   图 6.5.3   创建结果

Step7. 双击装配导航器中的装配体 ☑ compile，取消组件的工作状态。

学习拓展：扫码学习更多视频讲解。

讲解内容：装配设计实例精选。讲解了一些典型的装配设计案例，着重介绍了装配设计的方法流程以及一些快速操作技巧。

第 **7** 章 UG NX 12.0 数控加工与编程快速入门

7.1 UG NX 12.0 数控加工与编程的工作流程

UG NX 12.0 能够模拟数控加工的全过程，其一般数控加工流程（图 7.1.1）如下。

（1）创建制造模型，包括创建或获取设计模型以及工件规划。

（2）进入加工环境。

（3）进行 NC 操作（如创建程序、几何体、刀具等）。

（4）创建刀具路径文件，进行加工仿真。

（5）利用后处理器生成 NC 代码。

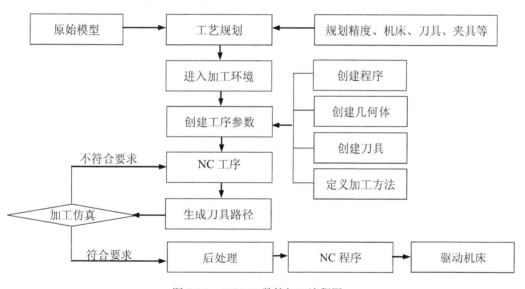

图 7.1.1 UG NX 数控加工流程图

7.2 进入 UG NX 12.0 加工与编程模块

在进行数控加工操作之前首先需要进入 UG NX 12.0 数控加工环境，其操作如下。

Step1. 打开模型文件。选择下拉菜单 文件(F) ➡ 打开... 命令，系统弹出图 7.2.1 所示的"打开"对话框；在 查找范围(I): 下拉列表中选择文件目录 D:\ug12nc\work\ch07，然后在中间的列表框中选择 pocketing.prt 文件，单击 OK 按钮，系统打开模型并进入建模环境。

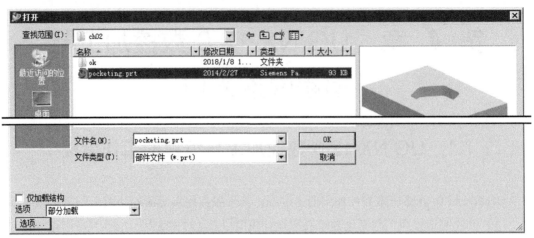

图 7.2.1 "打开"对话框

Step2. 进入加工环境。在 应用模块 功能选项卡的 加工 区域单击 ⬛ 按钮，系统弹出图 7.2.2 所示的"加工环境"对话框。

加工环境中的所有操作模板类型。必须在此指定一种操作模板类型，不过在进入加工环境后，可以随时改选此环境中的其他操作模板类型

图 7.2.2 "加工环境"对话框

Step3. 选择操作模板类型。在"加工环境"对话框的 要创建的 CAM 组装 列表框中选择 mill_contour 选项，单击 确定 按钮，系统进入加工环境。

说明： 当加工零件第一次进入加工环境时，系统将弹出"加工环境"对话框，在 要创建的 CAM 组装 列表中选择好操作模板类型后，单击 确定 按钮，系统将根据指定的操作模板类型，调用相应的模块和相关的数据进行加工环境的设置。在以后的操作中，选择下拉菜单 工具(T) ➡ 工序导航器(O) ▸ ➡ 删除组装(S) 命令，在系统弹出的"组装删除确认"

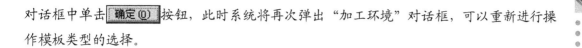

对话框中单击 **确定(O)** 按钮，此时系统将再次弹出"加工环境"对话框，可以重新进行操作模板类型的选择。

7.3 新建加工程序

程序主要用于排列各加工操作的次序，并可方便地对各个加工操作进行管理，某种程度上相当于一个文件夹。例如，一个复杂零件的所有加工操作（包括粗加工、半精加工、精加工等）需要在不同的机床上完成，将在同一机床上加工的操作放置在同一个程序组，就可以直接选取这些操作所在的父节点程序组进行后处理。

下面还是以模型 pocketing.prt 为例，紧接上节的操作来继续说明创建程序的一般步骤。

Step1. 选择下拉菜单 **插入(S)** ➡ **程序(P)** 命令（或单击"刀片"区域中的 按钮），系统弹出图 7.3.1 所示的"创建程序"对话框。

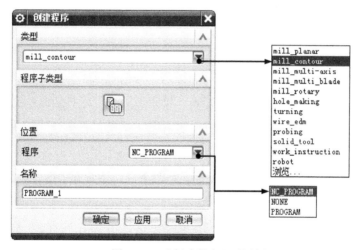

图 7.3.1 "创建程序"对话框

Step2. 在"创建程序"对话框的 **类型** 下拉列表中选择 **mill_contour** 选项，在 **位置** 区域的 **程序** 下拉列表中选择 **NC_PROGRAM** 选项，在 **名称** 文本框中输入程序名称 PROGRAM_1，单击 **确定** 按钮，在系统弹出的"程序"对话框中单击 **确定** 按钮，完成程序的创建。

图 7.3.1 所示的"创建程序"对话框中各选项的说明如下。

● **mill_planar**：平面铣加工模板。
● **mill_contour**：轮廓铣加工模板。
● **mill_multi-axis**：多轴铣加工模板。
● **mill_multi_blade**：多轴铣叶片模板。
● **mill_rotary**：旋转铣削模板。
● **hole_making**：钻孔模板。

- **turning**：车加工模板。
- **wire_edm**：电火花线切割加工模板。
- **probing**：探测模板。
- **solid_tool**：整体刀具模板。
- **work_instruction**：工作说明模板。

7.4 创建几何体

创建几何体主要是定义要加工的几何对象（包括部件几何体、毛坯几何体、切削区域、检查几何体、修剪几何体）和指定零件几何体在数控机床上的机床坐标系（MCS）。几何体可以在创建工序之前定义，也可以在创建工序过程中指定。其区别是提前定义的加工几何体可以为多个工序使用，而在创建工序过程中指定加工几何体只能为该工序使用。

7.4.1 创建机床坐标系

在创建加工操作前，应首先创建机床坐标系，并检查机床坐标系与参考坐标系的位置和方向是否正确，要尽可能地将参考坐标系、机床坐标系、绝对坐标系统一到同一位置。

下面以前面的模型 pocketing.prt 为例，紧接着上节的操作来继续说明创建机床坐标系的一般步骤。

Step1. 选择下拉菜单 插入(S) ➡ 几何体(G) 命令，系统弹出图 7.4.1 所示的"创建几何体"对话框。

Step2. 在"创建几何体"对话框的 几何体子类型 区域中单击"MCS"按钮 ，在 位置 区域的 几何体 下拉列表中选择 GEOMETRY 选项，在 名称 文本框中输入 CAVITY_MCS。

Step3. 单击 确定 按钮，系统弹出图 7.4.2 所示的"MCS"对话框。

图 7.4.1 所示的"创建几何体"对话框中的各选项说明如下。

- （MCS 机床坐标系）：使用此选项可以建立 MCS（机床坐标系）和 RCS（参考坐标系）、设置安全距离和下限平面以及避让参数等。

- （WORKPIECE 工件几何体）：用于定义部件几何体、毛坯几何体、检查几何体和部件的偏置。所不同的是，它通常位于 MCS_MILL 父级组下，只关联 MCS_MILL 中指定的坐标系、安全平面、下限平面和避让等。

- （MILL_AREA 切削区域几何体）：使用此按钮可以定义部件、检查、切削区域、壁和修剪等几何体。切削区域也可以在以后的操作对话框中指定。

图 7.4.1 "创建几何体"对话框

图 7.4.2 "MCS"对话框

- （MILL_BND 边界几何体）：使用此按钮可以指定部件边界、毛坯边界、检查边界、修剪边界和底平面几何体。在某些需要指定加工边界的操作，如表面区域铣削、3D 轮廓加工和清根切削等操作中会用到此按钮。

- A（MILL_TEXT 文字加工几何体）：使用此按钮可以指定"平面文本"和"曲面文本"工序中的雕刻文本。

- （MILL_GEOM 铣削几何体）：此按钮可以通过选择模型中的体、面、曲线和切削区域来定义部件几何体、毛坯几何体、检查几何体，还可以定义零件的偏置、材料，存储当前的视图布局与层。

- 在 位置 区域的 几何体 下拉列表中提供了如下选项。

  - ☑ GEOMETRY：几何体中的最高节点，由系统自动产生。
  - ☑ MCS_MILL：选择加工模板后系统自动生成，一般是工件几何体的父节点。
  - ☑ NONE：未用项。当选择此选项时，表示没有任何要加工的对象。
  - ☑ WORKPIECE：选择加工模板后，系统在 MCS_MILL 下自动生成的工件几何体。

图 7.4.2 所示的"MCS"对话框中的主要选项和区域说明如下。

- 机床坐标系区域：单击此区域中的"坐标系对话框"按钮，系统弹出"坐标系"对话框，在此对话框中可以对机床坐标系的参数进行设置。机床坐标系即加工坐标系，它是所有刀路轨迹输出点坐标值的基准，刀路轨迹中所有点的数据都是根据机床坐标系生成的。在一个零件的加工工艺中，可能会创建多个机床坐标系，但在每个工序中只能选择一个机床坐标系。系统默认的机床坐标系定位在绝对坐标系的位置。

● 参考坐标系 区域：选中该区域中 ☑链接 RCS 与 MCS 复选框，即指定当前的参考坐标系为机床坐标系，此时 指定 RCS 选项将不可用；取消选中 ☐链接 RCS 与 MCS 复选框，单击 指定 RCS 右侧的"坐标系对话框"按钮 ，系统弹出"坐标系"对话框，在此对话框中可以对参考坐标系的参数进行设置。参考坐标系主要用于确定所有刀具轨迹以外的数据，如安全平面、对话框中指定的起刀点、刀轴矢量以及其他矢量数据等，当正在加工的工件从工艺各截面移动到另一个截面时，将通过搜索已经存储的参数，使用参考坐标系重新定位这些数据。系统默认的参考坐标系定位在绝对坐标系上。

● 安全设置 区域的 安全设置选项 下拉列表提供了如下选项。

 ☑ 使用继承的 ：选择此选项，安全设置将继承上一级的设置，可以单击此区域中的"显示"按钮 ，显示出继承的安全平面。

 ☑ 无 ：选择此选项，表示不进行安全平面的设置。

 ☑ 自动平面 ：选择此选项，可以在 安全距离 文本框中设置安全平面的距离。

 ☑ 平面 ：选择此选项，可以单击此区域中的 按钮，在系统弹出的"平面"对话框中设置安全平面。

● 下限平面 区域：此区域中的设置可以采用系统的默认值，不影响加工操作。

说明：在设置机床坐标系时，该对话框中的设置可以采用系统的默认值。

Step4. 在"MCS"对话框的 机床坐标系 区域中单击"坐标系对话框"按钮 ，系统弹出图 7.4.3 所示的"坐标系"对话框，在 类型 下拉列表中选择 动态 选项。

图 7.4.3 "坐标系"对话框

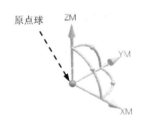

图 7.4.4 创建坐标系

说明：系统弹出"坐标系"对话框的同时，在图形区会出现图 7.4.4 所示的待创建坐标系，可以通过移动原点球来确定坐标系原点的位置，拖动圆弧边上的圆点可以分别绕相应轴进行旋转以调整角度。

Step5. 单击"坐标系"对话框 操控器 区域中的"点对话框"按钮 ，系统弹出图 7.4.5

所示的"点"对话框，在 Z 文本框中输入值 10.0，单击 确定 按钮，此时系统返回至"坐标系"对话框，单击 确定 按钮，完成图 7.4.6 所示的机床坐标系的创建，系统返回到"MCS"对话框。

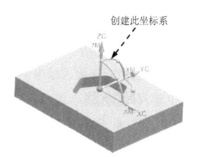

图 7.4.5 "点"对话框 　　　　　　　图 7.4.6 机床坐标系

7.4.2 创建安全平面

设置安全平面可以避免在创建每一道工序时都设置避让参数。可以选取模型的表面或者直接选择基准面作为参考平面，然后设定安全平面相对于所选平面的距离。下面以前面的模型 pocketing.prt 为例，紧接上节的操作，说明创建安全平面的一般步骤。

Step1. 在"MCS"对话框 安全设置 区域的 安全设置选项 下拉列表中选择 平面 选项。

Step2. 单击"平面对话框"按钮，系统弹出图 7.4.7 所示的"平面"对话框，选取图 7.4.8 所示的模型表面为参考平面，在 偏置 区域的 距离 文本框中输入值 3.0。

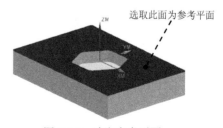

图 7.4.7 "平面"对话框 　　　　　　图 7.4.8 选取参考平面

Step3. 单击"平面"对话框中的 确定 按钮，完成图 7.4.9 所示的安全平面的创建。

Step4. 单击"MCS"对话框中的 确定 按钮，完成安全平面的创建。

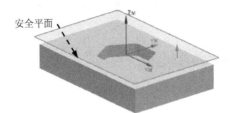

图 7.4.9　安全平面

7.4.3　创建工件几何体

下面以模型 pocketing.prt 为例，紧接着上节的操作，说明创建工件几何体的一般步骤。

Step1. 选择下拉菜单 插入(S) ➡ 几何体(G)...命令，系统弹出"创建几何体"对话框。

Step2. 在 几何体子类型 区域中单击"WORKPIECE"按钮，在 位置 区域的 几何体 下拉列表中选择 CAVITY_MCS 选项，在 名称 文本框中输入 CAVITY_WORKPIECE，然后单击 确定 按钮，系统弹出图 7.4.10 所示的"工件"对话框。

Step3. 创建部件几何体。

（1）单击"工件"对话框中的 按钮，系统弹出图 7.4.11 所示的"部件几何体"对话框。

图 7.4.10　"工件"对话框

图 7.4.11　"部件几何体"对话框

图 7.4.10 所示的"工件"对话框中的主要按钮说明如下。

● 按钮：单击此按钮，在系统弹出的"部件几何体"对话框中可以定义加工完成后的几何体，即最终的零件，它可以控制刀具的切削深度和活动范围，可以通过设置选择过滤器来选择特征、几何体（实体、面、曲线）和小平面体来定义部件几

何体。

- 按钮: 单击此按钮, 在系统弹出的"毛坯几何体"对话框中可以定义将要加工的原材料, 可以设置选择过滤器来选择特征、几何体（实体、面、曲线）以及偏置部件几何体来定义毛坯几何体。

- 按钮: 单击此按钮, 在系统弹出的"检查几何体"对话框中可以定义刀具在切削过程中要避让的几何体, 如夹具和其他已加工过的重要表面。

- 按钮: 当部件几何体、毛坯几何体或检查几何体被定义后, 其后的 按钮将高亮显示, 此时单击此按钮, 已定义的几何体对象将以不同的颜色高亮显示。

- 部件偏置 文本框: 用于设置在零件实体模型上增加或减去指定的厚度值。正的偏置值在零件上增加指定的厚度, 负的偏置值在零件上减去指定的厚度。

- 按钮: 单击该按钮, 系统弹出"搜索结果"对话框, 在此对话框中列出了材料数据库中的所有材料类型, 材料数据库由配置文件指定。选择合适的材料后, 单击 确定 按钮, 则为当前创建的工件指定材料属性。

- 布局和图层 区域提供了如下选项。
  - ☑ ☑保存图层设置 复选框: 选中该复选框, 则在选择"保存布局/图层"选项时, 保存图层的设置。
  - ☑ 布局名 文本框: 用于输入视图布局的名称, 如果不更改, 则使用默认名称。
  - ☑ 按钮: 用于保存当前的视图布局和图层。

（2）在图形区选取整个零件实体为部件几何体, 如图 7.4.12 所示。

（3）单击 确定 按钮, 系统返回"工件"对话框。

Step4. 创建毛坯几何体。

（1）在"工件"对话框中单击 按钮, 系统弹出图 7.4.13 所示的"毛坯几何体"对话框（一）。

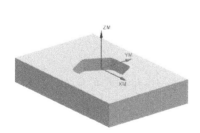

图 7.4.12 部件几何体

图 7.4.13 "毛坯几何体"对话框（一）

（2）在 类型 下拉列表中选择 包容块 选项，此时毛坯几何体如图 7.4.14 所示，显示"毛坯几何体"对话框（二），如图 7.4.15 所示。

（3）单击 确定 按钮，系统返回到"工件"对话框。

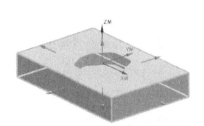

图 7.4.14　毛坯几何体

图 7.4.15　"毛坯几何体"对话框（二）

Step5. 单击"工件"对话框中的 确定 按钮，完成工件的设置。

7.4.4　创建切削区域几何体

Step1. 选择下拉菜单 插入(S) → 几何体(G)... 命令，系统弹出"创建几何体"对话框。

Step2. 在 几何体子类型 区域中单击"MILL_AREA"按钮，在 位置 区域的 几何体 下拉列表中选择 CAVITY_WORKPIECE 选项，在 名称 文本框中输入 CAVITY_AREA，然后单击 确定 按钮，系统弹出图 7.4.16 所示的"铣削区域"对话框。

Step3. 单击 指定切削区域 右侧的 按钮，系统弹出图 7.4.17 所示的"切削区域"对话框。

图 7.4.16 所示的"铣削区域"对话框中的各按钮说明如下。

- （选择或编辑检查几何体）：用于检查几何体是否为在切削加工过程中要避让的几何体，如夹具或重要加工平面。

- （选择或编辑切削区域几何体）：使用该按钮可以指定具体要加工的区域，可以是零件几何的部分区域；如果不指定，系统将认为是整个零件的所有区域。

- （选择或编辑壁几何体）：通过设置侧壁几何体来替换工件余量，表示除了加工面以外的全局工件余量。

- （选择或编辑修剪边界）：使用该按钮可以进一步控制需要加工的区域，一般是通过设定剪切侧来实现的。

- 部件偏置：用于在已指定的部件几何体的基础上进行法向的偏置。

● 修剪偏置：用于对已指定的修剪边界进行偏置。

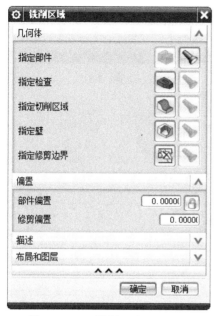

图 7.4.16　"铣削区域"对话框

图 7.4.17　"切削区域"对话框

Step4. 选取图 7.4.18 所示的模型表面（共 13 个面）为切削区域，然后单击"切削区域"对话框中的 确定 按钮，系统返回到"铣削区域"对话框。

Step5. 单击 确定 按钮，完成切削区域几何体的创建。

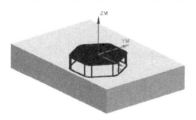

图 7.4.18　指定切削区域

7.5　创建加工刀具

在创建工序前，必须设置合理的刀具参数或从刀具库中选取合适的刀具。刀具的定义直接关系到加工表面质量的优劣、加工精度以及加工成本的高低。下面以模型 pocketing.prt 为例，紧接着上节的操作，说明创建刀具的一般步骤。

Step1. 选择下拉菜单 插入(S) ➡ 刀具(T) 命令（或单击"刀片"区域中的 按钮），系统弹出图 7.5.1 所示的"创建刀具"对话框。

Step2. 在 刀具子类型 区域中单击"MILL"按钮 ，在 名称 文本框中输入刀具名称 D6R0，然后单击 确定 按钮，系统弹出图 7.5.2 所示的"铣刀-5 参数"对话框。

Step3. 设置刀具参数。设置刀具参数如图 7.5.2 所示，在图形区可以预览所设置的刀具，如图 7.5.3 所示。

Step4. 单击 确定 按钮，完成刀具的设定。

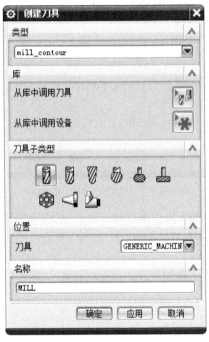

图 7.5.1 "创建刀具"对话框

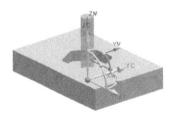

图 7.5.3 刀具预览

图 7.5.2 "铣刀-5 参数"对话框

7.6 创建加工方法

在零件加工过程中，通常需要经过粗加工、半精加工、精加工几个步骤，而它们的主要差异在于加工后残留在工件上余料的多少以及表面粗糙度。在加工方法中可以通过对加工余量、几何体的内外公差和进给速度等选项进行设置，从而控制加工残留余量。下面紧接着上节的操作，说明创建加工方法的一般步骤。

Step1. 选择下拉菜单 插入(S) ➡ 方法(M)... 命令（或单击"刀片"区域中的 按钮），系统弹出图 7.6.1 所示的"创建方法"对话框。

Step2. 在 方法子类型 区域中单击"MOLD_FINISH_HSM"按钮 ，在 位置 区域的 方法 下拉列表中选择 MILL_SEMI_FINISH 选项，在 名称 文本框中输入 FINISH；然后单击 确定 按钮，系统弹出图 7.6.2 所示的"模具精加工 HSM"对话框。

Step3. 设置部件余量。在 余量 区域的 部件余量 文本框中输入值 0.4，其他参数采用系统默认值。

Step4. 单击 确定 按钮，完成加工方法的设置。

图 7.6.1 "创建方法"对话框

图 7.6.2 "模具精加工 HSM"对话框

图 7.6.2 所示的"模具精加工 HSM"对话框中的各按钮说明如下。

- 部件余量：用于为当前所创建的加工方法指定零件余量。

- 内公差：用于设置切削过程中刀具穿透曲面的最大量。

- 外公差：用于设置切削过程中刀具避免接触曲面的最大量。

- （切削方法）：单击该按钮，在系统弹出的"搜索结果"对话框中系统为用户提供了七种切削方法，分别是 FACE MILLING（面铣）、END MILLING（端铣）、SLOTING（台阶加工）、SIDE/SLOT MILL（边和台阶铣）、HSM ROUTH MILLING（高速粗铣）、HSM SEMI FINISH MILLING（高速半精铣）、HSM FINISH MILLING（高速精铣）。

- （进给）：单击该按钮后，可以在系统弹出的"进给"对话框中设置切削进给

量。

- （颜色）：单击该按钮，可以在系统弹出的"刀轨颜色"对话框中对刀轨的显示颜色进行设置。

- （编辑显示）：单击该按钮，系统弹出"显示选项"对话框，可以设置刀具显示方式、刀轨显示方式等。

7.7 创建工序

在 UG NX 12.0 加工中，每个加工工序所产生的加工刀具路径、参数形态及适用状态有所不同，所以用户需要根据零件图样及工艺技术状况，选择合理的加工工序。下面以模型 pocketing.prt 为例，紧接着上节的操作，说明创建工序的一般步骤。

Step1. 选择操作类型。

（1）选择下拉菜单 插入(S) ➡️ 工序(E)... 命令（或单击"刀片"区域中的 按钮），系统弹出图 7.7.1 所示的"创建工序"对话框。

（2）在 类型 下拉列表中选择 mill_contour 选项，在 工序子类型 区域中单击"型腔铣"按钮 ，在 程序 下拉列表中选择 PROGRAM_1 选项，在 刀具 下拉列表中选择 D6R0（铣刀-5 参数）选项，在 几何体 下拉列表中选择 CAVITY_AREA 选项，在 方法 下拉列表中选择 FINISH 选项，接受系统默认的名称。

（3）单击 确定 按钮，系统弹出图 7.7.2 所示的"型腔铣"对话框。

图 7.7.2 所示的"型腔铣"对话框的选项说明如下。

- 刀轨设置 区域的 切削模式 下拉列表中提供了如下 7 种切削方式。

  - ☑ 跟随部件：根据整个部件几何体并通过偏置来产生刀轨。与"跟随周边"方式不同的是，"跟随周边"只从部件或毛坯的外轮廓生成并偏移刀轨，"跟随部件"方式是根据整个部件中的几何体生成并偏移刀轨。"跟随部件"可以根据部件的外轮廓生成刀轨，也可以根据岛屿和型腔的外围环生成刀轨，所以无须进行"岛清理"的设置。另外，"跟随部件"方式无须指定步距的方向，一般来讲，型腔的步距方向总是向外的，岛屿的步距方向总是向内的。此方式也十分适合带有岛屿和内腔零件的粗加工，当零件只有外轮廓这一条边界几何时，它和"跟随周边"方式是一样的，一般优先选择"跟随部件"方式进行加工。

  - ☑ 跟随周边：沿切削区域的外轮廓生成刀轨，并通过偏移该刀轨形成一系列的同心刀轨，并且这些刀轨都是封闭的。当内部偏移的形状重叠时，这些刀轨将被合并成一条轨迹，然后再重新偏移产生下一条轨迹。和往复式切削一样，也能在步距运动间连续地进刀，因此效率也较高。设置参数时需要设定步距的方向是"向内"（外部进刀，步距指向中心）还是"向外"（中间进刀，步距指向外部）。此方式常用于带有岛屿和内腔零件的粗加工，如模具的型芯和型腔等。

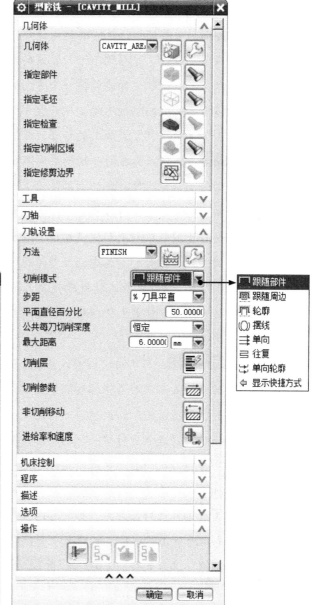

图 7.7.1　"创建工序"对话框　　　　　图 7.7.2　"型腔铣"对话框

☑　🔲轮廓：用于创建一条或者几条指定数量的刀轨来完成零件侧壁或外形轮廓的加工。生成刀轨的方式和"跟随部件"方式相似，主要以精加工或半精加工为主。

☑ **摆线**：刀具会以圆形回环模式运动，生成的刀轨是一系列相交且外部相连的圆环，像一个拉开的弹簧。它控制了刀具的切入，限制了步距，以免在切削时因刀具完全切入受冲击过大而断裂。选择此选项，需要设置步距（刀轨中相邻两圆环的圆心距）和摆线的路径宽度（刀轨中圆环的直径）。此方式比较适合部件中的狭窄区域，如岛屿和部件及两岛屿之间区域的加工。

☑ **单向**：刀具在切削轨迹的起点进刀，切削到切削轨迹的终点，然后抬刀至转换平面高度，平移到下一行轨迹的起点，刀具开始以同样的方向进行下一行切削。切削轨迹始终维持一个方向的顺铣或者逆铣，在连续两行平行刀轨间没有沿轮廓的切削运动，从而会影响切削效率。此方式常用于岛屿的精加工和无法运用往复式加工的场合，如一些陡壁的筋板。

☑ **往复**：是指刀具在同一切削层内不抬刀，在步距宽度的范围内沿着切削区域的轮廓维持连续往复的切削运动。往复式切削方式生成的是多条平行直线刀轨，连续两行平行刀轨的切削方向相反，但步进方向相同，所以在加工中会交替出现顺铣切削和逆铣切削。在加工策略中指定顺铣或逆铣不会影响此切削方式，但会影响其中的"壁清根"的切削方向（顺铣和逆铣是会影响加工精度的，逆铣的加工精度比较高）。这种方法在加工时刀具在步进时始终保持进刀状态，能最大化地对材料进行切除，是最经济和高效的切削方式，通常用于型腔的粗加工。

☑ **单向轮廓**：与单向切削方式类似，但在进刀时将进刀点没在前一行刀轨的起始点位置，然后沿轮廓切削到当前行的起点进行当前行的切削，切削到端点时，仍然沿轮廓切削到前一行的端点，然后抬刀转移平面，再返回到起始边当前行的起点进行下一行的切削。其中抬刀回程是快速横越运动，在连续两行平行刀轨间会产生沿轮廓的切削壁面刀轨（步距），因此壁面加工的质量较高。此方法切削比较平稳，对刀具冲击很小，常用于粗加工后对要求余量均匀的零件进行精加工，如一些对侧壁要求较高的零件和薄壁零件等。

● **步距**：是指两个切削路径之间的水平间隔距离，而在环形切削方式中是指两个环之间的距离。其方式分别是 **恒定**、**残余高度**、**% 刀具平直** 和 **多重变量** 四种。

☑ **恒定**：选择该选项后，用户需要定义切削刀路间的固定距离。如果指定的刀路间距不能平均分割所在区域，系统将减小这一刀路间距以保持恒定步距。

☑ **残余高度**：选择该选项后，用户需要定义两个刀路间剩余材料的高度，从而在连续切削刀路间确定固定距离。

☑ **% 刀具平直**：选择该选项后，用户需要定义刀具直径的百分比，从而在连续切

削刀路之间建立起固定距离。

- ☑ 多重变量：选择该选项后，可以设定几个不同步距大小的刀路数以提高加工效率。

- 平面直径百分比：步距方式选择 % 刀具平直 时，该文本框可用，用于定义切削刀路之间的距离为刀具直径的百分比。

- 公共每刀切削深度：用于定义每一层切削的公共深度。

选项 区域中的选项说明如下。

- 编辑显示 选项：单击此选项后的"编辑显示"按钮，系统弹出图 7.7.3 所示的"显示选项"对话框，在此对话框中可以进行刀具显示、刀轨显示以及其他选项的设置。在系统默认的情况下，在"显示选项"对话框中 刀轨生成 区域中，使 ☐ 显示切削区域、☐ 显示后暂停、☐ 显示前刷新 和 ☐ 抑制刀轨显示 四个复选框为取消选中状态。

图 7.7.3　"显示选项"对话框

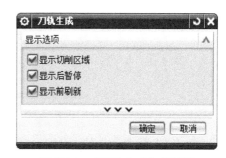

图 7.7.4　"刀轨生成"对话框

说明：在系统默认情况下，刀轨生成 区域中的四个复选框均为取消选中状态，选中这四个复选框，在"型腔铣"对话框的 操作 区域中单击"生成"按钮 后，系统会弹出图 7.7.4 所示的"刀轨生成"对话框。

图 7.7.4 所示的"刀轨生成"对话框中的各选项说明如下。

- ☑ 显示切削区域：若选中该复选框，在切削仿真时，则会显示切削加工的切削区域。但从实践效果来看，选中或不选中，仿真时的区别不是很大。为了测试选中和不

选中之间的区别，可以选中 ☑ 显示前刷新 复选框，这样可以很明显地看出选中和不选中之间的区别。

- ☑ 显示后暂停：若选中该复选框，处理器将在显示每个切削层的可加工区域和刀轨后暂停。此复选框只对平面铣、型腔铣和固定可变轮廓铣三种加工方法有效。
- ☑ 显示前刷新：若选中该复选框，系统将移除所有临时屏幕显示。此复选框只对平面铣、型腔铣和固定可变轮廓铣三种加工方法有效。

Step2. 设置一般参数。在"型腔铣"对话框的 切削模式 下拉列表中选择 跟随部件 选项，在 步距 下拉列表中选择 刀具平直 选项，在 平面直径百分比 文本框中输入值 50.0，在 公共每刀切削深度 下拉列表中选择恒定选项，在 最大距离 文本框中输入值 1.0。

Step3. 设置切削参数。

（1）单击"切削参数"按钮，系统弹出图 7.7.5 所示的"切削参数"对话框。

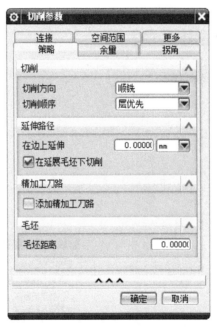

图 7.7.5　"切削参数"对话框

（2）单击"切削参数"对话框中的 余量 选项卡，在 部件侧面余量 文本框中输入值 0.1，在公差 区域的 内公差 文本框中输入值 0.02，在 外公差 文本框中输入值 0.02。

（3）其他参数采用系统默认设置值，单击 确定 按钮，完成切削参数的设置，系统返回到"型腔铣"对话框。

Step4. 设置非切削移动参数。

（1）单击"型腔铣"对话框中的"非切削移动"按钮，系统弹出图 7.7.6 所示的"非切削移动"对话框。

（2）单击"非切削移动"对话框中的 进刀 选项卡，在 封闭区域 区域的 进刀类型 下拉列表中

选择 螺旋 选项，其他参数采用系统默认设置值，单击 确定 按钮，完成非切削移动参数的设置。

Step5. 设置进给率和速度。

（1）单击"型腔铣"对话框中的"进给率和速度"按钮 🔧，系统弹出图 7.7.7 所示的"进给率和速度"对话框。

图 7.7.6　"非切削移动"对话框

图 7.7.7　"进给率和速度"对话框

（2）在"进给率和速度"对话框中选中 ☑ 主轴速度 (rpm) 复选框，然后在其文本框中输入值 1500.0，在 进给率 区域的 切削 文本框中输入值 2500.0，并单击该文本框右侧的 ▦ 按钮计算表面速度和每齿进给量，其他参数采用系统默认设置值。

（3）单击 确定 按钮，完成进给率和速度参数的设置，系统返回到"型腔铣"对话框。

7.8　生成刀路轨迹并确认

刀路轨迹是指在图形窗口中显示已生成的刀具运动路径。刀路确认是指在计算机屏幕

上对毛坯进行去除材料的动态模拟。下面还是紧接上节的操作，说明生成刀路轨迹并确认的一般步骤。

Step1. 在"型腔铣"对话框的 操作 区域中单击"生成"按钮 ，在图形区中生成图 7.8.1 所示的刀路轨迹。

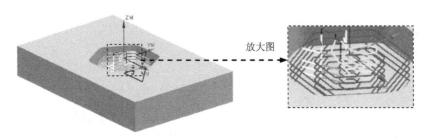

图 7.8.1　刀路轨迹

Step2. 在 操作 区域中单击"确认"按钮 ，系统弹出图 7.8.2 所示的"刀轨可视化"对话框。

Step3. 单击 2D 动态 选项卡，然后单击"播放"按钮 ，即可进行 2D 动态仿真，完成 2D 仿真后的模型如图 7.8.3 所示。

说明：刀轨可视化中的 2D 动态 选项卡在默认安装后是不显示的，需要通过设置才可以显示出来。具体设置方法是：选择下拉菜单 文件(F) ➡ 实用工具(U) ➡ 用户默认设置(D) 命令，在系统弹出的"用户默认设置"对话框中单击"加工"节点下的 仿真与可视化 节点，然后在右侧单击 常规 选项卡，并选中 ☑显示 2D 动态页面 复选框，单击 确定 按钮，最后将软件关闭重新启动即可。

Step4. 单击 确定 按钮，系统返回到"型腔铣"对话框，单击 确定 按钮，完成型腔铣操作。

刀具路径模拟有三种方式：刀具路径重播、动态切削过程和静态显示加工后的零件形状，它们分别对应于图 7.8.2 对话框中的 重播 、 3D 动态 和 2D 动态 选项卡。

1. 刀具路径重播

刀具路径重播是指沿一条或几条刀具路径显示刀具的运动过程。通过刀具路径模拟中的重播，用户可以完全控制刀具路径的显示，既可查看程序对应的加工位置，又可查看各个刀位点的相应程序。

当在图 7.8.2 所示的"刀轨可视化"对话框中选择 重播 选项卡时，对话框上部的路径列表框列出了当前操作所包含的刀具路径命令语句。如果在列表框中选择某一行命令语句时，则在图形区中显示对应的刀具位置；反之也可在图形区中选取任何一个刀位点，则刀具自

动在所选位置显示，同时在刀具路径列表框中高亮显示相应的命令语句行。

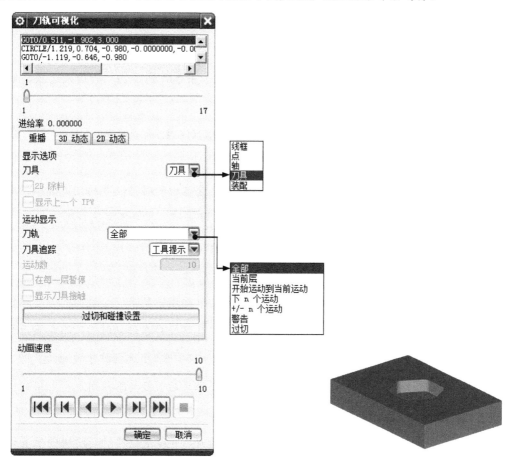

图 7.8.2 "刀轨可视化"对话框 图 7.8.3 2D 仿真结果

图 7.8.2 所示的"刀轨可视化"对话框中的各选项说明如下。

- 显示选项：该选项可以指定刀具在图形窗口中的显示形式。

  ☑ 线框：刀具以线框形式显示。

  ☑ 点：刀具以点形式显示。

  ☑ 轴：刀具以轴线形式显示。

  ☑ 刀具：刀具以三维实体形式显示。

  ☑ 装配：一般情况下与实体类似，不同之处在于，当前位置的刀具显示是一个从数据库中加载的 NX 部件。

- 运动显示：该选项可以指定在图形窗口显示所有刀具路径运动的那一部分。

  ☑ 全部：在图形窗口中显示所有刀具路径运动。

  ☑ 当前层：显示属于当前切削层的刀具路径运动。

  ☑ 开始运动到当前运动：显示从开始位置到当前切削层的刀具路径运动。

☑ **下 n 个运动**：显示从当前位置起的 n 个刀具路径运动。

☑ **+/- n 运动**：仅显示当前刀位前后指定数目的刀具路径运动。

☑ **警告**：显示引起警告的刀具路径运动。

☑ **过切**：只显示过切的刀具路径运动。如果已找到过切，选择该选项，则只显示产生过切的刀具路径运动。

● **运动数**：显示刀具路径运动的个数，该文本框只有在"运动显示"选择为 **下 n 个运动** 时才被激活。

● **过切和碰撞设置**：该选项用于设置过切和碰撞设置的相关选项，单击该按钮后，系统会弹出"过切和碰撞设置"对话框，其中各复选框介绍如下。

☑ **☑ 过切检查**：选中该复选框后，可以进行过切检查。

☑ **☑ 检查刀具和夹持器**：选中该复选框，则可以检查刀具夹持器间的碰撞。

☑ **☑ 显示过切**：选中该复选框后，图形窗口中将高亮显示发生过切的刀具路径。

☑ **☑ 过切间刷新**：选中该复选框，则检查刀具路径存在过切时，只高亮显示最近找到的刀具路径。该复选框只有在选中 **☑ 显示过切** 复选框时才被激活。

☑ **☑ 完成时列出过切**：选中该复选框，在检查结束后，刀具路径列表框中将列出所有找到的过切。

● **动画速度**：该区域用于改变刀具路径仿真的速度。可以通过移动其滑块的位置调整动画的速度，"1"表示速度最慢，"10"表示速度最快。

2. 3D 动态切削

在"刀轨可视化"对话框中单击 **3D 动态** 选项卡，对话框切换为图 7.8.4 所示的形式。选择对话框下部的播放图标，则在图形窗口中动态显示刀具切除工件材料的过程。此模式以三维实体方式仿真刀具的切削过程，非常直观，并且播放时允许用户在图形窗口中通过放大、缩小、旋转、移动等功能显示细节部分。

3. 2D 动态切削

在"刀轨可视化"对话框中单击 **2D 动态** 选项卡，对话框切换为图 7.8.5 所示的形式。选择对话框下部的播放图标，则在图形窗口中显示刀具切除运动过程。此模式是采用固定视角模拟，播放时不支持图形的缩放和旋转。

图 7.8.4 "3D 动态"选项卡

图 7.8.5 "2D 动态"选项卡

7.9 生成车间文档

UG NX 提供了一个车间工艺文档生成器，它从 NC part 文件中提取对加工车间有用的 CAM 文本和图形信息，包括数控程序中用到的刀具参数清单、加工工序、加工方法清单和切削参数清单。它们可以用文本文件（TEXT）或超文本链接语言（HTML）两种格式输出。操作工、刀具仓库的工人或其他需要了解有关信息的人员都可方便地在网上查询并使用车间工艺文档。这些文件多半用于提供给生产现场的机床操作人员，免除了手工撰写工艺文件的麻烦。同时可以将自己定义的刀具快速加入到刀具库中，供以后使用。

NX CAM 车间工艺文档可以包含零件几何和材料、控制几何、加工参数、控制参数、加工次序、机床刀具设置、机床刀具控制事件、后处理命令、刀具参数和刀具轨迹信息等。创建车间文档的一般步骤如下。

Step1. 单击"工序"区域中的"车间文档"按钮 ，系统弹出图 7.9.1 所示的"车间文档"对话框。

Step2. 在 报告格式 区域选择 Operation List Select (TEXT) 选项。

说明：工艺文件模板用来控制文件的格式，扩展名为 HTML 的模板生成超文本链接网页格式的车间文档，扩展名为 TEXT 的模板生成纯文本格式的车间文档。

Step3. 单击 确定 按钮，系统弹出图 7.9.2 所示的"信息"窗口，并在当前模型所在的文件夹中生成一个记事本文件，该文件即车间文档。

图 7.9.1　"车间文档"对话框

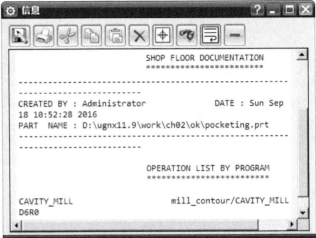

图 7.9.2　车间文档

7.10　输出 CLSF 文件

CLSF 文件也称为刀具位置源文件，是一个可用第三方后置处理程序进行后置处理的独立文件。它是一个包含标准 APT 命令的文本文件，其扩展名为 cls。

由于一个零件可能包含多个用于不同机床的刀具路径，因此在选择程序组进行刀具位置源文件输出时，应确保程序组中包含的各个操作可在同一机床上完成。如果一个程序组包含多个用于不同机床的刀具路径，则在输出刀具路径的 CLSF 文件前，应首先重新组织程序结构，使同一机床的刀具路径处于同一个程序组中。

输出 CLSF 文件的一般步骤如下。

Step1. 在工序导航器中选择 CAVITY_MILL 节点，然后单击"工序"区域 更多 下拉选项中的 输出 CLSF 按钮，系统弹出图 7.10.1 所示的"CLSF 输出"对话框。

Step2. 在 CLSF 格式 区域选择系统默认的 CLSF_STANDARD 选项。

Step3. 单击 确定 按钮，系统弹出"信息"窗口，如图 7.10.2 所示，在当前模型所在的文件夹中生成一个名为 pocketing.cls 的 CLSF 文件，可以用记事本打开该文件。

说明：输出 CLSF 文件时，可以根据需要指定 CLSF 文件的名称和路径，或者单击 按钮，指定输出文件的名称和路径。

图 7.10.1 "CLSF 输出"对话框

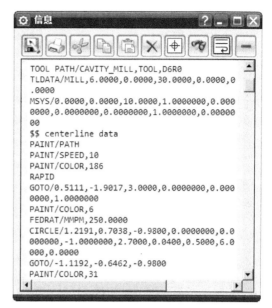

图 7.10.2 CLSF 文件

7.11 后 处 理

在工序导航器中选中一个操作或者一个程序组后，用户可以利用系统提供的后处理器来处理程序，其中利用 Post Builder（后处理构造器）建立特定机床定义文件以及事件处理文件后，可用 NX/Post 进行后置处理，将刀具路径生成为合适的机床 NC 代码。用 NX/Post 进行后置处理时，可在 NX 加工环境下进行，也可在操作系统环境下进行。后处理的一般操作步骤如下。

Step1. 在工序导航器中选择 CAVITY_MILL 节点，然后单击"工序"区域中的"后处理"按钮 ，系统弹出图 7.11.1 所示的"后处理"对话框。

Step2. 在 后处理器 区域中选择 MILL_3_AXIS 选项，在 单位 下拉列表中选择 公制/部件 选项。

Step3. 单击 确定 按钮，系统弹出"后处理"警告对话框，单击 确定(0) 按钮，系统弹出"信息"窗口，如图 7.11.2 所示，并在当前模型所在的文件夹中生成一个名为 pocketing.ptp 的加工（NC）代码文件。

Step4. 保存文件。关闭"信息"窗口，选择下拉菜单 文件(F) ➡ 保存(S) 命令，即可保存文件。

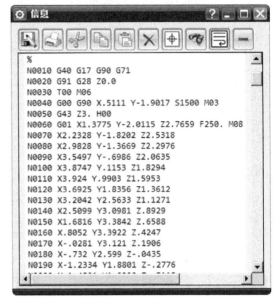

图 7.11.1 "后处理"对话框   图 7.11.2 NC 代码

7.12 CAM 加工工具

7.12.1 加工装夹图

使用"加工装夹图"命令可以为当前所加工的工件生成装夹图，从而帮助数控机床操作者了解工件的整体尺寸、加工坐标系、Z 轴零点等信息，整个装夹图纸的生成过程完全是自动的。下面紧接上节的操作，继续说明生成加工装夹图的一般操作步骤。

Step1. 调整机床坐标系。在工序导航器中切换到几何视图，使用鼠标拖动 CAVITY_MCS 节点到新的位置（具体操作参见视频文件），结果如图 7.12.1 所示。

Step2. 选择下拉菜单 GC 工具箱 ➡ CAM 加工工具 ▶ ➡ 加工装夹图 命令，系统开始生成加工装夹图，完成后的图形区显示如图 7.12.2 所示。

Step3. 在 应用模块 功能选项卡的 设计 区域单击 按钮，系统进入工程图环境，在图形区可以查看图 7.12.3 所示的加工装夹图。

Step4. 在 应用模块 功能选项卡的 制造 区域单击 按钮，系统返回加工环境。

图 7.12.1　调整机床坐标系

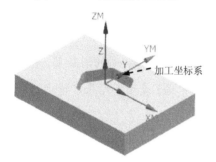

图 7.12.2　创建加工装夹图后

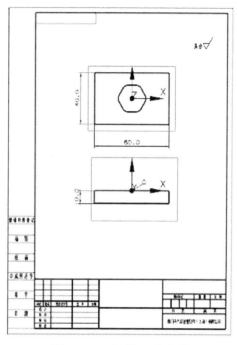

图 7.12.3　查看加工装夹图

7.12.2　加工工单

使用"加工工单"命令可以为当前所加工的工件生成加工工单，其中可以包含有各个工序的标准参数，比如加工程序名称、切削模式、刀具直径等，也可以包含用户自定义的属性信息，如最大 Z 值、最小 Z 值等参数，还可以包含与加工操作无关的参数，如编程员、日期等。用户可以通过修改相应的 excel 模板或者制图模板，得到一个符合企业要求的输出样板，这在实际数控加工中是非常有意义的。下面紧接上节的操作，继续说明生成加工工单的一般操作步骤。

Step1. 在工序导航器中切换到程序顺序视图，选中 `PROGRAM_1` 节点，然后选择下拉菜单 `GC 工具箱` ➡ `CAM 加工工具` ▶ ➡ `加工工单...` 命令，系统弹出图 7.12.4 所示的"加工工单"对话框。

说明:

● 如果所选择的程序组节点下包含有子级程序组节点，此时会按照最下一级的程序组节点输出工单。如果同时选择了程序组节点和工序节点，在输出工单时工序节点将被忽略。

● 如果选择输出格式为 `Excel` 类型，则只输出 excel 工单；如果选择输出格式为 `制图` 类型，则只输出制图工单；如果选择输出格式为 `全部` 类型，则同时输出 excel 工单和制图工单。

图 7.12.4 "加工工单"对话框

- 如果选择输出格式为 制图 类型,则会在当前的部件中添加新的图纸页,并同时生成表格格式的加工工单。用户需要切换到制图环境来查看其结果,读者可参照上述操作步骤自行完成,此处不再赘述。

- NX 系统中默认的加工工单模板文件存放在 C:\Program Files\Siemens\NX 11.0\LOCALIZATION\prc\gc_tools\configuration\work_order 中,其中 workorder_template.xls 为 excel 工单模板文件,workorder_template.prt 为制图工单模板文件,用户可对其进行必要的修改。

Step2. 在"加工工单"对话框中选择 GC_MILL_3_AXIS 选项,在 输出格式 下拉列表中选择 Excel 选项,单击 按钮,在系统弹出的"打开"对话框中选择 D:\ug12nc\work\ch07\并返回到"加工工单"对话框;单击 确定 按钮,系统弹出图 7.12.5 所示的"Microsoft Excel-pocketing"对话框。

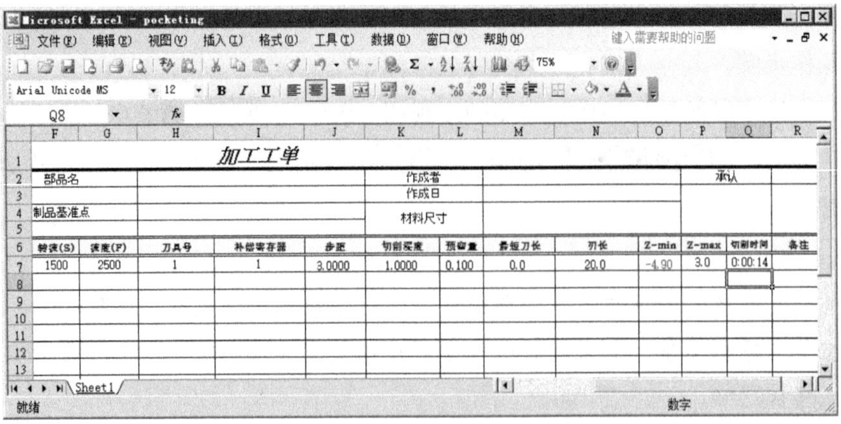

图 7.12.5 "Microsoft Excel-pocketing"对话框

Step3. 关闭"Microsoft Excel-pocketing"对话框,可以看到系统弹出图 7.12.6 所示的"信息"对话框,提示用户该加工工序中没有定义刀柄参数。

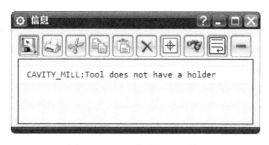

图 7.12.6 "信息"对话框

7.13 工序导航器

工序导航器是一种图形化的用户界面，它用于管理当前部件的加工工序和工序参数。在 NX 工序导航器的空白区域右击鼠标，系统会弹出图 7.13.1 所示的快捷菜单（一），用户可以在此菜单中选择显示视图的类型，他们分别为程序顺序视图、机床视图、几何视图和加工方法视图；用户可以在不同的视图下方便快捷地设置操作参数，从而提高工作效率。为了使读者充分理解工序导航器的应用，本书将在后面的讲解中多次使用工序导航器进行操作。

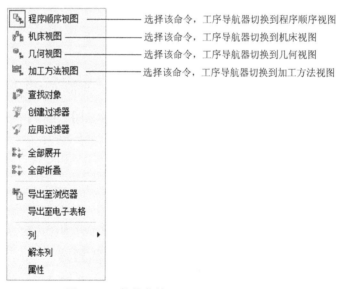

图 7.13.1 快捷菜单（一）

7.13.1 程序顺序视图

程序顺序视图按刀具路径的执行顺序列出当前零件的所有工序，显示每个工序所属的程序组和每个工序在机床上的执行顺序，图 7.13.2 所示为程序顺序视图。在工序导航器中任意选择某一对象并右击鼠标，系统弹出图 7.13.3 所示的快捷菜单（二），可以通过编辑、剪切、复制、删除和重命名等操作来管理复杂的编程刀路，还可以创建刀具、操作、几何体、程序组和方法。

图 7.13.2　程序顺序视图

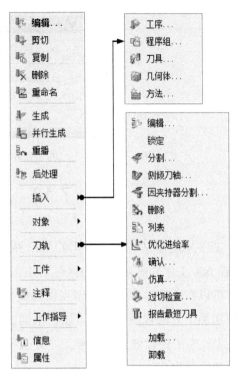

图 7.13.3　快捷菜单（二）

7.13.2　几何视图

几何视图是以几何体为主线来显示加工操作的，该视图列出了当前零件中存在的几何体和坐标系，以及使用这些几何体和坐标系的操作名称。图 7.13.4 所示为几何视图，图中包含坐标系和几何体。

7.13.3　机床视图

机床视图用切削刀具来组织各个操作，列出了当前零件中存在的各种刀具以及使用这些刀具的操作名称。在图 7.13.5 所示机床视图中的 GENERIC_MACHINE 选项处右击鼠标，在系统弹出的快捷菜单中选择 编辑… 命令，系统弹出"通用机床"对话框。在此对话框中可以进行调用机床、调用刀具、调用设备和编辑刀具安装等操作。

7.13.4　加工方法视图

加工方法视图列出了当前零件中的加工方法，以及使用这些加工方法的操作名称。在图 7.13.6 所示的加工方法视图中显示了根据加工方法分组在一起的操作。通过这种组织方式，可以很轻松地选择操作中的方法。

图 7.13.4 几何视图

图 7.13.5 机床视图

图 7.13.6 加工方法视图

学习拓展：扫码学习更多视频讲解。

讲解内容：主要包含数控加工概述，基础知识，加工的一般流程，典型零件加工案例，特别是针对与加工工艺有关刀具的种类，刀具的选择及工序的编辑与参数这些背景知识进行了系统讲解。

第 8 章 平面铣加工

8.1 概　述

本章通过介绍平面铣加工的基本概念，阐述了平面铣加工的基本原理和主要用途，详细讲解了平面铣加工的一些主要方法，包括底壁铣、面铣、平面铣、平面轮廓铣以及精铣底面等，并且通过一些典型的应用，介绍了上述方法的主要操作过程。在学习完本章后，读者将会熟练掌握上述加工方法，深刻领会各种加工方法的特点。

"平面铣"加工即移除零件平面层中的材料，多用于加工零件的基准面、内腔的底面、内腔的垂直侧壁及敞开的外形轮廓等，对于加工直壁并且岛屿顶面和槽腔底面为平面的零件尤为适用。平面铣是一种 2.5 轴的加工方式，在加工过程中水平方向的 XY 两轴联动，而 Z 轴方向只在完成一层加工后进入下一层时才单独运动。当设置不同的切削方法时，平面铣也可以加工槽和轮廓外形。平面铣的优点在于可以不做出完整的造型，而依据 2D 图形直接进行刀具路径的生成；可以通过边界和不同的材料侧方向，创建任意区域的任一切削深度。

8.2　平面铣类型

在创建平面铣工序时，系统会弹出图 8.2.1 所示的"创建工序"对话框，在此对话框中显示出了所有平面铣工序的子类型。下面将对其中的子类型作简要介绍。

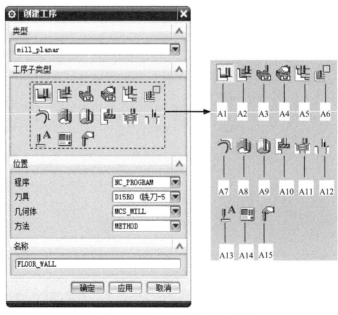

图 8.2.1　"创建工序"对话框

图 8.2.1 所示的"创建工序"对话框中的各按钮说明如下。

- A1 （FLOOR_WALL）：底壁铣。
- A2 （FLOOR_WALL_IPW）：带 IPW 的底壁铣。
- A3 （FACE_MILLING）：带边界面铣。
- A4 （FACE_MILLING_MANUAL）：手工面铣削。
- A5 （PLANAR_MILL）：平面铣。
- A6 （PLANAR_PROFILE）：平面轮廓铣。
- A7 （CLEANUP_CORNERS）：清理拐角。
- A8 （FINISH_WALLS）：精铣壁。
- A9 （FINISH_FLOOR）：精铣底面。
- A10 （GROOVE_MILLING）：槽铣削。
- A11 （HOLE_MILLING）：孔铣。
- A12 （THREAD_MILLING）：螺纹铣。
- A13 （PLANAR_TEXT）：平面文本。
- A14 （MILL_CONTROL）：铣削控制。
- A15 （MILL_USER）：用户定义的铣。

8.3 底 壁 铣

底壁铣是平面铣工序中比较常用的铣削方式之一，它通过选择加工平面来指定加工区域，一般选用端铣刀。底壁铣可以进行粗加工，也可以进行精加工。

下面以图 8.3.1 所示的零件来介绍创建底壁铣的一般步骤。

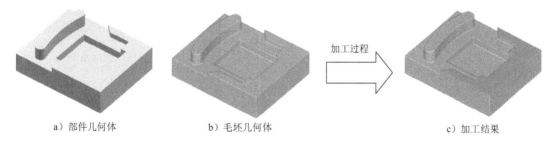

a）部件几何体　　　　b）毛坯几何体　　　　c）加工结果

图 8.3.1　底壁铣

Task1．打开模型文件并进入加工模块

Step1．打开文件 D:\ug12nc\work\ch08.03\face_milling_area.prt。

Step2．进入加工环境。在 应用模块 功能选项卡的 加工 区域单击 按钮，在系统弹出的"加工环境"对话框的 要创建的 CAM 组装 列表框中选择 mill_planar 选项，然后单击 确定 按钮，进入加工环境。

Task2. 创建几何体

Stage1. 创建机床坐标系和安全平面

Step1. 进入几何视图。在工序导航器的空白处右击鼠标，在系统弹出的快捷菜单中选择 几何视图 命令，在工序导航器中双击 MCS_MILL 节点，系统弹出图 8.3.2 所示的 "MCS 铣削" 对话框。

Step2. 创建机床坐标系。

（1）在 "MCS 铣削" 对话框的 机床坐标系 区域中单击 "坐标系对话框" 按钮，系统弹出 "坐标系" 对话框，确认在 类型 下拉列表中选择 动态 选项。

（2）单击 "坐标系" 对话框 操控器 区域中的 "点对话框" 按钮，系统弹出 "点" 对话框，在 "点" 对话框的 Z 文本框中输入值 65.0，单击 确定 按钮，此时系统返回至 "坐标系" 对话框。单击 确定 按钮，完成图 8.3.3 所示机床坐标系的创建，系统返回到 "MCS 铣削" 对话框。

图 8.3.2 "MCS 铣削" 对话框

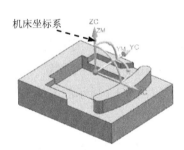

图 8.3.3 创建机床坐标系

Step3. 创建安全平面。

（1）在 "MCS 铣削" 对话框 安全设置 区域的 安全设置选项 下拉列表中选择 平面 选项，单击 "平面对话框" 按钮，系统弹出 "平面" 对话框。

（2）选取图 8.3.4 所示的平面参照，在 偏置 区域的 距离 文本框中输入值 10.0，单击 确定 按钮，系统返回到 "MCS 铣削" 对话框，完成图 8.3.4 所示的安全平面的创建。

（3）单击 "MCS 铣削" 对话框中的 确定 按钮，完成安全平面的创建。

Stage2. 创建部件几何体

Step1. 在工序导航器中双击 MCS_MILL 节点下的 WORKPIECE，系统弹出 "工件" 对

话框。

Step2. 选取部件几何体。单击 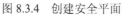 按钮，系统弹出"部件几何体"对话框。在"上边框条"工具条中确认"类型过滤器"设置为"实体"，在图形区选取整个零件为部件几何体。

Step3. 单击 确定 按钮，完成部件几何体的创建，同时系统返回到"工件"对话框。

Stage3. 创建毛坯几何体

Step1. 在"工件"对话框中单击 按钮，系统弹出"毛坯几何体"对话框，如图 8.3.5 所示。

Step2. 在 类型 下拉列表中选择 部件的偏置 选项，在 偏置 文本框中输入值 1.0。

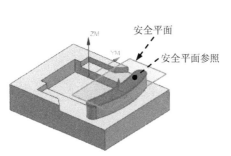

图 8.3.4 创建安全平面

图 8.3.5 "毛坯几何体"对话框

Step3. 单击 确定 按钮，系统返回到"工件"对话框。

Step4. 单击 确定 按钮，完成毛坯几何体的创建。

Task3. 创建刀具

Step1. 选择下拉菜单 插入(S) ➡ 刀具(T)... 命令，系统弹出图 8.3.6 所示的"创建刀具"对话框。

Step2. 确定刀具类型。在 类型 下拉列表中选择 mill_planar 选项，在 刀具子类型 区域中单击"MILL"按钮 ，在 位置 区域的 刀具 下拉列表中选择 GENERIC_MACHINE 选项，在 名称 文本框中输入刀具名称 D15R0，单击 确定 按钮，系统弹出图 8.3.7 所示的"铣刀-5 参数"对话框。

Step3. 设置刀具参数。设置图 8.3.7 所示的刀具参数，单击 确定 按钮，完成刀具的创建。

图 8.3.6 所示的"创建刀具"对话框中刀具子类型的说明如下。

- （端铣刀）：在大多数的加工中均可以使用此种刀具。

- （倒斜铣刀）：带有倒斜角的端铣刀。

- （球头铣刀）：多用于曲面以及圆角处的加工。

- （球形铣刀）：多用于曲面以及圆角处的加工。

-  （T形键槽铣刀）：多用于键槽加工。
- （桶形铣刀）：多用于平面和腔槽的加工。
- （螺纹刀）：用于铣螺纹。
- （用户自定义铣刀）：用于创建用户特制的铣刀。
- （刀库）：用于刀具的管理，可将每把刀具设定一个唯一的刀号。
- （刀座）：用于装夹刀具。
- （动力头）：给刀具提供动力。

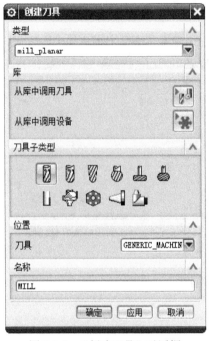

图 8.3.6 "创建刀具"对话框

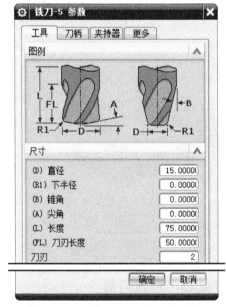

图 8.3.7 "铣刀-5 参数"对话框

注意：如果在加工的过程中，需要使用多把刀具，比较合理的方式是一次性把所需要的刀具全部创建完毕，这样在后面的加工中直接选取创建好的刀具即可，有利于后续工作的快速完成。

Task4. 创建底壁铣工序

Stage1. 插入工序

Step1. 选择下拉菜单 插入(S) ➡ 工序(E)... 命令，系统弹出"创建工序"对话框。

Step2. 确定加工方法。在"创建工序"对话框的 类型 下拉列表中选择 mill_planar 选项，在 工序子类型 区域中单击"底壁铣"按钮 ，在 程序 下拉列表中选择 PROGRAM 选项，在 刀具 下拉列表中选择 D15R0 (铣刀-5 参数) 选项，在 几何体 下拉列表中选择 WORKPIECE 选项，在 方法 下拉列表中选择 MILL_FINISH 选项，采用系统默认的名称。

Step3. 单击 确定 按钮，系统弹出图 8.3.8 所示的"底壁铣"对话框。

Stage2. 指定切削区域

Step1. 在 几何体 区域中单击"选择或编辑切削区域几何体"按钮，系统弹出图 8.3.9 所示的"切削区域"对话框。

Step2. 选取图 8.3.10 所示的面为切削区域，单击 **确定** 按钮，完成切削区域的创建，同时系统返回到"底壁铣"对话框。

图 8.3.8　"底壁铣"对话框

图 8.3.9　"切削区域"对话框

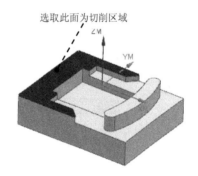

图 8.3.10　指定切削区域

图 8.3.8 所示的"底壁铣"对话框中的各按钮说明如下。

- （新建）：用于创建新的几何体。

- （编辑）：用于对部件几何体进行编辑。

- （选择或编辑检查几何体）：检查几何体是在切削加工过程中需要避让的几何体，如夹具或重要的加工平面。

- （选择或编辑切削区域几何体）：指定部件几何体中需要加工的区域，该区域可以是部件几何体中的几个重要部分，也可以是整个部件几何体。

- （选择或编辑壁几何体）：通过设置侧壁几何体来替换工件余量，表示除了加

工面以外的全局工件余量。

- ⬚ (切削参数): 用于切削参数的设置。
- ⬚ (非切削移动): 用于进刀、退刀等参数的设置。
- ⬆ (进给率和速度): 用于主轴速度、进给率等参数的设置。

Stage3. 显示刀具和几何体

Step1. 显示刀具。在 工具 区域中单击"编辑/显示"按钮🔧,系统弹出"铣刀-5 参数"对话框,同时在图形区会显示当前刀具,在系统弹出的对话框中单击 取消 按钮。

Step2. 显示几何体。在 几何体 区域中单击"显示"按钮🔍,在图形区中会显示当前的部件几何体以及切削区域。

说明: 这里显示的刀具和几何体用于确认前面的设置是否正确,如果能保证前面的设置无误,可以省略此步操作。

Stage4. 设置刀具路径参数

Step1. 设置切削模式。在 刀轨设置 区域的 切削模式 下拉列表中选择 跟随周边 选项。

Step2. 设置步进方式。在 步距 下拉列表中选择 刀具平直 选项,在 平面直径百分比 文本框中输入值 50.0,在 底面毛坯厚度 文本框中输入值 1.0,在 每刀切削深度 文本框中输入值 0.5。

Stage5. 设置切削参数

Step1. 单击"底壁铣"对话框 刀轨设置 区域中的"切削参数"按钮⬚,系统弹出"切削参数"对话框。单击 策略 选项卡,设置参数如图 8.3.11 所示。

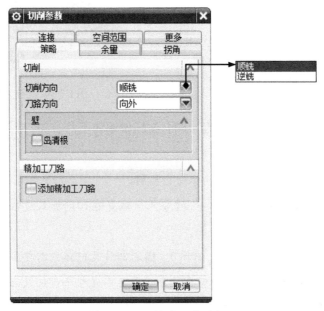

图 8.3.11 "策略"选项卡

图 8.3.11 所示的"切削参数"对话框"策略"选项卡中的各选项说明如下。

- 切削方向：用于指定刀具的切削方向，包括 顺铣 和 逆铣 两种方式。
  - ☑ 顺铣：沿刀轴方向向下看，主轴的旋转方向与运动方向一致。
  - ☑ 逆铣：沿刀轴方向向下看，主轴的旋转方向与运动方向相反。
- 选中 精加工刀路 区域的 ☑ 添加精加工刀路 复选框，系统会出现如下选项。
  - ☑ 刀路数：用于指定精加工走刀的次数。
  - ☑ 精加工步距：用于指定精加工两道切削路径之间的距离，可以是一个固定的距离值，也可以是以刀具直径的百分比表示的值。取消选中 ☐ 添加精加工刀路 复选框，零件中岛屿侧面的刀路轨迹如图 8.3.12a 所示；选中 ☑ 添加精加工刀路 复选框，并在 刀路数 文本框中输入值 2.0，此时零件中岛屿侧面的刀路轨迹如图 8.3.12b 所示。

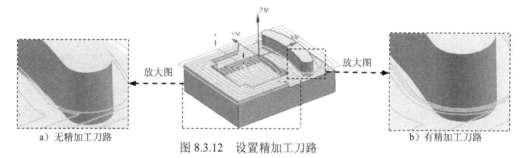

a) 无精加工刀路　　　　　图 8.3.12　设置精加工刀路　　　　　b) 有精加工刀路

- ☐ 允许底切 复选框（图中未显示）：取消选中该复选框可防止刀柄与工件或检查几何体碰撞。

Step2. 单击 余量 选项卡，设置参数如图 8.3.13 所示。

Step3. 单击 拐角 选项卡，设置参数如图 8.3.14 所示。

图 8.3.13　"余量"选项卡

图 8.3.14　"拐角"选项卡

图 8.3.13 所示的"切削参数"对话框"余量"选项卡中的各选项说明如下。

- **部件余量**：用于定义在当前平面铣削结束时，留在零件周壁上的余量。通常在粗加工或半精加工时会留有一定的部件余量用于精加工。

- **壁余量**：用于定义零件侧壁面上剩余的材料，该余量是在每个切削层上沿垂直于刀轴方向测量的，应用于所有能够进行水平测量的部件的表面上。

- **最终底面余量**：用于定义当前加工操作后保留在腔底和岛屿顶部的余量。

- **毛坯余量**：用于定义刀具定位点与所创建的毛坯几何体之间的距离。

- **检查余量**：用于定义刀具与已创建的检查边界之间的余量。

- **内公差**：用于定义切削零件时允许刀具切入零件的最大偏距。

- **外公差**：用于定义切削零件时允许刀具离开零件的最大偏距。

图 8.3.14 所示的"切削参数"对话框"拐角"选项卡中的各选项说明如下。

- **凸角**：用于设置刀具在零件拐角处的切削运动方式，有 **绕对象滚动**、**延伸并修剪** 和 **延伸** 三个选项。

- **光顺**：用于添加并设置拐角处的圆弧刀路，有 **所有刀路**、**None** 和 **所有刀路（最后一个除外）** 三个选项。添加圆弧拐角刀路可以减少刀具突然转向对机床的冲击，一般在实际加工中都将此参数设置值为 **所有刀路**。此参数生成的刀路轨迹如图 8.3.15 所示。

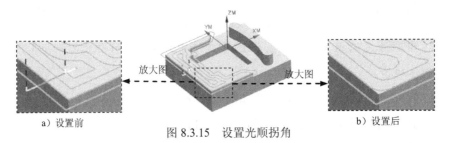

a) 设置前　　　　　图 8.3.15　设置光顺拐角　　　　　b) 设置后

Step4. 单击 **连接** 选项卡，设置参数如图 8.3.16 所示。

图 8.3.16 所示的"切削参数"对话框"连接"选项卡中的各选项说明如下。

- **切削顺序** 区域的 **区域排序** 下拉列表中提供了四种加工顺序的方式。

  - ☑ **标准**：根据切削区域的创建顺序来确定各切削区域的加工顺序。

  - ☑ **优化**：根据抬刀后横越运动最短的原则决定切削区域的加工顺序，效率比"标准"顺序高，系统默认为此选项。

  - ☑ **跟随起点**：将根据创建"切削区域起点"时的顺序来确定切削区域的加工顺序。

  - ☑ **跟随预钻点**：将根据创建"预钻进刀点"时的顺序来确定切削区域的加工顺序。

- **跨空区域** 区域中的 **运动类型** 下拉列表：用于创建在 **跟随周边** 切削模式中跨空区域的刀路类型，共有三种运动方式。

  - ☑ **跟随**：刀具跟随跨空区域形状移动。

☑ **切削**：在跨空区域做切削运动。

☑ **移刀**：在跨空区域中移刀。

Step5. 单击 **空间范围** 选项卡，设置参数如图 8.3.17 所示；单击 **确定** 按钮，系统返回到"底壁铣"对话框。

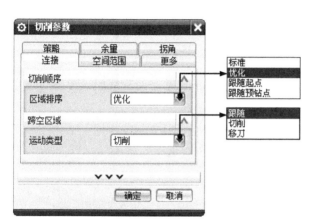
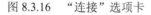

图 8.3.16 "连接"选项卡

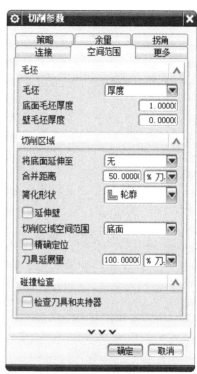

图 8.3.17 "空间范围"选项卡

图 8.3.17 所示的"切削参数"对话框"空间范围"选项卡中的部分选项说明如下。

● **毛坯** 区域的各选项说明如下。

☑ **毛坯** 下拉列表：用于设置毛坯的加工类型，包括如下三种类型。

◆ **厚度**：选择此选项后，将会激活其下的 **底面毛坯厚度** 和 **壁毛坯厚度** 文本框。用户可以输入相应的数值以分别确定底面和侧壁的毛坯厚度值。

◆ **毛坯几何体**：选择此选项后，将会按照工件几何体或铣削几何体中已提前定义的毛坯几何体进行计算和预览。

◆ **3D IPW**：选择此选项后，将会按照前面工序加工后的 IPW 进行计算和预览。

● **切削区域** 区域的各选项说明如下。

☑ **将底面延伸至**：用于设置刀路轨迹是否根据部件的整体外部轮廓来生成。选中 **部件轮廓** 选项，刀路轨迹则延伸到部件的最大外部轮廓，如图 8.3.18 所示；选中 **无** 选项，刀路轨迹只在所选切削区域内生成，如图 8.3.19 所示；选中 **毛坯轮廓** 选项，刀路轨迹则延伸到毛坯的最大外部轮廓（仅在"毛坯几何体"

有效时可用）。

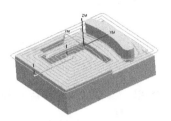

图 8.3.18　刀路延伸到部件的外部轮廓

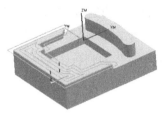

图 8.3.19　刀路在切削区域内生成

☑ 合并距离：用于设置加工多个等高的平面区域时，相邻刀路轨迹之间的合并距离值。如果两条刀路轨迹之间的最小距离小于合并距离值，那么这两条刀路轨迹将合并成为一条连续的刀路轨迹，合并距离值越大，合并的范围也越大。读者可以打开文件 D:\ugnx12.9\work\ch03.03\Merge_distance.prt 进行查看。当合并距离值设置为 0 时，两区域间的刀路轨迹是独立的，如图 8.3.20 所示；合并距离值设置为 15mm 时，两区域间的刀路轨迹部分合并，如图 8.3.21 所示；合并距离值设置为 40mm 时，两区域间的刀路轨迹完全合并，如图 8.3.22 所示。

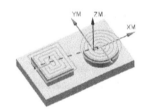

图 8.3.20　刀路轨迹（一）

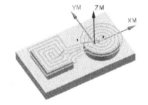

图 8.3.21　刀路轨迹（二）

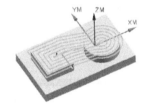

图 8.3.22　刀路轨迹（三）

☑ 简化形状：用于设置刀具的走刀路线相对于加工区域轮廓的简化形状，系统提供了 轮廓 、凸包 、最小包围盒 三种走刀路线。选择 轮廓 选项时，刀路轨迹如图 8.3.23 所示；选择 最小包围盒 选项时，刀路轨迹如图 8.3.24 所示。

☑ 切削区域空间范围：用于设置刀具的切削范围。当选择 底面 选项时，刀具只在底面边界的垂直范围内进行切削，此时侧壁上的余料将被忽略；当选择 壁 选项时，刀具只在底面和侧壁围成的空间范围内进行切削。

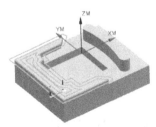

图 8.3.23　简化形状为"轮廓"的刀路轨迹

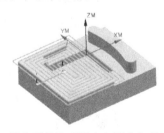

图 8.3.24　简化形状为"最小包围盒"的刀路轨迹

☑ ☐ **精确定位** 复选框: 用于设置在计算刀具路径时是否忽略刀具的尖角半径值。选中该复选框, 将会精确计算刀具的位置; 否则, 将忽略刀具的尖角半径值, 此时在倾斜的侧壁上将会留下较多的余料。

☑ **刀具延展量**: 用于设置刀具延展到毛坯边界外的距离, 该距离可以是一个固定值, 也可以是刀具直径的百分比值。

Stage6. 设置非切削移动参数

Step1. 单击"底壁铣"对话框 **刀轨设置** 区域中的"非切削移动"按钮 , 系统弹出"非切削移动"对话框。

Step2. 单击 **进刀** 选项卡, 其参数的设置如图 8.3.25 所示, 其他选项卡中的参数设置值采用系统的默认值, 单击 **确定** 按钮, 完成非切削移动参数的设置。

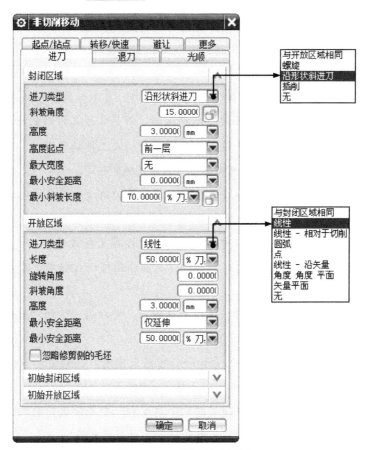

图 8.3.25 "进刀"选项卡

图 8.3.25 所示的"非切削移动"对话框"进刀"选项卡中的各选项说明如下。

封闭区域: 用于设置部件或毛坯边界之内区域的进刀方式。

● **进刀类型**: 用于设置刀具在封闭区域中进刀时切入工件的类型。

☑ **螺旋**：刀具沿螺旋线切入工件，刀具轨迹（刀具中心的轨迹）是一条螺旋线，此种进刀方式可以减少切削时对刀具的冲击力。

☑ **沿形状斜进刀**：刀具按照一定的倾斜角度切入工件，能减少刀具的冲击力。

☑ **插削**：刀具沿直线垂直切入工件，进刀时刀具的冲击力较大，一般不选择这种进刀方式。

☑ **无**：没有进刀运动。

● **斜坡角度**：用于定义刀具斜进刀进入部件表面的角度，即刀具切入材料前的最后一段进刀轨迹与部件表面的角度。

● **高度**：用于定义刀具沿形状斜进刀或螺旋进刀时的进刀点与切削点的垂直距离，即进刀点与部件表面的垂直距离。

● **高度起点**：用于定义前面 **高度** 选项的计算参照。

● **最大宽度**：用于定义斜进刀时相邻两拐角间的最大宽度。

● **最小安全距离**：用于定义沿形状斜进刀或螺旋进刀时，工件内非切削区域与刀具之间的最小安全距离。

● **最小斜坡长度**：用于定义沿形状斜进刀或螺旋进刀时最小倾斜斜面的水平长度。

开放区域：用于设置在部件或毛坯边界之外区域，刀具靠近工件时的进刀方式。

● **进刀类型**：用于设置刀具在开放区域中进刀时切入工件的类型。

☑ **与封闭区域相同**：刀具的走刀类型与封闭区域的相同。

☑ **线性**：刀具按照指定的线性长度以及旋转的角度等参数进行移动，刀具逼近切削点时的刀轨是一条直线或斜线。

☑ **线性 - 相对于切削**：刀具相对于衔接的切削刀路呈直线移动。

☑ **圆弧**：刀具按照指定的圆弧半径以及圆弧角度进行移动，刀具逼近切削点时的刀轨是一段圆弧。

☑ **点**：从指定点开始移动。选取此选项后，可以用下方的"点构造器"和"自动判断点"来指定进刀开始点。

☑ **线性 - 沿矢量**：指定一个矢量和一个距离来确定刀具的运动矢量、运动方向和运动距离。

☑ **角度 角度 平面**：刀具按照指定的两个角度和一个平面进行移动，其中，角度可以确定进刀的运动方向，平面可以确定进刀开始点。

☑ **矢量平面**：刀具按照指定的一个矢量和一个平面进行移动，矢量确定进刀方向，平面确定进刀开始点。

注意：选择不同的进刀类型时，"进刀"选项卡中参数的设置会不同，应根据加工工件的具体形状选择合适的进刀类型，从而进行各参数的设置。

Stage7. 设置进给率和速度

Step1. 单击"底壁铣"对话框中的"进给率和速度"按钮，系统弹出图 8.3.26 所示的"进给率和速度"对话框。

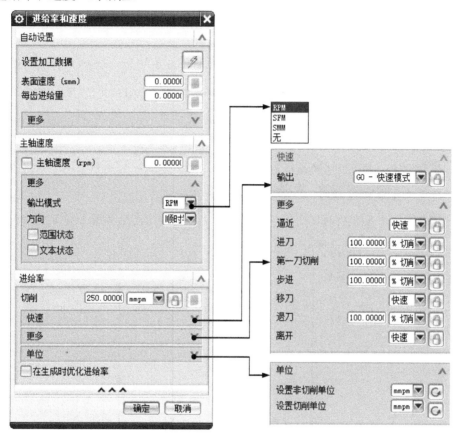

图 8.3.26　"进给率和速度"对话框

Step2. 选中**主轴速度**区域中的 ☑ **主轴速度 (rpm)** 复选框，在其后的文本框中输入值 1500.0，在**进给率**区域的**切削**文本框中输入值 800.0，按 Enter 键，然后单击 按钮，其他参数的设置如图 8.3.26 所示。

Step3. 单击 **确定** 按钮，系统返回"底壁铣"对话框。

注意：这里不设置表面速度和每齿进给量并不表示其值为 0，单击 按钮后，系统会根据主轴转速计算表面速度，再根据切削进给率自动计算每齿进给量。

图 8.3.26 所示的"进给率和速度"对话框中的各选项说明如下。

- **表面速度 (smm)**：用于设置表面速度。表面速度即刀具在旋转切削时与工件的相对运动速度，与机床的主轴速度和刀具直径相关。

- **每齿进给量**：刀具每个切削齿切除材料量的度量。

- **输出模式**：系统提供了以下三种主轴速度输出模式。

  ☑ **RPM**：以每分钟转数为单位创建主轴速度。

☑ **SFM**：以每分钟曲面英尺为单位创建主轴速度。

☑ **SMM**：以每分钟曲面米为单位创建主轴速度。

☑ **无**：没有主轴输出模式。

● ☑**范围状态**复选框：选中该复选框以激活**范围**文本框，**范围**文本框用于创建主轴的速度范围。

● ☑**文本状态**复选框：选中该复选框以激活其下的文本框，可输入必要的字符。在 CLSF 文件输出时，此文本框中的内容将添加到 LOAD 或 TURRET 中；在后处理时，此文本框中的内容将存储在 mom 变量中。

● **切削**：切削过程中的进给量，即正常进给时的速度。

● **快速**区域：用于设置快速运动时的速度，即刀具从开始点到下一个前进点的移动速度，有 **G0 - 快速模式**、**G1 - 进给模式** 两种选项可选。

● **更多**区域中各选项的说明如下（刀具的进给率和速度示意图如图 8.3.27 所示）。

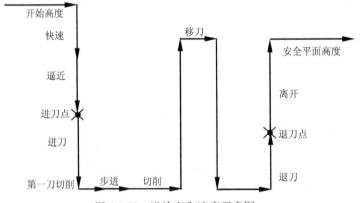

图 8.3.27　进给率和速度示意图

☑ **逼近**：用于设置刀具接近时的速度，即刀具从起刀点到进刀点的进给速度。在多层切削加工中，它控制刀具从一个切削层到下一个切削层的移动速度。默认为**快速**模式，可通过其后的下拉列表选择**无**、**mmpm**（毫米/分钟）、**mmpr**（毫米/转）、**快速**、**切削百分比** 等模式。

　注意：以下几处进给率的设定方法与此类似，故不再赘述。

☑ **进刀**：用于设置刀具从进刀点到初始切削点时的进给率。

☑ **第一刀切削**：用于设置第一刀切削时的进给率。

☑ **步进**：用于设置刀具进入下一个平行刀轨切削时的横向进给速度，即铣削宽度，多用于往复式的切削方式。

☑ **移刀**：用于设置刀具从一个切削区域跨越到另一个切削区域时做水平非切削移动时刀具的移动速度。移刀时，刀具先抬刀至安全平面高度，然后做横向

移动，以免发生碰撞。

☑ **退刀**：用于设置退刀时，刀具切出部件的速度，即刀具从最终切削点到退刀点之间的速度。

☑ **离开**：设置离开时的进给率，即刀具退出加工部位到返回点的移动速度。在钻孔加工和车削加工中，刀具由里向外退出时和加工表面有很小的接触，因此速度会影响加工表面的表面粗糙度。

● **单位** 区域中各选项的说明如下。

☑ **设置非切削单位**：单击其后的"更新"按钮 🔁，可将所有的"非切削进给率"单位设置为下拉列表中的 **无**、**mmpm**（毫米/分钟）、**mmpr**（毫米/转）或 **快速** 等类型。

☑ **设置切削单位**：单击其后的"更新"按钮 🔁，可将所有的"切削进给率"单位设置为下拉列表中的 **无**、**mmpm**（毫米/分钟）、**mmpr**（毫米/转）或 **快速** 等类型。

Task5. 生成刀路轨迹并仿真

Step1. 在"底壁铣"对话框中单击"生成"按钮 ⚡，在图形区中生成图 8.3.28 所示的刀路轨迹。

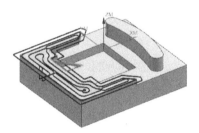

图 8.3.28　刀路轨迹

Step2. 在图形区通过旋转、平移、放大视图，再单击"重播"按钮 🔁 重新显示路径，可以从不同角度对刀路轨迹进行查看，以判断其路径是否合理。

Step3. 单击"确认"按钮 🔳，系统弹出图 8.3.29 所示的"刀轨可视化"对话框。

Step4. 使用 2D 动态仿真。单击 **2D 动态** 选项卡，采用系统默认设置值，调整动画速度后单击"播放"按钮 ▶，即可演示 2D 动态仿真加工，完成演示后的模型如图 8.3.30 所示，仿真完成后单击 **确定** 按钮，完成刀轨确认操作。

Step5. 单击 **确定** 按钮，完成操作。

Task6. 保存文件

选择下拉菜单 **文件(F)** ➡ **保存(S)** 命令，保存文件。

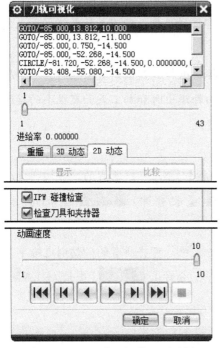

图 8.3.29　"刀轨可视化"对话框

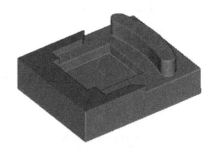

图 8.3.30　2D 仿真结果

8.4　面 铣 加 工

表面铣是通过定义面边界来确定切削区域的，在定义边界时可以通过面，或者面上的曲线以及一系列的点来得到一个封闭的边界几何体。

下面以图 8.4.1 所示的零件介绍创建表面铣加工的一般步骤。

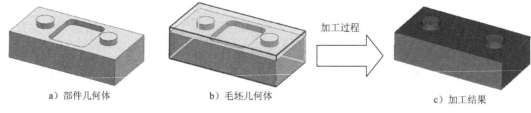

a）部件几何体　　　　b）毛坯几何体　　　　　　　　　c）加工结果

图 8.4.1　表面铣

Task1．打开模型文件并进入加工模块

Step1．打开文件 D:\ug12nc\work\ch08.04\face_milling.prt。

Step2．进入加工环境。在 应用模块 功能选项卡的 加工 区域单击 按钮，在系统弹出的"加工环境"对话框的 要创建的 CAM 组装 列表框中选择 mill_planar 选项，然后单击 确定 按钮，进入加工环境。

Task2. 创建几何体

Stage1. 创建机床坐标系

Step1. 在工序导航器中将视图调整到几何视图状态，双击坐标系⊞ %MCS_MILL 节点，系统弹出"MCS 铣削"对话框。

Step2. 创建机床坐标系。

（1）在 机床坐标系 区域中单击"坐标系对话框"按钮 ，系统弹出"坐标系"对话框，确认在 类型 下拉列表中选择 动态 选项。

（2）单击 操控器 区域中的"点对话框"按钮 ，系统弹出"点"对话框，在 Z 文本框中输入值 60.0，单击 确定 按钮，此时系统返回至"坐标系"对话框，单击 确定 按钮，完成图 8.4.2 所示的机床坐标系的创建。

Stage2. 创建安全平面

Step1. 在"MCS 铣削"对话框 安全设置 区域的 安全设置选项 下拉列表中选择 平面 选项，单击"平面对话框"按钮 ，系统弹出"平面"对话框。

Step2. 选取图 8.4.3 所示的参考平面，在 偏置 区域的 距离 文本框中输入值 10.0，单击 确定 按钮，系统返回到"MCS 铣削"对话框，完成安全平面的创建。

Step3. 单击 确定 按钮，完成安全平面的创建。

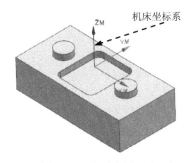

图 8.4.2 创建机床坐标系

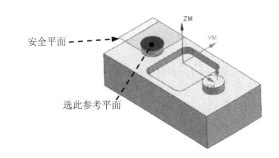

图 8.4.3 创建安全平面

Stage3. 创建部件几何体

Step1. 在工序导航器中双击⊞ %MCS_MILL 节点下的 WORKPIECE，系统弹出"工件"对话框。

Step2. 选取部件几何体。单击 按钮，系统弹出"部件几何体"对话框。确认"上边框条"工具条中的"类型过滤器"设置为"实体"类型，在图形区选取整个零件为部件几何体。

Step3. 单击 确定 按钮，完成部件几何体的创建，同时系统返回到"工件"对话框。

Stage4. 创建毛坯几何体

Step1. 在"工件"对话框中单击 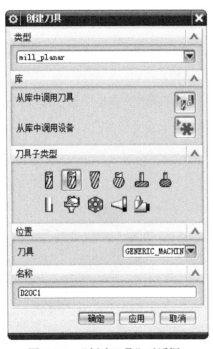 按钮，系统弹出"毛坯几何体"对话框。

Step2. 在 类型 下拉列表中选择 包容块 选项。

Step3. 单击 确定 按钮，然后单击"工件"对话框中的 确定 按钮。

Task3. 创建刀具

Step1. 选择下拉菜单 插入(S) ➡ 刀具(T)... 命令，系统弹出"创建刀具"对话框。

Step2. 确定刀具类型。在图 8.4.4 所示的"创建刀具"对话框的 刀具子类型 区域中单击 "CHAMFER_MILL"按钮 ，在 位置 区域的 刀具 下拉列表中选择 GENERIC_MACHINE 选项，在 名称 文本框中输入 D20C1，然后单击 确定 按钮，系统弹出"倒斜铣刀"对话框。

Step3. 设置刀具参数。设置图 8.4.5 所示的刀具参数，设置完成后单击 确定 按钮，完成刀具参数的设置。

图 8.4.4 "创建刀具"对话框

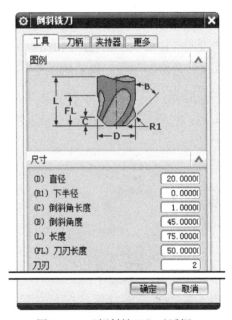

图 8.4.5 "倒斜铣刀"对话框

Task4. 创建表面铣工序

Stage1. 创建工序

Step1. 选择下拉菜单 插入(S) ➡ 工序(E)... 命令，系统弹出"创建工序"对话框，如图 8.4.6 所示。

Step2. 确定加工方法。在 类型 下拉列表中选择 mill_planar 选项，在 工序子类型 区域中单击"带边界面铣"按钮 ，在 程序 下拉列表中选择 PROGRAM 选项，在 刀具 下拉列表中选择

D20C1 (倒斜铣刀) 选项，在 几何体 下拉列表中选择 WORKPIECE 选项，在 方法 下拉列表中选择 MILL FINISH 选项，采用系统默认的名称，如图 8.4.6 所示。

Step3. 单击 确定 按钮，此时系统弹出图 8.4.7 所示的"面铣"对话框。

图 8.4.6 "创建工序"对话框   图 8.4.7 "面铣"对话框

图 8.4.6 所示的"创建工序"对话框中的各选项说明如下。

● 程序 下拉列表中提供了 NC_PROGRAM、NONE 和 PROGRAM 三种选项，分别介绍如下。

　　☑ NC_PROGRAM：采用系统默认的加工程序根目录。

　　☑ NONE：系统将提供一个不含任何程序的加工目录。

　　☑ PROGRAM：采用系统提供的一个加工程序的根目录。

● 刀具 下拉列表：用于选取该操作所用的刀具。

● 方法 下拉列表：用于确定该操作的加工方法。

　　☑ METHOD：采用系统给定的加工方法。

　　☑ MILL_FINISH：铣削精加工方法。

　　☑ MILL_ROUGH：铣削粗加工方法。

　　☑ MILL_SEMI_FINISH：铣削半精加工方法。

　　☑ NONE：选取此选项后，系统不提供任何加工方法。

● 名称 文本框：用户可以在该文本框中定义工序的名称。

图 8.4.7 所示的"面铣"对话框 刀轴 区域中的各选项说明如下。

轴 下拉列表中提供了四种刀轴方向的设置方法。

● +ZM 轴：设置刀轴方向为机床坐标系 ZM 轴的正方向。

● 指定矢量：选择或创建一个矢量作为刀轴方向。

● 垂直于第一个面：设置刀轴方向垂直于第一个面，此为默认选项。

● 动态：通过动态坐标系来调整刀轴的方向。

Stage2. 指定面边界

Step1. 在 几何体 区域中单击"选择或编辑面几何体"按钮 ，系统弹出图 8.4.8 所示的"毛坯边界"对话框。

Step2. 在 选择方法 下拉列表中选择 面 选项，其余采用系统默认的参数设置值，选取图 8.4.9 所示的模型表面，此时系统将自动创建三条封闭的毛坯边界。

图 8.4.8　"毛坯边界"对话框

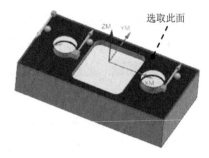

图 8.4.9　创建毛坯边界

Step3. 单击 确定 按钮，系统返回到"面铣"对话框。

说明：如果在"毛坯边界"对话框的 选择方法 下拉列表中选择 曲线 选项，可以依次选取图 8.4.10 所示的曲线为边界几何。但要注意选择曲线边界几何时，刀轴方向不能设置为 垂直于第一个面 选项，否则在生成刀轨时会出现图 8.4.11 所示的"工序编辑"对话框，此时应将刀轴方向改为 +ZM 轴 选项。

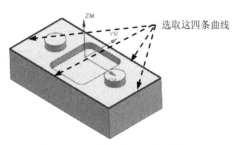

选取这四条曲线

图 8.4.10　选择边界几何曲线

工序编辑

毛坯边界不是从面创建的。
不能应用"垂直于第一个选定面刀轴"选项。

确定 (0)

图 8.4.11　"工序编辑"对话框

Stage3．设置刀具路径参数

Step1．选择切削模式。在"面铣"对话框的 切削模式 下拉列表中选择 跟随周边 选项。

Step2．设置一般参数。在 步距 下拉列表中选择 % 刀具平直 选项，在 平面直径百分比 文本框中输入值 50.0，在 毛坯距离 文本框中输入值 10，在 每刀切削深度 文本框中输入值 2.0，其他参数采用系统默认设置值。

Stage4．设置切削参数

Step1．在 刀轨设置 区域中单击"切削参数"按钮 ，系统弹出"切削参数"对话框。

Step2．单击 策略 选项卡，设置参数如图 8.4.12 所示。

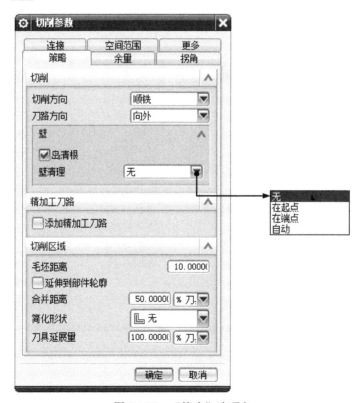

图 8.4.12　"策略"选项卡

图 8.4.12 所示的"切削参数"对话框中"策略"选项卡的部分选项说明如下。

- 刀路方向: 用于设置刀路轨迹是否沿部件的周边向中心切削，系统默认值是"向外"。

- ☑ 岛清根 复选框: 选中该复选框后将在每个岛区域都包含一个沿该岛的完整清理刀路，可确保在岛的周围不会留下多余的材料。

- 壁清理: 用于创建清除切削平面的侧壁上多余材料的刀路，系统提供了以下四种类型。

  - ☑ 无: 不移除侧壁上的多余材料，此时侧壁的留量小于步距值。

  - ☑ 在起点: 在切削各个层时，先在周边进行清壁加工，然后再切削中心区域。

  - ☑ 在端点: 在切削各个层时，先切削中心区域，然后再进行清壁加工。

  - ☑ 自动: 在切削各个层时，系统自动计算何时添加清壁加工刀路。

Step3. 单击 余量 选项卡，设置图 8.4.13 所示的参数，单击 确定 按钮，系统返回到"面铣"对话框。

Stage5. 设置非切削移动参数

Step1. 在"面铣"对话框 刀轨设置 区域中单击"非切削移动"按钮 ，系统弹出"非切削移动"对话框。

Step2. 单击 进刀 选项卡，其参数设置值如图 8.4.14 所示，其他选项卡中的设置采用系统默认值，单击 确定 按钮，完成非切削移动参数的设置。

图 8.4.13 "余量"选项卡

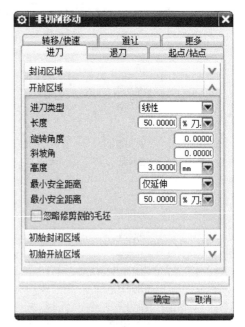

图 8.4.14 "进刀"选项卡

Stage6. 设置进给率和速度

Step1. 单击"面铣"对话框中的"进给率和速度"按钮 ，系统弹出"进给率和速度"

对话框。

Step2. 在**主轴速度**区域中选中 ☑ **主轴速度 (rpm)** 复选框，在其后的文本框中输入值 1500.0，在**进给率**区域的 **切削** 文本框中输入值 600.0，按 Enter 键，然后单击 按钮，其他参数的设置如图 8.4.15 所示。

Step3. 单击 **确定** 按钮，完成进给率和速度的设置。

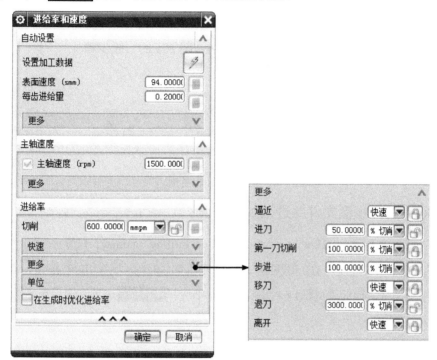

图 8.4.15　"进给率和速度"对话框

Task5．生成刀路轨迹并仿真

Step1. 生成刀路轨迹。在"面铣"对话框中单击"生成"按钮 ，在图形区中生成图 8.4.16 所示的刀路轨迹。

Step2. 使用 2D 动态仿真。完成演示后的模型如图 8.4.17 所示。

Task6．保存文件

选择下拉菜单 **文件(F)** ➡ **保存(S)** 命令，保存文件。

图 8.4.16　刀路轨迹

图 8.4.17　2D 仿真结果

8.5 手工面铣削加工

手工面铣削又称为混合铣削，也是底壁铣的一种。创建该操作时，系统会自动选用混合切削模式加工零件。在该模式中，需要对零件中的多个加工区域分别指定不同的切削模式和切削参数，也可以实现不同切削层的单独编辑。

下面以图 8.5.1 所示的零件介绍创建手工面铣削加工的一般步骤。

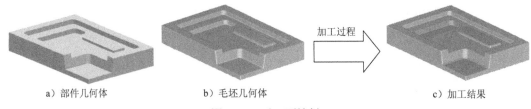

a）部件几何体　　　　　　b）毛坯几何体　加工过程　c）加工结果

图 8.5.1　手工面铣削

Task1. 打开模型文件并进入加工环境

Step1. 打开文件 D:\ug12nc\work\ch08.05\face_milling_manual.prt。

Step2. 进入加工环境。在 应用模块 功能选项卡的 加工 区域单击 ▶ 按钮，在系统弹出的"加工环境"对话框的 要创建的 CAM 组装 列表框中选择 mill_planar 选项，然后单击 确定 按钮，进入加工环境。

Task2. 创建几何体

Stage1. 创建机床坐标系

Step1. 在工序导航器中将视图调整到几何视图状态，双击坐标系节点⊞ ✍ MCS_MILL，系统弹出"MCS 铣削"对话框。

Step2. 创建机床坐标系。采用系统默认的机床坐标系，如图 8.5.2 所示。

Stage2. 创建安全平面

定义安全平面相对图 8.5.3 所示参考零件表面的偏置值为 15.0。

说明：创建安全平面的详细步骤可以参考 8.3 节的相关操作。

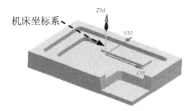

图 8.5.2　创建机床坐标系

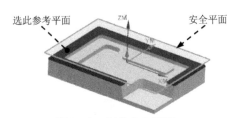

图 8.5.3　创建安全平面

Stage3. 创建部件几何体

Step1. 在工序导航器中双击⊞ ⚙ MCS_MILL 节点下的 ⚙ WORKPIECE，系统弹出"工件"对话框。

Step2. 选取部件几何体。单击 ⚙ 按钮，系统弹出"部件几何体"对话框。

Step3. 确认"上边框条"工具条中的"类型过滤器"设置为"实体"，在图形区选取整个零件为部件几何体。

Step4. 单击 确定 按钮，完成部件几何体的创建，同时系统返回到"工件"对话框。

Stage4. 创建毛坯几何体

Step1. 在"工件"对话框中单击 ⚙ 按钮，系统弹出"毛坯几何体"对话框。

Step2. 在 类型 下拉列表中选择 部件的偏置 选项，在 偏置 文本框中输入值 0.5。

Step3. 单击 确定 按钮，然后单击"工件"对话框中的 确定 按钮。

Task3. 创建刀具

Step1. 选择下拉菜单 插入(S) ➡ 刀具(T). 命令，系统弹出"创建刀具"对话框。

Step2. 确定刀具类型。在"创建刀具"对话框的 刀具子类型 区域单击"MILL"按钮 ⚙，在 名称 文本框中输入 D10R1，如图 8.5.4 所示，然后单击 确定 按钮，系统弹出"铣刀-5 参数"对话框。

Step3. 设置刀具参数。设置图 8.5.5 所示的刀具参数，设置完成后单击 确定 按钮，完成刀具参数的设置。

图 8.5.4　"创建刀具"对话框

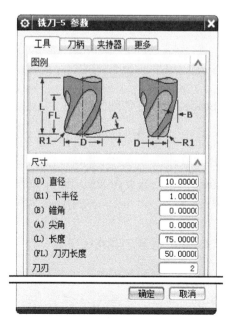

图 8.5.5　"铣刀-5 参数"对话框

Task4. 创建手工面铣工序

Stage1. 创建工序

Step1. 选择下拉菜单 插入(S) ➡ 工序(E)... 命令，系统弹出"创建工序"对话框。

Step2. 确定加工方法。在图 8.5.6 所示的"创建工序"对话框的 类型 下拉列表中选择 mill_planar 选项，在 工序子类型 区域中单击"手工面铣"按钮 , 在 程序 下拉列表中选择 PROGRAM 选项，在 刀具 下拉列表中选择 D10R1 (铣刀-5 参数) 选项，在 几何体 下拉列表中选择 WORKPIECE 选项，在 方法 下拉列表中选择 MILL_FINISH 选项，采用系统默认的名称。

图 8.5.6 "创建工序"对话框

Step3. 单击 确定 按钮，此时，系统弹出图 8.5.7 所示的"手工面铣"对话框。

Stage2. 指定切削区域

Step1. 在 几何体 区域中单击"选择或编辑切削区域几何体"按钮 , 系统弹出图 8.5.8 所示的"切削区域"对话框。

Step2. 依次选取图 8.5.9 所示的面 1、面 2 和面 3 为切削区域，单击 确定 按钮，完成切削区域的创建，同时系统返回到"手工面铣"对话框。

Stage3. 设置刀具路径参数

Step1. 选择切削模式。在"手工面铣"对话框的 切削模式 下拉列表中选择 混合 选项。

Step2. 设置一般参数。在 步距 下拉列表中选择 % 刀具平直 选项，在 平面直径百分比 文本框中输入值 50.0，在 毛坯距离 文本框中输入值 0.5，其他参数采用系统默认值。

Stage4. 设置切削参数

Step1. 在 刀轨设置 区域中单击"切削参数"按钮 ，系统弹出"切削参数"对话框。

Step2. 单击 拐角 选项卡，在 光顺 下拉列表中选择 所有刀路 选项，其他参数采用系统默认值。

图 8.5.7 "手工面铣"对话框

图 8.5.8 "切削区域"对话框

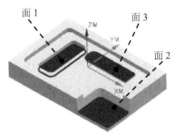

图 8.5.9 指定切削区域

Stage5. 设置非切削移动参数

采用系统默认的非切削移动参数。

Stage6. 设置进给率和速度

Step1. 在"手工面铣"对话框中单击"进给率和速度"按钮 ，系统弹出"进给率和

速度"对话框。

Step2. 选中主轴速度区域中的 ☑ 主轴速度 (rpm) 复选框，在其后的文本框中输入值 1400.0，在进给率区域的 切削 文本框中输入值 600.0，按 Enter 键，然后单击 按钮，单击 确定 按钮。

Task5. 生成刀路轨迹并仿真

Stage1. 生成刀路轨迹

Step1. 进入区域切削模式。在"手工面铣"对话框中单击"生成"按钮，系统弹出图 8.5.10 所示的"区域切削模式"对话框（一）。

图 8.5.10 "区域切削模式"对话框（一）

注意：加工区域在"区域切削模式"对话框（一）中排列的顺序与选取切削区域时的顺序一致。如果设置了分层切削，则列表中切削区域的数量将成倍增加。例如，在本例中共有三个区域，若设置分层数为 2，则需要设置的切削区域数量将为六个。

Step2. 定义各加工区域的切削模式。

（1）设置第一个加工区域的切削模式。在"区域切削模式"对话框（一）的显示模式下拉列表中选择 选定的 选项，单击 ✗⊘ region_1_level_4 选项，此时图形区显示该加工区域，如图 8.5.11 所示；在 下拉列表中选择"跟随周边"选项 ；单击 按钮，系统弹出"跟随周边 切削参数"对话框，在该对话框中设置图 8.5.12 所示的参数，然后单击 确定 按钮。

（2）设置第二个加工区域的切削模式。在"区域切削模式"对话框（一）中单击 ✗⊘ region_2_level_6 选项，此时图形区显示该加工区域，如图 8.5.13 所示；在 下拉列表中选择"跟随部件"选项 ，单击 按钮，系统弹出"跟随部件 切削参数"对话框，

设置图 8.5.14 所示的参数，然后单击 确定 按钮。

（3）设置第三个加工区域的切削模式。在"区域切削模式"对话框（一）中单击 ✕⊘region_3_level_2 选项；在 ▣▾ 下拉列表中选择"往复"选项 ⊟ ，单击 🔧 按钮，系统弹出"往复 切削参数"对话框，设置图 8.5.15 所示的参数，然后单击 确定 按钮。

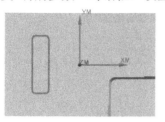

图 8.5.11　显示加工区域

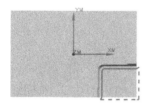

图 8.5.13　显示加工区域

图 8.5.12　"跟随周边 切削参数"对话框

图 8.5.14　"跟随部件 切削参数"对话框

图 8.5.15　"往复 切削参数"对话框

（4）此时"区域切削模式"对话框（二）如图 8.5.16 所示，在 显示模式 下拉列表中选择 全部 选项，图形区中显示所有加工区域正投影方向下的刀路轨迹，如图 8.5.17 所示。

Step3. 生成刀路轨迹。在"区域切削模式"对话框（二）中单击 确定 按钮，系统返回到"手工面铣"对话框，并在图形区中显示 3D 状态下的刀路轨迹，如图 8.5.18 所示。

Stage2. 2D 动态仿真

在"手工面铣"对话框中单击"确认"按钮 📊 ，然后在系统弹出的"刀轨可视化"对话框中进行 2D 动态仿真，单击两次 确定 按钮，完成操作。

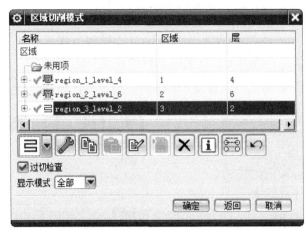

图 8.5.16 "区域切削模式"对话框（二）

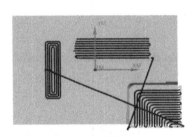

图 8.5.17 刀路轨迹（一）

图 8.5.18 刀路轨迹（二）

Task6. 保存文件

选择下拉菜单 文件(F) ➡ 保存(S) 命令，保存文件。

8.6 平面铣加工

平面铣是使用边界来创建几何体的平面铣削方式，既可用于粗加工，也可用于精加工零件表面和垂直于底平面的侧壁。与面铣不同的是，平面铣是通过生成多层刀轨逐层切削材料来完成的，其中增加了切削层的设置，读者在学习时要重点关注。下面以图 8.6.1 所示的零件介绍创建平面铣加工的一般步骤。

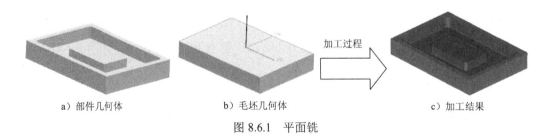

a）部件几何体   b）毛坯几何体   加工过程   c）加工结果

图 8.6.1 平面铣

Task1. 打开模型文件并进入加工环境

打开文件 D:\ug12nc\work\ch08.06\planar_mill.prt，在 应用模块 功能选项卡的 加工 区域单击 ▶ 按钮，选择初始化的 CAM 设置为 mill_planar 选项。

Task2. 创建几何体

Stage1. 创建机床坐标系

Step1. 在工序导航器中将视图调整到几何视图状态，双击坐标系节点 ⊞ ⏦ MCS_MILL，系统弹出"MCS 铣削"对话框。

Step2. 创建机床坐标系。设置机床坐标系与系统默认机床坐标系位置在 Z 方向的偏距值为 30.0，如图 8.6.2 所示。

Stage2. 创建安全平面

Step1. 在"MCS 铣削"对话框 安全设置 区域的 安全设置选项 下拉列表中选择 平面 选项，单击"平面对话框"按钮 ▢，系统弹出"平面"对话框。

Step2. 创建安全平面，与图 8.6.3 所示的参考模型表面偏距值为 15.0。

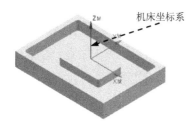

图 8.6.2　创建机床坐标系

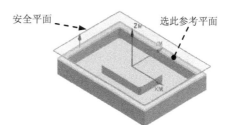

图 8.6.3　创建安全平面

Stage3. 创建部件几何体

Step1. 在工序导航器中双击 ⊞ ⏦ MCS_MILL 节点下的 ⚙ WORKPIECE，在系统弹出的"工件"对话框中单击 ⊘ 按钮，系统弹出"部件几何体"对话框。

Step2. 确认"上边框条"工具条中的"类型过滤器"设置为"实体"，在图形区选取整个零件为部件几何体，单击 确定 按钮，系统返回到"工件"对话框。

Stage4. 创建毛坯几何体

Step1. 在"工件"对话框中单击 ⊗ 按钮，在系统弹出的"毛坯几何体"对话框的 类型 下拉列表中选择 ▢ 包容块 选项。

Step2. 单击 确定 按钮，系统返回到"工件"对话框，然后再单击 确定 按钮。

Stage5. 创建边界几何体

Step1. 选择下拉菜单 插入(S) ➜ ▢ 几何体(G) 命令，系统弹出图 8.6.4 所示的"创建几

何体"对话框。

Step2. 在 几何体子类型 区域中单击"MILL_BND"按钮<img>，在 位置 区域的 几何体 下拉列表中选择 WORKPIECE 选项，采用系统默认的名称。

Step3. 单击 确定 按钮，系统弹出图 8.6.5 所示的"铣削边界"对话框。

图 8.6.4 "创建几何体"对话框

图 8.6.5 "铣削边界"对话框

Step4. 单击 指定部件边界 右侧的<img>按钮，系统弹出"部件边界"对话框，如图 8.6.6 所示。

Step5. 在 选择方法 下拉列表中选择 曲线 选项，在 边界类型 下拉列表中选择 封闭的 选项，在 刀具侧 下拉列表中选择 内侧 选项，在 平面 下拉列表中选择 自动 选项，在图形区选取图 8.6.7 所示的曲线串 1。

图 8.6.6 "部件边界"对话框

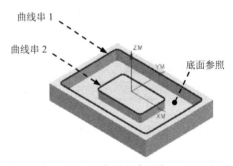

图 8.6.7 边界和底面参照

Step6. 单击"添加新集"按钮 ，在 刀具侧 下拉列表中选择 外侧 选项，其余参数不变，在图形区选取图 8.6.7 所示的曲线串 2；单击 确定 按钮，完成边界的创建，系统返回到"铣削边界"对话框。

Step7. 单击 指定底面 右侧的 按钮，系统弹出"平面"对话框，在图形区中选取图 8.6.7 所示的底面参照。单击 确定 按钮，完成底面的指定，系统返回到"铣削边界"对话框。

Step8. 单击 确定 按钮，完成边界几何体的创建。

Task3. 创建刀具

Step1. 选择下拉菜单 插入(S) ➡ 刀具(T)... 命令，系统弹出"创建刀具"对话框。

Step2. 确定刀具类型。选择 刀具子类型 为 ，在 名称 文本框中输入刀具名称 D10R0，单击 确定 按钮，系统弹出"铣刀-5 参数"对话框。

Step3. 设置刀具参数。在 尺寸 区域的 (D) 直径 文本框中输入值 10.0，在 (R1) 下半径 文本框中输入值 0.0，其他参数采用系统默认设置值，单击 确定 按钮，完成刀具的创建。

Task4. 创建平面铣工序

Stage1. 创建工序

Step1. 选择下拉菜单 插入(S) ➡ 工序(E)... 命令，系统弹出"创建工序"对话框，如图 8.6.8 所示。

Step2. 确定加工方法。在 类型 下拉列表中选择 mill_planar 选项，在 工序子类型 区域中单击"平面铣"按钮 ，在 程序 下拉列表中选择 PROGRAM 选项，在 刀具 下拉列表中选择 D10R0 (铣刀-5 参数) 选项，在 几何体 下拉列表中选择 MILL_BND 选项，在 方法 下拉列表中选择 MILL_SEMI_FINISH 选项，采用系统默认的名称。

Step3. 单击 确定 按钮，系统弹出图 8.6.9 所示的"平面铣"对话框。

Stage2. 设置刀具路径参数

Step1. 设置一般参数。在 切削模式 下拉列表中选择 跟随部件 选项，在 步距 下拉列表中选择 % 刀具平直 选项，在 平面直径百分比 文本框中输入值 50.0，其他参数采用系统默认设置值。

Step2. 设置切削层。

（1）在"平面铣"对话框中单击"切削层"按钮 ，系统弹出图 8.6.10 所示的"切削层"对话框。

（2）在 类型 下拉列表中选择 恒定 选项，在 公共 文本框中输入值 1.0，其余参数采用系统默认设置值，单击 确定 按钮，系统返回到"平面铣"对话框。

图 8.6.8 "创建工序"对话框

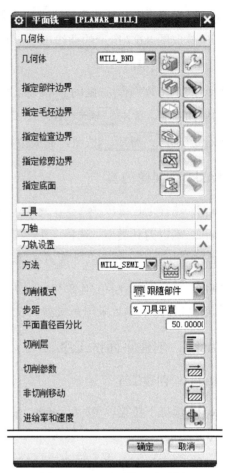

图 8.6.9 "平面铣"对话框

图 8.6.10 "切削层"对话框

图 8.6.10 所示的"切削层"对话框中的部分选项说明如下。

● **类型**：用于设置切削层的定义方式，共有五个选项。

☑ **用户定义**：选择该选项，可以激活相应的参数文本框，需要用户输入具体的数

值来定义切削深度参数。

- ☑ **仅底面**：选择该选项，系统仅在指定底平面上生成单个切削层。

- ☑ **底面及临界深度**：选择该选项，系统不仅在指定底平面上生成单个切削层，并且会在零件中的每个岛屿的顶部区域生成一条清除材料的刀轨。

- ☑ **临界深度**：选择该选项，系统会在零件中的每个岛屿顶部生成切削层，同时也会在底平面上生成切削层。

- ☑ **恒定**：选择该选项，系统会以恒定的深度生成多个切削层。

- **公共** 文本框：用于设置每个切削层允许的最大切削深度。

- ☑ **临界深度顶面切削** 复选框：选择该复选框，可额外在每个岛屿的顶部区域生成一条清除材料的刀轨。

- **增量侧面余量** 文本框（图 8.6.10 中未显示）：用于设置多层切削中连续层的侧面余量增加值，该选项常用在多层切削的粗加工操作中。设置此参数后，每个切削层移除材料的范围会随着侧面余量的递增而相应减少，如图 8.6.11 所示。当切削深度较大时，设置一定的增量值可以减轻刀具压力。

说明：读者可以打开文件 D:\ug12nc\work\ch08.06\planar_mill-sin.prt 查看图 8.6.11 所示的模型。

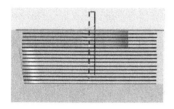
a）设置前

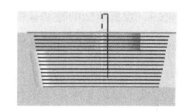
b）设置后

图 8.6.11　设置侧面余量增量

Stage3．设置切削参数

Step1．在"平面铣"对话框中单击"切削参数"按钮，系统弹出"切削参数"对话框。

Step2．单击 **余量** 选项卡，在 **部件余量** 文本框中输入值 0.5。

Step3．单击 **拐角** 选项卡，在 **光顺** 下拉列表中选择 **所有刀路** 选项。

Step4．单击 **连接** 选项卡，设置图 8.6.12 所示的参数。

图 8.6.12 所示的"切削参数"对话框中"连接"选项卡的部分选项说明如下。

- ☑ **跟随检查几何体** 复选框：选中该复选框后，刀具将不抬刀绕开"检查几何体"进行切削，否则刀具将使用传递的方式进行切削。

- **开放刀路**：用于创建在"跟随部件"切削模式中开放形状部位的刀路类型。

☑ 　保持切削方向：在切削过程中，保持切削方向不变。

☑ 　变换切削方向：在切削过程中，切削方向可以改变。

● ☑ 短距离移动上的进给复选框（图 8.6.12 中未显示）：只有当选择 变换切削方向 选项后，此复选框才可用，选中该复选框时， 最大移刀距离 文本框可用，在文本框中设置变换切削方向时的最大移刀距离。

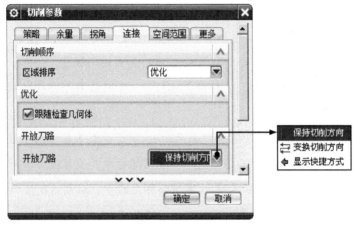

图 8.6.12　"连接"选项卡

Step5. 单击 确定 按钮，系统返回到"平面铣"对话框。

Stage4. 设置非切削移动参数

Step1. 在"平面铣"对话框的 刀轨设置 区域中单击"非切削移动"按钮 ，系统弹出"非切削移动"对话框。

Step2. 单击 退刀 选项卡，其参数设置值如图 8.6.13 所示，单击 确定 按钮，完成非切削移动参数的设置。

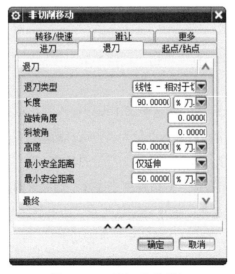

图 8.6.13　"退刀"选项卡

Stage5. 设置进给率和速度

Step1. 单击"平面铣"对话框中的"进给率和速度"按钮➕，系统弹出"进给率和速度"对话框。

Step2. 选中 主轴速度 区域中的 ☑ 主轴速度 (rpm) 复选框，在其后的文本框中输入值 3000.0，在 进给率 区域的 切削 文本框中输入值 800.0，按 Enter 键，然后单击 🔲 按钮，其他参数采用系统默认设置值。

Step3. 单击 确定 按钮，完成进给率和速度的设置。

Task5. 生成刀路轨迹并仿真

Step1. 在"平面铣"对话框中单击"生成"按钮➤，在图形区中生成图 8.6.14 所示的刀路轨迹。

Step2. 使用 2D 动态仿真。完成仿真后的模型如图 8.6.15 所示。

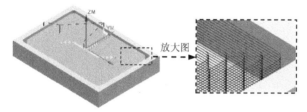

图 8.6.14 刀路轨迹

图 8.6.15 2D 仿真结果

Task6. 保存文件

选择下拉菜单 文件(F) ➡ 🔲 保存(S) 命令，保存文件。

8.7 平面轮廓铣加工

平面轮廓铣是平面铣操作中比较常用的铣削方式之一，通俗地讲就是平面铣的轮廓铣削，不同之处在于平面轮廓铣不需要指定切削驱动方式，系统自动在所指定的边界外产生适当的切削刀路。平面轮廓铣多用于修边和精加工处理。下面以图 8.7.1 所示的零件来介绍创建平面轮廓铣加工的一般步骤。

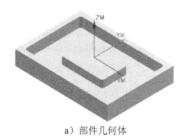

a）部件几何体

加工过程

b）加工结果

图 8.7.1 平面轮廓铣

Task1. 打开模型

打开文件 D:\ug12nc\work\ch08.07\planar_profile.prt，系统自动进入加工模块。

说明：本节模型是利用上节的模型继续加工的，所以工件坐标系等沿用模型文件中所创建的。

Task2. 创建刀具

Step1. 选择下拉菜单 插入(S) ➡ 刀具(T)... 命令，系统弹出"创建刀具"对话框。

Step2. 确定刀具类型。在 类型 下拉列表中选择 mill_planar 选项，在 刀具子类型 区域中单击"MILL"按钮 ⑦，在 位置 区域的 刀具 下拉列表中选择 GENERIC_MACHINE 选项，在 名称 文本框中输入 D8R0，单击 确定 按钮，系统弹出"铣刀-5 参数"对话框，如图 8.7.2 所示。

Step3. 设置图 8.7.2 所示的刀具参数，单击 确定 按钮，完成刀具参数的设置。

Task3. 创建平面轮廓铣工序

Stage1. 创建工序

Step1. 选择下拉菜单 插入(S) ➡ 工序(E)... 命令，系统弹出"创建工序"对话框，如图 8.7.3 所示。

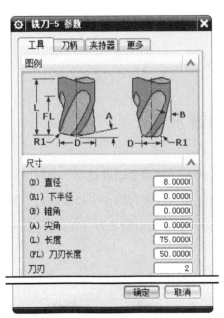

图 8.7.2 "铣刀-5 参数"对话框

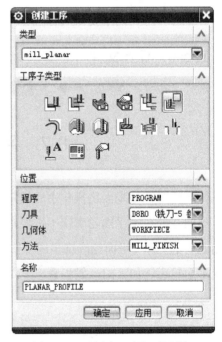

图 8.7.3 "创建工序"对话框

Step2. 确定加工方法。在 类型 下拉列表中选择 mill_planar 选项，在 工序子类型 区域中单击"平面轮廓铣"按钮 ⌐，在 刀具 下拉列表中选择 D8R0 (铣刀-5 参数) 选项，在 几何体 下拉列表中选择 WORKPIECE 选项，在 方法 下拉列表中选择 MILL_FINISH 选项，采用系统默认的名称。

Step3. 单击 **确定** 按钮，此时，系统弹出图 8.7.4 所示的"平面轮廓铣"对话框。

Step4. 创建部件边界。

（1）在"平面轮廓铣"对话框的 几何体 区域中单击 按钮，系统弹出图 8.7.5 所示的"部件边界"对话框（一）。

图 8.7.4 所示的"平面轮廓铣"对话框中的部分选项说明如下。

- ：用于创建完成后部件几何体的边界。

- ：用于创建毛坯几何体的边界。

- ：用于创建不希望破坏几何体的边界，如夹具等。

- ：用于指定修剪边界进一步约束切削区域的边界。

- ：用于创建底部面最低的切削层。

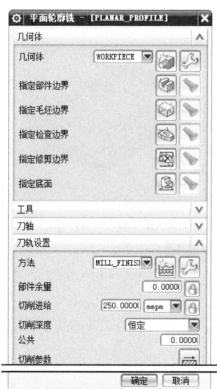

图 8.7.4 "平面轮廓铣"对话框

图 8.7.5 "部件边界"对话框（一）

图 8.7.5 所示的"部件边界"对话框（一）中的部分选项说明如下。

- 选择方法 下拉列表：提供了四种选择边界的方法。

- 刀具侧 ：该下拉列表中的选项用于指定部件的材料处于边界的哪一侧。

- 平面 ：用于创建工作平面，可以通过用户创建，也可以通过系统自动选择。

  - ☑ 指定 ：可以通过手动的方式选择模型现有的平面或者通过构建的方式创建平面。

☑ **自动**：系统根据所选择的定义边界的元素自动计算出工作平面。

（2）在"部件边界"对话框（一）的 **选择方法** 下拉列表中选择 **曲线** 选项，系统弹出图 8.7.6 所示的"部件边界"对话框（二）。

（3）在 **刀具侧** 下拉列表中选择 **外侧** 选项，其他参数采用系统默认选项。在零件模型上选取图 8.7.7 所示的边线串 1 为几何体边界，单击"添加新集"按钮 **✛**。

（4）在 **刀具侧** 下拉列表中选择 **内侧** 选项，选取图 8.7.7 所示的边线串 2 为几何体边界。

Step5. 单击 **确定** 按钮，系统返回到"平面轮廓铣"对话框，完成部件边界的创建。

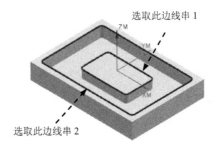

图 8.7.6 "部件边界"对话框（二）　　　　图 8.7.7 创建边界

图 8.7.6 所示的"部件边界"对话框（二）中的部分选项说明如下。

● **边界类型**：用于定义边界的类型，包括 **封闭** 和 **开放** 两种类型。

　　☑ **封闭**：一般创建的是一个加工区域，可以通过选择线和面的方式来创建加工区域。

　　☑ **开放**：一般创建的是一条加工轨迹，通常是通过选择加工曲线创建加工区域的。

● **刀具侧**：用于指定边界哪一侧的材料被保留。

● **刀具位置**（图 8.7.6 中未显示）：刀具位置决定刀具在逼近边界成员时将如何放置。可以为边界成员指定两种刀位——**开** 或 **相切**。

Step6. 指定底面。

（1）在"平面轮廓铣"对话框中单击 **⊠** 按钮，系统弹出图 8.7.8 所示的"平面"对话框，在 **类型** 下拉列表中选择 **自动判断** 选项。

（2）在模型上选取图 8.7.9 所示的参照模型平面，在 **偏置** 区域的 **距离** 文本框中输入值 −20.0，单击 **确定** 按钮，完成底面的指定。

图 8.7.8 "平面"对话框

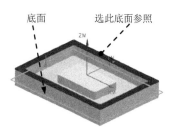

图 8.7.9 指定底面

说明：如果在 Step2 中 几何体 选择 MILL_BND 选项，就会继承 MILL_BND 边界几何体中所定义的边界和底面，那么 Step3～Step6 就不需要执行了。这里采用 Step3～Step6 的操作是为了说明相关选项的含义和用法。

Stage2. 显示刀具和几何体

Step1. 显示刀具。在 工具 区域中单击"编辑/显示"按钮 ，系统弹出"铣刀-5 参数"对话框，同时在图形区会显示当前刀具的形状及大小，单击 确定 按钮。

Step2. 显示几何体边界。在 指定部件边界 右侧单击"显示"按钮 ，在图形区会显示当前创建的几何体边界。

Stage3. 创建刀具路径参数

Step1. 在 刀轨设置 区域的 部件余量 文本框中输入值 0.0，在 切削进给 文本框中输入值 250.0，在其后的下拉列表中选择 mmpm 选项。

Step2. 在 切削深度 下拉列表中选择 恒定 选项，在 公共 文本框中输入值 2.0，其他参数采用系统默认设置值。

Stage4. 设置切削参数

Step1. 单击"平面轮廓铣"对话框中的"切削参数"按钮 ，系统弹出"切削参数"对话框，单击 策略 选项卡，设置参数如图 8.7.10 所示。

图 8.7.10 所示的"策略"选项卡中的部分选项说明如下。

● 深度优先：切削完工件上某个区域的所有切削层后，再进入下一切削区域进行切削。

● 层优先：将全部切削区域中的同一高度层切削完后，再进行下一个切削层进行切削。

Step2. 单击 余量 选项卡，采用系统默认的参数设置值。

Step3. 单击 连接 选项卡，在 切削顺序 区域的 区域排序 下拉列表中选择 标准 选项，单击 确定 按钮，系统返回到"平面轮廓铣"对话框。

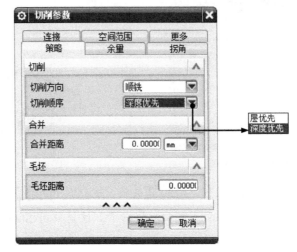

图 8.7.10 "策略"选项卡

Stage5. 设置非切削移动参数

采用系统默认的非切削移动参数的设置。

Stage6. 设置进给率和速度

Step1. 单击"平面轮廓铣"对话框中的"进给率和速度"按钮，系统弹出"进给率和速度"对话框，如图 8.7.11 所示。

Step2. 选中 ☑ 主轴速度 (rpm) 复选框，然后在其后的文本框中输入值 2000.0，在 切削 文本框中输入值 250.0，按 Enter 键，然后单击 按钮，其他参数的设置如图 8.7.11 所示。

Step3. 单击 确定 按钮，完成进给率和速度的设置，系统返回到"平面轮廓铣"对话框。

Task4. 生成刀路轨迹并仿真

Step1. 在"平面轮廓铣"对话框中单击"生成"按钮，在图形区中生成图 8.7.12 所示的刀路轨迹。

Step2. 单击"确认"按钮，系统弹出"刀轨可视化"对话框。单击 2D 动态 选项卡，采用系统默认设置值，调整动画速度后单击"播放"按钮 ▶，完成演示后的模型如图 8.7.13 所示，仿真完成后单击 确定 按钮，完成操作。

Task5. 保存文件

选择下拉菜单 文件(F) ➡ 保存(S)命令，保存文件。

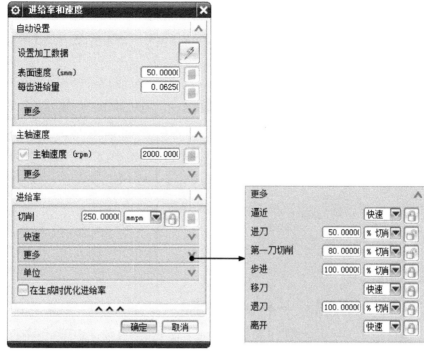

图 8.7.11 "进给率和速度"对话框

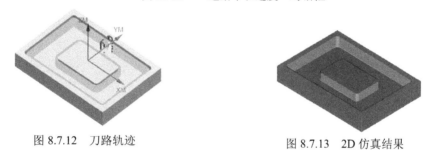

图 8.7.12 刀路轨迹

图 8.7.13 2D 仿真结果

8.8 清角铣加工

清角铣用来切削零件中的拐角部分，由于粗加工中采用的刀具直径较大，会在零件的小拐角处残留下较多的余料，所以在精加工前有必要安排清理拐角的工序。需要注意的是清角铣需要指定合适的参考刀具。

下面以图 8.8.1 所示的零件来介绍创建清角铣的一般步骤。

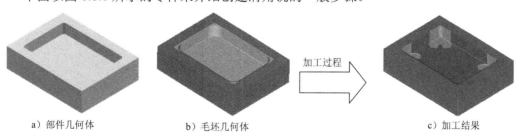

a）部件几何体　　　　b）毛坯几何体　　　　加工过程　　　　c）加工结果

图 8.8.1 清角铣

Task1. 打开模型文件

打开文件 D:\ug12nc\work\ch08.08\cleanup_corners.prt，系统自动进入加工环境。

Task2. 设置刀具

Step1. 选择下拉菜单 插入(S) ➡ 刀具(T)... 命令，系统弹出"创建刀具"对话框。

Step2. 在 类型 下拉列表中选择 mill_planar 选项，在 刀具子类型 区域中单击"MILL"按钮 ，在 名称 文本框中输入刀具名称 D5，单击 确定 按钮，系统弹出"铣刀-5 参数"对话框。

Step3. 在 (D) 直径 文本框中输入值 5.0，在 刀具号 文本框中输入值 2，其他参数采用系统默认的设置值，单击 确定 按钮，完成刀具的设置。

Task3. 创建清角铣工序

Stage1. 创建工序

Step1. 选择下拉菜单 插入(S) ➡ 工序(E)... 命令，系统弹出"创建工序"对话框。

Step2. 确定加工方法。在 类型 下拉列表中选择 mill_planar 选项，在 工序子类型 区域中单击"CLEANUP_CORNERS"按钮 ，在 程序 下拉列表中选择 PROGRAM 选项，在 刀具 下拉列表中选择 D5 (铣刀-5 参数) 选项，在 几何体 下拉列表中选择 WORKPIECE 选项，在 方法 下拉列表中选择 MILL_SEMI_FINISH 选项，采用系统默认的名称。

Step3. 单击 确定 按钮，系统弹出"清理拐角"对话框。

Stage2. 指定切削区域

Step1. 指定部件边界。

（1）单击"清理拐角"对话框中 指定部件边界 右侧的 按钮，系统弹出"部件边界"对话框。

（2）在 选择方法 下拉列表中选择 面 选项，其他参数采用系统默认选项，在模型中选取图 8.8.2 所示的模型表面，单击 确定 按钮，系统返回到"清理拐角"对话框。

Step2. 指定底面。单击 指定底面 右侧的 按钮，系统弹出"平面"对话框，在模型中选取图 8.8.3 所示的面为底面，在 偏置 区域的 距离 文本框中输入值 0.0，单击 确定 按钮，系统返回到"清理拐角"对话框。

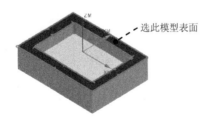

图 8.8.2　指定部件边界

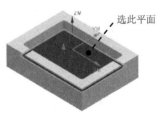

图 8.8.3　指定底面

Stage3. 设置切削层参数

Step1. 在"清理拐角"对话框中单击"切削层"按钮▤，系统弹出"切削层"对话框。

Step2. 在 类型 下拉列表中选择 恒定 选项，在 公共 文本框中输入值 2.0，单击 确定 按钮，系统返回到"清理拐角"对话框。

Stage4. 设置切削参数

Step1. 在 刀轨设置 区域中单击"切削参数"按钮➔，系统弹出"切削参数"对话框。

Step2. 单击 策略 选项卡，在 切削顺序 下拉列表中选择 深度优先 选项。

Step3. 单击 空间范围 选项卡，在 过程工件 下拉列表中选择 使用参考刀具 选项，在 参考刀具 下拉列表中选择 D15 (铣刀-5 参数) 选项，在 重叠距离 文本框中输入值 4.0，单击 确定 按钮，系统返回到"清理拐角"对话框。

说明：这里选择的参考刀具一般是前面粗加工使用的刀具，也可以通过单击 参考刀具 下拉列表右侧的"新建"按钮▣来创建新的参考刀具。注意创建的参考刀具直径不能小于实际的粗加工的刀具直径。

Stage5. 设置非切削移动参数

Step1. 在 刀轨设置 区域中单击"非切削移动"按钮▨，系统弹出"非切削移动"对话框。

Step2. 单击 进刀 选项卡，在 进刀类型 下拉列表中选择 螺旋 选项，在 开放区域 区域的 进刀类型 下拉列表中选择 圆弧 选项。

Step3. 单击 转移/快速 选项卡，在 区域内 区域的 转移类型 下拉列表中选择 前一平面 选项。其他参数采用系统默认的设置值，单击 确定 按钮，完成非切削移动参数的设置。

Stage6. 设置进给率和速度

Step1. 在"清理拐角"对话框中单击"进给率和速度"按钮▣，系统弹出"进给率和速度"对话框。

Step2. 选中 ☑ 主轴速度 (rpm) 复选框，然后在其右侧的文本框中输入值 1500.0，在 切削 文本框中输入值 400.0，按 Enter 键，然后单击▣按钮，其他选项采用系统默认的参数设置值。

Step3. 单击 确定 按钮，完成进给率和速度的设置，系统返回"清理拐角"对话框。

Task4. 生成刀路轨迹

生成的刀路轨迹如图 8.8.4 所示，2D 动态仿真加工后的零件模型如图 8.8.5 所示。

Task5. 保存文件

选择下拉菜单 文件(F) ➡ ▣ 保存(S) 命令，保存文件。

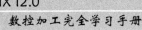
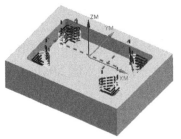

图 8.8.4　显示刀路轨迹

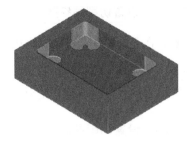

图 8.8.5　2D 仿真结果

8.9　精铣侧壁加工

精铣侧壁是仅用于侧壁加工的一种平面切削方式，要求侧壁和底平面相互垂直，并且要求加工表面和底面相互平行，加工的侧壁是加工表面和底面之间的部分。下面介绍创建精铣侧壁加工的一般步骤。

Task1．打开模型

打开文件 D:\ug12nc\work\ch08.09\finish_walls.prt，系统自动进入加工环境。

Task2．创建精铣侧壁操作

Stage1．创建几何体边界

Step1．选择下拉菜单 插入(S) ➡ 工序(E)... 命令，系统弹出"创建工序"对话框，如图 8.9.1 所示。

Step2．确定加工方法。在 类型 下拉列表中选择 mill_planar 选项，在 工序子类型 区域中单击"精铣壁"按钮，在 程序 下拉列表中选择 PROGRAM 选项，在 刀具 下拉列表中选择 D8R0 (铣刀-5 参数) 选项，在 几何体 下拉列表中选择 WORKPIECE 选项，在 方法 下拉列表中选择 MILL_FINISH 选项，采用系统默认的名称 FINISH_WALLS。

Step3．单击 确定 按钮，系统弹出图 8.9.2 所示的"精铣壁"对话框，在 几何体 区域中单击"选择或编辑部件边界"按钮，系统弹出"部件边界"对话框。

Step4．在 选择方法 下拉列表中选择 面 选项，在 刀具侧 下拉列表中选择 内侧 选项，其余参数采用系统默认设置值，在零件模型上选取图 8.9.3 所示的平面 1，单击 按钮，然后选择平面 2。单击 确定 按钮，系统返回到"精铣壁"对话框。

Step5．在 几何体 区域中单击 指定修剪边界 右侧的 按钮，系统弹出"修剪边界"对话框，在 选择方法 下拉列表中选择 面 选项，在 刀具侧 下拉列表中选择 外侧 选项，其余参数采用默认设置值，在零件模型上选取图 8.9.4 所示的模型底面，单击 确定 按钮，系统返回到"精铣壁"对话框。

图 8.9.1 "创建工序"对话框

图 8.9.2 "精铣壁"对话框

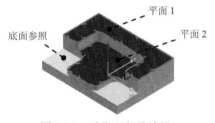

图 8.9.3 选取几何体边界

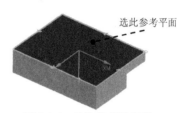

图 8.9.4 选取修剪几何体

Step6. 单击 指定底面 右侧的 按钮，系统弹出"平面"对话框，在 类型 下拉列表中选择 自动判断 选项。在模型上选取图 8.9.3 所示的底面参照，在 偏置 区域的 距离 文本框中输入值 0.0，单击 确定 按钮，完成底面的指定，系统返回到"精铣壁"对话框。

Stage2. 设置刀具路径参数

在 刀轨设置 区域的 切削模式 下拉列表中采用系统默认的 轮廓 选项，在 步距 下拉列表中选择 刀具平直 选项，在 平面直径百分比 文本框中输入值 50.0，其他参数采用系统默认设置值。

Stage3. 设置切削层参数

Step1. 在 刀轨设置 区域中单击"切削层"按钮，系统弹出"切削层"对话框。

Step2. 在 类型 下拉列表中选择 临界深度 选项，其他参数采用系统默认设置值，单击 确定 按钮，完成切削层参数的设置。

Stage4. 设置切削参数

Step1. 在 刀轨设置 区域中单击"切削参数"按钮 ，系统弹出"切削参数"对话框。

Step2. 单击 策略 选项卡，参数设置值如图 8.9.5 所示，然后单击 确定 按钮，系统返回到"精铣壁"对话框。

Stage5. 设置非切削移动参数

Step1. 在 刀轨设置 区域中单击"非切削移动"按钮，系统弹出"非切削移动"对话框。

Step2. 单击 进刀 选项卡，参数设置值如图 8.9.6 所示，其他选项卡中的参数采用系统默认的设置值，单击 确定 按钮，完成非切削移动参数的设置。

Stage6. 设置进给率和速度

Step1. 在"精铣壁"对话框的 刀轨设置 区域中单击"进给率和速度"按钮，系统弹出"进给率和速度"对话框。

Step2. 选中 ☑ 主轴速度 (rpm) 复选框，然后在其后的文本框中输入值 3000.0，在 切削 文本框中输入值 250.0，按 Enter 键，然后单击 按钮，其他参数采用系统默认的设置值。

Step3. 单击 确定 按钮，完成进给率和速度的设置。

Task3. 生成刀路轨迹并仿真

生成的刀路轨迹如图 8.9.7 所示，2D 动态仿真加工后的零件模型如图 8.9.8 所示。

图 8.9.5 "策略"选项卡

图 8.9.6 "进刀"选项卡

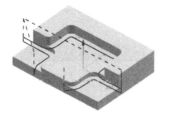

图 8.9.7 刀路轨迹

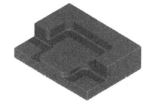

图 8.9.8 2D 仿真结果

Task4. 保存文件

选择下拉菜单 文件(F) ➡ 🖫 保存(S) 命令，保存文件。

8.10 精 铣 底 面

精铣底面是一种只切削底平面的切削方式，多用于底面的精加工，在系统默认的情况下是以刀具的切削刃和部件边界相切来进行切削的，对于有直角边的部件一般情况下是切削不完整的必须设置刀具偏置。下面介绍创建精铣底面加工的一般步骤。

Task1. 打开模型

打开文件 D:\ug12nc\work\ch08.10\finish_floor.prt，系统自动进入加工环境。

Task2. 创建精铣底面操作

Stage1. 创建工序

Step1. 选择下拉菜单 插入(S) ➡ ⪦ 工序(E)... 命令，系统弹出"创建工序"对话框，如图 8.10.1 所示。

Step2. 确定加工方法。在 类型 下拉列表中选择 mill_planar 选项，在 工序子类型 区域单击"精铣底面"按钮 ⬜ ，在 程序 下拉列表中选择 PROGRAM 选项，在 刀具 下拉列表中选择 D8R0 (铣刀-5 参数) 选项，在 几何体 下拉列表中选择 WORKPIECE 选项，在 方法 下拉列表中选择 MILL_FINISH 选项，采用系统默认的名称 FINISH_FLOOR。

Step3. 单击 确定 按钮，系统弹出图 8.10.2 所示的"精铣底面"对话框。

Stage2. 创建几何体

Step1. 创建边界几何体。

（1）在"精铣底面"对话框的 几何体 区域中单击"选择或编辑部件边界"按钮 ⬚ ，系统弹出"部件边界"对话框。

（2）在 选择方法 下拉列表中选择 ▦ 面 选项，在 刀具侧 下拉列表中选择 外侧 选项，在零件

UG NX 12.0

数控加工完全学习手册

模型上选取图 8.10.3 所示的四个模型平面并依此单击 ⊹ 按钮直至选完，单击 **确定** 按钮，系统返回到"精铣底面"对话框。

图 8.10.1 "创建工序"对话框

图 8.10.2 "精铣底面"对话框

Step2. 指定毛坯边界。

（1）单击"精铣底面"对话框中 指定毛坯边界 右侧的 ⬡ 按钮，系统弹出"毛坯边界"对话框，在 选择方法 下拉列表中选择 曲线 选项。

（2）在 刀具侧 下拉列表中选择 内侧 选项，其他参数采用系统默认设置值，依次选取图 8.10.4 所示的四条边线为边界，单击两次 **确定** 按钮，系统返回到"精铣底面"对话框。

注意：在选取图 8.10.4 所示的边线时，应先选取三条相连的边线，最后选取独立的一条边线。

Step3. 指定底面。

（1）在"精铣底面"对话框的 几何体 区域中单击"选择或编辑底平面几何体"按钮 ⬓，系统弹出"平面"对话框。

（2）采用系统默认的设置值，选取图 8.10.5 所示的底面参照面，在 偏置 区域的 距离 文本框中输入值 0.0，单击 **确定** 按钮，完成底平面的指定。

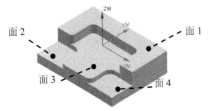

图 8.10.3 选取边界几何体

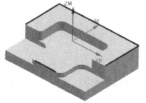

图 8.10.4 指定毛坯边界

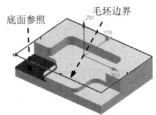

图 8.10.5 指定底面

244

Stage3. 设置刀具路径参数

在 刀轨设置 区域的 切削模式 下拉列表中选择 跟随周边 选项，在 步距 下拉列表中选择 % 刀具平直 选项，在 平面直径百分比 文本框中输入值 50.0，其他参数采用系统默认设置值。

Stage4. 设置切削层

在"精铣底面"对话框中单击"切削层"按钮 ，系统弹出"切削层"对话框。在 类型 下拉列表中选择 底面及临界深度 选项，单击 确定 按钮，系统返回到"精铣底面"对话框。

Stage5. 设置切削参数

Step1. 在 刀轨设置 区域中单击"切削参数"按钮 ，系统弹出"切削参数"对话框。

Step2. 单击 策略 选项卡，在 刀路方向 下拉列表中选择 向内 选项，其余参数采用系统默认设置值。

Step3. 单击 余量 选项卡，在 部件余量 文本框中输入值 0.10，单击 确定 按钮，系统返回到"精铣底面"对话框。

Stage6. 设置非切削移动参数

Step1. 在 刀轨设置 区域中单击"非切削移动"按钮 ，系统弹出"非切削移动"对话框。

Step2. 单击 进刀 选项卡，在 开放区域 区域的 进刀类型 下拉列表中选择 线性 选项，其他参数采用系统默认的设置值，单击 确定 按钮，完成非切削移动参数的设置。

Stage7. 设置进给率和速度

Step1. 在"精铣底面"对话框中单击"进给率和速度"按钮 ，系统弹出"进给率和速度"对话框。

Step2. 选中 ☑ 主轴速度 (rpm) 复选框，然后在其右侧的文本框中输入值 3000.0，在 切削 文本框中输入值 250.0，按 Enter 键，然后单击 按钮，其他参数采用系统默认的设置值。

Step3. 单击 确定 按钮，系统返回到"精铣底面"对话框。

Task3. 生成刀路轨迹并仿真

生成的刀路轨迹如图 8.10.6 所示，2D 动态仿真加工后的零件模型如图 8.10.7 所示。

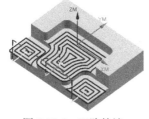

图 8.10.6 刀路轨迹

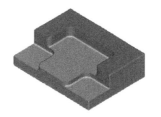

图 8.10.7 2D 仿真结果

Task4. 保存文件

选择下拉菜单 文件(F) ➡️ 保存(S) 命令，保存文件。

8.11 孔铣削加工

孔铣削就是利用小直径的端铣刀以螺旋的方式加工大直径的内孔或凸台的高效率铣削方式。下面以图 8.11.1 所示的零件来介绍创建孔铣削的一般步骤。

Task1. 打开模型文件

打开文件 D:\ug12nc\work\ch08.11\hole_milling.prt，系统自动进入加工环境。

Task2. 创建孔铣削工序

Stage1. 创建工序

Step1. 选择下拉菜单 插入(S) ➡️ 工序(E)... 命令，系统弹出"创建工序"对话框。

Step2. 设置工序参数。在 类型 下拉列表中选择 mill_planar 选项，在 工序子类型 区域中单击"孔铣"按钮 ，在 程序 下拉列表中选择 PROGRAM 选项，在 刀具 下拉列表中选择 D20（铣刀-5 参数）选项，在 几何体 下拉列表中选择 WORKPIECE 选项，在 方法 下拉列表中选择 MILL FINISH 选项，采用系统默认的名称。

Step3. 单击 确定 按钮，系统弹出图 8.11.2 所示的"孔铣"对话框。

a）毛坯几何体

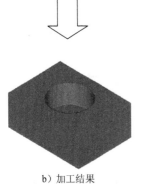

b）加工结果

图 8.11.1 孔铣削

图 8.11.2 "孔铣"对话框

Stage2. 定义几何体

Step1. 单击"孔铣"对话框 几何体 区域中 指定特征几何体 右侧的 🔘 按钮,系统弹出图 8.11.3 所示的"特征几何体"对话框。

Step2. 选择几何体。在图形区中选取图 8.11.4 所示的孔的内圆柱面,此时系统自动提取该孔的直径和深度信息。

Step3. 其余参数采用系统默认设置,单击　确定　按钮,系统返回到"孔铣"对话框。

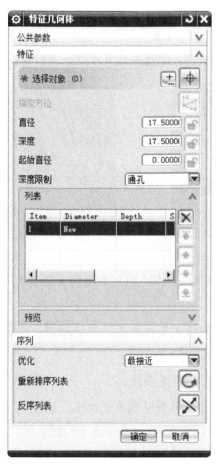

图 8.11.3　"特征几何体"对话框

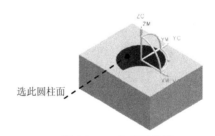

选此圆柱面

图 8.11.4　定义孔位置

图 8.11.2 所示的"孔铣"对话框中的部分选项说明如下。

● 切削模式 下拉列表:用于定义孔铣削的切削模式,包括 ◎螺旋 、 ◎螺旋 、 螺旋/平面螺旋 和 圆形 四个选项,选择某个选项后会激活相应的文本框。

　☑ ◎螺旋:选择此选项,激活 离起始直径的偏置距离 文本框,通过定义该偏置距离来控制平面螺旋线的起点,刀具在每个深度都按照螺旋渐开线的轨迹来切削直至圆柱面,此时的刀路从刀轴方向看是螺旋渐开线,此模式的刀路轨迹如图 8.11.5 所示。

☑ 🌀**螺旋**：选择此选项，激活 `离起始直径的偏置距离` 文本框，通过定义该偏置距离来控制空间螺旋线的起点，刀具由此起点以空间螺旋线的轨迹进行切削，直至底面，然后抬刀，在径向增加一个步距值继续按空间螺旋线的轨迹进行切削，重复此过程直至切削结束，此时的刀路从刀轴方向看是一系列的同心圆，此模式的刀路轨迹如图 8.11.6 所示。

☑ **螺旋/平面螺旋**：选择此选项，激活 `螺旋线直径` 文本框，通过定义螺旋线的直径来控制空间螺旋线的起点，刀具先以空间螺旋线的轨迹切削到一个深度，然后再按照螺旋渐开线的轨迹来切削其余的壁厚材料，因此该刀路从刀轴方向看既有一系列同心圆，又有螺旋渐开线，此模式的刀路轨迹如图 8.11.7 所示。

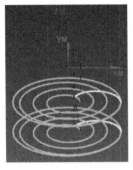 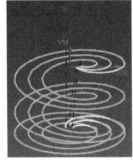 

图 8.11.5　"螺旋"刀路（一）　　图 8.11.6　"螺旋"刀路（二）　　图 8.11.7　"螺旋/平面螺旋"刀路

● **轴向** 区域：用于定义刀具沿轴向进刀的参数，在不同切削模式下包含不同的设置选项。

　☑ **每转深度**：只在 ◎**螺旋**、🌀**螺旋** 切削模式下被激活，包括**距离**和**斜坡角度**两个选项，选择某个选项后会激活相应的文本框。

　　◆ **距离**：用于定义刀具沿轴向进刀的螺距数值。

　　◆ **斜坡角度**：用于定义刀具沿轴向进刀的螺旋线角度数值。

　☑ **轴向步距**：用于定义刀具沿轴向进刀的步距值，包括**恒定**、**多重变量**、**刀路数**、**精确**和**刀刃长度百分比**五种选项，选择某个选项后会激活相应的文本框。

　　◆ **恒定**：选择此选项，激活**最大距离**文本框，输入固定的轴向切削深度值。

　　◆ **多重变量**：选择此选项，激活相应列表，可以指定多个不同的轴向步距。

　　◆ **刀路数**：选择此选项，激活**刀路数**文本框，输入固定的轴向刀路数值。

　　◆ **刀刃长度百分比**：选择此选项，激活**百分比**文本框，输入轴向步距占刀刃长度的百分比数值。

● **径向** 区域：其中的 **径向步距** 下拉列表介绍如下。

　☑ **径向步距**：用于定义刀具沿径向进刀的步距值，包括**恒定**和**多重变量**两个选项，选择某个选项后会激活相应的文本框。

◆ 恒定：选择此选项，激活 最大距离 文本框，输入固定的径向切削深度值。

◆ 多重变量：选择此选项，激活相应列表，可以指定多个不同的径向步距。

Stage3. 定义刀轨参数

Step1. 在"孔铣"对话框 刀轨设置 区域的 切削模式 下拉列表中选择 🔘螺旋 选项，在 离起始直径的偏置距离 文本框中输入值 0.0。

Step2. 定义轴向参数。在 轴向 区域的 每转深度 下拉列表中选择 斜坡角度 选项，在 斜坡角 文本框中输入值 5.0。

Step3. 定义径向参数。在 径向 区域的 径向步距 下拉列表中选择 恒定 选项，在 最大距离 文本框中输入值 40.0，在其后的下拉列表中选择 %刀具 选项。

Stage4. 设置切削参数

Step1. 单击"孔铣"对话框中的"切削参数"按钮 ⟶，系统弹出"切削参数"对话框，设置参数如图 8.11.8 所示。

Step2. 其余参数采用系统默认设置值，单击 确定 按钮，系统返回到"孔铣"对话框。

图 8.11.8 "切削参数"对话框

Stage5. 设置非切削移动参数

Step1. 单击"孔铣"对话框 刀轨设置 区域中的"非切削移动"按钮 ⟶，系统弹出"非切削移动"对话框。

Step2. 单击 进刀 选项卡，其参数的设置如图 8.11.9 所示。

Step3. 单击 退刀 选项卡，其参数的设置如图 8.11.10 所示。

Step4. 其他选项卡中的参数采用系统默认的设置值，单击 确定 按钮，完成非切削移动参数的设置。

Stage6. 设置进给率和速度

Step1. 单击"孔铣"对话框中的"进给率和速度"按钮 ，系统弹出"进给率和速度"对话框。

图 8.11.9 "进刀"选项卡

图 8.11.10 "退刀"选项卡

Step2. 选中主轴速度区域中的 ☑ 主轴速度 (rpm) 复选框，在其后的文本框中输入值 1500.0，在进给率区域的切削文本框中输入值 300.0，按 Enter 键，然后单击 按钮，其他参数的设置采用系统默认的设置值。

Step3. 单击 确定 按钮，系统返回"孔铣"对话框。

Task3. 生成刀路轨迹并仿真

生成的刀路轨迹如图 8.11.11 所示，2D 动态仿真加工后的零件模型如图 8.11.12 所示。

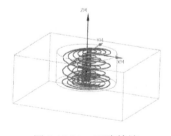

图 8.11.11 刀路轨迹

图 8.11.12 2D 仿真结果

Task4. 保存文件

选择下拉菜单 文件(F) ➡ 保存(S) 命令，保存文件。

8.12 铣螺纹加工

铣螺纹就是利用螺纹铣刀加工大直径内、外螺纹的铣削方式，通常用于较人直径的螺纹加工。下面以图 8.12.1 所示的零件来介绍创建铣螺纹的一般步骤。

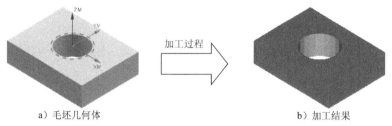

a）毛坯几何体　　　　　　　　　　　b）加工结果

图 8.12.1　铣螺纹

Task1. 打开模型文件

打开文件 D:\ug12nc\work\ch08.12\thread_milling.prt，系统自动进入加工环境。

Task2. 创建螺纹铣工序

Stage1. 创建工序

Step1. 选择下拉菜单 插入(S) ➡ 工序(E)... 命令，系统弹出"创建工序"对话框。

Step2. 确定加工方法。在 类型 下拉列表中选择 mill_planar 选项，在 工序子类型 区域中单击"螺纹铣"按钮，在 程序 下拉列表中选择 PROGRAM 选项，在 刀具 下拉列表中选择 NONE 选项，在 几何体 下拉列表中选择 WORKPIECE 选项，在 方法 下拉列表中选择 METHOD 选项，采用系统默认的名称。

Step3. 单击 确定 按钮，系统弹出图 8.12.2 所示的"螺纹铣"对话框（一）。

Stage2. 定义螺纹几何体

Step1. 单击"螺纹铣"对话框中 指定特征几何体 右侧的 按钮，系统弹出图 8.12.3 所示的"特征几何体"对话框。

Step2. 选择螺纹几何体。在 牙型和螺距 下拉列表中选择 从模型 选项，然后在图形区中选取螺纹特征所在的孔内圆柱面，此时系统自动提取螺纹尺寸参数并显示螺纹轴的方向，分别如图 8.12.4、图 8.12.5 所示。

Step3. 单击 确定 按钮返回到"螺纹铣"对话框。

图 8.12.2 所示的"螺纹铣"对话框中的部分选项说明如下。

● 轴向步距：用于定义刀具沿轴线进刀的步距值，包括 牙数 、 % 刀刃长度 、 刀路数 和

螺纹长度百分比 四个选项，选择某个选项后会激活相应的文本框。

☑ 牙数：选择此选项，激活 牙数 文本框，牙数×螺距=轴向步距。

☑ % 刀刃长度：选择此选项，激活 百分比 文本框，输入数值定义轴向步距相对于螺纹刀刃口长度的百分比数值。

☑ 刀路数：选择此选项，激活 刀路数 文本框，输入数值定义刀路数。

☑ 螺纹长度百分比：选择此选项，激活 百分比 文本框，输入数值定义轴向步距相对于螺纹长度的百分比数值。

图 8.12.2　"螺纹铣"对话框（一）

图 8.12.3　"特征几何体"对话框

图 8.12.4　螺纹尺寸参数

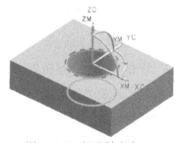

图 8.12.5　螺纹轴方向

- 径向步距：用于定义刀具沿径向进刀的步距值，包括 恒定 、多重变量 和 剩余百分比 三个选项，选择某个选项后会激活相应的文本框。
  - ☑ 恒定：选择此选项，激活 最大距离 文本框，输入固定的径向切削深度值。
  - ☑ 多重变量：选择此选项，激活相应列表，可以指定多个不同的径向步距。
  - ☑ 剩余百分比：可以指定每个径向刀路占剩余径向切削总深度的比例。
- 螺旋刀路：定义在铣螺纹最终时添加的刀路数，用来减小刀具偏差等因素对螺纹尺寸的影响。

Stage3．定义刀轨参数

Step1. 定义轴向步距。在"螺纹铣"对话框 刀轨设置 区域中的 轴向步距 下拉列表中选择 螺纹长度百分比 选项，在 百分比 文本框中输入值 5.0。

Step2. 定义径向步距。在 径向步距 下拉列表中选择 恒定 选项，在 最大距离 文本框中输入值 0.5。

Step3. 定义螺旋刀路数。在 螺旋刀路 文本框中输入值 1。

Stage4．创建刀具

Step1. 单击"螺纹铣"对话框 刀具 区域中的 按钮，系统弹出图 8.12.6 所示的"新建刀具"对话框。

Step2. 采用系统默认设置值和名称，单击 确定 按钮，系统弹出"螺纹铣"对话框（二），如图 8.12.7 所示。

Step3. 设置图 8.12.7 所示的参数，单击 确定 按钮，系统返回到"螺纹铣"对话框（一）。

图 8.12.6　"新建刀具"对话框

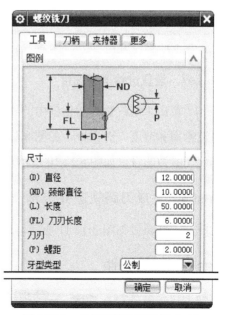

图 8.12.7　"螺纹铣"对话框（二）

Stage5．定义切削参数

Step1．单击"螺纹铣"对话框中的"切削参数"按钮，系统弹出"切削参数"对话框，设置参数如图 8.12.8 所示。

Step2．其余参数采用系统默认设置值，单击 确定 按钮，系统返回到"螺纹铣"对话框。

Stage6．设置非切削移动参数

Step1．单击"螺纹铣"对话框 刀轨设置 区域中的"非切削移动"按钮，系统弹出"非切削移动"对话框。

Step2．单击 进刀 选项卡，其参数设置如图 8.12.9 所示。

Step3．其他选项卡中的参数采用系统默认设置值，单击 确定 按钮，完成非切削移动参数的设置。

图 8.12.8 "切削参数"对话框

图 8.12.9 "非切削移动"对话框

Stage7．设置进给率和速度

Step1．单击"螺纹铣"对话框中的"进给率和速度"按钮，系统弹出图 8.12.10 所示的"进给率和速度"对话框，如图 8.12.10 所示。

Step2．参数的设置如图 8.12.10 所示，单击 确定 按钮，系统返回"螺纹铣"对话框。

Task3．生成刀路轨迹并仿真

生成的刀路轨迹如图 8.12.11 所示，2D 动态仿真加工后的零件模型如图 8.12.12 所示。

Task4．保存文件

选择下拉菜单 文件(F) ➡ 保存(S) 命令，保存文件。

图 8.12.10　"进给率和速度"对话框

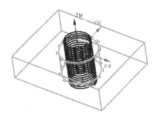

图 8.12.11　刀路轨迹

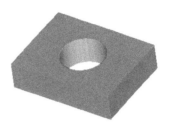

图 8.12.12　2D 仿真结果

8.13　底壁加工 IPW

底壁加工 IPW 是基于底壁加工工序的加工工序，其加工是通过选择部件几何体和 IPW 来决定所要移除的材料，一般用于通过 IPW 跟踪未切削材料的加工中。

下面以图 8.13.1 所示的零件来介绍创建底壁加工 IPW 的一般步骤。

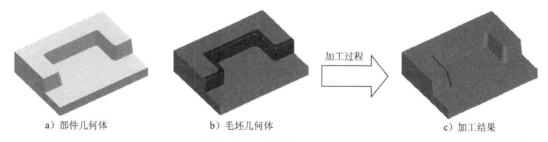

a）部件几何体　　　　　　　b）毛坯几何体　　　　　　　c）加工结果

图 8.13.1　底壁加工 IPW

Task1．打开模型文件并进入加工环境

打开文件 D:\ug12nc\work\ch08.13\floor_wall_IPW.prt，系统进入加工环境。

Task2．创建刀具

Step1．选择下拉菜单 插入(S) ➡ 刀具(T)... 命令，系统弹出"创建刀具"对话框。

Step2．在 类型 下拉列表中选择 mill_planar 选项，在 刀具子类型 区域中单击"MILL"按钮 ，

在 名称 文本框中输入刀具名称 D6，单击 确定 按钮，系统弹出 "铣刀-5 参数" 对话框。

Step3. 在 (D) 直径 文本框中输入值 6.0，其他参数采用系统默认设置值，单击 确定 按钮，完成刀具的设置。

Task3. 创建底壁加工 IPW 工序

Stage1. 创建工序

Step1. 选择下拉菜单 插入(S) ➡ 工序(E)... 命令，系统弹出"创建工序"对话框。

Step2. 确定加工方法。在 类型 下拉列表中选择 mill_planar 选项，在 工序子类型 区域中单击"带 IPW 的底壁铣" 按钮 ，在 程序 下拉列表中选择 PROGRAM 选项，在 刀具 下拉列表中选择 D6 (铣刀-5 参数) 选项，在 几何体 下拉列表中选择 WORKPIECE 选项，在 方法 下拉列表中选择 MILL_ROUGH 选项，采用系统默认的名称。

Step3. 单击 确定 按钮，系统弹出图 8.13.2 所示的 "底壁铣 IPW" 对话框。

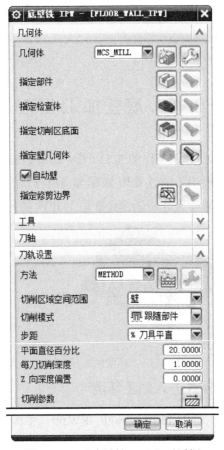

图 8.13.2 "底壁铣 IPW" 对话框

Stage2. 指定切削区域

Step1. 指定底面。单击"底壁铣 IPW"对话框中的"选择或编辑切削区域几何体"按钮![icon]，系统弹出"切削区域"对话框。在模型中选取图 8.13.3 所示的模型平面，然后单击 确定 按钮，返回到"底壁铣 IPW"对话框。

Step2. 显示自动壁。在 几何体 区域确认 ☑ 自动壁 复选框被选中，单击 指定壁几何体 右侧的 ![icon] 按钮，此时在模型中显示图 8.13.4 所示的壁几何体。

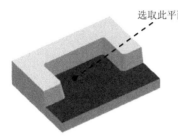

选取此平面

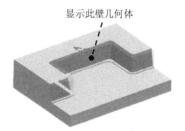

显示此壁几何体

图 8.13.3　指定底面　　　　　图 8.13.4　显示壁几何体

Stage3. 设置刀具路径参数

Step1. 设置切削模式。在"底壁铣 IPW"对话框 刀轨设置 区域的 切削区域空间范围 下拉列表中选择 壁 选项，在 切削模式 下拉列表中选择 跟随部件 选项。

Step2. 设置步进方式。在 步距 下拉列表中选择 % 刀具平直 选项，在 平面直径百分比 文本框中输入值 20.0，在 每刀切削深度 文本框中输入值 1.0。

Stage4. 设置切削参数

Step1. 单击"底壁铣 IPW"对话框中的"切削参数"按钮![icon]，系统弹出"切削参数"对话框。

Step2. 单击 余量 选项卡，在 壁余量 文本框中输入值 0.25，在 内公差 和 外公差 文本框中均输入值 0.01。

Step3. 单击 空间范围 选项卡，设置图 8.13.5 所示的参数。

Step4. 其他选项卡参数采用系统默认设置值，单击 确定 按钮，返回到"底壁铣 IPW"对话框。

Stage5. 设置非切削移动参数

Step1. 单击"底壁铣 IPW"对话框中的"非切削移动"按钮![icon]，系统弹出"非切削移动"对话框。

Step2. 单击 进刀 选项卡，在 开放区域 区域的 进刀类型 下拉列表中选择 圆弧 选项，其他参数采用系统默认设置值。

Step3. 单击 转移/快速 选项卡，在 区域内 区域的 转移类型 下拉列表中选择 毛坯平面 选项，其他参数采用系统默认设置值。

Step4. 单击 确定 按钮，返回到"底壁铣 IPW"对话框。

图 8.13.5　"空间范围"选项卡

Stage6．设置进给率和速度

Step1. 在"底壁铣 IPW"对话框中单击"进给率和速度"按钮，系统弹出"进给率和速度"对话框。

Step2. 选中 ☑ 主轴速度 (rpm) 复选框，在其后的文本框中输入值 1500.0，在 切削 文本框中输入值 300.0，按 Enter 键，然后单击 按钮，其他选项采用系统默认的参数设置值。

Step3. 单击 确定 按钮，完成进给率和速度设置，返回"底壁铣 IPW"对话框。

Task4．生成刀路轨迹并仿真

生成的刀路轨迹如图 8.13.6 所示，2D 动态仿真加工后的零件模型如图 8.13.7 所示。

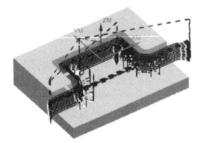

图 8.13.6　显示刀路轨迹

图 8.13.7　2D 仿真结果

Task5．保存文件

选择下拉菜单 文件(F) ➡ 保存(S) 命令，保存文件。

第 **9** 章　轮廓铣削加工

9.1　概　　述

9.1.1　轮廓铣削简介

UG NX 12.0 轮廓铣削加工包括型腔粗加工、插铣、深度加工铣、固定轴轮廓铣、清根铣削、轮廓 3D 加工以及曲面刻字等铣削方式。本章将通过典型应用来介绍轮廓铣削加工的各种加工类型，详细描述各种加工类型的操作步骤，并且对于其中的细节和关键之处也给予详细的说明。

型腔铣在数控加工应用上最为广泛，用于大部分的粗加工，以及直壁或者斜度不大的侧壁的精加工。型腔轮廓铣加工的特点是刀具路径在同一高度内完成一层切削，遇到曲面时将其绕过，下降一个高度进行下一层的切削。系统按照零件在不同深度的截面形状，计算各层的刀路轨迹。型腔铣在每一个切削层上，根据切削层平面与毛坯和零件几何体的交线来定义切削范围。通过限定高度值，只做一层切削，型腔铣可用于平面的精加工，以及清角加工等。

9.1.2　轮廓铣削的子类型

进入加工模块后，选择下拉菜单 插入(S) ➡ 工序(E)... 命令，系统弹出图 9.1.1 所示的"创建工序"对话框。在 类型 下拉列表中选择 mill_contour 选项，此时，对话框中出现轮廓铣削加工的 20 种子类型。

图 9.1.1 所示的"创建工序"对话框 工序子类型 区域中的各按钮说明如下。

- A1 （CAVITY_MILL）：型腔铣。
- A2 （ADAPTIVE_MILLING）：自适应铣削。
- A3 （PLUNGE_MILLING）：插铣。
- A4 （CORNER_ROUGH）：拐角粗加工。
- A5 （REST_MILLING）：剩余铣。
- A6 （ZLEVEL_PROFILE）：深度轮廓铣。
- A7 （ZLEVEL_CORNER）：深度加工拐角。
- A8 （FIXED_CONTOUR）：固定轮廓铣。
- A9 （COUNTOUR_AREA）：区域轮廓铣。

数控加工完全学习手册

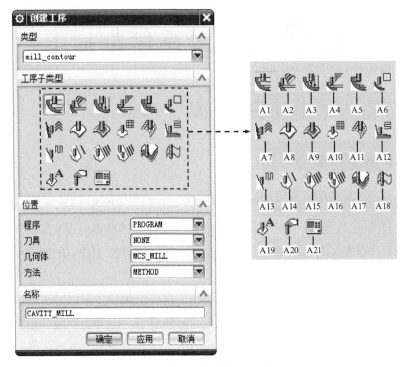

图 9.1.1　"创建工序"对话框

- A10 （CONTOUR_SURFACE_AREA）：曲面区域轮廓铣。
- A11 （STREAMLINE）：流线。
- A12 （CONTOUR_AREA_NON_STEEP）：非陡峭区域轮廓铣。
- A13 （CONTOUR_AREA_DIR_STEEP）：陡峭区域轮廓铣。
- A14 （FLOWCUT_SINGLE）：单刀路清根。
- A15 （FLOWCUT_MULTIPLE）：多刀路清根。
- A16 （FLOWCUT_REF_TOOL）：清根参考刀具。
- A17 （SOLID_PROFILE_3D）：实体轮廓 3D。
- A18 （PROFILE_3D）：轮廓 3D。
- A19 （CONTOUR_TEXT）：轮廓文本。
- A20 （MILL_USER）：用户定义铣。
- A21 （MILL_CONTROL）：铣削控制。

9.2　型腔粗加工

　　型腔铣（标准型腔铣）主要用于粗加工，可以切除大部分毛坯材料，几乎适用于加工任意形状的几何体，可以应用于大部分的粗加工和直壁或者是斜度不大的侧壁的精加工，也可以用于清根操作。型腔铣以固定刀轴快速而高效地粗加工平面和曲面类的几何体。型腔铣和平面铣一样，刀具是侧面的刀刃对垂直面进行切削，底面的刀刃切削工件底面的材料，不同之处在于定义切削加工材料的方法不同。

9.2.1　型腔铣

下面以图 9.2.1 所示的模型为例，讲解创建型腔铣的一般操作步骤。

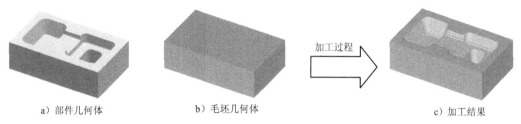

a）部件几何体　　　　　b）毛坯几何体　　　加工过程　　　　c）加工结果

图 9.2.1　型腔铣

Task1．打开模型文件并进入加工环境

Step1. 打开模型文件 D:\ug12nc\work\ch09.02\CAVITY_MILL.prt。

Step2. 进入加工环境。在 应用模块 功能选项卡的 加工 区域单击 ▶ 按钮，系统弹出图 9.2.2 所示的"加工环境"对话框，在 要创建的 CAM 组装 列表框中选择 mill contour 选项。单击 确定 按钮，进入加工环境。

图 9.2.2　"加工环境"对话框

Task2．创建几何体

Stage1．创建机床坐标系和安全平面

Step1. 创建机床坐标系。

（1）选择下拉菜单 插入(S) ➡ 几何体(G)... 命令，系统弹出图 9.2.3 所示的"创建几何体"对话框。

图 9.2.3 "创建几何体"对话框

（2）在 类型 下拉列表中选择 mill_contour 选项，在 几何体子类型 区域中选择 MCS，在 几何体 下拉列表中选择 GEOMETRY 选项，在 名称 文本框中采用系统默认的名称 MCS。

（3）单击 确定 按钮，系统弹出图 9.2.4 所示的"MCS"对话框。

Step2. 在 机床坐标系 区域中单击"坐标系对话框"按钮 ，在系统弹出的"坐标系"对话框的 类型 下拉列表中选择 动态 选项。

Step3. 单击 操控器 区域中的 按钮，在"点"对话框的 参考 下拉列表中选择 WCS 选项，然后在 XC 文本框中输入值-100.0，在 YC 文本框中输入值-60.0，在 ZC 文本框中输入值 0.0，单击 确定 按钮，系统返回到"坐标系"对话框，单击 确定 按钮，完成机床坐标系的创建。

Step4. 创建安全平面。

（1）在 安全设置 区域的 安全设置选项 下拉列表中选择 平面 选项。单击"平面对话框"按钮 ，系统弹出"平面"对话框，选取图 9.2.5 所示的模型表面为参考平面，在 偏置 区域的 距离 文本框中输入值 10.0。

（2）单击 确定 按钮，完成安全平面的创建，然后再单击 MCS 对话框中的 确定 按钮。

Stage2. 创建部件几何体

Step1. 选择下拉菜单 插入(S) ➡ 几何体(G)... 命令，系统弹出"创建几何体"对话框。

Step2. 在 类型 下拉列表中选择 mill_contour 选项，在 几何体子类型 区域中选择"WORKPIECE"按钮 ，在 几何体 下拉列表中选择 MCS 选项，采用系统默认的名称 WORKPIECE_1。单击

确定 按钮，系统弹出"工件"对话框。

Step3. 单击"选择或编辑部件几何体"按钮 ，系统弹出"部件几何体"对话框，在图形区选取整个零件实体为部件几何体，结果如图 9.2.6 所示。单击 确定 按钮，系统返回到"工件"对话框。

图 9.2.4 "MCS"对话框

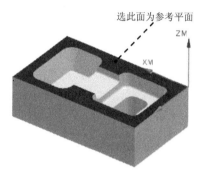

选此面为参考平面

图 9.2.5 选择参考平面

Stage3. 创建毛坯几何体

Step1. 在"工件"对话框中单击"选择或编辑毛坯几何体"按钮 ，系统弹出"毛坯几何体"对话框。

Step2. 确定毛坯几何体。在 类型 下拉列表中选择 包容块 选项，在图形区中显示图 9.2.7 所示的毛坯几何体，单击 确定 按钮，完成毛坯几何体的创建，系统返回到"工件"对话框。

Step3. 单击 确定 按钮，完成毛坯几何体的创建。

图 9.2.6 部件几何体

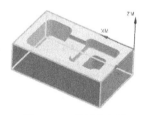

图 9.2.7 毛坯几何体

Task3. 创建刀具

Step1. 选择下拉菜单 插入(S) ➡ 刀具(T)... 命令，系统弹出"创建刀具"对话框。

Step2. 确定刀具类型。在 类型 下拉列表中选择 mill_contour 选项，在 刀具子类型 区域中选择

"MILL"按钮 <img />，在 刀具 下拉列表中选择 GENERIC_MACHINE 选项，在 名称 文本框中输入 D12R1，单击 确定 按钮，系统弹出"铣刀-5 参数"对话框。

Step3. 设置刀具参数。在"铣刀-5 参数"对话框 尺寸 区域的 (D) 直径 文本框中输入值 12.0，在 (R1) 下半径 文本框中输入值 1.0，其他参数采用系统默认的设置值，单击 确定 按钮，完成刀具的创建。

Task4. 创建型腔铣操作

Stage1. 创建工序

Step1. 选择下拉菜单 插入(S) ➡ 工序(E)... 命令，系统弹出"创建工序"对话框，如图 9.2.8 所示。

Step2. 确定加工方法。在 类型 下拉列表中选择 mill_contour 选项，在 工序子类型 区域中选择"型腔铣"按钮 <img />，在 程序 下拉列表中选择 PROGRAM 选项，在 刀具 下拉列表中选择 D12R1 (铣刀-5 参数) 选项，在 几何体 下拉列表中选择 WORKPIECE_1 选项，在 方法 下拉列表中选择 METHOD 选项，单击 确定 按钮，系统弹出图 9.2.9 所示的"型腔铣"对话框。

图 9.2.8　"创建工序"对话框

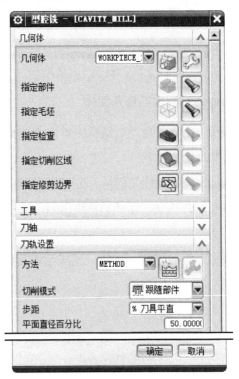

图 9.2.9　"型腔铣"对话框

Stage2. 显示刀具和几何体

Step1. 显示刀具。在 工具 区域中单击"编辑/显示"按钮 <img />，系统弹出"铣刀-5 参数"对话框，同时在图形区显示当前刀具的形状及大小，单击 确定 按钮。

Step2. 显示几何体。在 几何体 区域中单击 指定部件 右侧的"显示"按钮 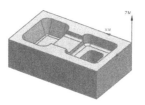，在图形区会显示与之对应的几何体，如图 9.2.10 所示。

图 9.2.10　显示几何体

Stage3．设置刀具路径参数

在"型腔铣"对话框的 切削模式 下拉列表中选择 跟随周边 选项，在 步距 下拉列表中选择 刀具平直 选项，在 平面直径百分比 文本框中输入值 50.0，在 公共每刀切削深度 下拉列表中选择 恒定 选项，然后在 最大距离 文本框中输入值 3.0。

Stage4．设置切削参数

Step1. 单击"型腔铣"对话框中的"切削参数"按钮 ，系统弹出"切削参数"对话框。

Step2. 单击 策略 选项卡，设置图 9.2.11 所示的参数。

图 9.2.11　"策略"选项卡

图 9.2.11 所示的 策略 选项卡 切削 区域 切削顺序 下拉列表中的 层优先 和 深度优先 选项的说明如下。

● 层优先：每次切削完工件上所有的同一高度的切削层再进入下一层的切削。

● **深度优先**：每次将一个切削区中的所有层切削完再进行下一个切削区的切削。

Step3. 单击 **连接** 选项卡，其参数设置值如图 9.2.12 所示，单击 **确定** 按钮，系统返回到"型腔铣"对话框。

图 9.2.12 "连接"选项卡

图 9.2.12 所示的 **连接** 选项卡 **切削顺序** **区域** **区域排序** 下拉列表中的部分选项说明如下。

● **标准**：根据切削区域的创建顺序来确定各切削区域的加工顺序，如图 9.2.13 所示。读者可打开 D:\ug12nc\work\ch09.02\CAVITY_MILL01.prt 来观察相应的模型，如图 9.2.14 所示。

● **优化**：根据抬刀后横越运动最短的原则决定切削区域的加工顺序，效率比"标准"顺序高，系统默认此选项，如图 9.2.15 所示。读者可打开 D:\ug12nc\work\ch09.02\CAVITY_MILL02.prt 来观察相应的模型，如图 9.2.16 所示。

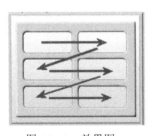

图 9.2.13 效果图

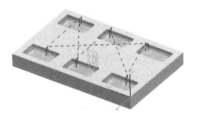

图 9.2.14 示例图

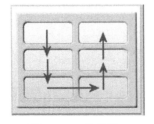

图 9.2.15 效果图

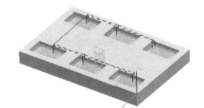

图 9.2.16 示例图

Stage5．设置非切削移动参数

Step1．在"型腔铣"对话框中单击"非切削移动"按钮 ▱，系统弹出"非切削移动"对话框，如图 9.2.17 所示。

Step2．单击 进刀 选项卡，在 封闭区域 区域的 进刀类型 下拉列表中选择 螺旋 选项，其他参数的设置如图 9.2.17 所示，单击 确定 按钮，完成非切削移动参数的设置。

图 9.2.17 "非切削移动"对话框

Stage6．设置进给率和速度

Step1．单击"型腔铣"对话框中的"进给率和速度"按钮 ♨，系统弹出"进给率和速度"对话框。

Step2．选中 ☑ 主轴速度 (rpm) 复选框，然后在其后的文本框中输入值 1200.0，在 切削 文本框中输入值 250.0，按 Enter 键，单击 ▣ 按钮，其他参数采用系统默认设置值。

注意：这里不设置表面速度和每齿进给并不表示其值为 0，系统会根据主轴转速计算表面速度，会根据剪切值计算每齿进给量。

Step3．单击"进给率和速度"对话框中的 确定 按钮，完成进给率和速度的设置，系统返回到"型腔铣"对话框。

Task5．生成刀路轨迹并仿真

Step1．在"型腔铣"对话框中单击"生成"按钮 ✔，在图形区中生成图 9.2.18 所示的刀路轨迹。

Step2．在"型腔铣"对话框中单击"确认"按钮 ▮，系统弹出"刀轨可视化"对话框。单击 2D 动态 选项卡，调整动画速度后单击"播放"按钮 ▶，即可演示刀具按刀轨运行，完

成演示后的模型如图 9.2.19 所示，仿真完成后单击 确定 按钮，完成仿真操作。

Step3. 单击 确定 按钮，完成操作。

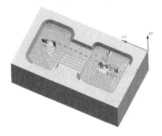

图 9.2.18　刀路轨迹

图 9.2.19　2D 仿真结果

Task6. 保存文件

选择下拉菜单 文件(F) ➡️ 🖫保存(S) 命令，保存文件。

9.2.2　拐角粗加工

拐角粗加工是参考前一把直径较大的刀具计算模型中拐角处的余料，并使用小直径刀具来生成清理刀轨的铣加工方式。下面以图 9.2.20 所示的模型为例，讲解创建拐角粗加工的一般操作步骤。

Task1. 打开模型文件并进入加工环境

打开模型文件 D:\ug12nc\work\ch09.02\CORNER_ROUGH.prt。

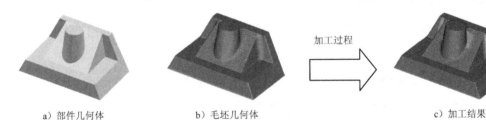

a）部件几何体　　　　　b）毛坯几何体　　　　　c）加工结果

图 9.2.20　拐角粗加工

Task2. 创建刀具

Step1. 选择下拉菜单 插入(S) ➡️ 🔧刀具(T)... 命令，系统弹出"创建刀具"对话框。

Step2. 确定刀具类型。在"创建刀具"对话框的 类型 下拉列表中选择 mill_contour 选项，在 刀具子类型 区域中选择"MILL"按钮 🛈，在 名称 文本框中输入 D5；单击 确定 按钮，系统弹出"铣刀-5 参数"对话框。

Step3. 设置刀具参数。在"铣刀-5 参数"对话框 尺寸 区域的 (D) 直径 文本框中输入值 5.0，其他参数采用系统默认设置值；单击 确定 按钮，完成刀具的创建。

Task3. 创建拐角粗加工操作

Stage1. 创建工序

Step1. 选择下拉菜单 插入(S) ➡ 工序(E)... 命令，系统弹出"创建工序"对话框。

Step2. 在"创建工序"对话框的 类型 下拉列表中选择 mill_contour 选项，在 工序子类型 区域中单击"拐角粗加工"按钮，在 程序 下拉列表中选择 PROGRAM 选项，在 刀具 下拉列表中选择前面设置的刀具 D5 (铣刀-5 参数) 选项，在 几何体 下拉列表中选择 WORKPIECE_1 选项，在 方法 下拉列表中选择 MILL_ROUGH 选项，使用系统默认的名称。

Step3. 单击"创建工序"对话框中的 确定 按钮，系统弹出"拐角粗加工"对话框。

Stage2. 设置刀具路径参数

Step1. 设置参考刀具。在 参考刀具 区域的 参考刀具 下拉列表中选择 D12R1 (铣刀-5 参数) 选项。

Step2. 设置切削模式。在 刀轨设置 区域的 切削模式 下拉列表中选择 跟随部件 选项。

Step3. 设置步进方式。在 步距 下拉列表中选择 % 刀具平直 选项，在 平面直径百分比 文本框中输入值 20.0，在 公共每刀切削深度 下拉列表中选择 恒定 选项，在 最大距离 文本框中输入值 1.0。

Stage3. 设置切削参数

Step1. 在 刀轨设置 区域中单击"切削参数"按钮，系统弹出"切削参数"对话框。

Step2. 在"切削参数"对话框中单击 策略 选项卡，在 切削顺序 下拉列表中选择 深度优先 选项，在 延伸刀轨 区域的 在边上延伸 文本框中输入值 1.0，其他参数采用系统默认设置值。

Step3. 在"切削参数"对话框中单击 拐角 选项卡，在 圆弧上进给调整 区域的 调整进给率 下拉列表中选择 在所有圆弧上 选项，在 拐角处进给减速 区域的 减速距离 下拉列表中选择 上一个刀具 选项。

Step4. 在"切削参数"对话框中单击 余量 选项卡，取消选中 ☐ 使底面余量与侧面余量一致 复选框，在 部件底面余量 文本框中输入值 0.2，其他参数采用系统默认设置值。

Step5. 在"切削参数"对话框中单击 连接 选项卡，在 开放刀路 下拉列表中选择 变换切削方向 选项，

Step6. 在"切削参数"对话框中单击 空间范围 选项卡，在 毛坯 区域的 最小除料量 文本框中输入值 1.0，在 陡峭 区域的 陡峭空间范围 下拉列表中选择 仅陡峭的 选项，并在 角度 文本框中输入值 65.0，如图 9.2.21 所示。

图 9.2.21 所示的"切削参数"对话框的 空间范围 选项卡中部分选项的说明如下。

- 毛坯 区域：用于定义毛坯之外刀路的修剪和处理中工件等参数。

    ☑ 修剪方式 下拉列表：用于定义毛坯之外刀路是否通过轮廓线进行修剪。

    ☑ 处理中工件 下拉列表：用于定义处理中工件（IPW）的类型。

    ☑ 无 ：选择此选项，此时 IPW 是由前面定义的毛坯几何体来确定的，如果没有定义几何体系统将切削整个型腔。通常第一个粗加工工序选择此选项。

☑ **使用 3D**: 选择此选项,此时 IPW 是由前面创建的加工工序共同作用后的小平面体。选择该选项后,系统计算刀路轨迹将更加准确,但同时计算时间也将更长,通常用于识别前面工序遗留下的材料,避免刀具碰撞等。

☑ **使用基于层的**: 选择此选项,此时 IPW 是由前面创建的工序的切削层来确定的 2D 切削区域,通常用于清理前面工序留下的拐角或阶梯面。

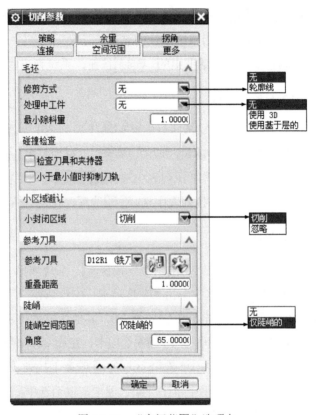

图 9.2.21　"空间范围"选项卡

- **最小除料量** 文本框: 用于设置一个数值,系统将抑制小于此值的刀路部分。

- **碰撞检查** 区域: 用于设置是否进行碰撞检测的选项。

  ☑ □**检查刀具和夹持器** 复选框: 选中该复选框,在计算刀路时,系统将检查刀柄和夹持器是否发生碰撞。

  ☑ □**小于最小值时抑制刀轨** 复选框: 选中该复选框,其下会出现 **最小体积百分比** 文本框,需要定义此工序必须切除的最小材料百分比。如果工序不满足此百分比,则此刀路将被抑制。

- **小区域避让** 区域: 用于设置对于小面积区域的切削方法。

  ☑ **小封闭区域** 下拉列表: 用于设置小的封闭区域时是否切削。选择 **切削** 选项,系统将依据其他参数来确定是否切削小封闭区域;选择 **忽略** 选项,系统将忽略

指定面积的小封闭区域。

- 参考刀具 区域：用于设置参考刀具的参数。

  - ☑ 参考刀具 下拉列表：用于选取本工序的参考刀具。通常可以选择前面工序中使用的刀具，用户也可以创建一把新的参考刀具，以取得更好的切削效果。

  - ☑ 重叠距离 文本框：用于设置当前工序中刀具和参考刀具的重叠距离值。

- 陡峭 区域：用于设置是否区分加工区域是否陡峭。

  - ☑ 陡峭空间范围 下拉列表：选择 无 选项，表示不区分陡峭空间，全部进行切削；选择 仅陡峭的 选项，表示只加工大于指定陡峭角度的区域。

  - ☑ 角度 文本框：用于指定区分陡峭的角度数值。

Step7. 单击"切削参数"对话框中的 确定 按钮，系统返回"拐角粗加工"对话框。

Stage4．设置非切削移动参数

Step1. 单击"拐角粗加工"对话框 刀轨设置 区域中的"非切削移动"按钮 ▨，系统弹出"非切削移动"对话框。

Step2. 单击"非切削移动"对话框中的 进刀 选项卡，在 封闭区域 区域的 斜坡角度 文本框中输入值 5.0，在 最小安全距离 文本框中输入值 1.0，在 开放区域 区域的 最小安全距离 文本框中输入值 3.0，并在其后的下拉列表中选择 mm 选项。

Step3. 单击"非切削移动"对话框中的 转移/快速 选项卡，在 区域内 区域的 安全距离 文本框中输入值 1.0，其他参数采用系统默认设置值。

Step4. 单击 确定 按钮，完成非切削移动参数的设置。

Stage5．设置进给率和速度

Step1. 单击"拐角粗加工"对话框中的"进给率和速度"按钮 ⬥，系统弹出"进给率和速度"对话框。

Step2. 选中"进给率和速度"对话框 主轴速度 区域中的 ☑ 主轴速度 (rpm) 复选框，在其后的文本框中输入值 1800.0，按 Enter 键；单击 ▤ 按钮，在 进给率 区域的 切削 文本框中输入值 300.0，按 Enter 键；单击 ▤ 按钮，其他参数采用系统默认设置值。

Step3. 单击 确定 按钮，完成进给率和速度的设置，系统返回"拐角粗加工"对话框。

Task4．生成的刀路轨迹并仿真

生成的刀路轨迹如图 9.2.22 所示。2D 动态仿真加工后的模型如图 9.2.23 所示。

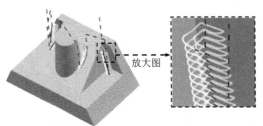

图 9.2.22　刀路轨迹

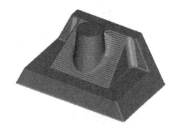

图 9.2.23　2D 仿真结果

9.2.3　剩余铣加工

剩余铣加工是基于前面创建工序的切削层来确定的 2D 切削区域的切削方式,通常用于清理前面工序留下的拐角或阶梯面。下面以图 9.2.24 所示的模型为例,讲解创建剩余铣加工的一般操作步骤。

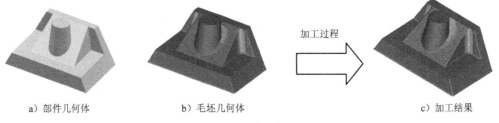

a) 部件几何体　　　　　　b) 毛坯几何体　　加工过程　　　　c) 加工结果

图 9.2.24　剩余铣加工

Task1.　打开模型文件并进入加工环境

打开模型文件 D:\ug12nc\work\ch09.02\REST_MILLING.prt。

Task2.　创建刀具

Step1.　选择下拉菜单 插入(S) ➞ 刀具(T)... 命令,系统弹出"创建刀具"对话框。

Step2.　确定刀具类型。在"创建刀具"对话框的 类型 下拉列表中选择 mill_contour 选项,在 刀具子类型 区域中单击"BALL_MILL"按钮 ,在 名称 文本框中输入 B4;单击 确定 按钮,系统弹出"铣刀-球头铣"对话框。

Step3.　在"铣刀-球头铣"对话框 尺寸 区域的 (D) 球直径 文本框中输入值 4.0,在 编号 区域的 刀具号 、补偿寄存器 和 刀具补偿寄存器 文本框中分别输入值 3;单击 确定 按钮,完成刀具的创建。

Task3.　创建剩余铣操作

Stage1.　创建工序

Step1. 选择下拉菜单 插入(S) ➡ 工序(E) 命令，系统弹出"创建工序"对话框。

Step2. 在"创建工序"对话框的 类型 下拉列表中选择 mill_contour 选项，在 工序子类型 区域中单击"剩余铣"按钮，在 程序 下拉列表中选择 PROGRAM 选项，在 刀具 下拉列表中选择前面设置的刀具 B4（铣刀-球头铣）选项，在 几何体 下拉列表中选择 WORKPIECE_1 选项，在 方法 下拉列表中选择 MILL_ROUGH 选项，使用系统默认的名称。

Step3. 单击"创建工序"对话框中的 确定 按钮，系统弹出"剩余铣"对话框。

Stage2. 创建切削区域

Step1. 单击"剩余铣"对话框 指定切削区域 右侧的 按钮，系统弹出"切削区域"对话框。

Step2. 在绘图区中选取图 9.2.25 所示的切削区域，单击 确定 按钮，系统返回"剩余铣"对话框。

Stage3. 设置刀具路径参数

Step1. 设置切削模式。在 刀轨设置 区域的 切削模式 下拉列表中选择 跟随周边 选项。

Step2. 设置步进方式。在 步距 下拉列表中选择 刀具平直 选项，在 平面直径百分比 文本框中输入值 20.0，在 公共每刀切削深度 下拉列表中选择 恒定 选项，在 最大距离 文本框中输入值 1.0。

Stage4. 设置切削层

Step1. 单击"剩余铣"对话框中的"切削层"按钮，系统弹出"切削层"对话框。

Step2. 在"切削层"对话框 范围 区域的 范围类型 下拉列表中选择 单侧 选项。激活 范围 1 的顶部 区域中的 选择对象 (0) 选项，然后选取图 9.2.26 所示的面。

Step3. 在"切削层"对话框 范围定义 区域的 范围深度 文本框中输入值 10.0，单击 确定 按钮，系统返回"剩余铣"对话框。

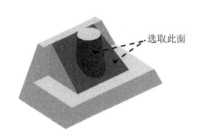

图 9.2.25 指定切削区域

图 9.2.26 选取顶部参考

Stage5. 设置切削参数

Step1. 在 刀轨设置 区域中单击"切削参数"按钮，系统弹出"切削参数"对话框。

Step2. 在"切削参数"对话框中单击 策略 选项卡，在 切削顺序 下拉列表中选择 层优先 选项，在 刀路方向 下拉列表中选择 向内 选项，在 壁 区域中选中 ☑ 岛清根 复选框。

Step3. 在"切削参数"对话框中单击 空间范围 选项卡，在 毛坯 区域的 最小材料移除 文本框中

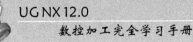
输入值 0.5，在 参考刀具 区域的 重叠距离 文本框中输入值 2.0，其他参数采用系统默认设置值。

Step4. 单击"切削参数"对话框中的 确定 按钮，系统返回"剩余铣"对话框。

Stage6. 设置非切削移动参数。

Step1. 单击"剩余铣"对话框 刀轨设置 区域中的"非切削移动"按钮 ，系统弹出"非切削移动"对话框。

Step2. 单击"非切削移动"对话框中的 进刀 选项卡，在 开放区域 区域的 进刀类型 下拉列表中选择 圆弧 选项；单击 转移/快速 选项卡，在 区域之间 和区域内区域的 转移类型 下拉列表中均选择 毛坯平面 选项。

Step3. 单击 确定 按钮，完成非切削移动参数的设置。

Stage7. 设置进给率和速度

Step1. 单击"型腔铣"对话框中的"进给率和速度"按钮 ，系统弹出"进给率和速度"对话框。

Step2. 选中"进给率和速度"对话框 主轴速度 区域中的 ☑ 主轴速度 (rpm) 复选框，在其后的文本框中输入值 2400.0，按 Enter 键；单击 按钮，在 进给率 区域的 切削 文本框中输入值 400.0；按 Enter 键，单击 按钮，其他参数采用系统默认设置值。

Step3. 单击 确定 按钮，完成进给率和速度的设置，系统返回"剩余铣"对话框。

Stage8. 生成的刀路轨迹并仿真

生成的刀路轨迹如图 9.2.27 所示。2D 动态仿真加工后的模型如图 9.2.28 所示。

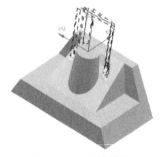

图 9.2.27　刀路轨迹

图 9.2.28　2D 仿真结果

9.3　插　　铣

插铣是一种独特的铣削操作，该操作使刀具竖直连续运动，高效地对毛坯进行粗加工。在切除大量材料（尤其在非常深的区域）时，插铣比型腔铣削的效率更高。插铣加工的径向力较小，这样就有可能使用更细长的刀具，而且保持较高的材料切削速度。插铣是金属切削最有效的加工方法之一，对于难加工材料的曲面加工、切槽加工以及刀具悬伸长度较

大的加工，其加工效率远远高于常规的层铣削加工。

下面以图 9.3.1 所示的模型为例，讲解创建插铣的一般步骤。

a）部件几何体　　　　　b）毛坯几何体　　加工过程 ⟹　　c）加工结果

图 9.3.1　插铣

Task1. 打开模型文件并进入加工模块

Step1. 打开模型文件 D:\ug12nc\work\ch09.03\plunge.prt。

Step2. 进入加工环境。在 应用模块 功能选项卡的 加工 区域单击 按钮，系统弹出"加工环境"对话框，在 要创建的 CAM 组装 列表框中选择 mill_contour 选项，然后单击 确定 按钮，进入加工环境。

Task2. 创建几何体

Stage1. 创建机床坐标系

Step1. 进入几何视图。在工序导航器的空白处右击，在系统弹出的快捷菜单中选择 几何视图 命令，在工序导航器中双击节点 MCS_MILL，系统弹出图 9.3.2 所示的"MCS 铣削"对话框。

图 9.3.2　"MCS 铣削"对话框

Step2. 在 机床坐标系 区域中单击"坐标系对话框"按钮 ，系统弹出"坐标系"对话框，如图 9.3.3 所示，确认在 类型 下拉列表中选择 动态 选项。

Step3. 单击 操控器 区域中的 按钮，系统弹出"点"对话框，在 参考 下拉列表中选择 WCS

选项，在 XC 文本框中输入值-80.0，在 YC 文本框中输入值-60.0，在 ZC 文本框中输入值 73.0，单击 确定 按钮，此时系统返回至"坐标系"对话框，单击 确定 按钮，完成图 9.3.4 所示机床坐标系的创建，系统返回到"MCS 铣削"对话框。

图 9.3.3 "坐标系"对话框

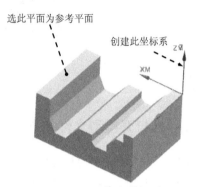

图 9.3.4 机床坐标系

Stage2．创建安全平面

Step1. 在 安全设置 区域的 安全设置选项 下拉列表中选择 平面 选项，单击"平面对话框"按钮，系统弹出"平面"对话框。

Step2. 选取图 9.3.4 所示的模型表面为参考平面，在 偏置 区域的 距离 文本框中输入值 10.0，单击 确定 按钮，再单击"MCS 铣削"对话框中的 确定 按钮，完成安全平面的创建。

Stage3．创建部件几何体

Step1. 在工序导航器中双击 MCS_MILL 节点下的 WORKPIECE，系统弹出"工件"对话框。

Step2. 单击 按钮，系统弹出"部件几何体"对话框，在图形区选取整个零件实体为部件几何体。单击 确定 按钮，完成部件几何体的创建。

Stage4．创建毛坯几何体

Step1. 在"工件"对话框中单击 按钮，系统弹出"毛坯几何体"对话框。

Step2. 在 类型 下拉列表中选择 包容块 选项，单击 确定 按钮，系统返回到"工件"对话框，单击 确定 按钮，完成工件的创建。

Task3．创建刀具

Step1. 选择下拉菜单 插入(S) → 刀具(T)... 命令，系统弹出"创建刀具"对话框。

Step2. 确定刀具类型。在 类型 下拉列表中选择 mill_contour 选项，在 刀具子类型 区域中单击"MILL"按钮，在 刀具 下拉列表中选择 GENERIC_MACHINE 选项，在 名称 文本框中输入 D10，

单击 **确定** 按钮，系统弹出"铣刀-5 参数"对话框。

Step3. 在尺寸区域的 (D) 直径 文本框中输入值 10.0，在 (R1) 下半径 文本框中输入值 0.0，其他参数采用系统默认的设置值，单击 **确定** 按钮，完成刀具的创建。

Task4. 创建插铣操作

Stage1. 创建工序类型

Step1. 选择下拉菜单 插入(S) ➡ 工序(E)... 命令，系统弹出"创建工序"对话框。

Step2. 确定加工方法。在 类型 下拉列表中选择 mill_contour 选项，在 工序子类型 区域中选择"插铣"按钮，在 程序 下拉列表中选择 PROGRAM 选项，在 刀具 下拉列表中选择 D10 (铣刀-5 参数) 选项，在 几何体 下拉列表中选择 WORKPIECE 选项，在 方法 下拉列表中选择 METHOD 选项，单击 **确定** 按钮，系统弹出图 9.3.5 所示的"插铣"对话框。

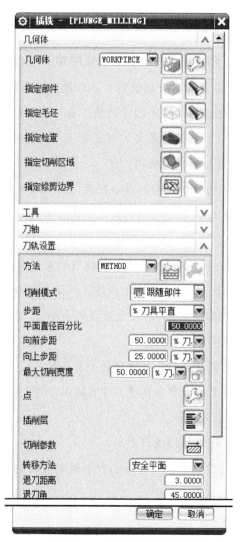

图 9.3.5　"插铣"对话框

Stage2. 显示刀具和几何体

Step1. 显示刀具。在 工具 区域中单击"编辑/显示"按钮 ，系统弹出"铣刀-5 参数"对话框，同时在图形区显示当前刀具的形状及大小，然后单击 确定 按钮。

Step2. 显示几何体。在 几何体 区域中单击 指定部件 右侧的"显示"按钮 ，在图形区会显示与之对应的几何体，如图 9.3.6 所示。

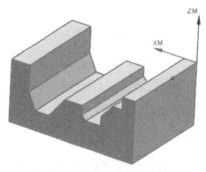

图 9.3.6　显示几何体

图 9.3.5 所示的"插铣"对话框中部分选项的说明如下。

- 向前步距 ：用于指定刀具从一次插铣到下一次插铣时向前移动的步长。可以是刀具直径的百分比值，也可以是指定的步进值。在一些切削工况中，横向步长距离或向前步长距离必须小于指定的最大切削宽度值。必要时，系统会减小应用的向前步长，以使其在最大切削宽度值内。

- 向上步距 ：用于定义切削层之间的最小距离，用来控制插削层的数目。

- 最大切削宽度 ：用于定义刀具可切削的最大宽度（俯视刀轴时），通常由刀具制造商决定。

- 点 选项后的"点"按钮 ：用于设置插铣削的进刀点以及切削区域的起点。

- 插削层 后面的 按钮：用来设置插削深度，默认到工件底部。

- 转移方法 ：每次进刀完毕后刀具退刀至设置的平面上，然后进行下一次的进刀，此下拉列表有如下两种选项可供选择。

  - ☑ 安全平面 ：每次都退刀至设置的安全平面高度。

  - ☑ 自动 ：自动退刀至最低安全高度，即在刀具不过切且不碰撞时 ZC 轴轴向高度和设置的安全距离之和。

- 退刀距离 ：设置退刀时刀具的退刀距离。

- 退刀角 ：设置退刀时刀具的倾角（切出材料时的刀具倾角）。

Stage3. 设置刀具路径参数

Step1. 设置切削方式。在"插铣"对话框的 切削模式 下拉列表中选择 往复 选项。

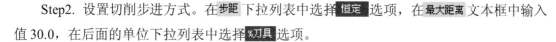

Step2. 设置切削步进方式。在 步距 下拉列表中选择 恒定 选项，在 最大距离 文本框中输入值 30.0，在后面的单位下拉列表中选择 %刀具 选项。

Step3. 设置向前步长。在 向前步距 文本框中输入值 20.0，在后面的单位下拉列表中选择 %刀具 选项。

Step4. 设置最大切削宽度。在 最大切削宽度 文本框中输入值 50.0，在后面的单位下拉列表中选择 %刀具 选项。

注意：设置的 向前步距 和 步距 的值均不能大于 最大切削宽度 的值。

Stage4. 设置切削参数

Step1. 在"插铣"对话框的 刀轨设置 区域中单击"切削参数"按钮 ⊐，系统弹出"切削参数"对话框。

Step2. 单击 策略 选项卡，在 在边上延伸 文本框中输入值 1.0，在 切削方向 下拉列表中选择 顺铣 选项，单击 确定 按钮。

Stage5. 设置退刀参数

在 刀轨设置 区域的 转移方法 下拉列表中选择 安全平面 选项，在 退刀距离 文本框中输入值 3.0，在 退刀角 文本框中输入值 45.0。

Stage6. 设置进给率和速度

Step1. 在"插铣"对话框中单击"进给率和速度"按钮 ⚐，系统弹出"进给率和速度"对话框。

Step2. 选中 ☑ 主轴速度 (rpm) 复选框，在其后的文本框中输入值 1200.0，在 切削 文本框中输入值 1250.0，按 Enter 键，然后单击 按钮。

Step3. 在 更多 区域的 进刀 文本框中输入值 600.0，在 第一刀切削 文本框中输入值 300.0，在其后面的单位下拉列表中选择 mmpm 选项，其他选项均采用系统默认参数设置值。

Step4. 单击 确定 按钮，完成进给率和速度的设置，系统返回到"插铣"对话框。

Task5. 生成刀路轨迹并仿真

Step1. 在"插铣"对话框中单击"生成"按钮 ⚐，在图形区中生成图 9.3.7 所示的刀路轨迹（一），将模型调整为后视图查看刀路轨迹（二），如图 9.3.8 所示。

Step2. 在"插铣"对话框中单击"确认"按钮 ⚐，系统弹出"刀轨可视化"对话框。

Step3. 使用 2D 动态仿真。单击 2D 动态 选项卡，采用系统默认设置值，调整动画速度后单击"播放"按钮 ▶，即可演示刀具刀轨运行，完成演示后的模型如图 9.3.9 所示，仿真完成后单击 确定 按钮，完成仿真操作。

Step4. 单击 确定 按钮，完成操作。

图 9.3.7　刀路轨迹（一）

图 9.3.8　刀路轨迹（二）

图 9.3.9　2D 仿真结果

Task6. 保存文件

选择下拉菜单 文件(F) ➡ 保存(S) 命令，保存文件。

9.4　深度加工铣

深度加工铣是一种固定的轴铣削操作，通过多个切削层来加工零件表面轮廓。在深度加工铣操作中，除了可以指定部件几何体外，还可以指定切削区域作为部件几何体的子集，方便限制切削区域。如果没有指定切削区域，则对整个零件进行切削。在创建深度加工铣削路径时，系统自动追踪零件几何，检查几何的陡峭区域，定制追踪形状，识别可加工的切削区域，并在所有的切削层上生成不过切的刀具路径。深度加工铣的一个重要功能就是能够指定"陡角"，以区分陡峭与非陡峭区域，因此深度加工铣可以分为深度加工轮廓铣和深度加工拐角铣两种。

9.4.1　深度加工轮廓铣

深度加工轮廓铣是依据部件几何体的形状来计算刀路的，通常用于半精加工或精加工。通过控制层到层之间的转移方式：对于封闭轮廓，可以以倾斜角度进刀到下一层，从而创建螺旋式的刀轨；对于开放轮廓，可以混合方式进行切削，形成往复式的刀轨。

下面以图 9.4.1 所示的模型为例，讲解创建深度加工轮廓铣的操作步骤。

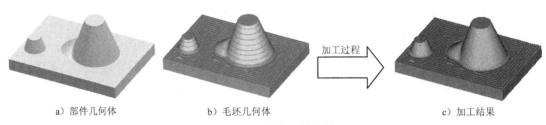

a）部件几何体　　　　b）毛坯几何体　　加工过程　　c）加工结果

图 9.4.1　深度加工轮廓铣

Task1. 打开模型文件

打开文件 D:\ug12nc\work\ch09.04\zlevel_profile.prt。

Task2. 创建等高轮廓铣操作

Stage1. 创建工序

Step1. 选择下拉菜单 插入(S) ➡ 工序(E)... 命令，系统弹出图 9.4.2 所示的"创建工序"对话框。

Step2. 在 类型 下拉列表中选择 mill_contour 选项，在 工序子类型 区域中选择"深度轮廓铣"按钮 ，在 程序 下拉列表中选择 NC_PROGRAM 选项，在 刀具 下拉列表中选择 D12 (铣刀-球头铣) 选项，在 几何体 下拉列表中选择 WORKPIECE 选项，在 方法 下拉列表中选择 MILL_FINISH 选项，单击 确定 按钮，此时，系统弹出图 9.4.3 所示的"深度轮廓铣"对话框。

图 9.4.2 "创建工序"对话框

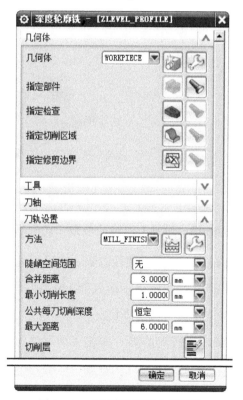

图 9.4.3 "深度轮廓铣"对话框

图 9.4.3 所示的"深度轮廓铣"对话框中的部分选项说明如下。

- 陡峭空间范围 下拉列表：这是等高轮廓铣区别于其他型腔铣的一个重要参数。如果在其右边的下拉列表中选择 仅陡峭的 选项，就可以在被激活的 角度 文本框中输入角度值，这个角度称为陡峭角。零件上任意一点的陡峭角是刀轴与该点处法向矢量所形成的夹角。选择 仅陡峭的 选项后，只有陡峭角度大于或等于给定角度的区域才能被加工。

- 合并距离文本框：用于定义在不连贯的切削运动切除时，在刀具路径中出现的缝隙的距离。

- 最小切削长度文本框：用于定义生成刀具路径时的最小长度值。当切削运动的距离比指定的最小切削长度值小时，系统不会在该处创建刀具路径。

- 公共每刀切削深度文本框：用于设置加工区域内每次切削的深度。系统将计算等于且不超出指定的公共每刀切削深度值的实际切削层。

Stage2．指定切削区域

Step1．单击"深度轮廓铣"对话框指定切削区域右侧的按钮，系统弹出"切削区域"对话框。

Step2．在图形区中选取图 9.4.4 所示的切削区域，单击确定按钮，系统返回到"深度轮廓铣"对话框。

图 9.4.4　指定切削区域

Stage3．设置刀具路径参数和切削层

Step1．设置刀具路径参数。在"深度轮廓铣"对话框的合并距离文本框中输入值 2.0，在最小切削长度文本框中输入值 1.0，在公共每刀切削深度下拉列表中选择恒定选项，然后在最大距离文本框中输入值 0.2。

Step2．设置切削层。单击"切削层"按钮，系统弹出图 9.4.5 所示的"切削层"对话框，这里采用系统默认参数，单击确定按钮，系统返回到"深度轮廓铣"对话框。

图 9.4.5 所示的"切削层"对话框中部分选项的说明如下。

- 范围类型下拉列表中提供了如下三种选项。

  - ☑ 自动：使用此类型，系统将通过与零件有关联的平面自动生成多个切削深度区间。

  - ☑ 用户定义：使用此类型，用户可以通过定义每一个区间的底面生成切削层。

  - ☑ 单个：使用此类型，用户可以通过零件几何和毛坯几何定义切削深度。

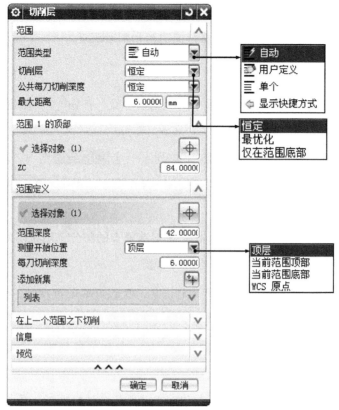

图 9.4.5 "切削层"对话框

- **切削层** 下拉列表中提供了如下三种选项。

  - ☑ **恒定**：将切削深度恒定保持在 **公共每刀切削深度** 的设置值。

  - ☑ **最优化**：优化切削深度，以便在部件间距和残余高度方面更加一致。最优化在斜度从陡峭或几乎竖直变为表面或平面时创建其他切削，最大切削深度不超过全局每刀深度值，仅用于深度加工操作。

  - ☑ **仅在范围底部**：仅在范围底部切削不细分切削范围，选择此选项将使全局每刀深度选项处于非活动状态。

- **公共每刀切削深度**：用于设置每个切削层的最大深度。通过对 **公共每刀切削深度** 进行设置，系统将自动计算分几层进行切削。

- **测量开始位置** 下拉列表中提供了如下四种选项。

  - ☑ **顶层**：选择该选项后，测量切削范围深度从第一个切削顶部开始。

  - ☑ **当前范围顶部**：选择该选项后，测量切削范围深度从当前切削顶部开始。

  - ☑ **当前范围底部**：选择该选项后，测量切削范围深度从当前切削底部开始。

  - ☑ **WCS 原点**：选择该选项后，测量切削范围深度从当前工作坐标系原点开始。

- **范围深度** 文本框：在该文本框中，通过输入一个正值或负值距离，定义的范围在指定的测量位置的上部或下部，也可以利用范围深度滑块来改变范围深度，当移动

滑块时，范围深度值跟着变化。

● 每刀切削深度 文本框：用来定义当前范围的切削层深度。

Stage4．设置切削参数

Step1．单击"深度轮廓铣"对话框中的"切削参数"按钮，系统弹出"切削参数"对话框。

Step2．单击 策略 选项卡，在 切削顺序 下拉列表中选择 深度优先 选项。

Step3．单击 连接 选项卡，参数设置值如图 9.4.6 所示，单击 确定 按钮，系统返回到"深度轮廓铣"对话框。

图 9.4.6 所示的"切削参数"对话框中 连接 选项卡的部分选项说明如下。

层之间 区域：专门用于定义深度铣的切削参数。

● 使用转移方法：使用进刀/退刀的设定信息，默认刀路会抬刀到安全平面。

● 直接对部件进刀：将以跟随部件的方式来定位移动刀具。

● 沿部件斜进刀：将以跟随部件的方式，从一个切削层到下一个切削层，需要指定 斜坡角，此时刀路较完整。

● 沿部件交叉斜进刀：与 沿部件斜进刀 相似，不同的是在斜削进下一层之前完成每个刀路。

● ☑层间切削：可在深度铣中的切削层间存在间隙时创建额外的切削，消除在标准层到层加工操作中留在浅区域中的非常大的残余高度。

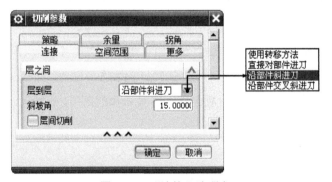

图 9.4.6　"连接"选项卡

Stage5．设置非切削移动参数

Step1．在"深度轮廓铣"对话框中单击"非切削移动"按钮，系统弹出"非切削移动"对话框。

Step2．单击 进刀 选项卡，其参数设置值如图 9.4.7 所示，单击 确定 按钮，完成非切削移动参数的设置。

图 9.4.7　"进刀"选项卡

Stage6. 设置进给率和速度

Step1. 在"深度轮廓铣"对话框中单击"进给率和速度"按钮 ，系统弹出"进给率和速度"对话框。

Step2. 选中 ☑ 主轴速度 (rpm) 复选框，在其后的文本框中输入值 1200.0，在 切削 文本框中输入值 1250.0，按 Enter 键，然后单击 按钮。

Step3. 在 更多 区域的 进刀 文本框中输入值 1000.0，在 第一刀切削 文本框中输入值 300.0，在其后面的单位下拉列表中选择 mmpm 选项；其他选项均采用系统默认参数设置值。

Step4. 单击 确定 按钮，完成进给率和速度的设置，系统返回"深度轮廓铣"对话框。

Task3. 生成刀路轨迹并仿真

Step1. 在"深度轮廓铣"对话框中单击"生成"按钮 ，在图形区中生成图 9.4.8 所示的刀路轨迹。

Step2. 单击"确认"按钮 ，系统弹出"刀轨可视化"对话框。单击 2D 动态 选项卡，采用系统默认设置值，调整动画速度后单击"播放"按钮 ▶，即可演示刀具刀轨运行，完成演示后的模型如图 9.4.9 所示，仿真完成后单击 确定 按钮，完成仿真操作。

Step3. 单击 确定 按钮，完成操作。

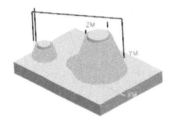

图 9.4.8　刀路轨迹

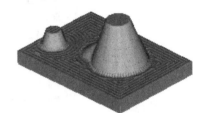

图 9.4.9　2D 仿真结果

Task4．保存文件

选择下拉菜单 文件(F) ➡ 保存(S) 命令，保存文件。

9.4.2　陡峭区域深度加工铣

陡峭区域深度加工铣是一种能够指定陡峭角度、通过多个切削层来加工零件表面轮廓，是一种固定轴铣操作。需要加工的零件表面既有平缓的曲面又有陡峭的曲面，或者非常陡峭的斜面都特别适合这种加工方式。下面以图 9.4.10 所示的模型为例，讲解创建陡峭区域深度加工铣的一般步骤。

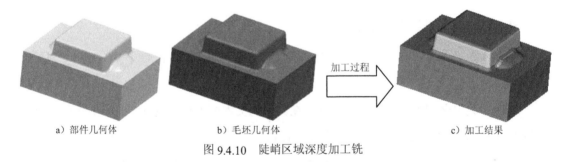

a）部件几何体　　　　b）毛坯几何体　　　　加工过程　　　　c）加工结果

图 9.4.10　陡峭区域深度加工铣

Task1．打开模型文件并进入加工模块

Step1. 打开文件 D:\ug12nc\work\ch09.04\zlevel_profile_steep.prt。

Step2. 进入加工环境。在 应用模块 功能选项卡的 加工 区域单击 按钮，在系统弹出的"加工环境"对话框的 要创建的 CAM 组装 下拉列表中选择 mill_contour 选项，然后单击 确定 按钮，进入加工环境。

Task2．创建几何体

Stage1．创建机床坐标系和安全平面

Step1. 进入几何体视图。在工序导航器的空白处右击鼠标，在快捷菜单中选择 几何视图 命令，在工序导航器中双击节点⊞ MCS_MILL ，系统弹出"MCS 铣削"对话框。

Step2. 定义机床坐标系。在机床坐标系区域中单击"坐标系对话框"按钮 ，在类型下拉列表中选择 动态 选项。

Step3. 单击 操控器 区域中的 + 按钮，系统弹出"点"对话框，在参考下拉列表中选择 WCS 选项，然后在 XC 文本框中输入值 0.0，在 YC 文本框中输入值 0.0，在 ZC 文本框中输入值 60.0，单击两次 确定 按钮，系统返回到"MCS 铣削"对话框，完成图 9.4.11 所示的机床坐标系的创建。

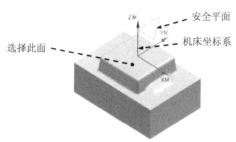

图 9.4.11 创建机床坐标系及安全平面

Step4. 创建安全平面。在 安全设置 区域的 安全设置选项 下拉列表中选择 平面 选项，单击"平面对话框"按钮 ，系统弹出"平面"对话框；选取图 9.4.11 所示的模型平面为参照，在 偏置 区域的 距离 文本框中输入值 20.0，单击 确定 按钮，完成图 9.4.11 所示的安全平面的创建，然后单击 确定 按钮。

Stage2. 创建部件几何体

Step1. 在工序导航器中单击⊞ MCS_MILL 节点前的"+"，双击节点 WORKPIECE，系统弹出"工件"对话框。

Step2. 选取部件几何体。在"工件"对话框中单击 按钮，系统弹出"部件几何体"对话框，在图形区选取整个零件实体为部件几何体。

Step3. 单击 确定 按钮，完成部件几何体的创建，同时系统返回到"工件"对话框。

Stage3. 创建毛坯几何体

Step1. 在"工件"对话框中单击 按钮，系统弹出"毛坯几何体"对话框。

Step2. 确定毛坯几何体。在 类型 下拉列表中选择 部件的偏置 选项，在 偏置 文本框中输入值 0.5。单击 确定 按钮，完成毛坯几何体的创建。

Step3. 单击 确定 按钮。

Stage4. 创建切削区域几何体

Step1. 右击工序导航器中的节点 WORKPIECE，在快捷菜单中选择 插入 ▶ ➡

命令，系统弹出"创建几何体"对话框。

Step2. 在 类型 下拉列表中选择 mill_contour 选项，在 几何体子类型 区域中单击"MILL_AREA"按钮 ，在 几何体 下拉列表中选择 WORKPIECE 选项，采用系统默认名称 MILL_AREA，单击 确定 按钮，系统弹出"铣削区域"对话框。

Step3. 单击 按钮，系统弹出"切削区域"对话框，采用系统默认的选项，选取图 9.4.12 所示的切削区域，单击 确定 按钮，系统返回到"铣削区域"对话框。

Step4. 单击 确定 按钮。

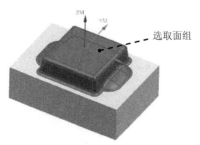

图 9.4.12　指定切削区域

Task3．创建刀具

Step1. 选择下拉菜单 插入(S) ➡ 刀具(T)... 命令，系统弹出"创建刀具"对话框。

Step2. 在 类型 下拉列表中选择 mill_contour 选项，在 刀具子类型 区域中单击"MILL"按钮 ，在 位置 区域的 刀具 下拉列表中选择 GENERIC_MACHINE 选项，在 名称 文本框中输入刀具名称 D10R2，然后单击 确定 按钮，系统弹出"铣刀-5 参数"对话框。

Step3. 设置刀具参数。在 尺寸 区域的 (D) 直径 文本框中输入值 10.0，在 (R1) 下半径 文本框中输入值 2.0，其他参数采用系统默认设置值，设置完成后单击 确定 按钮，完成刀具的创建。

Task4．创建工序

Stage1．创建工序

Step1. 选择下拉菜单 插入(S) ➡ 工序(E)... 命令，系统弹出"创建工序"对话框。

Step2. 确定加工方法。在 类型 下拉列表中选择 mill_contour 选项，在 工序子类型 区域中单击"深度轮廓铣"按钮 ，在 刀具 下拉列表中选择 D10R2 (铣刀-5 参数) 选项，在 几何体 下拉列表中选择 MILL AREA 选项，在 方法 下拉列表中选择 MILL_FINISH 选项，采用系统默认的名称。

Step3. 单击 确定 按钮，系统弹出"深度轮廓铣"对话框。

Stage2．显示刀具和几何体

Step1. 显示刀具。在 工具 区域中单击"编辑/显示"按钮 ，系统弹出"铣刀-5 参数"

对话框，同时在图形区会显示当前刀具的形状及大小，单击 确定 按钮，系统返回到"深度轮廓铣"对话框。

Step2. 显示几何体。在 几何体 区域中单击相应的"显示"按钮 ，在图形区会显示当前的部件几何体以及切削区域。

Stage3. 设置刀具路径参数

Step1. 设置陡峭角。在"深度轮廓铣"对话框的 陡峭空间范围 下拉列表中选择 仅陡峭的 选项，并在 角度 文本框中输入值 45.0。

说明：这里是通过设置陡峭角来进一步确定切削范围的，只有陡峭角大于设定值的切削区域才能被加工到，因此后面可以看到两侧较平坦的切削区域部分没有被切削。

Step2. 设置刀具路径参数。在 合并距离 文本框中输入值 3.0，在 最小切削长度 文本框中输入值 1.0，在 公共每刀切削深度 下拉列表中选择 恒定 选项，然后在 最大距离 文本框中输入值 1.0。

Stage4. 设置切削参数

Step1. 单击"深度轮廓铣"对话框中的"切削参数"按钮 ，系统弹出"切削参数"对话框。

Step2. 单击 策略 选项卡，在 切削顺序 下拉列表中选择 层优先 选项，

Step3. 单击 余量 选项卡，取消选中 □ 使底面余量与侧面余量一致 复选框，在 部件底面余量 文本框中输入值 0.5，其余参数采用系统默认设置。

Step4. 单击 确定 按钮，系统返回"深度轮廓铣"对话框。

Stage5. 设置非切削移动参数

Step1. 在"深度轮廓铣"对话框中单击"非切削移动"按钮 ，系统弹出"非切削移动"对话框。

Step2. 单击 进刀 选项卡，其参数设置值如图 9.4.13 所示，单击 确定 按钮，完成非切削移动参数的设置。

Stage6. 设置进给率和速度

Step1. 在"深度轮廓铣"对话框中单击"进给率和速度"按钮 ，系统弹出"进给率和速度"对话框。

Step2. 选中 ☑ 主轴速度 (rpm) 复选框，在其后方的文本框中输入值 1800.0，在 切削 文本框中输入值 1250.0，按 Enter 键，然后单击 按钮。

Step3. 在 更多 区域的 进刀 文本框中输入值 500.0，在 第一刀切削 文本框中输入值 2000.0，在其后面的单位下拉列表中选择 mmpm 选项；其他选项均采用系统默认参数设置值。

Step4. 单击 确定 按钮，完成进给率和速度的设置，系统返回"深度轮廓铣"对话框。

图 9.4.13　"进刀"选项卡

Task5. 生成刀路轨迹并仿真

Step1. 在"深度轮廓铣"对话框中单击"生成"按钮 ，在图形区中生成图 9.4.14 所示的刀路轨迹。

Step2. 单击"确认"按钮 ，系统弹出"刀轨可视化"对话框。单击 2D 动态 选项卡，调整动画速度后单击"播放"按钮 ，即可演示 2D 动态仿真加工，完成演示后的模型如图 9.4.15 所示，单击 确定 按钮，完成仿真操作。

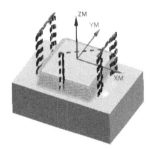

图 9.4.14　刀路轨迹

图 9.4.15　2D 仿真结果

Step3. 单击 确定 按钮，完成操作。

Task6. 保存文件

选择下拉菜单 文件(F) ➡ 保存(S) 命令，保存文件。

9.5 固定轴轮廓铣

固定轴轮廓铣是一种用于精加工由轮廓曲面所形成区域的加工方式，它通过精确控制刀具轴和投影矢量，使刀具沿着复杂轮廓运动。固定轴轮廓铣是通过定义不同的驱动几何体来产生驱动点阵列，并沿着指定的投影矢量方向投影到部件几何体上，然后将刀具定位到部件几何体以生成刀轨。固定轴轮廓铣常用的驱动方法有边界驱动、区域驱动和流线驱动等，下面将分别进行介绍。

9.5.1 边界驱动

下面以图 9.5.1 所示的模型为例，讲解通过边界驱动创建固定轴轮廓铣的一般步骤。

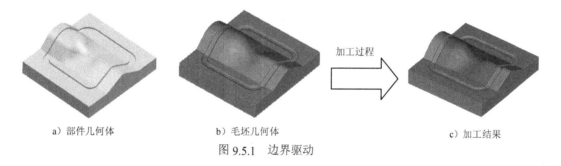

a）部件几何体　　　　b）毛坯几何体　　　加工过程　　　c）加工结果

图 9.5.1　边界驱动

Task1. 打开模型文件并进入加工模块

Step1. 打开模型文件 D:\ug12nc\work\ch09.05 \fixed_contour_01.prt。

Step2. 进入加工环境。在 应用模块 功能选项卡的 加工 区域单击 按钮，系统弹出"加工环境"对话框，在"加工环境"对话框的 要创建的 CAM 设置 列表框中选择 mill contour 选项；单击 确定 按钮，进入加工环境。

Task2. 创建几何体

Stage1. 创建机床坐标系和安全平面

Step1. 进入几何体视图。在工序导航器中右击，在快捷菜单中选择 几何视图 命令，双击节点 MCS_MILL，系统弹出"MCS 铣削"对话框。

Step2. 创建机床坐标系。在"MCS 铣削"对话框的 机床坐标系 区域中单击"坐标系对话

框"按钮 <img>,在系统弹出的"坐标系"对话框的 类型 下拉列表中选择 动态 选项。

Step3. 单击"坐标系"对话框 操控器 区域中的 + 按钮,系统弹出"点"对话框;在"点"对话框的 参考 下拉列表中选择 WCS 选项,在 ZC 文本框中输入值 105.0;单击 确定 按钮,在"坐标系"对话框中单击 确定 按钮,完成图 9.5.2 所示的机床坐标系的创建。

Step4. 创建安全平面。在 安全设置 区域的 安全设置选项 下拉列表中选择 自动平面 选项,然后在 安全距离 文本框中输入值 10.0,在"MCS 铣削"对话框中单击 确定 按钮。

Stage2. 创建部件几何体

Step1. 在工序导航器中单击 MCS_MILL 节点前的"+",双击节点 WORKPIECE,系统弹出"工件"对话框。

Step2. 选取部件几何体,在"工件"对话框中单击 <img> 按钮,系统弹出"部件几何体"对话框,在图形区选取整个零件实体为部件几何体;在"部件几何体"对话框中单击 确定 按钮,完成部件几何体的创建,同时系统返回"工件"对话框。

Stage3. 创建毛坯几何体

Step1. 在"工件"对话框中单击 <img> 按钮,系统弹出"毛坯几何体"对话框。

Step2. 确定毛坯几何体。在"毛坯几何体"对话框的 类型 下拉列表中选择 部件的偏置 选项,在 偏置 文本框中输入值 1.0;单击 确定 按钮,然后单击"工件"对话框中的 确定 按钮,完成毛坯几何体的定义。

Task3. 创建刀具

Step1. 选择下拉菜单 插入(S) ➡ 刀具(T)... 命令,系统弹出"创建刀具"对话框。

Step2. 确定刀具类型。在"创建刀具"对话框的 类型 下拉列表中选择 mill_contour 选项,在 刀具子类型 区域中单击"BALL_MILL"按钮 <img>,在 名称 文本框中输入 B10;单击 确定 按钮,系统弹出"铣刀-球头铣"对话框。

Step3. 在"铣刀-球头铣"对话框 尺寸 区域的 (D) 球直径 文本框中输入值 10,在 编号 区域的 刀具号 、 补偿寄存器 和 刀具补偿寄存器 文本框中分别输入值 1,单击 确定 按钮,完成刀具的创建。

Task4. 创建边界区域铣操作

Stage1. 创建边界几何

Step1. 调整视图方位。将视图调整至俯视图的状态。

Step2. 选择命令。选择下拉菜单 插入(S) ➡ 曲线(C) ▶ ➡ 矩形(R)... 命令,系统弹出"点"对话框。

Step3. 定义矩形大小。在"点"对话框 输出坐标 区域的 参考 下拉列表中选择 绝对 - 工作部件 选项，分别在 X 、 Y 和 Z 文本框中输入值100、-75和120，单击 确定 按钮；分别在 X 、 Y 和 Z 文本框中输入值-100、75和120，单击 确定 按钮；在"点"对话框中单击 取消 按钮，完成矩形的定义，结果如图9.5.3所示。

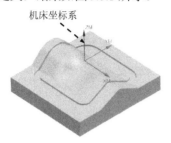

图 9.5.2　创建机床坐标系

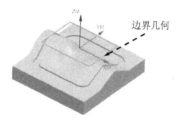

图 9.5.3　创建边界几何

Stage2．创建工序

Step1. 选择下拉菜单 插入(S) ➡ 🖝 工序(E)... 命令，系统弹出"创建工序"对话框。

Step2. 确定加工方法。在"创建工序"对话框的 类型 下拉列表中选择 mill_contour 选项，在 工序子类型 区域中单击"固定轮廓铣"按钮 ⟆，在 刀具 下拉列表中选择 B10 (铣刀-球头铣) 选项，在 几何体 下拉列表中选择 WORKPIECE 选项，在 方法 下拉列表中选择 MILL_FINISH 选项，单击 确定 按钮，系统弹出"固定轮廓铣"对话框。

Stage3．设置驱动几何体

Step1. 设置驱动方式。在"固定轮廓铣"对话框 驱动方法 区域的 方法 下拉列表中选择 边界 选项。

Step2. 定义边界。

（1）在 驱动方法 区域右侧单击 🔧 按钮，系统弹出"边界驱动方法"对话框；在 驱动几何体 区域单击 指定驱动几何体 右侧的 🐾 按钮，系统弹出"边界几何体"对话框。

（2）在"边界几何体"对话框的 模式 下拉列表中选择 曲线/边... 选项，系统弹出"创建边界"对话框，然后在 刀具位置 下拉列表中选择 对中 选项。

（3）选取图9.5.3所示的边界几何，单击 创建下一个边界 按钮，然后单击 确定 按钮，在"边界几何体"对话框中单击 确定 按钮。

（4）在"边界驱动方法"对话框的 平面直径百分比 文本框中输入值 10.0，在 剖切角 下拉列表中选择 指定 选项，然后在 与 XC 的夹角 文本框中输入值45.0。

（5）在"边界驱动方法"对话框中单击 确定 按钮，系统返回"固定轮廓铣"对话框。

Stage4．设置切削参数

Step1. 单击"固定轮廓铣"对话框中的"切削参数"按钮 ⟆，系统弹出"切削参数"对话框。

Step2. 在"切削参数"对话框中单击 多刀路 选项卡，其参数设置如图 9.5.4 所示。

Step3. 在"切削参数"对话框中单击 余量 选项卡，其参数设置值如图 9.5.5 所示，单击 确定 按钮。

图 9.5.4 "多刀路"选项卡

图 9.5.5 "余量"选项卡

Stage5. 设置非切削移动参数

这里采用系统默认的非切削移动参数。

Stage6. 设置进给率和速度

Step1. 在"固定轮廓铣"对话框中单击"进给率和速度"按钮 ，系统弹出"进给率和速度"对话框。

Step2. 在"进给率和速度"对话框中选中 ☑ 主轴速度 (rpm) 复选框，在其文本框中输入值 1600.0，按下 Enter 键，单击 按钮；在 切削 文本框中输入值 500.0，按下 Enter 键，单击 按钮。

Step3. 单击 确定 按钮，系统返回"固定轮廓铣"对话框。

Task5. 生成刀路轨迹并仿真

生成的刀路轨迹如图 9.5.6 所示。2D 动态仿真加工后的模型如图 9.5.7 所示。

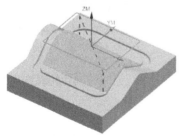

图 9.5.6 刀路轨迹

图 9.5.7 2D 仿真结果

Task6. 保存文件

选择下拉菜单 文件(F) ➡ 💾 保存(S) 命令，保存文件。

9.5.2　区域驱动

区域铣削驱动方法是固定轴曲面轮廓铣中常用到的驱动方式，其特点是驱动几何体由切削区域产生，并且可以指定陡峭角度等多种不同的驱动设置，应用十分广泛。

下面以图 9.5.8 所示的模型为例，讲解创建固定轴曲面轮廓铣削的一般步骤。

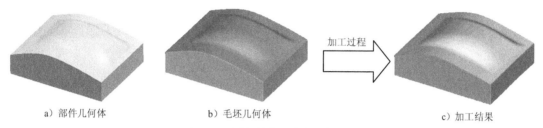

a）部件几何体　　　　b）毛坯几何体　　　　c）加工结果

图 9.5.8　固定轴曲面轮廓铣削

Task1. 打开模型文件并进入加工模块

Step1. 打开模型文件 D:\ug12nc\work\ch09.05\fixed_contour.prt。

Step2. 进入加工环境。在 应用模块 功能选项卡的 加工 区域单击 ▶ 按钮，系统弹出"加工环境"对话框，在 要创建的 CAM 组装 列表框中选择 mill contour 选项，然后单击 确定 按钮，进入加工环境。

Task2. 创建几何体

Stage1. 创建机床坐标系和安全平面

Step1. 进入几何体视图。在工序导航器中右击鼠标，在快捷菜单中选择 🔧 几何视图 命令，双击节点 ⊞ 🔧 MCS_MILL，系统弹出"MCS 铣削"对话框。

Step2. 创建机床坐标系。在 机床坐标系 区域中单击"坐标系对话框"按钮 📐，在系统弹出的"坐标系"对话框的 类型 下拉列表中选择 ✦ 动态 选项。

Step3. 单击 操控器 区域中的 + 按钮，系统弹出"点"对话框。在 参考 下拉列表中选择 WCS 选项，在 ZC 文本框中输入值 80.0，单击两次 确定 按钮，完成图 9.5.9 所示的机床坐标系的创建。

Step4. 创建安全平面。在 安全设置 区域的 安全设置选项 下拉列表中选择 平面 选项，单击"平面对话框"按钮 📐，系统弹出"平面"对话框；在 类型 下拉列表中选择 ✦ XC-YC 平面 选项，在 距离 文本框中输入值 90.0，单击 确定 按钮，完成图 9.5.9 所示安全平面的创建，然

后单击 确定 按钮。

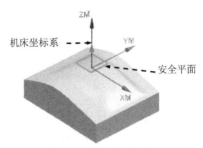

图 9.5.9 创建机床坐标系及安全平面

Stage2. 创建部件几何体

Step1. 在工序导航器中单击⊞ 🖳MCS_MILL 节点前的"+"，双击节点 🔷WORKPIECE，系统弹出"工件"对话框。

Step2. 选取部件几何体，在"工件"对话框中单击🔷按钮，系统弹出"部件几何体"对话框，在图形区选取整个零件实体为部件几何体，单击 确定 按钮，完成部件几何体的创建，同时系统返回到"工件"对话框。

Stage3. 创建毛坯几何体

Step1. 在"工件"对话框中单击🔷按钮，系统弹出"毛坯几何体"对话框。

Step2. 确定毛坯几何体。在 类型 下拉列表中选择 🔷部件的偏置 选项，在 偏置 文本框中输入值 0.5。单击 确定 按钮，完成毛坯几何体的定义。

Step3. 单击 确定 按钮，完成毛坯几何体的定义。

Stage4. 创建切削区域几何体

Step1. 在工序导航器的节点 🔷WORKPIECE 上右击鼠标，在快捷菜单中选择 插入 ▶ ➡️ 🔷几何体命令，系统弹出"创建几何体"对话框。

Step2. 在 类型 下拉列表中选择 mill_contour 选项，在 几何体子类型 区域中单击"MILL_AREA"按钮🔷，在 几何体 下拉列表中选择 WORKPIECE 选项，采用系统默认名称 MILL_AREA，单击 确定 按钮，系统弹出"铣削区域"对话框。

Step3. 单击🔷按钮，系统弹出"切削区域"对话框，采用系统默认的选项，选取图 9.5.10 所示的切削区域，单击 确定 按钮，系统返回到"铣削区域"对话框，单击 确定 按钮。

Task3. 创建刀具

Step1. 选择下拉菜单 插入(S) ➡️ 🔷刀具(T)...命令，系统弹出"创建刀具"对话框。

Step2. 设置刀具类型和参数。在 类型 下拉列表中选择 mill_contour 选项，在 刀具子类型 区域中单击"BALL_MILL"按钮，在 位置 区域的 刀具 下拉列表中选择 GENERIC_MACHINE 选项，在 名称 文本框中输入刀具名称 B6，单击 确定 按钮，系统弹出"铣刀-球头铣"对话框。

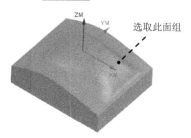

选取此面组

图 9.5.10　选取切削区域

Step3. 在 尺寸 区域的 (D) 球直径 文本框中输入值 6.0，其他参数采用系统默认设置值，设置完成后单击 确定 按钮，完成刀具的创建。

Task4.　创建固定轴曲面轮廓铣操作

Stage1.　创建工序

Step1. 选择下拉菜单 插入(S) ➡ 工序(E)... 命令，系统弹出"创建工序"对话框。

Step2. 确定加工方法。在 类型 下拉列表中选择 mill_contour 选项，在 工序子类型 区域中单击"固定轮廓铣"按钮，在 刀具 下拉列表中选择 B6 (铣刀-球头铣) 选项，在 几何体 下拉列表中选择 MILL AREA 选项，在 方法 下拉列表中选择 MILL_FINISH 选项，单击 确定 按钮，系统弹出图 9.5.11 所示的"固定轮廓铣"对话框。

Stage2.　设置驱动几何体

设置驱动方式。在"固定轮廓铣"对话框 驱动方法 区域的 方法 下拉列表中选择 区域铣削 选项，系统弹出"区域铣削驱动方法"对话框，设置图 9.5.12 所示的参数。完成后单击 确定 按钮，系统返回到"固定轮廓铣"对话框。

图 9.5.12 所示的"区域铣削驱动方法"对话框中的部分选项说明如下。

陡峭空间范围：用来指定陡峭的范围。

- 无：不区分陡峭，加工整个切削区域。
- 非陡峭：只加工部件表面角度小于陡峭角的切削区域。
- 定向陡峭：只加工部件表面角度大于陡峭角的切削区域。
- ☑ 为平的区域创建单独的区域：勾选该复选框，则将平面区域与其他区域分开来进行加工，否则平面区域和其他区域混在一起进行计算。

驱动设置 区域：该区域部分选项介绍如下：

- 非陡峭切削：用于定义非陡峭区域的切削参数。
  - ☑ 步距已应用：用于定义步距的测量沿平面还是沿部件。

- ◆ 在平面上：沿垂直于刀轴的平面测量步距，适合非陡峭区域。
- ◆ 在部件上：沿部件表面测量步距，适合陡峭区域。
- ● 陡峭切削：用于定义陡峭区域的切削参数。各参数含义可参考其他工序。

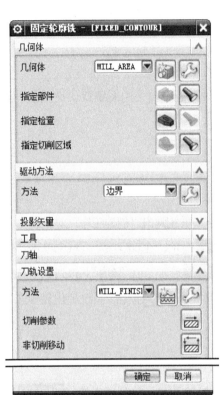

图 9.5.11　"固定轮廓铣"对话框

图 9.5.12　"区域铣削驱动方法"对话框

Stage3．设置切削参数

Step1. 单击"固定轮廓铣"对话框中的"切削参数"按钮 ，系统弹出"切削参数"对话框。

Step2. 单击 策略 选项卡，其参数设置值如图 9.5.13 所示。

Step3. 单击 余量 选项卡，其参数设置值如图 9.5.14 所示，单击 确定 按钮。

Stage4．设置进给率和速度

Step1. 在"固定轮廓铣"对话框中单击"进给率和速度"按钮 ，系统弹出"进给率和速度"对话框。

Step2. 选中 ☑ 主轴速度 (rpm) 复选框，然后在其后方的文本框中输入值 1600.0，在 切削

文本框中输入值 1250.0，按 Enter 键，然后单击 按钮。

Step3. 在 更多 区域的 进刀 文本框中输入值 600.0，在其后面的单位下拉列表中选择 mmpm 选项；其他选项均采用系统默认参数设置值。

Step4. 单击 确定 按钮，系统返回"固定轮廓铣"对话框。

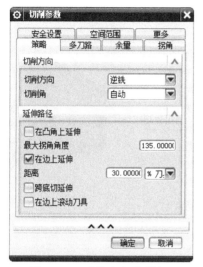

图 9.5.13　"策略"选项卡

图 9.5.14　"余量"选项卡

Task5．生成刀路轨迹并仿真

Step1. 在"固定轮廓铣"对话框中单击"生成"按钮 ，在图形区中生成图 9.5.15 所示的刀路轨迹。

Step2. 单击"确认"按钮 ，在系统弹出的"刀轨可视化"对话框中单击 2D 动态 选项卡，单击"播放"按钮 ，即可演示刀具刀轨运行。完成演示后的模型如图 9.5.16 所示，单击 确定 按钮，完成仿真操作。

Step3. 单击 确定 按钮，完成操作。

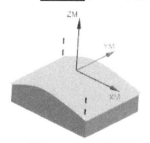

图 9.5.15　刀路轨迹

图 9.5.16　2D 仿真结果

Task6．保存文件

选择下拉菜单 文件(F) ➡ 保存(S) 命令，保存文件。

9.5.3 流线驱动

流线驱动铣削也是一种曲面轮廓铣。创建工序时，需要指定流曲线和交叉曲线来形成网格驱动。加工时刀具沿着曲面的 U-V 方向或是曲面的网格方向进行加工，其中流曲线确定刀具的单个行走路径，交叉曲线确定刀具的行走范围。下面以图 9.5.17 所示的模型为例，讲解创建流线驱动铣削的一般步骤。

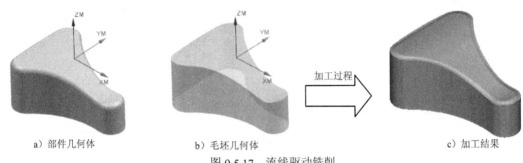

图 9.5.17 流线驱动铣削

Task1. 打开模型文件并进入加工模块

打开模型文件 D:\ug12nc\work\ch09.05\streamline.prt，系统进入加工环境。

Task2. 创建几何体

Stage1. 创建部件几何体

Step1. 在工序导航器中单击 ⊞ MCS_MILL 选项，使其显示机床坐标系，然后单击 ⊞ MCS_MILL 节点前的 "+"；双击节点 WORKPIECE，系统弹出 "铣削几何体" 对话框。

Step2. 单击 按钮，系统弹出 "部件几何体" 对话框；在图形区选取图 9.5.18 所示的部件几何体。

Step3. 单击 确定 按钮，完成部件几何体的创建，系统返回到 "铣削几何体" 对话框。

说明：模型文件中的机床坐标系已经创建好了，所以直接定义部件几何体。

Stage2. 创建毛坯几何体

Step1. 在 "铣削几何体" 对话框中单击 按钮，系统弹出 "毛坯几何体" 对话框；选取图 9.5.19 所示的毛坯几何体，单击 确定 按钮，系统返回到 "铣削几何体" 对话框。

Step2. 单击 确定 按钮，完成毛坯几何体的定义。

Step3. 完成后在图 9.5.19 所示的毛坯几何体上右击鼠标，在系统弹出的快捷菜单中选择 隐藏(H) 命令，将该几何体隐藏起来。

图 9.5.18 部件几何体

图 9.5.19 毛坯几何体

Task3. 创建刀具

Step1. 选择下拉菜单 插入(S) ➡ 刀具(T). 命令，系统弹出"创建刀具"对话框。

Step2. 在 类型 下拉列表中选择 mill_contour 选项，在 刀具子类型 区域中单击 "BALL_MILL" 按钮 ，在 名称 文本框中输入 D8，单击 确定 按钮，系统弹出"铣刀-球头铣"对话框。

Step3. 在 (D) 球直径 文本框中输入值 8.0，在 (L) 长度 文本框中输入值 30.0，在 (FL) 刀刃长度 文本框中输入值 10.0，完成后单击 确定 按钮，完成刀具的创建。

Task4. 创建流线驱动铣操作

Stage1. 创建工序

Step1. 选择下拉菜单 插入(S) ➡ 工序(E)... 命令，系统弹出"创建工序"对话框。

Step2. 在 类型 下拉列表中选择 mill_contour 选项，在 工序子类型 区域中单击"流线"按钮 ，在 程序 下拉列表中选择 NC_PROGRAM 选项，在 刀具 下拉列表中选择 D8 (铣刀-球头铣) 选项，在 几何体 下拉列表中选择 WORKPIECE 选项，在 方法 下拉列表中选择 MILL_FINISH 选项，使用系统默认的名称。

Step3. 单击 确定 按钮，系统弹出图 9.5.20 所示的"流线"对话框。

Stage2. 指定切削区域

在"流线"对话框中单击 按钮，系统弹出"切削区域"对话框，采用系统默认的选项，选取图 9.5.21 所示的切削区域，单击 确定 按钮，系统返回到"流线"对话框。

Stage3. 设置驱动几何体

Step1. 单击"流线"对话框中 驱动方法 区域 流线 右侧的"编辑"按钮 ，系统弹出图 9.5.22 所示的"流线驱动方法"对话框。

Step2. 单击 流曲线 区域的 *选择曲线 (0) 按钮，在图形区中选取图 9.5.23 所示的曲线 1，单击鼠标中键确定；然后再选取曲线 2，单击鼠标中键确定，此时在图形区中生成图 9.5.24 所示的流曲线。

说明：选取曲线 1 和曲线 2 时，需要靠近曲线相同的一端选取，此时曲线上的箭头方向才会一致。

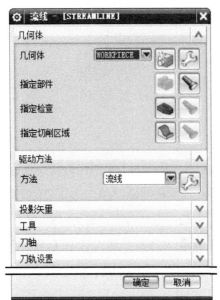

图 9.5.20 "流线"对话框

图 9.5.21 切削区域

图 9.5.22 "流线驱动方法"对话框

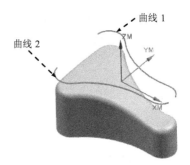

图 9.5.23 选择流曲线

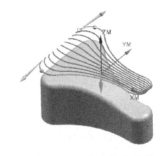

图 9.5.24 生成的流曲线

Step3. 在 刀具位置 下拉列表中选择 对中 选项，在 切削模式 下拉列表中选择 往复 选项，在 步距 下拉列表中选择 数量 选项，在 步距数 文本框中输入值 50.0，单击 确定 按钮，系统返

回到"流线"对话框。

Stage4．设置投影矢量和刀轴

在"流线"对话框 投影矢量 区域的 矢量 下拉列表中选择 刀轴 选项，在 刀轴 区域的 轴 下拉列表中选择 +ZM 轴 选项。

Stage5．设置切削参数

Step1. 单击"流线"对话框中的"切削参数"按钮 ，系统弹出"切削参数"对话框。

Step2. 单击 多刀路 选项卡，其参数设置值如图 9.5.25 所示，单击 确定 按钮，系统返回"流线"对话框。

说明：设置多条刀路选项是为了控制刀具的每次切削深度，避免一次切削过深，同时减小刀具压力。

Stage6．设置非切削移动参数

Step1. 在"流线"对话框中单击"非切削移动"按钮 ，系统弹出"非切削移动"对话框。

Step2. 单击 进刀 选项卡，其参数设置值如图 9.5.26 所示，单击 确定 按钮，完成非切削移动参数的设置。

图 9.5.25 "多刀路"选项卡

图 9.5.26 "进刀"选项卡

Stage7．设置进给率和速度

Step1．单击"流线"对话框中的"进给率和速度"按钮 ![按钮]，系统弹出"进给率和速度"对话框。

Step2．选中 ![☑ 主轴速度 (rpm)] 复选框，然后在其后方的文本框中输入值 1600.0，在 ![切削] 文本框中输入值 1250.0，按 Enter 键，然后单击 ![按钮] 按钮，在 ![更多] 区域的 ![进刀] 文本框中输入值 600.0，在其后面的单位下拉列表中选择 ![mmpm] 选项；其他选项采用系统默认参数设置值。

Step3．单击 ![确定] 按钮，系统返回"流线"对话框。

Task5．生成刀路轨迹并仿真

Step1．单击"流线"对话框中的"生成"按钮 ![按钮]，在系统弹出的"刀轨生成"对话框中单击 ![确定] 按钮后，图形区中生成图 9.5.27 所示的刀路轨迹。

Step2．单击"确认"按钮 ![按钮]，在系统弹出的"刀轨可视化"对话框中单击 ![2D 动态] 选项卡，单击"播放"按钮 ![▶]，即可演示 2D 仿真加工，完成演示后的模型如图 9.5.28 所示，单击 ![确定] 按钮，完成仿真操作。

Step3．单击 ![确定] 按钮，完成操作。

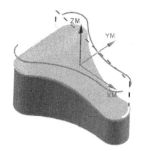

图 9.5.27　刀路轨迹

图 9.5.28　2D 仿真结果

Task6．保存文件

选择下拉菜单 ![文件 (F)] ➡ ![保存 (S)] 命令，保存文件。

9.6　清 根 切 削

清根一般用于加工零件加工区的边缘和凹部处，以清除这些区域中前面操作未切削的材料。这些材料通常是由于前面操作中刀具直径较大而残留下来的，必须用直径较小的刀具来清除它们。需要注意的是，只有当刀具与零件表面同时有两个接触点时，才能产生清根切削刀轨。在清根切削中，系统会自动根据部件表面的凹角来生成刀轨，单路清根只能生成一条切削刀路。下面以图 9.6.1 所示的模型为例，讲解创建单路清根切削的一般步骤。

a）部件几何体

b）毛坯几何体

加工过程

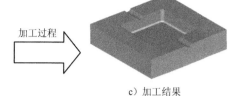

c）加工结果

图 9.6.1 清根切削

Task1. 打开模型文件并进入加工模块

打开模型文件 D:\ug12nc\work\ch09.06\ashtray01.prt，系统进入加工环境。

Task2. 创建刀具

Step1. 选择下拉菜单 插入(S) ➡ 刀具(T)... 命令，系统弹出"创建刀具"对话框。

Step2. 确定刀具类型。在 类型 下拉列表中选择 mill_contour 选项，在 刀具子类型 区域中单击"BALL_MILL"按钮 ，在 刀具 下拉列表中选择 GENERIC_MACHINE 选项，在 名称 文本框中输入 D4，单击 确定 按钮，系统弹出"铣刀-球头铣"对话框。

Step3. 设置刀具参数。在 (D) 球直径 文本框中输入值 4.0，其他参数采用系统默认设置值，单击 确定 按钮，完成刀具的创建。

Task3. 创建单路清根操作

Stage1. 创建工序

Step1. 选择下拉菜单 插入(S) ➡ 工序(E)... 命令，系统弹出"创建工序"对话框，如图 9.6.2 所示。

图 9.6.2 "创建工序"对话框

Step2. 确定加工方法。在 类型 下拉列表中选择 mill_contour 选项，在 工序子类型 区域中选择"单刀路清根"按钮 🖑，在 刀具 下拉列表中选择 D4（铣刀-球头铣） 选项，在 几何体 下拉列表中选择 WORKPIECE 选项，在 方法 下拉列表中选择 MILL_FINISH 选项，单击 确定 按钮，系统弹出图 9.6.3 所示的"单刀路清根"对话框。

图 9.6.3 "单刀路清根"对话框

Stage2. 指定切削区域

Step1. 单击"单刀路清根"对话框中的"切削区域"按钮 🔲，系统弹出"切削区域"对话框。

Step2. 在图形区选取图 9.6.4 所示的切削区域，单击 确定 按钮，系统返回到"单刀路清根"对话框。

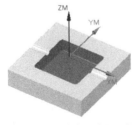

图 9.6.4 选取切削区域

Stage3．设置进给率和速度

Step1．单击"单刀路清根"对话框中的"进给率和速度"按钮 ，系统弹出"进给率和速度"对话框。

Step2．选中 ☑ 主轴速度 (rpm) 复选框，然后在其后方的文本框中输入值 1600.0，在 切削 文本框中输入值 1250.0，按 Enter 键，然后单击 按钮，在 更多 区域的 进刀 文本框中输入值 500.0，在其后面的单位下拉列表中选择 mmpm 选项；其他选项均采用系统默认参数设置值。

Step3．单击 确定 按钮，完成切削参数的设置，系统返回到"单刀路清根"对话框。

Task4．生成刀路轨迹并仿真

Step1．在"单刀路清根"对话框中单击"生成"按钮 ，在图形区中生成图 9.6.5 所示的刀路轨迹。

Step2．单击"确认"按钮 ，在系统弹出的"刀轨可视化"对话框中单击 2D 动态 选项卡，单击"播放"按钮 ，即可演示 2D 仿真加工，完成演示后的模型如图 9.6.6 所示；仿真完成后单击两次 确定 按钮，完成操作。

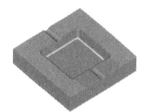

图 9.6.5　刀路轨迹　　　　　　　　　　图 9.6.6　2D 仿真结果

Task5．保存文件

选择下拉菜单 文件(F) ➡ 保存(S) 命令，保存文件。

说明：多路清根通过单击"FLOWCUT_MULTIPLE"按钮 来创建，在工序中通过设置清根偏置数，从而在中心清根的两侧生成多条切削路径，读者可通过打开 D:\ug12nc\work\ch09.06\ashtray02_ok.prt 来观察，其刀路轨迹和 2D 仿真结果分别如图 9.6.7 和图 9.6.8 所示。

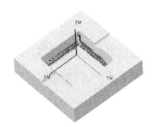
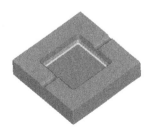

图 9.6.7　刀路轨迹　　　　　　　　　　图 9.6.8　2D 仿真结果

9.7　3D 轮廓加工

3D 轮廓加工是一种特殊的三维轮廓铣削，常用于修边，它的切削路径取决于模型中的边或曲线。刀具到达指定的边或曲线时，通过设置刀具在 ZC 方向的偏置来确定加工深度。下面以图 9.7.1 所示的模型为例，介绍创建 3D 轮廓加工操作的一般步骤。

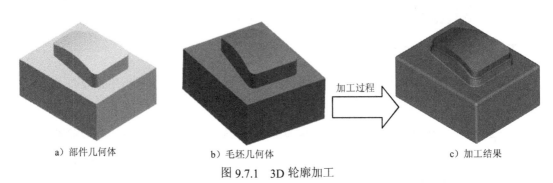

a）部件几何体　　　　　b）毛坯几何体　　　　　c）加工结果

图 9.7.1　3D 轮廓加工

Task1．打开模型文件

打开文件 D:\ug12nc\work\ch09.07\profile_3d.prt，系统进入加工环境。

Task2．创建刀具

Step1．选择下拉菜单 插入(S) ➡ 刀具(T) 命令，系统弹出"创建刀具"对话框。

Step2．在 类型 下拉列表中选择 mill_contour 选项，在 刀具子类型 区域中选择"MILL"按钮，在 名称 文本框中输入 D5R1，单击 确定 按钮，系统弹出"铣刀-5 参数"对话框。

Step3．设置刀具参数。在(D) 直径 文本框中输入值 5.0，在(R1) 下半径 文本框中输入值 1.0，在(L) 长度 文本框中输入值 30.0，在(FL) 刀刃长度 文本框中输入值 20.0，其他参数按系统默认参数设置值，单击 确定 按钮，完成刀具的创建。

Task3．创建 3D 轮廓加工操作

Stage1．创建工序

Step1．选择下拉菜单 插入(S) ➡ 工序(E) 命令，系统弹出"创建工序"对话框。

Step2．确定加工方法。在 类型 下拉列表中选择 mill_contour 选项，在 工序子类型 区域中单击"轮廓 3D"按钮，在 刀具 下拉列表中选择 D5R1 (铣刀-5 参数) 选项，在 几何体 下拉列表中选择 WORKPIECE 选项，在 方法 下拉列表中选择 METHOD 选项，单击 确定 按钮，系统弹出图 9.7.2 所示的"轮廓 3D"对话框。

Stage2．指定部件边界

Step1．单击"轮廓 3D"对话框中的"指定部件边界"右侧的 按钮，系统弹出"边界几何体"对话框。

Step2．在 刀具侧 下拉列表中选择 外侧 选项，在 选择方法 下拉列表中选择 曲线/边 选项，系统弹出"创建边界"对话框；在模型中选取图 9.7.3 所示的边线串为边界曲线，单击 确定 按钮，系统返回到"边界几何体"对话框。

Step3．单击 确定 按钮，系统返回到"轮廓 3D"对话框。

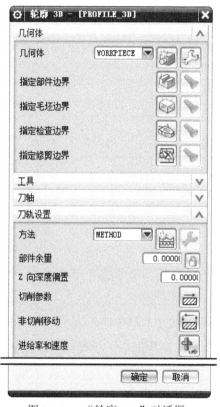

图 9.7.2　"轮廓 3D"对话框

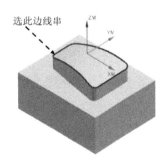

图 9.7.3　指定边界曲线

Stage3．设置深度偏置

在"轮廓 3D"对话框的 部件余量 文本框中输入值 0.0，在 Z 向深度偏置 文本框中输入值 5.0。

Stage4．设置切削参数

Step1．单击"轮廓 3D"对话框中的"切削参数"按钮 ，系统弹出"切削参数"对话框。

Step2．单击 多刀路 选项卡，其参数设置值如图 9.7.4 所示。单击 确定 按钮，系统返回到"轮廓 3D"对话框。

Stage5．设置非切削移动参数

Step1．单击"轮廓 3D"对话框中的"非切削移动"按钮，系统弹出"非切削移动"对话框。

Step2．单击 进刀 选项卡，在 封闭区域 区域的 进刀类型 下拉列表中选择 沿形状斜进刀 选项；在 开放区域 区域的 进刀类型 下拉列表中选择 圆弧 选项。

Step3．单击 确定 按钮，完成非切削移动参数的设置。

图 9.7.4　"多刀路"选项卡

Stage6．设置进给率和速度

Step1．单击"轮廓 3D"对话框中的"进给率和速度"按钮，系统弹出"进给率和速度"对话框。

Step2．选中 ☑ 主轴速度 (rpm) 复选框，然后在其后方的文本框中输入值 1200.0，在 切削 文本框中输入值 1000.0，按 Enter 键，然后单击 按钮，在 更多 区域的 进刀 文本框中输入值 300.0，在其后面的单位下拉列表中选择 mmpm 选项；其他参数采用系统默认设置值。

Step3．单击 确定 按钮，完成进给率和速度的设置，系统返回到"轮廓 3D"对话框。

Task4．生成刀路轨迹并仿真

生成的刀路轨迹如图 9.7.5 所示，2D 动态仿真加工后的零件模型如图 9.7.6 所示。

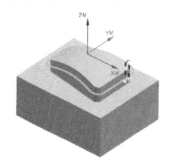

图 9.7.5　刀路轨迹

图 9.7.6　2D 仿真结果

Task5．保存文件

选择下拉菜单 文件(F) ➡ █ 保存(S) 命令，保存文件。

9.8　刻　字

在很多情况下，需要在产品的表面上雕刻零件信息和标识，即刻字。UG NX 12.0 中的刻字操作提供了这个功能，它使用制图模块中注释编辑器定义的文字来生成刀路轨迹。创建刻字操作应注意，如果加入的字是实心的，那么一个笔画可能是由好几条线组成的一个封闭的区域，这时如果刀尖半径很小，那么这些封闭的区域很可能不被完全切掉。下面以图 9.8.1 所示的模型为例，介绍创建刻字铣削的一般步骤。

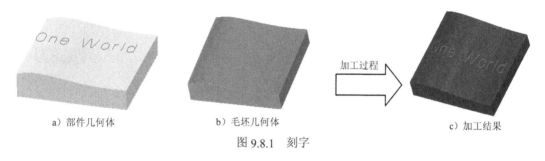

a）部件几何体　　　　b）毛坯几何体　　加工过程　　c）加工结果

图 9.8.1　刻字

Task1．打开模型文件并进入加工模块

Step1．打开模型文件 D:\ug12nc\work\ch09.08\text.prt。

Step2．进入加工环境。在 应用模块 功能选项卡的 加工 区域单击 █ 按钮，在系统弹出的"加工环境"对话框的 要创建的 CAM 组装 列表框中选择 mill contour 选项，单击 确定 按钮，进入加工环境。

Task2．创建几何体

Stage1．创建机床坐标系和安全平面

Step1．在工序导航器的几何体视图中双击节点⊞ 🏗 MCS_MILL，系统弹出"MCS 铣削"对话框。

Step2．创建机床坐标系。在 机床坐标系 区域中单击"坐标系对话框"按钮 🔧，在系统弹出的"坐标系"对话框的 类型 下拉列表中选择 █ 动态 选项。

Step3．单击 操控器 区域中的 ┷ 按钮，系统弹出"点"对话框，在"点"对话框的 参考 下拉列表中选择 WCS 选项，在 ZC 文本框中输入值 2.0，单击 确定 按钮，完成图 9.8.2 所示的机床坐标系的创建；单击 确定 按钮，系统返回到"MCS 铣削"对话框。

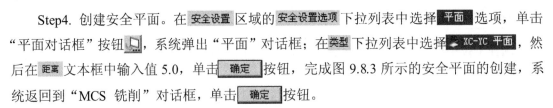

Step4. 创建安全平面。在 安全设置 区域的 安全设置选项 下拉列表中选择 平面 选项，单击"平面对话框"按钮 □，系统弹出"平面"对话框；在 类型 下拉列表中选择 XC-YC 平面，然后在 距离 文本框中输入值 5.0，单击 确定 按钮，完成图 9.8.3 所示的安全平面的创建，系统返回到"MCS 铣削"对话框，单击 确定 按钮。

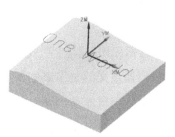

图 9.8.2 创建坐标系

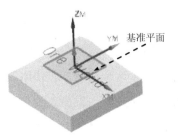

图 9.8.3 创建安全平面

Stage2. 创建部件几何体

Step1. 在工序导航器中单击⊞ MCS_MILL 节点前的"+"，然后双击节点 WORKPIECE，系统弹出"工件"对话框。

Step2. 选取部件几何体。单击 按钮，系统弹出"部件几何体"对话框，在图形区选取整个零件作为部件几何体。

Step3. 单击 确定 按钮，完成部件几何体的创建，同时系统返回到"工件"对话框。

Stage3. 创建毛坯几何体

Step1. 在"工件"对话框中单击"选择或编辑毛坯几何体"按钮，系统弹出"毛坯几何体"对话框，在图形区选取整个零件为毛坯几何体，单击 确定 按钮，系统返回到"工件"对话框。

Step2. 单击 确定 按钮，完成毛坯几何体的创建。

Task3. 创建刀具

Step1. 选择下拉菜单 插入(S) ➞ 刀具(T) 命令，系统弹出"创建刀具"对话框。

Step2. 设置刀具类型和参数。在 类型 下拉列表中选择 mill_contour 选项，在 刀具子类型 区域中单击"BALL_MILL"按钮，在 位置 区域的 刀具 下拉列表中选择 GENERIC_MACHINE 选项，在 名称 文本框中输入刀具名称 BALL_MILL，单击 确定 按钮，系统弹出"铣刀-球头铣"对话框。

Step3. 在对话框中 尺寸 区域的 (D) 球直径 文本框中输入值 5.0，在 (B) 锥角 文本框中输入值 15.0，其他参数采用系统默认设置值，设置完成后单击 确定 按钮，完成刀具的创建。

Task4. 创建刻字操作

Stage1. 创建工序

Step1. 选择下拉菜单 插入(S) ➡ 工序(E)... 命令，系统弹出"创建工序"对话框。

Step2. 确定加工方法。在 类型 下拉列表中选择 mill_contour 选项，在 工序子类型 区域中单击"轮廓文本"按钮 ，在 程序 下拉列表中选择 PROGRAM 选项，在 刀具 下拉列表中选择 BALL_MILL (铣刀-球头铣) 选项，在 几何体 下拉列表中选择 WORKPIECE 选项，在 方法 下拉列表中选择 MILL_FINISH 选项，单击 确定 按钮，系统弹出图 9.8.4 所示的"轮廓文本"对话框。

Stage2. 显示刀具和几何体

Step1. 显示刀具。在"轮廓文本"对话框的 工具 区域中单击"编辑/显示"按钮 ，系统弹出"铣刀-球头铣"对话框，同时在图形区中显示刀具的形状及大小，如图 9.8.5 所示，然后单击 确定 按钮。

Step2. 显示部件几何体。在"轮廓文本"对话框的 几何体 区域中单击 指定部件 右侧的"显示"按钮 ，在图形区中显示部件几何体，如图 9.8.6 所示。

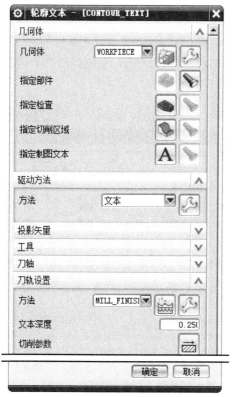

图 9.8.4 "轮廓文本"对话框

图 9.8.5 显示刀具

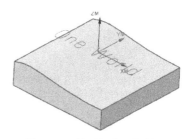

图 9.8.6 显示部件几何体

Stage3. 指定制图文本

Step1. 在"轮廓文本"对话框中单击 指定制图文本 右侧的 A 按钮，系统弹出图 9.8.7 所示

的"文本几何体"对话框。

Step2. 在图形区中选取图 9.8.8 所示的制图文本,单击 确定 按钮,系统返回到"轮廓文本"对话框。

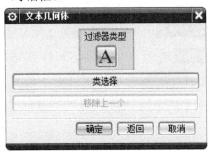

图 9.8.7 "文本几何体"对话框

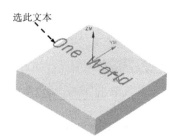

图 9.8.8 选取制图文本

Stage4. 设置切削参数

Step1. 单击"轮廓文本"对话框中的"切削参数"按钮 →,系统弹出"切削参数"对话框。单击 策略 选项卡,在 文本深度 文本框中输入值 0.25。

Step2. 单击 余量 选项卡,其参数设置值如图 9.8.9 所示,单击 确定 按钮。

Stage5. 设置非切削移动参数

Step1. 在"轮廓文本"对话框中单击"非切削移动"按钮 ⊟,系统弹出"非切削移动"对话框。

Step2. 单击 进刀 选项卡,其参数设置值如图 9.8.10 所示,完成后单击 确定 按钮。

图 9.8.9 "余量"选项卡

图 9.8.10 "进刀"选项卡

Stage6. 设置进给率和速度

Step1. 在"轮廓文本"对话框中单击"进给率和速度"按钮 ⬚,系统弹出"进给率和

速度"对话框。

Step2. 选中 ☑ 主轴速度 (rpm) 复选框，然后在其后的文本框中输入值 1200。

Step3. 在 切削 文本框中输入值 300.0，按 Enter 键，然后单击 按钮，在 更多 区域的 进刀 文本框中输入值 50.0，在 第一刀切削 文本框中输入值 100.0，在其后面的单位下拉列表中选择 mmpm 选项；其他选项均采用系统默认设置值。

Step4. 单击 确定 按钮，完成进给率和速度的设置，系统返回"轮廓文本"对话框。

Task5. 生成刀路轨迹并仿真

Step1. 在"轮廓文本"对话框中单击"生成"按钮 ，在图形区中生成图 9.8.11 所示的刀路轨迹。

Step2. 单击"确认"按钮 ，在系统弹出的"刀轨可视化"对话框中单击 2D 动态 选项卡，单击"播放"按钮 ▶ ，即可演示刀具刀轨运行，完成演示后的模型如图 9.8.12 所示，仿真完成后单击两次 确定 按钮，完成操作。

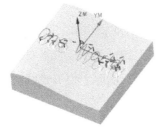

图 9.8.11 刀路轨迹

图 9.8.12 2D 仿真结果

Task6. 保存文件

选择下拉菜单 文件(F) ➡ 保存(S) 命令，保存文件。

学习拓展：扫码学习更多视频讲解。

讲解内容：本部分主要对"切削参数"做了详细的讲解，并对其中的各个参数选项及应用做了说明。

第 **10** 章 多 轴 加 工

10.1 概　述

多轴加工也称可变轴加工，是在切削加工中，加工轴矢量不断变化的一种加工方式。本章通过典型的应用讲解了 UG NX 12.0 中多轴加工的一般流程及操作方法，读者从中不仅可以领会 UG NX 12.0 中多轴加工的方法，并可学习到多轴加工的基本概念。

多轴加工是指使用运动轴数为四轴或五轴以上的机床进行的数控加工，具有加工结构复杂、控制精度高、加工程序复杂等特点。多轴加工适用于加工复杂的曲面、斜轮廓以及不同平面上的孔系等。由于在加工过程中刀具与工件的位置是可以随时调整的，刀具与工件能达到最佳切削状态，从而提高机床加工效率。多轴加工能够提高复杂机械零件的加工精度，因此它在制造业中发挥着重要的作用。在多轴加工中，五轴加工应用范围最为广泛，所谓五轴加工是指在一台机床上至少有五个运动轴（三个直线轴和两个旋转轴），而且可在计算机数控系统（CNC）的控制下协调运动进行加工。五轴联动数控技术对工业制造特别是对航空、航天和军事工业有重要影响。由于其特殊的地位，国际上把五轴联动数控技术作为衡量一个国家生产设备自动化水平的标志。

10.2 多轴加工的子类型

进入加工环境后，选择下拉菜单 插入(S) ➡ 工序(E)... 命令，系统弹出"创建工序"对话框。在"创建工序"对话框的 类型 下拉列表中选择 mill_multi-axis 选项，系统显示多轴加工操作的六种操作子类型，如图 10.2.1 所示。

图 10.2.1 所示的"创建工序"对话框中的各按钮说明如下。

- A1 （VARIABLE_CONTOUR）：可变轮廓铣。
- A2 （VARIABLE_STREAMLINE）：可变流线铣。
- A3 （CONTOUR_PROFILE）：外形轮廓铣。
- A4 （FIXED_CONTOUR）：固定轮廓铣。
- A5 （ZLEVEL_5AXIS）：深度加工五轴铣。
- A6 （SEQUENTIAL_MILL）：顺序铣。
- A7 （TUBE_ROUGH）：管粗加工。

● A8 （TUBE_FINISH）：管精加工。

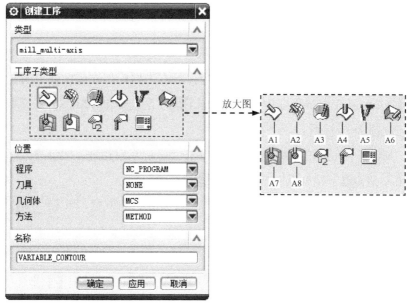

图 10.2.1 "创建工序"对话框

10.3 可变轴轮廓铣

可变轴轮廓铣可以精确地控制刀轴和投影矢量，使刀具沿着非常复杂的曲面运动。其中刀轴的方向是指刀具的中心指向夹持器的矢量方向，它可以通过输入坐标值、指定几何体、设置刀轴与零件表面的法向矢量的关系，或设置刀轴与驱动面法向矢量的关系来确定。

下面以图 10.3.1 所示的模型来说明创建可变轴轮廓铣操作的一般步骤。

a) 部件几何体   b) 毛坯几何体   c) 加工结果

图 10.3.1 可变轴轮廓铣

Task1. 打开模型文件并进入加工模块

Step1. 打开模型文件 D:\ug12nc\work\ch10.03\cylinder_cam.prt。

Step2. 进入加工环境。在 应用模块 功能选项卡的 加工 区域单击 ▶ 按钮，在系统弹出的"加工环境"对话框的 要创建的 CAM 组装 列表框中选择 mill multi-axis 选项，然后单击

确定 按钮，进入多轴加工环境。

Task2. 创建几何体

Stage1. 创建机床坐标系和安全平面

Step1. 进入几何视图。在工序导航器的空白处右击鼠标，在系统弹出的快捷菜单中选择 几何视图 命令，在工序导航器中双击节点 MCS，系统弹出"MCS"对话框。

Step2. 创建机床坐标系。

（1）在"MCS"对话框的机床坐标系区域中单击"坐标系对话框"按钮，系统弹出"坐标系"对话框，在类型下拉列表中选择 动态 选项。

（2）拖动机床坐标系的原点至图 10.3.2 所示边线圆心的位置，单击 确定 按钮，此时系统返回至"MCS"对话框。

Step3. 创建安全平面。

（1）在"MCS"对话框 安全设置 区域的 安全设置选项 下拉列表中选择 平面 选项，单击"平面对话框"按钮，系统弹出"平面"对话框。

（2）选取图 10.3.3 所示的模型表面，在 偏置 区域的 距离 文本框中输入值 10.0，单击 确定 按钮，系统返回到"MCS"对话框，完成安全平面的创建。

Step4. 单击 确定 按钮，完成机床坐标系的设置。

图 10.3.2 创建机床坐标系

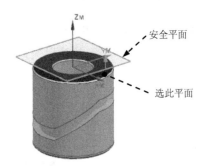

图 10.3.3 创建安全平面

Stage2. 创建毛坯几何体

Step1. 在工序导航器中双击 MCS 节点下的 WORKPIECE，系统弹出"工件"对话框。

Step2. 单击 按钮，系统弹出"毛坯几何体"对话框。

Step3. 在类型下拉列表中选择 几何体 选项，在图形区选取图 10.3.4 所示的几何体为毛坯几何体。

说明：选取几何体时注意选择的类型过滤器应设置为"实体"。选择毛坯几何体后，为了方便后面的操作，需要将该几何体隐藏起来。

Step4. 依次单击"毛坯几何体"对话框和"工件"对话框中的 确定 按钮。

图 10.3.4 毛坯几何体

Task3. 创建刀具

Step1. 选择下拉菜单 插入(S) ➞ 刀具(T)... 命令，系统弹出"创建刀具"对话框。

Step2. 确定刀具类型。在 类型 下拉列表中选择 mill_multi-axis 选项，在 刀具子类型 区域中单击"MILL"按钮 ，在 名称 文本框中输入刀具名称 D10，单击 确定 按钮，系统弹出"铣刀-5 参数"对话框。

Step3. 设置刀具参数。在 尺寸 区域的 (D) 直径 文本框中输入值 10.0，在 (B) 锥角 文本框中输入值 0.0，在 (L) 长度 文本框中输入值 75.0，在 (FL) 刃口长度 文本框中输入值 50.0，其他参数采用系统默认设置值。

Step4. 单击 确定 按钮，完成刀具的创建。

Task4. 创建工序

Stage1. 插入操作

Step1. 选择下拉菜单 插入(S) ➞ 工序(E)... 命令，系统弹出"创建工序"对话框。

Step2. 确定加工方法。在 类型 下拉列表中选择 mill_multi-axis 选项，在 工序子类型 区域中单击"可变轮廓铣"按钮 ，在 刀具 下拉列表中选择 D10 (铣刀-5 参数) 选项，在 几何体 下拉列表中选择 WORKPIECE 选项，在 方法 下拉列表中选择 MILL_FINISH 选项，单击 确定 按钮，系统弹出"可变轮廓铣"对话框，如图 10.3.5 所示。

Stage2. 设置驱动方法

Step1. 在"可变轮廓铣"对话框 驱动方法 区域的 方法 下拉列表中选择 曲面区域 选项，系统弹出图 10.3.6 所示的"曲面区域驱动方法"对话框。

Step2. 单击 按钮，系统弹出"驱动几何体"对话框，采用系统默认设置值，在图形区选取图 10.3.7 所示的曲面，单击 确定 按钮，系统返回到"曲面区域驱动方法"

对话框。

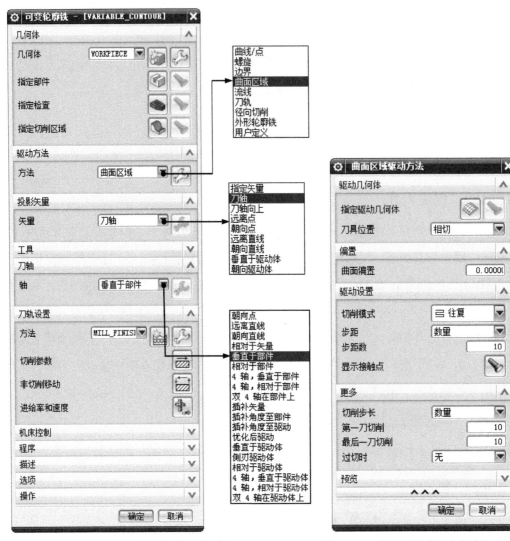

图 10.3.5 "可变轮廓铣"对话框   图 10.3.6 "曲面区域驱动方法"对话框

Step3. 单击"切削方向"按钮，在图形区选取图 10.3.8 所示的箭头方向。

图 10.3.7 选取驱动曲面

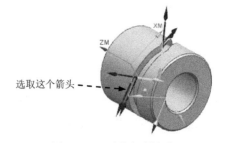

图 10.3.8 选取切削方向

Step4. 单击"材料反向"按钮，确保材料方向箭头如图 10.3.9 所示。

Step5. 设置驱动参数。在 切削模式 下拉列表中选择 螺旋 选项，在 步距 下拉列表中选择 数量 选项，在 步距数 文本框中输入值 200.0，单击 确定 按钮，系统返回到"可变轮廓铣"对话框。

Stage3. 设置刀轴与投影矢量

Step1. 设置刀轴。在"可变轮廓铣"对话框 刀轴 区域的 轴 下拉列表中选择 侧刃驱动体 选项，然后单击"指定侧刃方向"按钮 ，系统弹出"选择侧刃驱动方向"对话框，在图形区选取图 10.3.10 所示的箭头方向，单击 确定 按钮，系统返回到"可变轮廓铣"对话框。

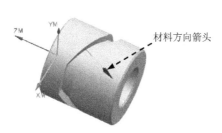

图 10.3.9 选取材料方向

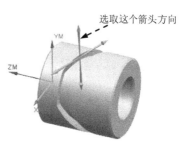

图 10.3.10 设置刀轴

Step2. 设置投影矢量。在"可变轮廓铣"对话框 投影矢量 区域的 矢量 下拉列表中选取 垂直于驱动体 选项。

Stage4. 设置切削参数

Step1. 在 刀轨设置 区域中单击"切削参数"按钮 ，系统弹出"切削参数"对话框。

Step2. 单击 余量 选项卡，在 部件余量 文本框中输入值 0.5。

Step3. 单击 刀轴控制 选项卡，设置参数如图 10.3.11 所示。

Step4. 单击 确定 按钮，完成切削参数的设置，系统返回到"可变轮廓铣"对话框。

Stage5. 设置非切削移动参数

Step1. 单击"可变轮廓铣"对话框中的"非切削移动"按钮 ，系统弹出"非切削移动"对话框。

Step2. 单击 转移/快速 选项卡，设置图 10.3.12 所示的参数，完成后单击 确定 按钮，系统返回到"可变轮廓铣"对话框。

Stage6. 设置进给率和速度

Step1. 单击"可变轮廓铣"对话框中的"进给率和速度"按钮 ，系统弹出"进给率和速度"对话框。

Step2. 选中主轴速度区域中的 ☑ 主轴速度 (rpm) 复选框，在其后的文本框中输入值 3000.0，在进给率区域的 切削 文本框中输入值 500.0，单击 █ 按钮，在 进刀 文本框中输入值 300.0,在其后面的单位下拉列表中选择 mmpm 选项。

Step3. 单击 确定 按钮，完成进给率和速度的设置。

图 10.3.11 "刀轴控制"选项卡

图 10.3.12 "转移/快速"选项卡

Task5. 生成刀路轨迹并仿真

Step1. 单击"生成"按钮 ⊯，在图形区中生成图 10.3.13 所示的刀路轨迹。

Step2. 在"可变轮廓铣"对话框中单击"确认"按钮 ⊞，在系统弹出的"刀轨可视化"对话框中单击 2D 动态 选项卡，单击"播放"按钮 ▶，即可演示刀具按刀轨运行，完成演示后的结果如图 10.3.14 所示，单击 确定 按钮，完成操作。

图 10.3.13 刀路轨迹

图 10.3.14 2D 仿真结果

说明：将此刀路进行适当的变换就可以得到粗加工刀路和另一个侧面的加工刀路。

第 **10** 章　多轴加工

Task6. 保存文件

选择下拉菜单 文件(F) ➡ 保存(S) 命令，保存文件。

10.4　可变轴流线铣

在可变轴加工中，流线铣是比较常见的铣削方式。下面以图 10.4.1 所示的模型来说明创建可变轴流线铣操作的一般步骤。

a）部件几何体　　　　　b）毛坯几何体　　　　　c）加工结果

图 10.4.1　可变轴流线铣

Task1. 打开模型文件并进入加工模块

Step1. 打开模型文件 D:\ug12nc\work\ch10.04\stream.prt。

Step2. 进入加工环境。在 应用模块 功能选项卡的 加工 区域单击 ⯈ 按钮，在系统弹出的"加工环境"对话框的 要创建的 CAM 组装 列表框中选择 mill multi-axis 选项，然后单击 确定 按钮，进入多轴加工环境。

Task2. 创建几何体

Stage1. 创建机床坐标系和安全平面

Step1. 进入几何视图。在工序导航器的空白处右击鼠标，在系统弹出的快捷菜单中选择 几何视图 命令，在工序导航器中双击节点 ⊞ MCS，系统弹出"MCS"对话框。

Step2. 创建机床坐标系。

（1）在"MCS"对话框的 机床坐标系 区域中单击"坐标系对话框"按钮 ⯐，系统弹出"坐标系"对话框，在 类型 下拉列表中选择 动态 选项。

（2）拖动机床坐标系的原点至图 10.4.2 所示边线的中点位置，单击 确定 按钮，完成图 10.4.2 所示的机床坐标系的创建，此时系统返回至"MCS"对话框。

Step3. 创建安全平面。

（1）在"MCS"对话框 安全设置 区域的 安全设置选项 下拉列表中选择 平面 选项，单击 □ 按钮，系统弹出"平面"对话框。

323

（2）选取图 10.4.3 所示的平面，在 偏置 区域的 距离 文本框中输入值 20.0，单击 确定 按钮，系统返回到 "MCS" 对话框，单击 确定 按钮，完成安全平面的创建。

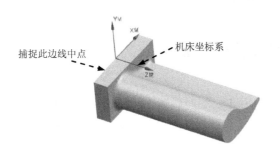
图 10.4.2　创建机床坐标系

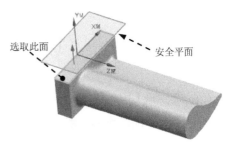
图 10.4.3　创建安全平面

Stage2．创建部件几何体

Step1. 在工序导航器中双击 MCS 节点下的 WORKPIECE 节点，系统弹出 "工件" 对话框。

Step2. 选取部件几何体。在 "工件" 对话框中单击 按钮，系统弹出 "部件几何体" 对话框。

Step3. 在图形区选取整个零件实体为部件几何体，单击 确定 按钮，完成部件几何体的创建，同时系统返回到 "工件" 对话框。

Stage3．创建毛坯几何体

Step1. 在 "工件" 对话框中单击 按钮，系统弹出 "毛坯几何体" 对话框。

Step2. 在 类型 下拉列表中选择 部件的偏置 选项，在 偏置 文本框中输入值 0.3。

Step3. 单击 确定 按钮，然后单击 "工件" 对话框中的 确定 按钮。

Task3．创建刀具

Step1. 选择下拉菜单 插入(S) ➡ 刀具(T)... 命令，系统弹出 "创建刀具" 对话框。

Step2. 确定刀具类型。在 "创建刀具" 对话框的 类型 下拉列表中选择 mill_multi-axis 选项，在 刀具子类型 区域中单击 "BALL_MILL" 按钮 ，在 名称 文本框中输入刀具名称 D6，单击 确定 按钮，系统弹出 "铣刀-球头铣" 对话框。

Step3. 设置刀具参数。在 尺寸 区域的 (D) 球直径 文本框中输入值 6.0，其他参数采用系统默认设置值。

Step4. 单击 确定 按钮，完成刀具的创建。

Task4．创建工序

Stage1．插入工序

Step1. 选择下拉菜单 插入(S) ➡ 工序(E)... 命令，系统弹出 "创建工序" 对话框。

Step2. 确定加工方法。在 类型 下拉列表中选择 mill_multi-axis 选项，在 工序子类型 区域中单击"可变流线铣"按钮 ，在 刀具 下拉列表中选择 D6 (铣刀-球头铣) 选项，在 几何体 下拉列表中选择 WORKPIECE 选项，在 方法 下拉列表中选择 MILL_FINISH 选项，单击 确定 按钮，系统弹出"可变流线铣"对话框，如图 10.4.4 所示。

Stage2. 指定切削区域

在"可变流线铣"对话框中单击 按钮，系统弹出"切削区域"对话框，采用系统默认的选项，选取图 10.4.5 所示的切削区域，单击 确定 按钮，系统返回到"可变流线铣"对话框。

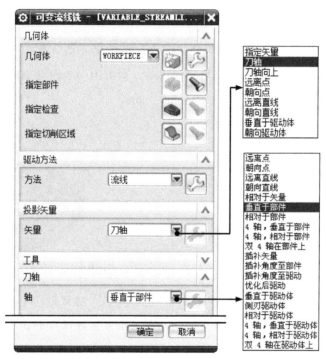

图 10.4.4 "可变流线铣"对话框

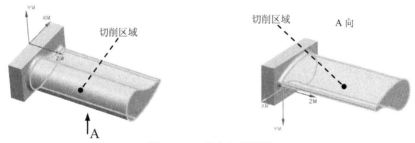

图 10.4.5 指定切削区域

图 10.4.4 所示的"可变流线铣"对话框中 刀轴 区域的 轴 下拉列表的各选项说明如下。

注意：刀轴 下拉列表的选项会根据所选择的驱动方法的不同而有所不同，同时 矢量 下拉列表的选项也会有所变化。

- 远离点：选择此选项后，系统弹出"点"对话框，可以通过"点"对话框创建一个聚焦点，所有刀轴矢量均以该点为起点并指向刀具夹持器，如图 10.4.6 和图 10.4.7 所示。参考文件路径为 D:\ug12nc\work\ch10.04\point_from.prt。

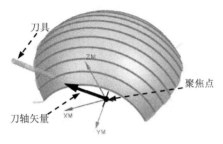
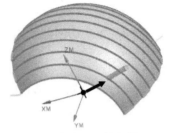

图 10.4.6　"远离点"刀轴矢量（一）　　　　图 10.4.7　"远离点"刀轴矢量（二）

- 朝向点：选择此选项后，系统弹出"点"对话框，可以通过"点"对话框创建一个聚焦点，所有刀轴的矢量均指向该点，如图 10.4.8 和图 10.4.9 所示。参考文件路径为 D:\ug12nc\work\ch10.04\point_to.prt。

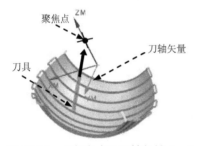
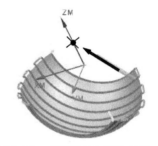

图 10.4.8　"朝向点"刀轴矢量（一）　　　　图 10.4.9　"朝向点"刀轴矢量（二）

- 远离直线：选择此选项后，系统弹出"直线定义"对话框，可以通过此对话框创建一条直线，刀轴矢量沿着聚焦线运动并与该聚焦线保持垂直，矢量方向从聚焦线离开并指向刀具夹持器，如图 10.4.10 和图 10.4.11 所示。参考文件路径为 D:\ug12nc\work\ch10.04\line_to.prt。

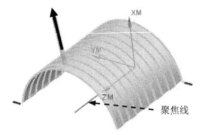
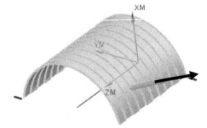

图 10.4.10　"远离直线"刀轴矢量（一）　　　　图 10.4.11　"远离直线"刀轴矢量（二）

- 朝向直线：选择此选项后，系统弹出"直线定义"对话框，可以通过此对话框创建一条直线，刀轴矢量沿着聚焦线运动并与该聚焦线保持垂直，矢量方向指向聚焦线并指向刀具夹持器，如图 10.4.12 和图 10.4.13 所示。参考文件路径为 D:\ug12nc\work\ch10.04\line_from.prt。

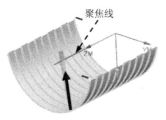

图 10.4.12 "朝向直线"刀轴矢量（一）

图 10.4.13 "朝向直线"刀轴矢量（二）

● **相对于矢量**：选择此选项后，系统弹出"相对于矢量"对话框，可以创建或指定一个矢量，并设置刀轴矢量的前倾角和侧倾角与该矢量相关联。其中"前倾角"定义了刀具沿刀轨前倾或后倾的角度，正前倾角表示刀具相对于刀轨方向向前倾斜，负前倾角表示刀具相对于刀轨方向向后倾斜。由于前倾角是基于刀具的运动方向的，往复切削模式将使刀具在单向刀路中向一侧倾斜，而在回转刀路中向相反的另一侧倾斜。侧倾角定义了刀具从一侧到另一侧的角度，正侧倾角将使刀具向右倾斜，负侧倾角将使刀具向左倾斜。与前倾角不同的是，"侧倾角"是固定的，它与刀具的运动方向无关，如图 10.4.14 和图 10.4.15 所示。参考文件路径为 D:\ug12nc\work\ch10.04\relatively_vector.prt。

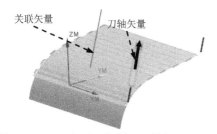

图 10.4.14 "相对于矢量"刀轴矢量（一）

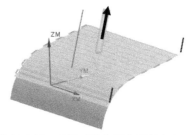

图 10.4.15 "相对于矢量"刀轴矢量（二）

● **垂直于部件**：选择此选项后，刀轴矢量将在每一个刀具与部件的接触点处垂直于部件表面，如图 10.4.16 和图 10.4.17 所示。参考文件路径为 D:\ug12nc\work\ch10.04\per_workpiece.prt。

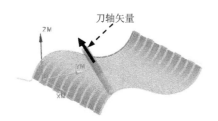

图 10.4.16 "垂直于部件"刀轴矢量（一）

图 10.4.17 "垂直于部件"刀轴矢量（二）

- **相对于部件**: 选择此选项后，系统弹出图 10.4.18 所示的 "4 轴，相对于部件" 对话框，可以在此对话框中设置刀轴的前倾角和侧倾角与部件表面的法向矢量相关联，并可以设置前倾角和侧倾角的变化范围。参考文件路径为 D:\ug12nc\work\ch10.04\relatively_workpiece.prt。刀轴矢量如图 10.4.19 所示。将模型视图切换到右视图，查看前倾角的设置，如图 10.4.20 所示；将模型视图切换到前视图，查看侧倾角的设置，如图 10.4.21 所示。

- **4 轴，垂直于部件**: 选择此选项后，系统弹出 "4 轴，垂直于部件" 对话框，可以用来设置旋转轴及其旋转角度，刀具绕着指定的轴旋转，并始终和旋转轴垂直。

- **4 轴，相对于部件**: 选择此选项后，系统弹出 "4 轴，相对于部件" 对话框，可以设置旋转轴及其旋转角度，同时可以设置刀轴的前倾角和侧倾角与该轴相关联，在四轴加工中，前倾角通常设置为 0。

图 10.4.18 "4 轴，相对于部件" 对话框

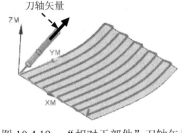

图 10.4.19 "相对于部件" 刀轴矢量

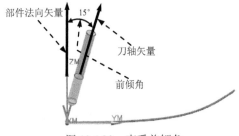

图 10.4.20 查看前倾角

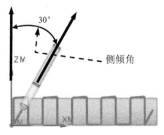

图 10.4.21 查看侧倾角

- **双 4 轴在部件上**: 选择此选项后，系统弹出 "双 4 轴，相对于在部件" 对话框，此时需要在单向切削和回转切削两个方向分别设置旋转轴及其旋转角度，同时可以设置刀轴的前倾角和侧倾角，因此它是一种五轴加工，多用于往复式切削方法。

- **插补矢量**: 选择此选项后，系统弹出 "插补矢量" 对话框，可以选择某点并指定该点处的矢量，其余刀轴矢量是由系统按照插值的方法得到的。

- **插补角度至部件**: 选择此选项后，系统弹出 "插补角度至部件" 对话框，可以选择某点并指定该点处刀轴的前倾角和侧倾角，此时角度的计算是基于刀具和部件表面

接触点的法向矢量，其余刀轴矢量是由系统按照插值的方法得到的。

- 插补角度至驱动：选择此选项后，系统弹出"插补角度至驱动"对话框，可以选择某点并指定该点处刀轴的前倾角和侧倾角，此时角度的计算是基于刀具和驱动表面接触点的法向矢量，其余刀轴矢量是由系统按照插值的方法得到的。

- 优化后驱动：选择此选项后，系统弹出"优化后驱动"对话框，可以是刀具的前倾角与驱动几何体的曲率相匹配，在凸起部分保持小的前倾角，以便移除更多材料。在下凹区域中增加前倾角以防止刀根过切，并使前倾角足够小以防止刀前端过切。

- 垂直于驱动体：选择此选项后，刀轴矢量将在每一个接触点处垂直于驱动面。

- 侧刃驱动体：选择此选项后，系统将按刀具侧刃来计算刀轴矢量，此时可指定侧刃方向、画线类型和侧倾角等参数。此刀轴允许刀具的侧面切削驱动面，刀尖切削部件表面。

- 相对于驱动体：选择此选项后，同样需要设置前倾角和侧倾角，此时角度的计算是基于驱动体表面的法向矢量。

- 4 轴，垂直于驱动体：选择此选项后，系统弹出"4 轴，垂直于驱动体"对话框，可以用来设置第四轴及其旋转角度，刀具绕着指定的轴旋转一定角度，并始终和驱动面垂直。

- 4 轴，相对于驱动体：选择此选项后，系统弹出"4 轴，相对于驱动体"对话框，可以设置第四轴及其旋转角度，同时可以设置刀轴的前倾角和侧倾角与驱动面相关联。

- 双 4 轴在驱动体上：选择此选项后，系统弹出"双 4 轴，相对于驱动体"对话框，此选项与双 4 轴在部件上唯一的区别是双 4 轴在驱动体上参考的是驱动曲面几何体，而不是部件表面几何体。

Stage3. 设置驱动方法

Step1. 在"可变流线铣"对话框的驱动方法区域中单击 按钮，系统弹出图 10.4.22 所示的"流线驱动方法"对话框，同时在图形区系统会自动生成图 10.4.23 所示的流曲线。

Step2. 查看两条流曲线的方向。如有必要，可以在方向箭头上右击，选择反向命令，调整两条流曲线的方向相同。

Step3. 指定切削方向。在切削方向区域中单击"指定切削方向"按钮 ，在图形区中选取图 10.4.24 所示的箭头方向。

Step4. 设置驱动参数。在图 10.4.22 所示的"流线驱动方法"对话框部件上的曲线数后的文本框中输入值 11 并单击 按钮，在图形区系统会自动生成图 10.4.23 所示的流曲线；在刀具位置下拉列表中选择相切选项，在切削模式下拉列表中选择 螺旋或平面螺旋选项，在步距下拉列表中选择数量选项，在步距数文本框中输入值 50，单击 确定 按钮，系统返回

到"可变流线铣"对话框。

Stage4. 设置投影矢量与刀轴

Step1. 设置投影矢量。在"可变流线铣"对话框 投影矢量 区域的 矢量 下拉列表中选取 垂直于驱动体 选项。

Step2. 设置刀轴。在 刀轴 区域的 轴 下拉列表中选择 相对于驱动体 选项，在 前倾角 文本框中输入值 15.0，在 侧倾角 文本框中输入值 15.0。

Stage5. 设置切削参数和非切削移动参数

采用系统默认的切削参数和非切削移动参数。

Stage6. 设置进给率和速度

Step1. 单击"可变流线铣"对话框中的"进给率和速度"按钮 ，系统弹出"进给率和速度"对话框。

图 10.4.22 "流线驱动方法"对话框

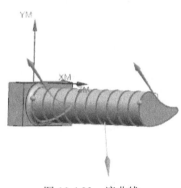

图 10.4.23 流曲线

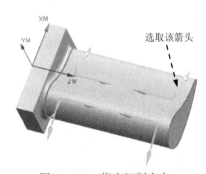

图 10.4.24 指定切削方向

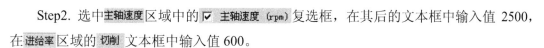

Step2. 选中主轴速度区域中的 ☑ 主轴速度 (rpm) 复选框，在其后的文本框中输入值 2500，在进给率区域的切削文本框中输入值 600。

Step3. 单击 确定 按钮，完成进给率和速度的设置。

Task5. 生成刀路轨迹并仿真

Step1. 在"可变流线铣"对话框中单击"生成"按钮，在图形区中生成图 10.4.25 所示的刀路轨迹。

Step2. 单击"确认"按钮，系统弹出"刀轨可视化"对话框。

Step3. 使用 2D 动态仿真。单击 2D 动态选项卡，采用系统默认设置值，调整动画速度后单击"播放"按钮 ▶，即可演示刀具刀轨运行，完成演示后的模型如图 10.4.26 所示，仿真完成后单击两次 确定 按钮，完成操作。

Task6. 保存文件

选择下拉菜单 文件(F) ➡ 保存(S) 命令，保存文件。

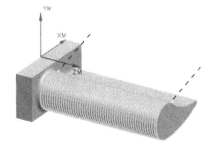

图 10.4.25　刀路轨迹

图 10.4.26　2D 仿真结果

10.5　外形轮廓铣

外形轮廓铣是使用刀具的侧刃来加工倾斜壁的铣削操作，通过指定底面、壁几何体或辅助底面，由系统自动调整刀轴方向来获得光顺的刀轨。本应用讲述的是一个零件的外形轮廓铣加工操作，在学完本节后，希望能增加读者对多轴加工的认识。本应用所使用的部件几何体及加工结果如图 10.5.1 所示，下面介绍其创建的一般操作步骤。

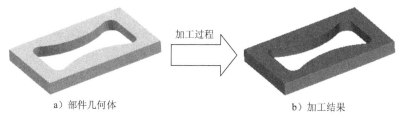

a）部件几何体　　　　加工过程　　　　b）加工结果

图 10.5.1　外形轮廓铣

Task1. 打开模型文件并进入加工模块

Step1. 打开模型文件 D:\ug12nc\work\ch10.05\vc_profile.prt。

Step2. 进入加工环境。在 应用模块 功能选项卡的 加工 区域单击 按钮，在系统弹出的"加工环境"对话框的 要创建的 CAM 设置 列表框中选择 mill multi-axis 选项，然后单击 确定 按钮，进入多轴加工环境。

Task2. 创建几何体

Stage1. 创建机床坐标系和安全平面

Step1. 进入几何视图。在工序导航器的空白处右击，在系统弹出的快捷菜单中选择 几何视图 命令，在工序导航器中双击节点⊞ MCS，系统弹出"MCS"对话框。

Step2. 创建机床坐标系。

（1）在"MCS"对话框的 机床坐标系 区域中单击"坐标系对话框"按钮 ，系统弹出"坐标系"对话框，在 类型 下拉列表中选择 动态 选项。

（2）在图形区的 Z 文本框中输入值-100，单击 确定 按钮，此时系统返回"MCS"对话框，结果如图 10.5.2 所示。

Step3. 创建安全平面。在"MCS"对话框 安全设置 区域的 安全设置选项 下拉列表中选择 包容块 选项，然后在 安全距离 文本框中输入值 20.0；单击"MCS"对话框中的 确定 按钮，完成安全平面的创建。

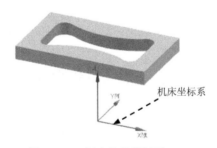

机床坐标系

图 10.5.2 创建机床坐标系

Stage2. 创建部件几何体

Step1. 在工序导航器中双击 WORKPIECE 节点，系统弹出"工件"对话框。

Step2. 选取部件几何体。在"工件"对话框中单击 按钮，系统弹出"部件几何体"对话框，在图形区选取图 10.5.1 a 所示的模型。

Step3. 在"部件几何体"对话框中单击 确定 按钮，完成部件几何体的创建，同时系统返回"工件"对话框。

Stage3. 创建毛坯几何体

Step1. 在"工件"对话框中单击⊗按钮，系统弹出"毛坯几何体"对话框，在 类型 下拉列表中选择 部件的偏置 选项，然后在 偏置 文本框中输入值 0.2。

Step2. 单击"毛坯几何体"对话框中的 确定 按钮，然后单击"工件"对话框中的 确定 按钮。

Task3. 创建刀具

Step1. 选择下拉菜单 插入(S) —— 刀具(T)... 命令，系统弹出"创建刀具"对话框。

Step2. 确定刀具类型。在"创建刀具"对话框的 类型 下拉列表中选择 mill_multi-axis 选项，在 刀具子类型 区域中单击"MILL"按钮 7，在 名称 文本框中输入刀具名称 D10；单击 确定 按钮，系统弹出"铣刀-5 参数"对话框。

Step3. 设置刀具参数。在"铣刀-5 参数"对话框 尺寸 区域的 (D) 直径 文本框中输入值 10.0，在 刀具号、补偿寄存器 和 刀具补偿寄存器 文本框中分别输入值 1，其他参数采用系统默认值。

Step4. 在"铣刀-5 参数"对话框中单击 确定 按钮，完成刀具的创建。

Task4. 创建工序

Stage1. 插入操作

Step1. 选择下拉菜单 插入(S) —— 工序(E)... 命令，系统弹出"创建工序"对话框。

Step2. 确定加工方法。在"创建工序"对话框的 类型 下拉列表中选择 mill_multi-axis 选项，在 工序子类型 区域中单击"外形轮廓铣"按钮 ，在 程序 下拉列表中选择 PROGRAM 选项，在 刀具 下拉列表中选择 D10 (铣刀-5 参数) 选项，在 几何体 下拉列表中选择 WORKPIECE 选项，在 方法 下拉列表中选择 MILL_FINISH 选项，单击 确定 按钮，系统弹出"外形轮廓铣"对话框。

Stage2. 指定壁

在"外形轮廓铣"对话框中取消选中 □ 自动壁 复选框，单击 ◎ 按钮，系统弹出"壁几何体"对话框；选取图 10.5.3 所示的相切面，单击 确定 按钮，系统返回"外形轮廓铣"对话框；选中 ☑ 自动生成辅助底面 复选框，并在 距离 文本框中输入值-1，结果如图 10.5.4 所示。

Stage3. 设置驱动方法

Step1. 在"外形轮廓铣"对话框的 驱动方法 区域中单击 按钮，系统弹出图 10.5.5 所示的"外形轮廓铣驱动方法"对话框，然后设置图 10.5.5 所示的参数值。

Step2. 单击"外形轮廓铣驱动方法"对话框 预览 区域的 按钮，系统生成图 10.5.6 所

示的驱动曲线；单击 确定 按钮，系统返回"外形轮廓铣"对话框。

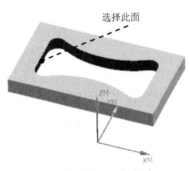

图 10.5.3 指定壁

图 10.5.5 "外形轮廓铣驱动方法"对话框

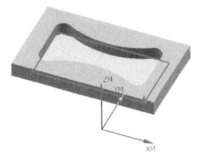

图 10.5.4 辅助底面

Stage4. 设置切削参数

Step1. 在 刀轨设置 区域中单击"切削参数"按钮 ，系统弹出"切削参数"对话框。

Step2. 在"切削参数"对话框中单击 多刀路 选项卡，参数设置如图 10.5.7 所示。

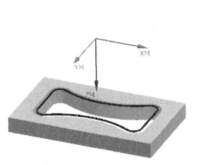

图 10.5.6 驱动曲线

图 10.5.7 "多刀路"选项卡

334

Step3. 其他参数采用系统默认的设置值，然后单击 确定 按钮，系统返回"外形轮廓铣"对话框。

Stage5. 设置非切削移动参数

Step1. 单击"外形轮廓铣"对话框中的"非切削移动"按钮，系统弹出"非切削移动"对话框。

Step2. 单击"非切削移动"对话框中的 进刀 选项卡，设置图 10.5.8 所示的参数，完成后单击 确定 按钮，系统返回"外形轮廓铣"对话框。

图 10.5.8 "进刀"选项卡

Stage6. 设置进给率和速度

Step1. 单击"外形轮廓铣"对话框中的"进给率和速度"按钮，系统弹出"进给率和速度"对话框。

Step2. 选中"进给率和速度"对话框主轴速度区域中的 ☑ 主轴速度 (rpm) 复选框，在其后的文本框中输入值 1500.0，在进给率区域的切削文本框中输入值 200.0，按下 Enter 键，然后单击 按钮。

Step3. 单击"进给率和速度"对话框中的 确定 按钮。

Task5. 生成刀路轨迹并仿真

生成的刀路轨迹如图 10.5.9 所示。2D 动态仿真加工后的模型如图 10.5.10 所示。

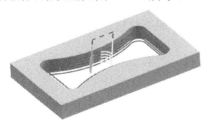

图 10.5.9 刀路轨迹

图 10.5.10 2D 仿真结果

第11章 孔 加 工

11.1 概 述

UG NX 12.0 孔加工包含钻孔加工、沉孔加工和螺纹孔加工等,本章将通过一些应用来介绍 UG NX 12.0 孔加工的各种加工类型。希望读者学习完本章内容后,可以掌握孔加工的操作步骤以及技术参数的设置等。

11.1.1 孔加工简介

孔加工也称为点位加工,可以创建钻孔、攻螺纹、镗孔、平底扩孔和扩孔等加工操作。在孔加工中刀具首先快速移动至加工位置上方,然后切削零件,完成切削后迅速退回到安全平面。

钻孔加工的数控程序较为简单,通常可以直接在机床上输入程序。如果使用 UG 进行孔加工的编程,就可以直接生成完整的数控程序,然后传送到机床中进行加工。特别在零件的孔数目比较多、位置比较复杂的时候,可以大量节省人工输入所占用的时间,同时能大大降低人工输入产生的错误率,提高机床的工作效率。

11.1.2 孔加工的子类型

进入加工模块后,选择下拉菜单 插入(S) ➡ 工序(E)... 命令,系统弹出"创建工序"对话框。在 类型 下拉列表中选择 hole_making 选项,此时,对话框中出现孔加工的 16 种子类型,如图 11.1.1 所示。

图 11.1.1 所示的"创建工序"对话框 工序子类型 区域中的各按钮说明如下。

- A1 (SPOP_DRILLING):定心钻。
- A2 (DRILLING):钻孔。
- A3 (DEEP_HOLE_DRILLING):钻深孔。
- A4 (COUNTERSINKING):钻埋头孔。
- A5 (BACK_COUNTER_SINKING):背面埋头钻孔。
- A6 (TAPPING):攻丝。
- A7 (HOLE_MILLING):孔铣。
- A8 (HOLE_CHAMFER_MILLING):孔倒斜铣。

- A9 （SEQUENTIAL_DRILLING）：顺序钻。

- A10 （BOSS_MILLING）：凸台铣。

- A11 （THREAD_MILLING）：螺纹铣。

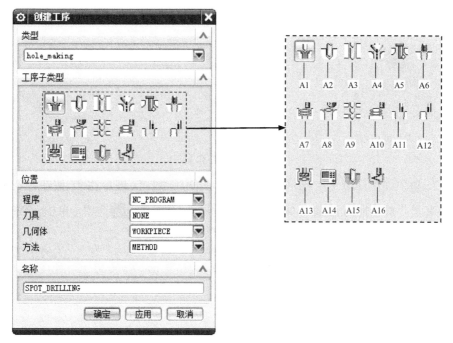

图 11.1.1 "创建工序"对话框

- A12 （BOSS_THREAD_MILLING）：凸台螺纹铣。

- A13 （RADIAL_GROOVE_MILLING）：径向槽铣。

- A14 （MILL_CONTROL）：铣削控制。

- A15 （HOLE_MAKING）：钻孔。

- A16 （HOLE_MILL）：铣孔。

11.2 钻 孔 加 工

创建钻孔加工操作的一般步骤如下。

（1）创建几何体以及刀具。

（2）指定几何体，如选择点或孔、优化加工顺序、避让障碍等。

（3）设置参数，如循环类型、进给率、驻留时间、切削增量等。

（4）生成刀路轨迹及仿真加工。

标准钻孔是钻刀送入至指定深度并快速退刀的点到点钻孔，常用来基础钻孔。下面以

图 11.2.1 所示的模型为例，说明创建钻孔加工操作的一般步骤。

Task1. 打开模型文件并进入加工模块

Step1. 打开模型文件 D:\ug12nc\work\ch11.02\drilling.prt。

a）目标加工零件　　　　　b）毛坯零件　　　　　c）加工结果

图 11.2.1　钻孔加工

Step2. 进入加工环境。在 应用模块 功能选项卡的 加工 区域单击 ▶ 按钮，在系统弹出的"加工环境"对话框的 要创建的 CAM 组装 列表框中选择 hole_making 选项，单击 确定 按钮，进入加工环境。

Task2. 创建几何体

Stage1. 创建机床坐标系

Step1. 在工序导航器中进入几何体视图，然后双击节点 ⬚ MCS，系统弹出"MCS"对话框。

Step2. 创建机床坐标系。在 机床坐标系 区域中单击"坐标系对话框"按钮 ⬚，在系统弹出的"坐标系"对话框的 类型 下拉列表中选择 ⬚ 动态 。

Step3. 单击 操控器 区域中的"点对话框"按钮 ⬚，在"点"对话框的 Z 文本框中输入值 13.0，单击 确定 按钮，此时系统返回至"坐标系"对话框，单击 确定 按钮，完成机床坐标系的创建，如图 11.2.2 所示；系统返回至"MCS"对话框，然后单击 确定 按钮。

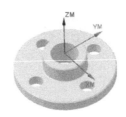

图 11.2.2　创建机床坐标系

Stage2. 创建部件几何体

Step1. 在工序导航器中单击 ⬚ MCS 节点前的"+"，双击节点 ⬚ WORKPIECE，系统弹出"工件"对话框。

Step2. 选取部件几何体。单击 ⬚ 按钮，系统弹出"部件几何体"对话框。

Step3. 选取全部零件为部件几何体，单击 确定 按钮，完成部件几何体的创建，同时系统返回到"工件"对话框。

Stage3. 创建毛坯几何体

Step1. 进入模型的部件导航器，单击节点 ⊞ ▷ **模型历史记录** 展开模型历史记录，在 ☑ 体 (0) 节点上右击，在系统弹出的快捷菜单中选择 隐藏(H) 命令，在 ☑ 体 (1) 节点上右击鼠标，在系统弹出的快捷菜单中选择 显示(S) 命令。

Step2. 单击 按钮，系统弹出"毛坯几何体"对话框。

Step3. 选取 ☑ 体 (1) 为毛坯几何体，完成后单击 确定 按钮。

Step4. 单击"工件"对话框中的 确定 按钮，完成毛坯几何体的创建。

Step5. 进入模型的部件导航器，在 ☑ 体 (0) 节点上右击鼠标，在系统弹出的快捷菜单中选择 显示(S) 命令，在 ☑ 体 (1) 节点上右击鼠标，在系统弹出的快捷菜单中选择 隐藏(H) 命令。

Step6. 切换到工序导航器。

Task3. 创建刀具

Step1. 选择下拉菜单 插入(S) ➡ 刀具(T) 命令，系统弹出"创建刀具"对话框，如图 11.2.3 所示。

Step2. 在 类型 下拉列表中选择 hole_making 选项，在 刀具子类型 区域中选择"STD_DRILL"按钮 ，在 名称 文本框中输入 Z7，单击 确定 按钮，系统弹出图 11.2.4 所示的"钻刀"对话框。

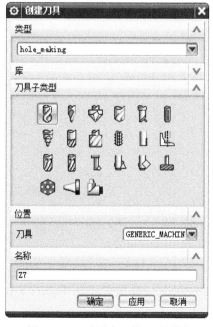

图 11.2.3 "创建刀具"对话框

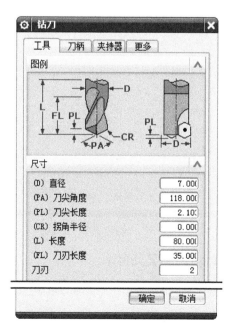

图 11.2.4 "钻刀"对话框

Step3. 设置刀具参数。在 (D) 直径 文本框中输入值 7.0,在 刀具号 文本框中输入值 1,其他参数采用系统默认设置值,单击 确定 按钮,完成刀具的创建。

Task4. 创建工序

Stage1. 插入工序

Step1. 选择下拉菜单 插入(S) ➡ 工序(E)... 命令,系统弹出"创建工序"对话框,如图 11.2.5 所示。

Step2. 在 类型 下拉列表中选择 hole_making 选项,在 工序子类型 区域中选择"DRILLING"按钮,在 刀具 下拉列表中选择前面设置的刀具 Z7 (钻刀) 选项,在 几何体 下拉列表中选择 WORKPIECE 选项,其他参数可参考图 11.2.5。

Step3. 单击 确定 按钮,系统弹出图 11.2.6 所示的"钻孔"对话框。

图 11.2.5 "创建工序"对话框

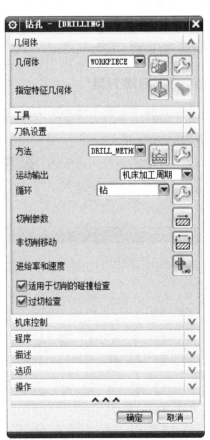

图 11.2.6 "钻孔"对话框

Stage2. 指定几何体

Step1. 单击"钻孔"对话框 指定特征几何体 右侧的 按钮,系统弹出图 11.2.7 所示的"特征几何体"对话框。

Step2. 采用系统默认的参数设置，在图形区选取图 11.2.8 所示的圆柱面，单击"特征几何体"中的 确定 按钮，系统返回"钻孔"对话框。

图 11.2.7 "特征几何体"对话框

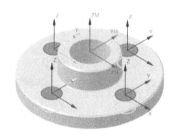

图 11.2.8 选择孔位

Stage3. 设置循环参数

Step1. 在"钻孔"对话框 刀轨设置 区域的 循环 下拉列表中选择 钻 选项，单击"编辑循环"按钮 ，系统弹出图 11.2.9 所示的"循环参数"对话框。

图 11.2.9 "循环参数"对话框

说明：在孔加工中，不同类型的孔的加工需要采用不同的加工方式。这些加工方式有的属于连续加工，有的属于断续加工，它们的刀具运动参数也各不相同，为了满足这些要求，用户可以选择不同的循环类型（如啄钻循环、标准钻循环、标准镗循环等）来控制刀具切削运动过程。

Step2. 在"循环参数"对话框中采用系统默认的参数，单击 确定 按钮，系统返回"钻孔"对话框。

Stage4. 设置切削参数

Step1. 单击"钻孔"对话框中的"切削参数"按钮，系统弹出图 11.2.10 所示的"切削参数"对话框。

Step2. 采用系统默认的参数设置，单击 确定 按钮，系统返回"钻孔"对话框。

图 11.2.10 "切削参数"对话框

Stage5. 设置非切削参数

Step1. 单击"钻孔"对话框中的"非切削移动"按钮，系统弹出图 11.2.11 所示的"非切削移动"对话框。

Step2. 单击 退刀 选项卡，采用默认的退刀参数设置。

Step3. 单击 转移/快速 选项卡，采用默认的转移快速参数设置，如图 11.2.12 所示。

图 11.2.12 所示的"转移快速"选项卡的各按钮说明如下。

● 间隙：用于指定在切削的开始、切削的过程中或完成切削后，刀具为了避让所需要的安全距离。

● 特征之间：用于指定在加工多个特征几何体之间的转移方式。

● 初始和最终：用于指定在切削的开始、最终完成切削后，刀具为了避让所需要的安全距离。

图 11.2.11 "非切削移动"对话框

图 11.2.12 "转移/快速"选项卡

Step4. 单击 **避让** 选项卡，采用默认的避让参数设置，如图 11.2.13 所示。

图 11.2.13 "避让"选项卡

图 11.2.13 所示的"避让"选项卡的各按钮说明如下。

● **出发点** 区域：用于指定加工轨迹起始段的刀具位置，通过其下的 **点选项** 和 **刀轴** 指定点坐标和刀轴方向来完成。

　☑ **点选项** 下拉列表：默认为 **无** ，选择 **指定** 选项后，其下会出现 **指定点** 最选项，可以指定出发点的坐标。

　☑ **刀轴** 下拉列表：默认为 **无** ，选择 **指定** 选项后，其下会出现 **指定点** 最选项，可以指定出发点的刀轴方向。

● **起点** ：用于指定刀具移动到加工位置上方的位置，通过其下的 **点选项** 指定点坐标。这个刀具的起始加工位置的指定可以避让夹具或避免产生碰撞。

● **返回点** ：用于指定切削完成后，刀具返回到位置，通过其下的 **点选项** 指定点坐标。

● **回零点** ：用于指定刀具的最终位置，即刀路轨迹中的回零点。通过其下的 **点选项** 和 **刀轴** 指定点坐标和刀轴方向来完成。

Stage6．设置进给率和速度

Step1．单击"钻孔"对话框中的"进给率和速度"按钮，系统弹出"进给率和速度"对话框。

Step2．选中 ☑ 主轴速度 (rpm) 复选框，然后在其后方的文本框中输入值 500.0，按 Enter 键，然后单击 按钮，在 切削 文本框中输入值 50.0，按 Enter 键，然后单击 按钮，其他选项采用系统默认设置值，单击 确定 按钮。

Task5．生成刀路轨迹并仿真

生成的刀路轨迹如图 11.2.14 所示，3D 动态仿真加工后的结果如图 11.2.15 所示。

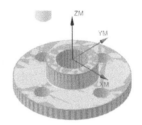

图 11.2.14　刀路轨迹　　　　　　　　　图 11.2.15　3D 仿真结果

Task6．保存文件

选择下拉菜单 文件(F) ➡ 保存(S) 命令，保存文件。

11.3　孔倒角加工

下面以图 11.3.1 所示的模型为例，说明创建孔倒角加工操作的一般步骤。

a）目标加工零件　　　　b）毛坯零件　　　　c）加工结果

图 11.3.1　孔倒角加工

Task1．打开模型文件并进入加工模块

Step1．打开模型文件 D:\ug12nc\work\ch11.03\counterboring00.prt。

Step2．进入加工环境。在 应用模块 功能选项卡的 加工 区域单击 按钮，在系统弹出的"加工环境"对话框的 要创建的 CAM 组装 列表框中选择 hole_making 选项，单击 确定 按钮，

进入加工环境。

Task2. 创建几何体

Step1. 创建机床坐标系。将默认的机床坐标系向 ZC 方向上偏置，偏置值为 13.0。

Step2. 在工序导航器中单击 🕹 **MCS** 节点前的"+"，双击节点 📦 **WORKPIECE**，系统弹出"工件"对话框。

Step3. 单击 ✍ 按钮，系统弹出"部件几何体"对话框，选取当前显示的零件实体为部件几何体，如图 11.3.2 所示。

Step4. 单击 确定 按钮，完成部件几何体的创建，同时系统返回到"工件"对话框。

Step5. 单击 ◈ 按钮，系统弹出"毛坯几何体"对话框，在装配导航器中将 ☑🗇 counterboring01 调整为隐藏状态，将 ☑🗇 counterboring02 调整为显示状态，在图形区中选取 ☑🗇 counterboring02 为毛坯几何体，如图 11.3.3 所示，单击"毛坯几何体"对话框中的 确定 按钮，系统返回到"工件"对话框。

Step6. 单击 确定 按钮，在装配导航器中将 ☑🗇 counterboring01 调整为显示状态，将 ☑🗇 counterboring02 调整为隐藏状态。

图 11.3.2 部件几何体

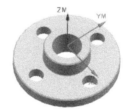

图 11.3.3 毛坯几何体

Task3. 创建刀具

Step1. 选择下拉菜单 插入(S) ➡ 🔩刀具(T) 命令，系统弹出图 11.3.4 所示的"创建刀具"对话框。

Step2. 在 类型 下拉列表中选择 hole_making 选项，在 刀具子类型 区域中选择"CHAMFER_MILL"按钮 🔩，在 名称 文本框中输入 CHAMFER_MILL_10，单击 确定 按钮，系统弹出"倒斜铣刀"对话框，如图 11.3.5 所示。

Step3. 在 刀具号 文本框中输入值 1，其他参数设置如图 11.3.5 所示，单击 确定 按钮。

Task4. 创建加工工序

Stage1. 创建工序

Step1. 选择下拉菜单 插入(S) ➡ ⧚ 工序(E). 命令，系统弹出图 11.3.6 所示的"创建

工序"对话框。

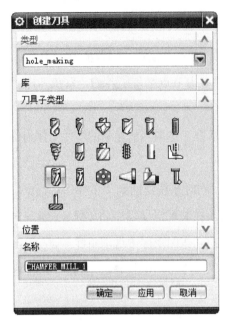

图 11.3.4 "创建刀具"对话框

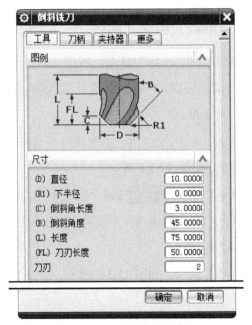

图 11.3.5 "倒斜铣刀"对话框

图 11.3.6 "创建工序"对话框

Step2. 在 工序子类型 区域中选择"孔倒斜铣"按钮 ，在 刀具 下拉列表中选用前面设置的刀具 CHAMFER_MILL_10 (倒斜铣刀) 选项，在 几何体 下拉列表中选择 WORKPIECE 选项，其他参数设置如图所示，单击 确定 按钮，系统弹出图 11.3.7 所示的"孔倒斜铣"对话框。

Stage2. 指定加工点

Step1. 单击"孔倒斜铣"对话框 **指定特征几何体** 右侧的 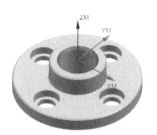 按钮，系统弹出"特征几何体"对话框。

Step2. 在图形中选取图 11.3.8 所示的圆锥面，在"特征几何体"对话框 **加工区域** 的下拉列表中选择 **FACES_TOP_CHAMFER** 选项，此时对话框显示对应的孔参数，如图 11.3.9 所示，单击 **确定** 按钮，系统返回"孔倒斜铣"对话框。

图 11.3.8 指定加工点

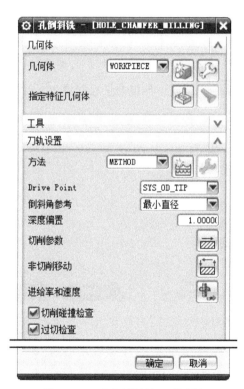

图 11.3.7 "孔倒斜铣"对话框

图 11.3.9 设置孔参数

Stage3. 设置一般参数

在"孔倒斜铣"对话框 **刀轨设置** 区域的 **Drive Point** 下拉列表中选择 **SYS_OD_SHOULDER** 选项，其余参数设置如图 11.3.10 所示。

图 11.3.10　设置一般参数

图 11.3.10 中的部分按钮说明如下。

- Drive Point 下拉列表：用于指定切削时所使用的刀具的驱动点类型。包括 SYS_OD_TIP 、 SYS_OD_CHAMFER 、 SYS_OD_SHOULDER 选项。各驱动点在创建刀具时自动产生，具体位置如图 11.3.11 所示。

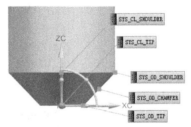

图 11.3.11　驱动点位置

- 倒斜角参考 下拉列表：用于指定切削时直径的参考类型。包括 最大直径 和 最小直径 选项。

如图 11.3.12 所示

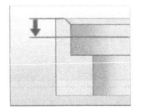 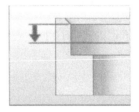

图 11.3.12　倒斜角参考

- 深度偏置 文本框：用来定义切削刀具沿深度方向的偏置距离值。

Stage4．设置切削参数

Step1．单击"孔倒斜铣"对话框中的"切削参数"按钮，系统弹出图 11.3.13 所示的"切削参数"对话框。

Step2. 采用系统默认的参数设置，单击 确定 按钮，系统返回"孔倒斜铣"对话框。

图 11.3.13   "切削参数"对话框

Stage5. 设置非切削参数

Step1. 单击"孔倒斜铣"对话框中的"非切削参数"按钮 ，系统弹出"非切削移动"对话框。

Step2. 单击 进刀 选项卡，采用图 11.3.14 所示的默认退刀参数设置。

图 11.3.14   "进刀"选项卡

Step3. 单击 重叠 选项卡，采用图 11.3.15 所示的默认重叠参数设置，单击 确定 按钮，系统返回"孔倒斜铣"对话框。

Stage6. 设置进给率和速度

Step1. 单击"孔倒斜铣"对话框中的"进给率和速度"按钮 ，系统弹出"进给率和速

度"对话框。

图 11.3.15 "重叠"选项卡

Step2. 选中 ☑ 主轴速度 (rpm) 复选框，在其后的文本框中输入值 600.0，按 Enter 键，然后单击 按钮，在 切削 文本框中输入值 100.0，按 Enter 键，再单击 按钮，其他参数采用系统默认设置值。

Stage8. 生成刀路轨迹并仿真

生成的刀路轨迹如图 11.3.16 所示，2D 动态仿真加工后的结果如图 11.3.17 所示。

图 11.3.16 刀路轨迹

图 11.3.17 2D 仿真结果

Task5. 保存文件

选择下拉菜单 文件(F) ➡ 保存(S) 命令，保存文件。

11.4 埋头孔加工

下面以图 11.4.1 所示的模型为例，说明创建埋头孔加工操作的一般步骤。

a）目标加工零件

b）毛坯零件

加工过程

c）加工结果

图 11.4.1 埋头孔加工

Task1. 打开模型文件

打开模型文件 D:\ug12nc\work\ch11.04\countersinking.prt，系统进入加工环境。

Task2. 创建刀具

Step1. 选择下拉菜单 插入(S) ➡ 刀具(T)... 命令，系统弹出"创建刀具"对话框。

Step2. 在 类型 下拉列表中选择 hole_making 选项，在 刀具子类型 区域中选择 "COUNTER_SINK"按钮，在 名称 文本框中输入 COUNTER_SINK_20，单击 确定 按钮，系统弹出"埋头切削"对话框。

Step3. 设置刀具参数。在 (D) 直径 文本框中输入值 20.0，在 刀具号 文本框中输入值 2，其他参数采用系统默认设置值，单击 确定 按钮，完成刀具的创建。

Task3. 创建加工工序

Stage1. 创建工序

Step1. 选择下拉菜单 插入(S) ➡ 工序(E)... 命令，系统弹出图 11.4.2 所示的"创建工序"对话框。

图 11.4.2 "创建工序"对话框

Step2. 确定加工方法。在 类型 下拉列表中选择 hole_making 选项，在 工序子类型 区域中选择 "钻埋头孔"按钮，在 刀具 下拉列表中选择前面设置的刀具 COUNTER_SINK_20 (埋头孔) 选项，在 几何体 下拉列表中选择 WORKPIECE 选项，在 方法 下拉列表中选择 DRILL_METHOD 选项，其他参数采用系统默认设置值。

Step3. 单击"创建工序"对话框中的 确定 按钮，系统弹出"钻埋头孔"对话框。

Stage2．指定几何体

Step1. 单击"钻埋头孔"对话框 指定特征几何体 右侧的 按钮，系统弹出"特征几何体"对话框。

Step2. 采用系统默认的参数设置，在图形区依次选取图 11.4.3 所示的圆柱面，系统自动检测出各个孔的参数，单击 确定 按钮，系统返回"钻埋头孔"对话框。

图 11.4.3　指定孔位

Stage3．设置循环控制参数

Step1. 在"钻埋头孔"对话框 刀轨设置 区域的 循环 下拉列表中选择 钻，埋头孔 选项，单击"编辑循环"按钮 ，系统弹出"循环参数"对话框，如图 11.4.4 所示。

Step2. 在"循环参数"对话框中采用图 11.4.4 所示的参数，单击 确定 按钮，系统返回"钻埋头孔"对话框。

Stage4．设置切削参数

Step1. 单击"钻埋头孔"对话框中的"切削参数"按钮 ，系统弹出图 11.4.5 所示的"切削参数"对话框。

图 11.4.4　"循环参数"对话框

图 11.4.5　"切削参数"对话框

Step2. 采用系统默认的参数设置，单击 确定 按钮，系统返回"钻埋头孔"对话框。

Stage5．设置非切削参数

采用系统默认的非切削参数设置。

Stage6．设置进给率和速度

Step1. 单击"钻埋头孔"对话框中的"进给率和速度"按钮 ，系统弹出"进给率和速度"对话框。

Step2. 选中 ☑ 主轴速度 (rpm) 复选框，然后在其后方的文本框中输入值 600.0，按 Enter键，然后单击█按钮，在"进给率"区域的 切削 文本框中输入值 100.0，按 Enter 键，然后单击█按钮，其他参数采用系统默认设置值，单击 确定 按钮。

Task4．生成刀路轨迹

生成的刀路轨迹如图 11.4.6 所示。

图 11.4.6 刀路轨迹

Task5．保存文件

选择下拉菜单 文件(F) ➡ █ 保存(S) 命令，保存文件。

11.5 螺纹孔加工

攻螺纹指用丝锥加工孔的内螺纹。下面以图 11.5.1 所示的模型为例来说明创建攻螺纹加工操作的一般步骤。

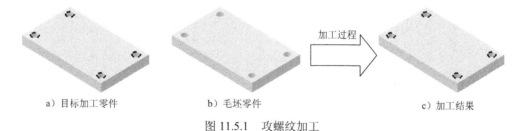

a）目标加工零件   b）毛坯零件   加工过程   c）加工结果

图 11.5.1 攻螺纹加工

Task1．打开模型文件并进入加工模块

Step1. 打开模型文件 D:\ug12nc\work\ch11.05\tapping.prt。

Step2. 进入加工环境。在 应用模块 功能选项卡的 加工 区域单击█按钮，在系统弹出的"加工环境"对话框的 要创建的 CAM 组装 列表框中选择 hole_making 选项，单击 确定 按钮，进入加工环境。

Task2. 创建几何体

Step1. 创建机床坐标系。将默认的机床坐标系沿 ZC 方向偏置，偏置值为 10.0。

Step2. 在工序导航器中单击 MCS 节点前的"+"，双击节点 WORKPIECE，系统弹出"工件"对话框。

Step3. 单击 按钮，系统弹出"部件几何体"对话框，选取全部零件为部件几何体。

Step4. 单击 确定 按钮，完成部件几何体的创建，同时系统返回到"工件"对话框。

Step5. 单击 按钮，系统弹出"毛坯几何体"对话框，选取全部零件为毛坯几何体，完成后单击 确定 按钮。

Step6. 单击 确定 按钮，完成几何体的创建。

Task3. 创建刀具

Step1. 选择下拉菜单 插入(S) ➡ 刀具(T) 命令，系统弹出图 11.5.2 所示的"创建刀具"对话框。

Step2. 在 类型 下拉列表中选择 hole_making 选项，在 刀具子类型 区域中选择"TAP"按钮 ，在 名称 文本框中输入 TAP8，单击 确定 按钮，系统弹出图 11.5.3 所示的"丝锥"对话框。

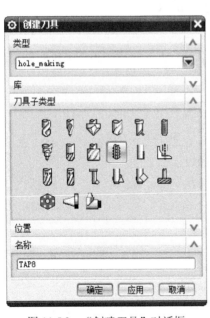

图 11.5.2 "创建刀具"对话框

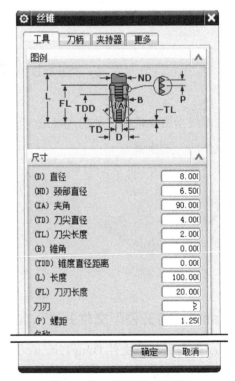

图 11.5.3 "丝锥"对话框

Step3. 在 (D) 直径 文本框中输入值 8.0，在 (ND) 颈部直径 文本框中输入值 6.5，在 (P) 螺距 文本框中输入值 1.25，在 刀具号 文本框中输入值 1，其他参数采用系统默认设置值，单击

确定 按钮，完成刀具的设置。

Task4. 创建工序

Stage1. 创建工序

Step1. 选择下拉菜单 插入(S) ➡️ 工序(E)... 命令，系统弹出"创建工序"对话框，如图 11.5.4 所示。

Step2. 在 工序子类型 区域中选择"攻丝"按钮 ，在 刀具 下拉列表中选用前面设置的刀具 TAP8 (丝锥) 选项，其他参数可参考图 11.5.4 所示。

Step3. 单击 确定 按钮，系统弹出图 11.5.5 所示的"攻丝"对话框。

图 11.5.4 "创建工序"对话框

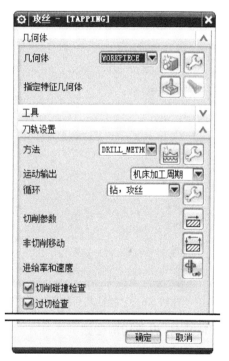

图 11.5.5 "攻丝"对话框

Stage2. 指定加工点

Step1. 单击"攻丝"对话框 指定特征几何体 右侧的 按钮，系统弹出图 11.5.6 所示的"特征几何体"对话框。

Step2. 采用默认的参数设置，在图形中选取图 11.5.7 所示的圆柱面，系统自动识别各个孔的螺纹参数，完成后单击 确定 按钮，系统返回"攻丝"对话框。

Stage3. 设置循环参数

Step1. 在"攻丝"对话框 循环类型 区域的 循环 下拉列表中选择 钻,攻丝 选项，单击"编辑循环"按钮 ，系统弹出"循环参数"对话框，如图 11.5.8 所示。

Step2. 采用系统默认的参数设置值，如图 11.5.8 所示，单击 **确定** 按钮，系统返回"攻丝"对话框。

图 11.5.6 "特征几何体"对话框

图 11.5.7 指定加工点

图 11.5.8 "循环参数"对话框

Stage4. 设置切削参数

Step1. 单击"攻丝"对话框中的"切削参数"按钮，系统弹出图 11.5.9 所示的"切削参数"对话框。

图 11.5.9 "切削参数"对话框

Step2. 采用系统默认的参数设置，单击 确定 按钮，系统返回"攻丝"对话框。

Stage5．设置非切削参数

Step1. 单击"钻孔"对话框中的"非切削参数"按钮，系统弹出"非切削移动"对话框。

Step2. 单击 退刀 选项卡，采用默认的退刀参数设置，如图 11.5.10 所示。

Step3. 单击 转移/快速 选项卡，采用默认的转移快速参数设置，如图 11.5.11 所示，单击 确定 按钮，系统返回"攻丝"对话框。

图 11.5.10　"退刀"选项卡

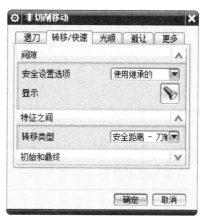

图 11.5.11　"转移/快速"选项卡

Stage6．设置进给率和速度

Step1. 单击"攻丝"对话框中的"进给率和速度"按钮，系统弹出"进给率和速度"对话框，如图 11.5.12 所示。

Step2. 设置进给率参数如图 11.5.12 所示，单击 确定 按钮，系统返回"攻丝"对话框。

Task5．生成刀路轨迹

生成的刀路轨迹如图 11.5.13 所示。

图 11.5.12　"进给率和速度"对话框

图 11.5.13　刀路轨迹

Task6. 保存文件

选择下拉菜单 文件(F) ➡ 🖫 保存(S) 命令，保存文件。

11.6 UG NX 12.0 钻孔加工实际综合应用

Task1. 打开模型文件并进入加工模块

Step1. 打开模型文件 D:\ug12nc\work\ch11.06\drilling.prt。

Step2. 进入加工环境。在 应用模块 功能选项卡的 加工 区域单击 🖢 按钮，在系统弹出的"加工环境"对话框的 要创建的 CAM 组装 列表框中选择 hole_making 选项，单击 确定 按钮，进入加工环境。

Task2. 创建几何体

Stage1. 创建机床坐标系和安全平面

Step1. 在工序导航器中进入几何体视图 ，双击 🔁 MCS 节点，系统弹出"MCS"对话框。

Step2. 在 机床坐标系 区域中单击"坐标系对话框"按钮 🔁，在系统弹出的"坐标系"对话框的 类型 下拉列表中选择 动态 选项。

Step3. 单击 操控器 区域中的"点对话框"按钮 ✛，在"点"对话框的 X 文本框中输入值 200.0，在 Y 文本框中输入值 200.0，在 Z 文本框中输入值 0.0，单击 确定 按钮，然后以 YM 轴为轴线旋转 180°，结果如图 11.6.1 所示，单击"坐标系"对话框中的 确定 按钮，系统返回到"MCS"对话框。

Step4. 在 安全设置 区域的 安全设置选项 下拉列表中选择 平面 选项，单击"平面对话框"按钮 🖵，系统弹出"平面"对话框。

Step5. 在 类型 区域的下拉列表中选择 按某一距离 选项。在 平面参考 区域中单击 ✛ 按钮，选取图 11.6.1 所示的平面为对象平面；在 偏置 区域的 距离 文本框中输入值 10，并按 Enter 键确认，单击 确定 按钮，完成安全平面的创建。

Step6. 单击 确定 按钮，完成机床坐标系和安全平面的创建。

Stage2. 创建部件几何体

Step1. 将工序导航器调整到几何视图状态，单击 ⊞ 🔁 MCS 节点前的"+"，双击节点 🖽 WORKPIECE，系统弹出"工件"对话框。

Step2. 单击 🖽 按钮，系统弹出"部件几何体"对话框，选取全部零件为部件几何体，

单击 确定 按钮，系统返回到"工件"对话框。

Step3. 单击 ⬡ 按钮，系统弹出"毛坯几何体"对话框，在 类型 下拉列表中选择 ▣ 包容块 选项，系统自动创建毛坯几何体，如图 11.6.2 所示。

Step4. 单击两次 确定 按钮，完成几何体的创建。

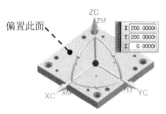

图 11.6.1 机床坐标系

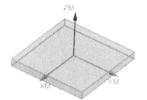

图 11.6.2 毛坯几何体

Task3. 创建刀具

Step1. 选择下拉菜单 插入(S) ➡ 🔧 刀具(T) 命令，系统弹出图 11.6.3 所示的"创建刀具"对话框。

Step2. 确定刀具类型。在 类型 下拉列表中选择 hole_making 选项，在 刀具子类型 区域中选择"STD_DRILL"按钮 🔩。在 名称 文本框中输入 D6，单击 确定 按钮，系统弹出图 11.6.4 所示的"钻刀"对话框。

图 11.6.3 "创建刀具"对话框

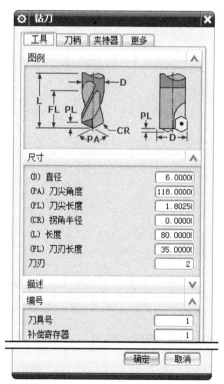

图 11.6.4 "钻刀"对话框

Step3. 设置刀具参数。在 (D) 直径 文本框中输入值 6.0，在 刀具号 文本框中输入值 1，在

补偿寄存器 文本框中输入值 1，其他参数采用系统默认设置值，单击 确定 按钮，完成刀具的设置。

Task4. 创建钻孔工序 1

Stage1. 插入工序

Step1. 选择下拉菜单 插入(S) ➡ 工序(E)... 命令，系统弹出"创建工序"对话框，如图 11.6.5 所示。

Step2. 确定加工方法。在 工序子类型 区域中选择"DRILLING"按钮 ，在 刀具 下拉列表中选择 D6 (钻刀) 选项，在 几何体 下拉列表中选择 WORKPIECE 选项，其他参数的设置可参考图 11.6.5，单击 确定 按钮，系统弹出图 11.6.6 所示的"钻孔"对话框。

图 11.6.5 "创建工序"对话框

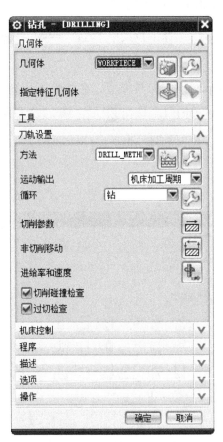

图 11.6.6 "钻孔"对话框

Stage2. 指定钻孔点

Step1. 单击"钻孔"对话框 指定特征几何体 右侧的 按钮，系统弹出"特征几何体"对话框。

Step2. 在图形区选取图 11.6.7 所示的圆，然后单击 深度 后面的 按钮，选择选项，将深度数值修改为 45.0，单击 **确定** 按钮，系统返回"钻孔"对话框。

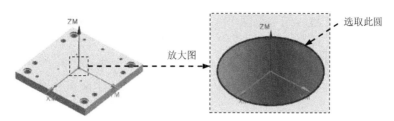

图 11.6.7 指定钻孔点

Stage3. 设置循环参数

Step1. 在"钻孔"对话框 刀轨设置 区域的 循环 下拉列表中选择 钻 选项，单击"编辑循环"按钮 ，系统弹出 "循环参数"对话框。

Step2. 在"循环参数"对话框中采用系统默认的参数，单击 **确定** 按钮，系统返回"钻孔"对话框。

Stage4. 设置切削参数

采用系统默认的参数设置。

Stage5. 设置非切削参数

采用系统默认的参数设置。

Stage6. 设置进给率和速度

Step1. 单击"钻孔"对话框中的"进给率和速度"按钮 ，系统弹出"进给率和速度"对话框。

Step2. 在 自动设置 区域的 表面速度 (smm) 文本框中输入值 10.0，按 Enter 键，然后单击 按钮，系统会根据此设置同时完成主轴速度的设置，在 切削 文本框中输入值 50.0，按 Enter 键，然后单击 按钮，其他参数采用系统默认设置值，单击 **确定** 按钮。

Stage7. 生成刀路轨迹并仿真

生成的刀路轨迹如图 11.6.8 所示，2D 动态仿真加工后的结果如图 11.6.9 所示。

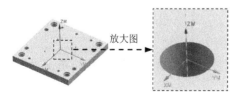

图 11.6.8 刀路轨迹

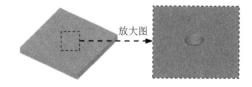

图 11.6.9 2D 仿真结果

Task5. 创建钻孔工序 2

本 Task 的详细操作过程请参见随书光盘中 video 文件夹下的语音视频讲解文件。

Task6. 创建钻孔工序 3

本 Task 的详细操作过程请参见随书光盘中 video 文件夹下的语音视频讲解文件。

Task7. 创建钻孔工序 4

本 Task 的详细操作过程请参见随书光盘中 video 文件夹下的语音视频讲解文件。

Task8. 创建钻孔工序 5

本 Task 的详细操作过程请参见随书光盘中 video 文件夹下的语音视频讲解文件。

Task9. 创建沉孔工序 1

Stage1. 创建工序

Step1. 选择下拉菜单 插入(S) ➡️ 工序(E)... 命令，系统弹出"创建工序"对话框。

Step2. 在"创建工序"对话框的 工序子类型 区域中选择"DRILLING"按钮 ，在 刀具 下拉列表中选择 D7（铣刀-5 参数）选项，在 几何体 下拉列表中选择 WORKPIECE 选项，其他参数采用系统默认设置值。单击 确定 按钮，系统弹出"钻孔"对话框。

Stage2. 指定加工点

Step1. 单击"钻孔"对话框 指定特征几何体 右侧的 按钮，系统弹出"特征几何体"对话框。

Step2. 在图形中选取图 11.6.10 所示的孔，单击两次 确定 按钮，系统返回"沉头孔加工"对话框。

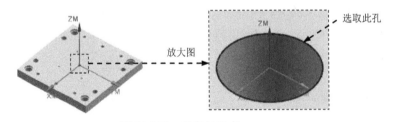

图 11.6.10 指定加工点

Stage3. 设置循环参数

Step1. 在"钻孔"对话框 刀轨设置 区域的 循环 下拉列表中选择 钻 选项，单击"编辑循环"按钮 ，系统弹出"循环参数"对话框。

Step2. 在"循环参数"对话框中采用系统默认的参数，单击 确定 按钮，系统返回"钻孔"对话框。

Stage4. 设置切削参数

采用系统默认的参数设置。

Stage5. 设置非切削参数

采用系统默认的参数设置。

Stage6. 设置进给率和速度

Step1. 单击"沉头孔加工"对话框中的"进给率和速度"按钮 ，系统弹出"进给率和速度"对话框。

Step2. 在 自动设置 区域的 表面速度 (smm) 文本框中输入值 7.0，按 Enter 键，然后单击 按钮，系统会根据此设置同时完成主轴速度的设置，在 切削 文本框中输入值 100.0，按 Enter 键，然后单击 按钮，其他参数采用系统默认设置值，单击 确定 按钮。

Stage7. 生成刀路轨迹并仿真

生成的刀路轨迹如图 11.6.11 所示，2D 动态仿真加工后的结果如图 11.6.12 所示。

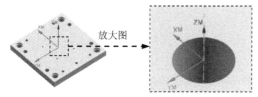

图 11.6.11　刀路轨迹

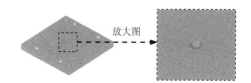

图 11.6.12　2D 仿真结果

Task10. 创建沉孔工序 2

此步骤为用 7 号刀具 D16 (铣刀-5 参数) 创建沉孔工序，具体步骤及相应参数可参照 Task9，不同点是将钻孔深度值改为 27.0，生成的刀路轨迹如图 11.6.13 所示，2D 动态仿真加工后的结果如图 11.6.14 所示。

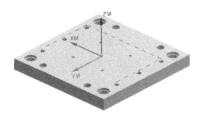

图 11.6.13　刀路轨迹

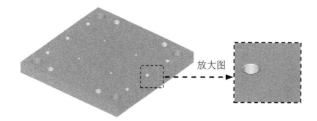

图 11.6.14　2D 仿真结果

Task11. 创建沉孔工序 3

此步骤为用 8 号刀具 D41（铣刀-5 参数）创建沉孔工序，具体步骤及相应参数可参照 Task9，不同点是将钻孔深度值改为 8.0，生成的刀路轨迹如图 11.6.15 所示，2D 动态仿真加工后的结果如图 11.6.16 所示。

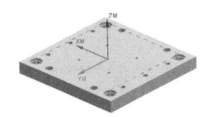

图 11.6.15　刀路轨迹

图 11.6.16　2D 仿真结果

Task12. 保存文件

选择下拉菜单 文件(F) ➡ 保存(S) 命令，保存文件。

学习拓展：扫码学习更多视频讲解。

讲解内容：零件设计实例精选，包含六十多个各行各业零件设计的全过程讲解。讲解中，首先分析了设计的思路以及建模要点，然后对设计操作步骤做了详细的演示，最后对设计方法和技巧做了总结。尤其是实例中孔结构不同设计方法的讲解，这会更加深入理解孔加工工艺方面的知识。

第12章 车削加工

12.1 车削概述

UG NX 12.0 车削加工包括粗车加工、沟槽车削、内孔加工和螺纹加工等。本章将通过一些应用来介绍 UG NX 12.0 车削加工的常用加工类型。希望读者阅读完本章后，可以了解车削加工的基本原理，掌握车削加工的主要操作步骤，并能熟练地对车削加工参数进行设置。

12.1.1 车削加工简介

车削加工是机加工中最为常用的加工方法之一，用于加工回转体的表面。由于科学技术的进步和提高生产率的必要性，用于车削作业的机械装备得到了飞速发展。新的车削设备在自动化、高效性以及与铣削和钻孔原理结合的普遍应用中得到了迅速成长。

在 UG NX 12.0 中，用户通过"车削"模块的工序导航器可以方便地管理加工操作方法及参数。例如：在工序导航器中可以创建粗加工、精加工、示教模式、中心线钻孔和螺纹等操作方法；加工参数（如主轴定义、工件几何体、加工方式和刀具）则按组指定，这些参数在操作方法中共享，其他参数在单独的操作中定义。当工件完成整个加工程序时，处理中的工件将跟踪计算并以图形方式显示所有移除材料后所剩余的材料。

12.1.2 车削加工的子类型

进入加工模块后，选择下拉菜单 插入(S) ➡ 工序(E)... 命令，系统弹出图 12.1.1 所示的"创建工序"对话框。在"创建工序"对话框的 类型 下拉列表中选择 turning 选项，此时，对话框中出现车削加工的 21 种子类型。

图 12.1.1 所示的"创建工序"对话框 工序子类型 区域中的各按钮说明如下。

- A1 （CENTERLINE_SPOTDRILL）：中心线定心钻。
- A2 （CENTERLINE_DRILLING）：中心线钻孔。
- A3 （CENTERLINE_PECKDRILL）：中心线啄钻。
- A4 （CENTERLINE_BREAKCHIP）：中心线断屑。
- A5 （CENTERLINE_REAMING）：中心线铰刀。

- A6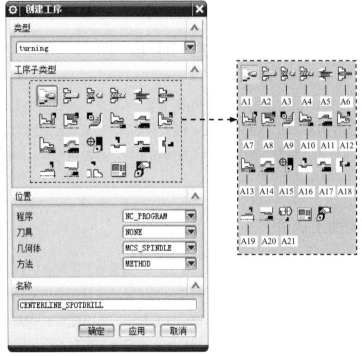（CENTERLINE_TAPPING）：中心攻丝。

- A7（FACING）：面加工。

图 12.1.1　"创建工序"对话框

- A8（ROUGH_TURN_OD）：外径粗车。

- A9（ROUGH_BACK_TURN）：退刀粗车。

- A10（ROUGH_BORE_ID）：内径粗镗。

- A11（ROUGH_BACK_BORE）：退刀粗镗。

- A12（FINISH_TURN_OD）：外径精车。

- A13（FINISH_BORE_ID）：内径精镗。

- A14（FINISH_BACK_BORE）：退刀精镗。

- A15（TEACH_MODE）：示教模式。

- A16（GROOVE_OD）：外径开槽。

- A17（GROOVE_ID）：内径开槽。

- A18（GROOVE_FACE）：在面上开槽。

- A19（THREAD_OD）：外径螺纹铣。

- A20（THREAD_ID）：车径螺纹铣。

- A21（PART_OFF）：部件分离。

12.2 粗车外形加工

粗加工功能包含了用于去除大量材料的许多切削技术。这些加工方法包括用于高速粗加工的策略，以及通过正确的内置进刀/退刀运动达到半精加工或精加工的质量。车削粗加工依赖于系统的剩余材料自动去除功能。下面以图 12.2.1 所示的零件介绍粗车外形加工的一般步骤。

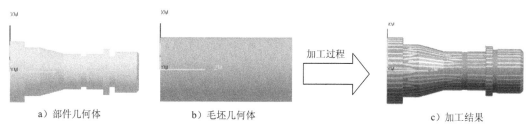

a）部件几何体   b）毛坯几何体   加工过程   c）加工结果

图 12.2.1 粗车外形加工

Task1. 打开模型文件并进入加工模块

Step1. 打开文件 D:\ug12nc\work\ch12.02\turning1.prt。

Step2. 在 应用模块 功能选项卡的 加工 区域单击 按钮，系统弹出"加工环境"对话框，在"加工环境"对话框的 要创建的 CAM 组装 列表框中选择 turning 选项，单击 确定 按钮，进入加工环境。

Task2. 创建几何体

Stage1. 创建机床坐标系

Step1. 在工序导航器中调整到几何视图状态，双击节点 MCS_SPINDLE，系统弹出"MCS主轴"对话框，如图 12.2.2 所示。

Step2. 在图形区观察机床坐标系方位，若无需调整，在"MCS 主轴"对话框中单击 确定 按钮，完成坐标系的创建，如图 12.2.3 所示。

Stage2. 创建部件几何体

Step1. 在工序导航器中双击 MCS_SPINDLE 节点下的 WORKPIECE，系统弹出图 12.2.4 所示的"工件"对话框。

Step2. 单击 按钮，系统弹出"部件几何体"对话框，选取整个零件为部件几何体。

Step3. 依次单击"部件几何体"对话框和"工件"对话框中的 确定 按钮，完成部件几何体的创建。

图 12.2.2 "MCS 主轴"对话框

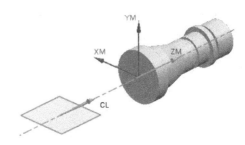

图 12.2.3 创建坐标系

Stage3. 创建毛坯几何体

Step1. 在工序导航器中的几何视图状态下双击 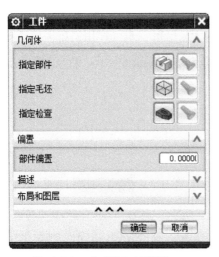 WORKPIECE 节点下的子节点 TURNING_WORKPIECE，系统弹出图 12.2.5 所示的"车削工件"对话框。

图 12.2.4 "工件"对话框

图 12.2.5 "车削工件"对话框

Step2. 单击 指定部件边界 右侧的 按钮，系统弹出图 12.2.6 所示的"部件边界"对话框，此时系统会自动指定部件边界，并在图形区显示，如图 12.2.7 所示，单击 确定 按钮，完成部件边界的定义。

Step3. 单击"车削工件"对话框中的"指定毛坯边界"按钮 ，系统弹出"毛坯边界"对话框，如图 12.2.8 所示。

Step4. 在 类型 下拉列表中选择 棒材 选项，在 毛坯 区域的 安装位置 下拉列表中选择

在主轴箱处 选项，然后单击 + 按钮，系统弹出"点"对话框，在图形区中选择机床坐标系的原点为毛坯放置位置，单击 确定 按钮，完成安装位置的定义，并返回"毛坯边界"对话框。

Step5. 在 长度 文本框中输入值 530.0，在 直径 文本框中输入值 250.0，单击 确定 按钮，在图形区中显示毛坯边界，如图 12.2.9 所示。

Step6. 单击"车削工件"对话框中的 确定 按钮，完成毛坯几何体的定义。

图 12.2.6 "部件边界"对话框

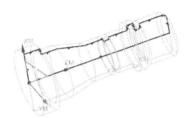

图 12.2.7 部件边界

图 12.2.8 "毛坯边界"对话框

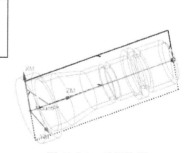

图 12.2.9 毛坯边界

图 12.2.8 所示的"毛坯边界"对话框中的各选项说明如下。

- **棒材** ：如果加工部件的几何体是实心的，则选择此选项。

- **管材** ：如果加工部件带有中心线钻孔，则选择此选项。

- **曲线** ：通过从图形区定义一组曲线边界来定义旋转体形状的毛坯。

- **工作区** ：从工作区中选择一个毛坯，这种方式可以选择上步加工后的工件作为毛坯。

- **安装位置** 区域：用于确定毛坯相对于工件的放置方向。若选择 在主轴箱处 选项，则毛坯将沿坐标轴在正方向放置；若选择 远离主轴箱 选项，则毛坯沿坐标轴的负方向放置。

● 按钮：用于设置毛坯相对于工件的位置参考点。如果选取的参考点不在工件轴线上，系统会自动找到该点在轴线上的投射点，然后将杆料毛坯一端的圆心与该投射点对齐。

Task3. 创建 1 号刀具

Step1. 选择下拉菜单 插入(S) ➡ 刀具(T) 命令，系统弹出"创建刀具"对话框。

Step2. 在图 12.2.10 所示的"创建刀具"对话框的 类型 下拉列表中选择 turning 选项，在 刀具子类型 区域中单击"OD_80_L"按钮 ，在 位置 区域的 刀具 下拉列表中选择 GENERIC_MACHINE 选项，采用系统默认的名称，单击 确定 按钮，系统弹出"车刀-标准"对话框，如图 12.2.11 所示。

Step3. 单击 工具 选项卡，设置图 12.2.11 所示的参数。

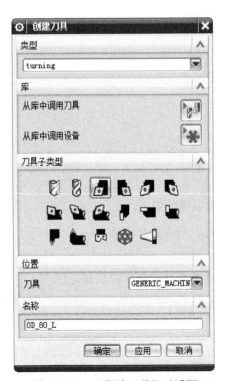

图 12.2.10 "创建刀具"对话框

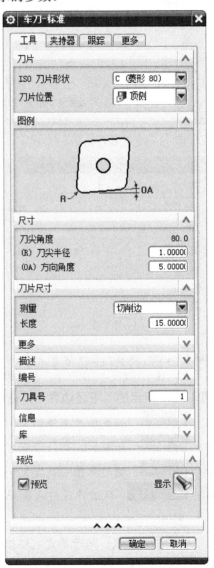

图 12.2.11 "车刀-标准"对话框

图 12.2.11 所示的"车刀-标准"对话框中的各选项卡说明如下。

- 工具 选项卡: 用于设置车刀的刀片。常见的车刀刀片按 ISO/ANSI/DIN 或刀具厂商标准划分。

- 夹持器选项卡: 用于设置车刀夹持器的参数。

- 跟踪 选项卡: 用于设置跟踪点。系统使用刀具上的参考点来计算刀轨, 这个参考点被称为跟踪点。跟踪点与刀具的拐角半径相关联, 这样, 当用户选择跟踪点时, 车削处理器将使用关联拐角半径来确定切削区域、碰撞检测、刀轨、处理中的工件（IPW）, 并定位到避让几何体。

- 更多 选项卡: 用于设置车刀其他参数。

Step4. 单击夹持器选项卡, 选中 ☑ 使用车刀夹持器复选框, 采用系统默认的参数设置值, 如图 12.2.12 所示; 调整到静态线框视图状态, 显示出刀具的形状, 如图 12.2.13 所示。

Step5. 单击 确定 按钮, 完成刀具的创建。

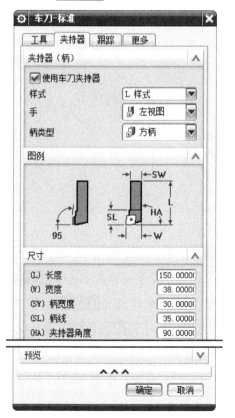

图 12.2.12 "夹持器"选项卡

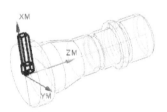

图 12.2.13 显示刀具

Task4. 指定车加工横截面

Step1. 选择下拉菜单 工具(T) ➡ 车加工横截面(N)... 命令, 系统弹出图 12.2.14 所示的"车加工横截面"对话框。

Step2. 单击 选择步骤 区域中的 "体" 按钮 ，在图形区中选取零件模型。

Step3. 单击 选择步骤 区域中的 "剖切平面" 按钮 ，确认 "简单截面" 按钮 被按下。

Step4. 单击 确定 按钮，完成车加工横截面的定义，结果如图 12.2.15 所示，然后单击 取消 按钮。

说明：车加工横截面是通过定义截面，从实体模型创建 2D 横截面曲线。这些曲线可以在所有车削中用来创建边界。横截面曲线是关联曲线，这意味着如果实体模型的大小或形状发生变化，则该曲线也将发生变化。

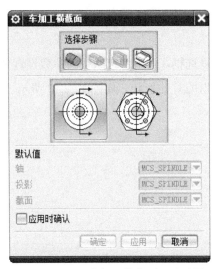

图 12.2.14　"车加工横截面" 对话框

图 12.2.15　加工横截面

Task5. 创建车削操作 1

Stage1. 创建工序

Step1. 选择下拉菜单 插入(S) ➡ 工序(E)... 命令，系统弹出 "创建工序" 对话框。

Step2. 在图 12.2.16 所示的 "创建工序" 对话框的 类型 下拉列表中选择 turning 选项，在 工序子类型 区域中单击 "外径粗车" 按钮 ，在 程序 下拉列表中选择 PROGRAM 选项，在 刀具 下拉列表中选择 OD_80_L (车刀-标准) 选项，在 几何体 下拉列表中选择 TURNING_WORKPIECE 选项，在 方法 下拉列表中选择 LATHE_ROUGH 选项，采用系统默认的名称。

Step3. 单击 "创建工序" 对话框中的 确定 按钮，系统弹出图 12.2.17 所示的 "外径粗车" 对话框。

Stage2. 显示切削区域

单击 "外径粗车" 对话框 切削区域 右侧的 "显示" 按钮 ，在图形区中显示出切削区域，如图 12.2.18 所示。

Stage3. 设置切削参数

Step1. 在"外径粗车"对话框 步进 区域的切削深度下拉列表中选择恒定选项，在 最大距离 文本框中输入值 3.0。

Step2. 单击"外径粗车"对话框中的更多区域，选中☑ 附加轮廓加工 复选框，如图 12.2.19 所示。

图 12.2.16 "创建工序"对话框

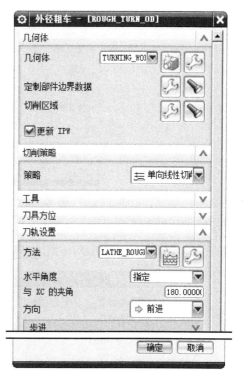

图 12.2.17 "外径粗车"对话框

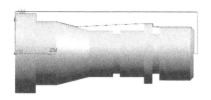

图 12.2.18 切削区域

图 12.2.19 "更多"区域

Step3. 设置切削参数。

（1）单击"外径粗车"对话框中的"切削参数"按钮 ，系统弹出"切削参数"对话框，选择 余量 选项卡，然后在公差区域的 内公差 和 外公差 文本框中均输入值 0.01，其他参数采

用系统默认设置值，如图 12.2.20 所示。

图 12.2.20　"余量"选项卡

（2）选择 轮廓加工 选项卡，在 策略 下拉列表中选择 全部精加工 选项，其他参数采用系统默认设置值，如图 12.2.21 所示，单击 确定 按钮，系统返回到"外径粗车"对话框。

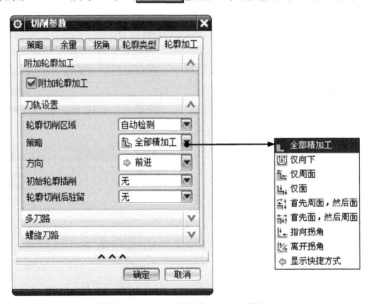

图 12.2.21　"轮廓加工"选项卡

图 12.2.21 所示的"轮廓加工"选项卡中的部分选项说明如下。

- ☑附加轮廓加工 复选框：用来产生附加轮廓刀路，以便清理部件表面。

- 策略 下拉列表：用来控制附加轮廓加工的部位。

　　☑ 全部精加工：所有的表面都进行精加工。

　　☑ 仅向下：只加工垂直于轴线方向的区域。

☑ **仅周面**：只对圆柱面区域进行加工。

☑ **仅面**：只对端面区域进行加工。

☑ **首先周面，然后面**：先加工圆柱面区域，然后对端面进行加工。

☑ **首先面，然后周面**：先加工端面区域，然后对圆柱面进行加工。

☑ **指向拐角**：从端面和圆柱面向夹角进行加工。

☑ **离开拐角**：从夹角向端面及圆柱面进行加工。

Stage4. 设置非切削参数

单击"外径粗车"对话框中的"非切削移动"按钮 ，系统弹出图 12.2.22 所示的"非切削移动"对话框。在 **进刀** 选项卡 **轮廓加工** 区域的 **进刀类型** 下拉列表中选择 **圆弧 - 自动** 选项，其他参数采用系统默认的设置值，然后单击 **确定** 按钮，系统返回到"外径粗车"对话框。

图 12.2.22 "非切削移动"对话框

图 12.2.22 中的"进刀"选项卡中的部分选项说明如下。

● **轮廓加工**：走刀方式为沿工件表面轮廓走刀，一般情况下用在粗车加工后，可以提高粗车加工的质量。进刀类型包括圆弧-自动、线性-自动、线性-增量、线性、线性-相对于切削和点六种方式。

　☑ **圆弧 - 自动**：使刀具沿光滑的圆弧曲线切入工件，从而不产生刀痕，这种进刀方式十分适合精加工或表面质量要求较高的曲面加工。

　☑ **线性 - 自动**：这种进刀方式使刀具沿工件或毛坯的起始点到终止点的方向，以直线方式进刀。

　☑ **线性 - 增量**：这种进刀方式通过用户指定 X 值和 Y 值，来确定进刀位置及进刀方向。

☑ **线性**：这种进刀方式通过用户指定角度值和距离值，来确定进刀位置及进刀方向。

☑ **线性 - 相对于切削**：这种进刀方式通过用户指定距离值和角度值，来确定进刀方向及刀具的起始点。

☑ **点**：这种进刀方式需要指定进刀的起始点来控制进刀运动。

● **毛坯**：走刀方式为"直线方式"，走刀的方向平行于轴线，进刀的终止点在毛坯表面。进刀类型包括线性-自动、线性-增量、线性、点和两个圆周五种方式。

● **部件**：走刀方式为平行于轴线的直线走刀，进刀的终止点在工件的表面。进刀类型包括线性-自动、线性-增量、线性、点和两点相切五种方式。

● **安全**：走刀方式为平行于轴线的直线走刀，一般情况下用于精加工，防止进刀时刀具划伤工件的加工区域。进刀类型包括线性-自动、线性 增量、线性和点四种方式。

Task6．生成刀路轨迹

Step1．单击"外径粗车"对话框中的"生成"按钮 ⟟，生成刀路轨迹如图 12.2.23 所示。

Step2．在图形区通过旋转、平移、放大视图，再单击"重播"按钮 ⟟⟲重新显示路径，可以从不同角度对刀路轨迹进行查看，以判断其路径是否合理。

Task7．3D 动态仿真

Step1．在"外径粗车"对话框中单击"确认"按钮 ⟟，系统弹出"刀轨可视化"对话框。

Step2．单击 **3D 动态** 选项卡，采用系统默认的参数设置值，调整动画速度后单击"播放"按钮 ▶，观察 3D 动态仿真加工，加工后的结果如图 12.2.24 所示。

Step3．分别在"刀轨可视化"对话框和"外径粗车"对话框中单击 **确定** 按钮，完成粗车加工。

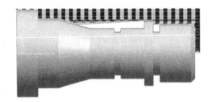

图 12.2.23　刀路轨迹

图 12.2.24　3D 仿真结果

Task8．创建 2 号刀具

Step1．选择下拉菜单 **插入(S)** ➡ **刀具(T)...** 命令，系统弹出"创建刀具"对话框。

Step2．在图 12.2.25 所示的"创建刀具"对话框的 **类型** 下拉列表中选择 **turning** 选项，在

刀具子类型 区域中单击"OD_55_R"按钮 █，在 位置 区域的 刀具 下拉列表中选择 GENERIC_MACHINE 选项，采用系统默认的名称，单击 确定 按钮，系统弹出"车刀-标准"对话框，如图 12.2.26 所示。

Step3. 设置图 12.2.26 所示的参数，并单击夹持器选项卡，选中 ☑ 使用车刀夹持器 复选框，其他采用系统默认的参数设置值，单击 确定 按钮，完成 2 号刀具的创建。

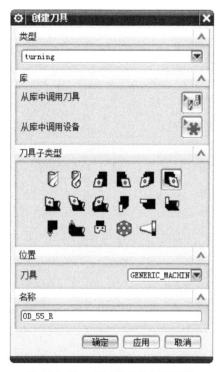

图 12.2.25 "创建刀具"对话框

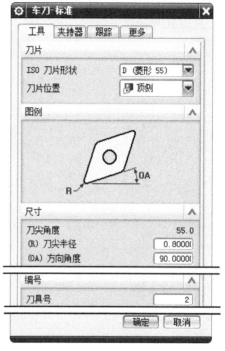

图 12.2.26 "车刀-标准"对话框

Task9. 创建车削操作 2

Stage1. 创建工序

Step1. 选择下拉菜单 插入(S) ➡ ⯇ 工序(E)... 命令，系统弹出"创建工序"对话框，如图 12.2.27 所示。

Step2. 在类型下拉列表中选择 turning 选项，在工序子类型 区域中单击"退刀粗车"按钮 █，在 程序 下拉列表中选择 PROGRAM 选项，在 刀具 下拉列表中选择 OD_55_R (车刀-标准) 选项，在 几何体 下拉列表中选择 TURNING_WORKPIECE 选项，在 方法 下拉列表中选择 LATHE_ROUGH 选项，采用系统默认的名称。

Step3. 单击"创建工序"对话框中的 确定 按钮，系统弹出图 12.2.28 所示的"退刀粗车"对话框。

Stage2. 指定切削区域

Step1. 单击"退刀粗车"对话框 切削区域 右侧的"编辑"按钮 ，系统弹出图 12.2.29 所示的"切削区域"对话框。

Step2. 在 径向修剪平面 1 区域的 限制选项 下拉列表中选择 点 选项，在图形区中选取图 12.2.30 所示的边线的端点，单击"显示"按钮，显示切削区域，如图 12.2.30 所示。

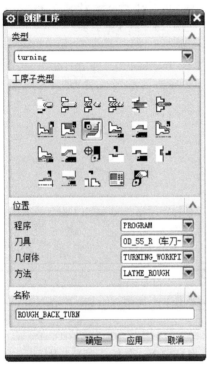

图 12.2.27 "创建工序"对话框

图 12.2.28 "退刀粗车"对话框

图 12.2.29 "切削区域"对话框

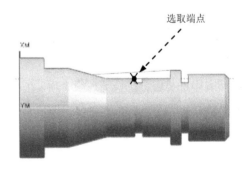

图 12.2.30 显示切削区域

Step3. 单击 确定 按钮，系统返回到"退刀粗车"对话框。

Stage3. 设置切削参数

在"退刀粗车"对话框 步进 区域的 切削深度 下拉列表中选择 恒定 选项，在 最大距离 文本框中输入值 3.0；单击 更多 区域，选中 ☑附加轮廓加工 复选框。

Task10. 生成刀路轨迹

Step1. 单击"退刀粗车"对话框中的"生成"按钮 ⚡，生成的刀路轨迹如图 12.2.31 所示。

Step2. 在图形区通过旋转、平移、放大视图，再单击"重播"按钮 ⟳ 重新显示路径，即可以从不同角度对刀路轨迹进行查看，以判断其路径是否合理。

Task11. 3D 动态仿真

Step1. 在"退刀粗车"对话框中单击"确认"按钮 ✔，系统弹出"刀轨可视化"对话框。

Step2. 单击 3D 动态 选项卡，采用系统默认的设置值，调整动画速度后单击"播放"按钮 ▶，即可观察到 3D 动态仿真加工，加工后的结果如图 12.2.32 所示。

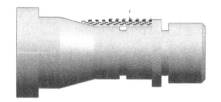

图 12.2.31 刀路轨迹　　　　　　　　图 12.2.32　3D 仿真结果

Step3. 分别在"刀轨可视化"对话框和"退刀粗车"对话框中单击 确定 按钮，完成粗车加工。

Task12. 保存文件

选择下拉菜单 文件(F) ➡ 保存(S) 命令，保存文件。

12.3　沟槽车削加工

沟槽车削加工可以用于切削内径、外径沟槽，在实际中多用于退刀槽的加工。在车沟槽时一般要求刀具轴线和回转体零件轴线要相互垂直，这是由车沟槽的刀具决定的。下面以图 12.3.1 所示的零件介绍沟槽车削加工的一般步骤。

Task1. 打开模型文件并进入加工模块

打开文件 D:\ug12nc\work\ch12.03\rough_turning.prt，系统进入加工环境。

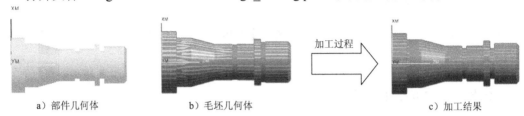

a）部件几何体   b）毛坯几何体   加工过程   c）加工结果

图 12.3.1   沟槽车削加工

Task2. 创建刀具

Step1. 选择下拉菜单 插入(S) ➡ 刀具(T)... 命令，系统弹出"创建刀具"对话框。

Step2. 在图 12.3.2 所示的"创建刀具"对话框的 类型 下拉列表中选择 turning 选项，在 刀具子类型 区域中单击"OD_GROOVE_L"按钮，在 名称 文本框中输入 OD_GROOVE_L，单击 确定 按钮，系统弹出图 12.3.3 所示的"槽刀-标准"对话框。

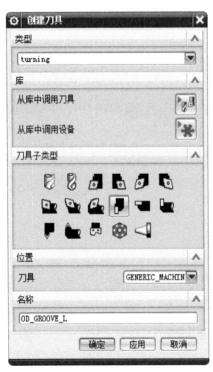

图 12.3.2   "创建刀具"对话框

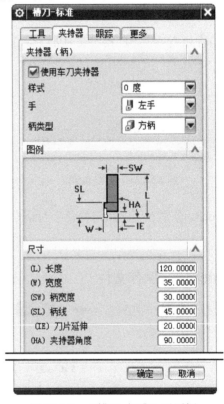

图 12.3.3   "槽刀-标准"对话框

Step3. 单击 工具 选项卡，然后在 刀片形状 下拉列表中选择 标准 选项，其他参数采用系统默认设置值。

Step4. 单击 夹持器 选项卡，选中 ☑ 使用车刀夹持器 复选框，设置图 12.3.3 所示的参数。

Step5. 单击 确定 按钮，完成刀具的创建。

第12章 车削加工

Task3. 创建工序

Stage1. 创建工序

Step1. 选择下拉菜单 插入(S) ➡ 工序(E)... 命令，系统弹出"创建工序"对话框。

Step2. 在图 12.3.4 所示的"创建工序"对话框的 类型 下拉列表中选择 turning 选项，在 工序子类型 区域中单击"外径开槽"按钮 ，在 程序 下拉列表中选择 PROGRAM 选项，在 刀具 下拉列表中选择 OD_GROOVE_L (槽刀-标准) 选项，在 几何体 下拉列表中选择 TURNING_WORKPIECE 选项，在 方法 下拉列表中选择 LATHE_GROOVE 选项，在 名称 文本框中输入 GROOVE_OD。

Step3. 单击 确定 按钮，系统弹出"外径开槽"对话框，在 切削策略 区域的 策略 下拉列表中选择切削类型为 单向插削，如图 12.3.5 所示。

图 12.3.4 "创建工序"对话框

图 12.3.5 "外径开槽"对话框

381

Stage2．指定切削区域

Step1．单击"外径开槽"对话框 切削区域 右侧的"编辑"按钮 🪛，系统弹出"切削区域"对话框，如图 12.3.6 所示。

Step2．在 区域选择 区域的 区域选择 下拉列表中选择 指定 选项，在 区域加工 下拉列表中选择 多个 选项，在 区域序列 下拉列表中选择 单向 选项，单击 ✻ 指定点 区域，然后在图形区选取图 12.3.7 所示的 RSP 点（鼠标单击位置大致相近即可）。

Step3．在"切削区域"对话框 自动检测 区域中的 最小区域大小 文本框中输入值 1.0。

Step4．单击"预览"区域的 🔧 按钮，可以观察到图 12.3.7 所示的切削区域，完成切削区域的定义，单击 确定 按钮，系统返回到"外径开槽"对话框。

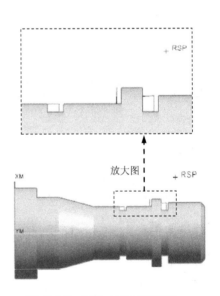

图 12.3.6 "切削区域"对话框　　图 12.3.7 RSP 点和切削区域

Stage3．设置切削参数

Step1．单击"外径开槽"对话框中的"切削参数"按钮 ⊐，系统弹出"切削参数"对话框，如图 12.3.8 所示。

Step2．选择 轮廓加工 选项卡，选中 ☑ 附加轮廓加工 复选框，其他参数采用系统默认的设置值，如图 12.3.8 所示，单击 确定 按钮，系统返回到"外径开槽"对话框。

图 12.3.8 "切削参数"对话框

Stage4. 设置非切削参数

单击"外径开槽"对话框中的"非切削移动"按钮▨，系统弹出"非切削移动"对话框。然后在 进刀 选项卡 轮廓加工 区域的进刀类型 下拉列表中选择线性 - 自动 选项，其他参数采用系统默认的设置值，单击 确定 按钮，系统返回到"外径开槽"对话框。

Task4. 生成刀路轨迹

Step1. 单击"外径开槽"对话框中的"生成"按钮▶，刀路轨迹如图 12.3.9 所示。

Step2. 在图形区通过旋转、平移、放大视图，再单击"重播"按钮▣重新显示路径，就可以从不同角度对刀路轨迹进行查看，以判断其路径是否合理。

Task5. 3D 动态仿真

Step1. 在"外径开槽"对话框中单击"确认"按钮▤，系统弹出"刀轨可视化"对话框。

Step2. 单击 3D 动态 选项卡，其参数采用系统默认设置值，调整动画速度后单击"播放"按钮▶，即可观察到 3D 动态仿真加工，加工后的结果如图 12.3.10 所示。

Step3. 分别在"刀轨可视化"对话框和"外径开槽"对话框中单击 确定 按钮，完成车槽操作。

Task6. 保存文件

选择下拉菜单 文件(F) ➡ 💾 保存(S) 命令，保存文件。

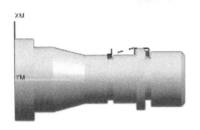

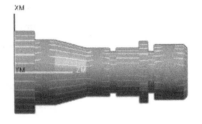

图 12.3.9　刀路轨迹　　　　　　图 12.3.10　3D 仿真结果

12.4　内孔车削加工

内孔车削加工一般用于车削回转体内径，加工时采用刀具中心线和回转体零件的中心线相互平行的方式来切削工件的内侧，可以有效地避免在内部的曲面中生成残余波峰。如果车削的是内部端面，一般采用的方式是让刀具轴线和回转体零件的中心线平行，采用垂直于零件中心线的运动方式。

下面以图 12.4.1 所示的零件介绍内孔车削加工的一般步骤。

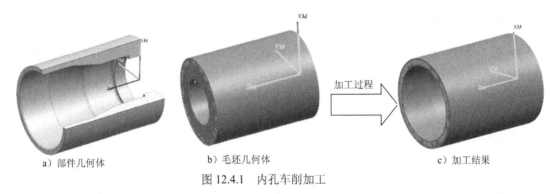

a）部件几何体　　　　b）毛坯几何体　　　　　　c）加工结果

图 12.4.1　内孔车削加工

Task1. 打开模型文件并进入加工模块

Step1. 打开文件 D:\ug12nc\work\ch12.04\borehole.prt。

Step2. 在 应用模块 功能选项卡的 加工 区域单击 ▶ 按钮，系统弹出"加工环境"对话框；在 要创建的 CAM 组装 列表框中选择 turning 选项，单击 确定 按钮，进入加工环境。

Task2. 创建几何体

Stage1. 创建机床坐标系

Step1. 在工序导航器中调整到几何视图状态，双击节点⊞ 🔧 MCS_SPINDLE，系统弹出"MCS主轴"对话框，如图 12.4.2 所示。

Step2. 在图形区观察机床坐标系方位，如无需调整，则单击 确定 按钮，完成机床坐标系的创建，如图 12.4.3 所示。

图 12.4.2 "MCS 主轴"对话框

图 12.4.3 定义机床坐标系

Stage2. 创建部件几何体

Step1. 在工序导航器中双击 MCS_SPINDLE 节点下的 WORKPIECE，系统弹出图 12.4.4 所示的"工件"对话框。

Step2. 单击 按钮，系统弹出"部件几何体"对话框，选取整个零件为部件几何体。

Step3. 分别单击"部件几何体"对话框和"工件"对话框中的 确定 按钮，完成部件几何体的创建。

Stage3. 创建毛坯几何体

Step1. 在工序导航器的几何视图中双击 WORKPIECE 节点下的子节点 TURNING_WORKPIECE，系统弹出图 12.4.5 所示的"车削工件"对话框。

图 12.4.4 "工件"对话框

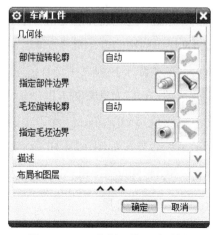

图 12.4.5 "车削工件"对话框

Step2. 单击"指定部件边界"按钮 ，系统弹出图 12.4.6 所示的"部件边界"对话框，系统会自动指定部件边界，如图 12.4.7 所示，单击 确定 按钮，完成部件边界的定义。

图 12.4.6 "部件边界"对话框

图 12.4.7 部件边界

Step3. 单击"车削工件"对话框中的"指定毛坯边界"按钮 ，系统弹出"毛坯边界"对话框，如图 12.4.8 所示。

图 12.4.8 "毛坯边界"对话框

Step4. 单击"毛坯边界"对话框中的 + 按钮，系统弹出"点"对话框，在图形区中选取图 12.4.9 所示的圆心点，单击 确定 按钮，系统返回"毛坯边界"对话框。

Step5. 在 类型 下拉列表中选择 管材 选项，在 毛坯 区域的 安装位置 下拉列表中选择 远离主轴箱 选项，然后在 长度 文本框中输入值 135.0，在 外径 文本框中输入值 105.0，在 内径 文本框中输入值 55.0，单击 确定 按钮，系统返回"车削工件"对话框，同时在图形区中显示毛坯边界，如图 12.4.10 所示。

Step6. 单击 确定 按钮，完成毛坯几何体的定义。

Task3. 创建刀具

Step1. 选择下拉菜单 插入(S) ➞ 刀具(T) 命令，系统弹出"创建刀具"对话框。

Step2. 在类型下拉列表中选择turning选项，在刀具子类型区域中单击"ID_55_L"按钮，在 位置 区域的 刀具 下拉列表中选择GENERIC_MACHINE选项，接受系统默认的名称，单击 确定 按钮，系统弹出"车刀-标准"对话框，如图12.4.11所示。

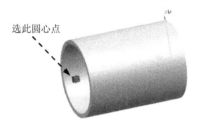

图12.4.9 选取圆心点

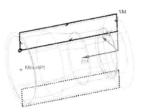

图12.4.10 毛坯边界

Step3. 设置图12.4.11所示的参数。

Step4. 单击夹持器选项卡，选中 ☑ 使用车刀夹持器复选框，设置图12.4.12所示的参数。

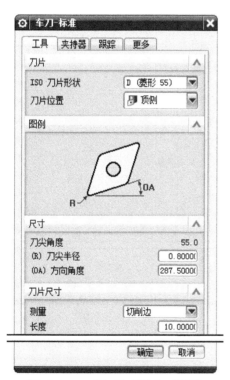

图12.4.11 "车刀-标准"对话框

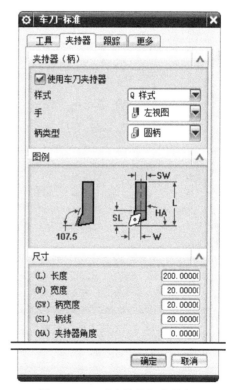

图12.4.12 "夹持器"选项卡

Step5. 单击 确定 按钮，完成刀具的创建。

Task4. 创建内孔车削操作

Stage1. 创建工序

Step1. 选择下拉菜单 插入(S) ➡ 工序(E)... 命令，系统弹出"创建工序"对话框，如图12.4.13所示。

Step2. 在 类型 下拉列表中选择 turning 选项，在 工序子类型 区域中单击"内径粗镗"按钮 ，在 程序 下拉列表中选择 PROGRAM 选项，在 刀具 下拉列表中选择 ID_55_L (车刀-标准) 选项，在 几何体 下拉列表中选择 TURNING_WORKPIECE 选项，在 方法 下拉列表中选择 LATHE_ROUGH 选项，如图 12.4.13 所示。

Step3. 单击 确定 按钮，系统弹出"内径粗镗"对话框，然后在 切削策略 区域的 策略 下拉列表中选择 单向线性切削 选项，如图 12.4.14 所示。

图 12.4.13 "创建工序"对话框

图 12.4.14 "内径粗镗"对话框

Stage2. 显示切削区域

单击"内径粗镗"对话框 切削区域 右侧的"显示"按钮 ，在图形区中显示出切削区域，如图 12.4.15 所示。

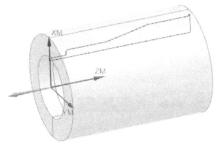

图 12.4.15 显示切削区域

Stage3. 设置切削参数

Step1. 在 步进 区域的切削深度下拉列表中选择恒定选项，在 最大距离 文本框中输入值 1.5。

Step2. 单击更多区域，打开隐藏选项，选中 ☑ 附加轮廓加工 复选框。

Stage4. 设置非切削移动参数

Step1. 单击"非切削移动"按钮🔲，系统弹出"非切削移动"对话框。

Step2. 选择 逼近 选项卡，然后在 出发点 区域的 点选项 下拉列表中选择指定选项，在模型上选取图 12.4.16 所示的出发点。

Step3. 选择 离开 选项卡，在 离开刀轨 区域的 刀轨选项 下拉列表中选择点选项，采用系统默认的参数设置值，在图形区选取图 12.4.16 所示的离开点。

Step4. 单击 确定 按钮，完成非切削移动参数的设置。

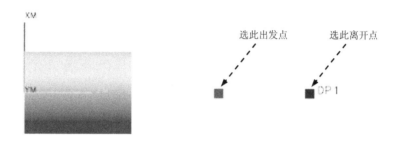

图 12.4.16　选取出发点和离开点

Task5. 生成刀路轨迹

Step1. 单击"内径粗镗"对话框中的"生成"按钮📑，生成的刀路轨迹如图 12.4.17 所示。

Step2. 在图形区通过旋转、平移、放大视图，再单击"重播"按钮🔊重新显示路径，就可以从不同角度对刀路轨迹进行查看，以判断其路径是否合理。

Task6. 3D 动态仿真

Step1. 单击"内径粗镗"对话框中的"确认"按钮🔲，系统弹出"刀轨可视化"对话框。

Step2. 单击 3D 动态 选项卡，采用系统默认参数设置值，调整动画速度后单击"播放"按钮▶，即可观察到 3D 动态仿真加工，加工后的结果如图 12.4.18 所示。

Step3. 在"刀轨可视化"对话框和"内径粗镗"对话框中单击 确定 按钮，完成内孔车削加工。

Task7. 保存文件

选择下拉菜单 文件(F) ➡ 🖫 保存(S) 命令，保存文件。

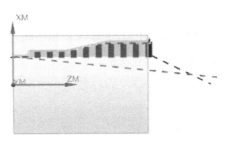

图 12.4.17 刀路轨迹

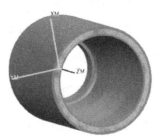

图 12.4.18 3D 仿真结果

12.5 螺纹车削加工

在 UG 车螺纹加工中允许进行直螺纹或锥螺纹切削，它们可能是单个或多个内部、外部或面螺纹。在车削螺纹时必须指定"螺距""前倾角"或"每英寸螺纹"，并选择顶线和根线（或深度）以生成螺纹刀轨。

下面以图 12.5.1 所示的零件为例来介绍外螺纹车削加工的一般步骤。

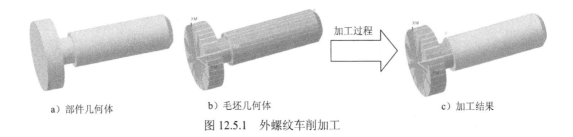

a）部件几何体   b）毛坯几何体   c）加工结果

图 12.5.1 外螺纹车削加工

Task1. 打开模型文件

打开模型文件 D:\ug12nc\work\ch12.05\thread.prt，系统自动进入加工模块。

说明：本节模型中已经创建了粗车外形和车槽操作，因此沿用前面设置的工件坐标系等几何体。

Task2. 创建刀具

Step1. 选择下拉菜单 插入(S) ➡ 刀具(T)... 命令，系统弹出"创建刀具"对话框。

Step2. 在图 12.5.2 所示的"创建刀具"对话框的 类型 下拉列表中选择 turning 选项，在 刀具子类型 区域中单击"OD_THREAD_L"按钮，单击 确定 按钮，系统弹出"螺纹刀-标准"对话框，如图 12.5.3 所示。

Step3. 设置图 12.5.3 所示的参数，单击 确定 按钮，完成刀具的创建。

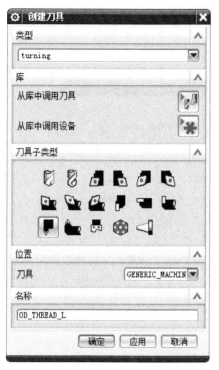

图 12.5.2 "创建刀具"对话框

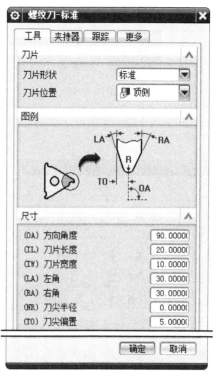

图 12.5.3 "螺纹刀-标准"对话框

Task3. 创建车削螺纹操作

Stage1. 创建工序

Step1. 选择下拉菜单 插入(S) ➡ 工序(E)... 命令，系统弹出"创建工序"对话框，如图 12.5.4 所示。

Step2. 在 类型 下拉列表中选择 turning 选项，在 工序子类型 区域中单击"外径螺纹铣"按钮 🔧，在 程序 下拉列表中选择 PROGRAM 选项，在 刀具 下拉列表中选择 OD_THREAD_L (螺纹刀-标准) 选项，在 几何体 下拉列表中选择 TURNING_WORKPIECE 选项，在 方法 下拉列表中选择 LATHE_THREAD 选项。

Step3. 单击 确定 按钮，系统弹出"外径螺纹铣"对话框，如图 12.5.5 所示。

图 12.5.5 所示的"外径螺纹铣"对话框中的部分选项说明如下。

- ✳ 选择顶线 (0)：用于在图形区选取螺纹顶线。注意将靠近选择的一端作为切削起点。
- ✳ 选择终止线 (0)：当所选顶线部分不是全螺纹时，此选项用来选择螺纹的终止线。
- 深度选项：用于控制螺纹深度的方式，它包含 根线、深度和角度 两种方式。当选择 根线 方式时，需要通过下面的 ✳ 选择根线 (0) 选项来选择螺纹的根线；当选择 深度和角度 方式时，其下面出现 深度、与 XC 的夹角 文本框，输入相应数值即可指定螺纹深度。
- 切削深度：用于指定达到粗加工螺纹深度的方法，包括下面三个选项。

☑ **恒定**: 指定数值进行每个深度的切削。

☑ **单个的**: 指定增量组和每组的重复次数。

☑ **剩余百分比**: 指定每个刀路占剩余切削总深度的比例。

图 12.5.4 "创建工序"对话框

图 12.5.5 "外径螺纹铣"对话框

Stage2. 定义螺纹几何体

Step1. 选取螺纹起始线。单击"外径螺纹铣"对话框的 **＊ 选择顶线 (0)** 区域,在模型上选取图 12.5.6 所示的边线。

Step2. 选取根线。在 **深度选项** 下拉列表中选择 **根线** 选项,单击 **＊ 选择根线 (0)** 区域,然后选取图 12.5.7 所示的边线。

Stage3. 设置螺纹参数

Step1. 单击 **偏置** 区域使其显示出来,然后设置图 12.5.8 所示的参数。

图 12.5.8 所示的"外径螺纹铣"对话框中 **偏置** 区域的部分选项说明如下。

● **起始偏置**: 用于控制车刀切入螺纹前的距离,一般为一倍以上的螺距。

● **终止偏置**: 用于控制车刀切出螺纹后的距离,应根据实际退刀槽等确定。

- 顶线偏置 ：用于偏置前面选定的螺纹顶线。
- 根偏置 ：用于偏置前面选定的螺纹根线。

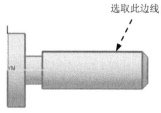

图 12.5.6 定义螺纹起始线

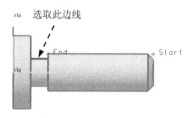

图 12.5.7 定义根线

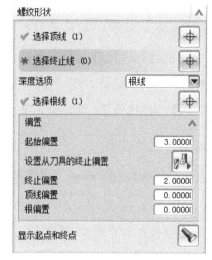

图 12.5.8 设置螺纹参数

Step2. 设置刀轨参数。在 切削深度 下拉列表中选择 恒定 选项，在 最大距离 文本框中输入值 1.0，在 螺纹头数 文本框中输入值 1。

Step3. 设置切削参数。单击"外径螺纹铣"对话框中的"切削参数"按钮 ，系统弹出"切削参数"对话框，选择 螺距 选项卡，然后在 距离 文本框中输入值 2.5，单击 确定 按钮。

Task4. 生成刀路轨迹

Step1. 单击"外径螺纹铣"对话框中的"生成"按钮 ，系统生成的刀路轨迹如图 12.5.9 所示。

Step2. 在图形区通过旋转、平移、放大视图，再单击"重播"按钮 重新显示路径，就可以从不同角度对刀路轨迹进行查看，以判断其路径是否合理。

Task5. 3D 动态仿真

Step1. 单击"外径螺纹铣"对话框中的"确认"按钮 ，系统弹出"刀轨可视化"对话框。

Step2. 单击 3D 动态 选项卡，采用系统默认参数设置值，调整动画速度后单击"播放"按钮 ，即可观察到 3D 动态仿真加工，加工后的结果如图 12.5.10 所示。

Step3. 在"刀轨可视化"对话框和"外径螺纹铣"对话框中单击 确定 按钮，完成外螺纹加工。

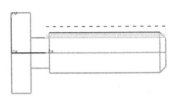

图 12.5.9　刀路轨迹

图 12.5.10　3D 仿真结果

说明： 在车削螺纹加工的工程中，通过选择螺纹几何体来设置螺纹加工，一般通过选择顶线定义加工螺纹长度，加工仿真后也看不到真实螺纹的形状。

Task6. 保存文件

选择下拉菜单 文件(F) ➡ 保存(S) 命令，保存文件。

12.6　示　教　模　式

车削示教模式是在"车削"工作中控制执行精细加工的一种方法。创建此操作时，用户可以通过定义快速定位移动、进给定位移动、进刀/退刀设置以及连续刀路切削移动来建立刀轨，也可以在任意位置添加一些子工序。在定义连续刀路切削移动时，可以控制边界截面上的刀具，指定起始和结束位置，以及定义每个连续切削的方向。下面以图 12.6.1 所示的零件介绍车削示教模式加工的一般步骤。

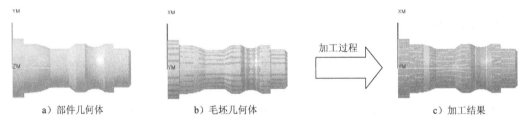

a）部件几何体　　　　　　b）毛坯几何体　　　加工过程　　　　　c）加工结果

图 12.6.1　示教模式

Task1. 打开模型文件并进入加工模块

打开文件 D:\ug12nc\work\ch12.06\teach_mold.prt，系统自动进入加工环境。

Task2. 创建刀具

Step1. 选择下拉菜单 插入(S) ➡ 刀具(T) 命令，系统弹出"创建刀具"对话框，如图 12.6.2 所示。

Step2. 在 类型 下拉列表中选择 turning 选项，在 刀具子类型 区域中单击"OD_55_L"按钮，在 名称 文本框中输入 OD_35_L_02，单击 确定 按钮，系统弹出"车刀-标准"对话框，

如图 12.6.3 所示。

Step3. 设置图 12.6.3 所示的参数。

Step4. 单击 夹持器 选项卡，选中 ☑ 使用车刀夹持器 复选框，其他采用系统默认的参数设置值。

Step5. 单击 确定 按钮，完成刀具的创建。

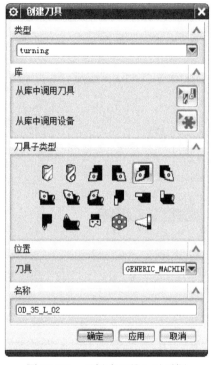

图 12.6.2 "创建刀具"对话框

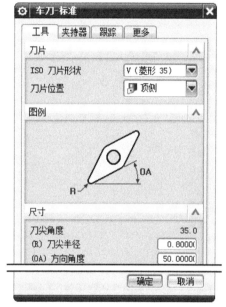

图 12.6.3 "车刀-标准"对话框

Task3. 创建示教模式操作

Stage1. 创建工序

Step1. 选择下拉菜单 插入(S) ➡ ➤ 工序(E)... 命令，系统弹出"创建工序"对话框，如图 12.6.4 所示。

Step2. 在 类型 下拉列表中选择 turning 选项，在 工序子类型 区域中单击"示教模式"按钮 ⊕，在 程序 下拉列表中选择 PROGRAM 选项，在 刀具 下拉列表中选择 OD_35_L_02 (车刀-标准) 选项，在 几何体 下拉列表中选择 TURNING_WORKPIECE 选项，在 方法 下拉列表中选择 LATHE_FINISH 选项，在 名称 文本框中输入 TEACH_MODE。

Step3. 单击 确定 按钮，系统弹出图 12.6.5 所示的"示教模式"对话框（一）。

Step4. 单击 子工序 区域中 添加新的子工序 右侧的"添加"按钮 ✚，系统弹出图 12.6.6 所示的"创建 Teachmode 子工序"对话框，接受系统默认的图 12.6.6 所示的参数，然后单击 ✚... 按钮，系统弹出"点"对话框。

Step5. 在 XC 文本框中输入值 150.0，在 YC 文本框中输入值 40.0，在 ZC 文本框中输入值

0.0；分别单击"点"对话框和"创建 Teachmode 子工序"对话框中的 确定 按钮，系统返回到"示教模式"对话框，同时在图形区中显示图 12.6.7 所示的刀具的位置。

图 12.6.4 "创建工序"对话框

图 12.6.5 "示教模式"对话框（一）

图 12.6.6 "创建 Teachmode 子工序"对话框

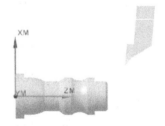

图 12.6.7 刀具位置

Stage2. 设置进刀/退刀参数

Step1. 单击"示教模式"对话框子工序区域中 添加新的子工序 右侧的"添加"按钮 ，系统弹出图 12.6.8 所示的"创建子工序"对话框（一），在 移动类型 下拉列表中选择 进刀设置 选项，其余参数采用默认设置，单击 确定 按钮，系统转到"示教模式"对话框（二）（图 12.6.9 所示）。

Step2. 单击 子工序 区域中 添加新的子工序 右侧的"添加"按钮 十，系统弹出图 12.6.8 所示的"创建子工序"对话框，在 移动类型 下拉列表中选择 退刀设置 选项，在 退刀类型 下拉列表中选择 点 选项，然后单击 十 按钮，系统弹出"点"对话框。

Step3. 在 XC 文本框中输入值 150.0，在 YC 文本框中输入值 40.0，在 ZC 文本框中输入值 0.0。分别单击"点"对话框和"创建子工序"对话框中的 确定 按钮，系统返回到"示教模式"对话框。

图 12.6.8 "创建子工序"对话框（一）

图 12.6.9 "示教模式"对话框（二）

Stage3. 指定切削区域

Step1. 单击"示教模式"对话框 子工序 区域中 添加新的子工序 右侧的"添加"按钮 十，系统弹出"创建子工序"对话框，在 移动类型 下拉列表中选择 轮廓移动 选项，此时"创建子工序"对话框（二）如图 12.6.10 所示。

Step2. 在 驱动几何体 下拉列表中选择 新驱动曲线 选项，然后单击"指定驱动边界"按钮，系统弹出图 12.6.11 所示的"部件边界"对话框，选取图 12.6.12 所示的轮廓曲线，单击 确定 按钮，系统转到"创建子工序"对话框（二）。

Step3. 定义切削参数。在"创建子工序"对话框中单击"切削参数"按钮，系统弹出"切削参数"对话框，设置参数如图 12.6.13 所示；然后单击 余量 选项卡，在 内公差 文本框中输入值 0.01，在 外公差 文本框中输入值 0.01，其他采用默认参数设置值，单击 确定 按钮，系统返回到"创建子工序"对话框，再单击 确定 按钮，系统返回到"示教模式"对

话框。

图 12.6.10 "创建子工序"对话框（二）

图 12.6.11 "部件边界"对话框

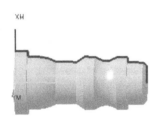

图 12.6.12 轮廓曲线

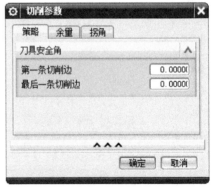

图 12.6.13 "切削参数"对话框

Task4. 生成刀路轨迹

Step1. 在"示教模式"对话框中单击"生成"按钮，生成的刀路轨迹如图 12.6.14 所示。

Step2. 在图形区通过旋转、平移、放大视图，再单击"重播"按钮重新显示路径，可以从不同角度对刀路轨迹进行查看，以判断其路径是否合理。

Task5. 加工仿真

Step1. 在"示教模式"对话框中单击"确认"按钮，系统弹出"刀轨可视化"对话框。

Step2. 单击 3D 动态 选项卡，采用系统默认参数设置值，调整动画速度后单击"播放"按钮，即可观察到 3D 动态仿真加工，加工结果如图 12.6.15 所示。

Step3. 分别在"刀轨可视化"对话框和"示教模式"对话框中单击 确定 按钮，完成

操作。

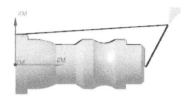

图 12.6.14 刀路轨迹

图 12.6.15 3D 仿真结果

Task6. 保存文件

选择下拉菜单 文件(F) ➡ 🖫 保存(S) 命令，保存文件。

12.7 车削加工综合应用

本范例讲述的是一个轴类零件的综合车削加工过程，如图 12.7.1 所示，其中包括车端面、粗车外形、精车外形等加工内容，在学完本节后，希望读者能够举一反三，灵活运用前面介绍的车削操作，熟练掌握 UG NX 中车削加工的各种方法。下面介绍该零件车削加工的操作步骤。

a) 部件几何体

b) 毛坯几何体

加工过程

c) 加工结果

图 12.7.1 车削加工

Task1. 打开模型文件并进入加工模块

打开文件 D:\ug12nc\work\ch12.07\turning_finish.prt，系统自动进入加工环境。

说明：模型文件中已经创建了相关的几何体，创建几何体的具体操作步骤可参见前面的示例。

Task2. 创建刀具 1

Step1. 选择下拉菜单 插入(S) ➡ 🔧 刀具(T) 命令，系统弹出"创建刀具"对话框。

Step2. 在 类型 下拉列表中选择 turning 选项，在 刀具子类型 区域中单击"OD_80_L"按钮 🔧，在 名称 文本框中输入 OD_80_L，单击 确定 按钮，系统弹出"车刀-标准"对话框（一）。

Step3. 设置图 12.7.2 所示的参数。

Step4. 单击 夹持器 选项卡，选中 ☑ 使用车刀夹持器 复选框，设置图 12.7.3 所示的参数。

Step5. 单击 确定 按钮，完成刀具 1 的创建。

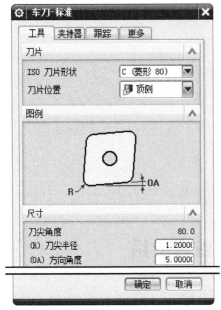

图 12.7.2　"车刀-标准"对话框（一）

图 12.7.3　"车刀-标准"对话框（二）

Task3．创建刀具 2

Step1. 选择下拉菜单 插入(S) ➡ 刀具(T)... 命令，系统弹出"创建刀具"对话框。

Step2. 在 类型 下拉列表中选择 turning 选项，在 刀具子类型 区域中单击"OD_55_L"按钮 ，在 名称 文本框中输入 OD_35_L，单击 确定 按钮，系统弹出"车刀-标准"对话框（二）。

Step3. 设置图 12.7.4 所示的参数。

Step4. 单击 夹持器 选项卡，选中 ☑ 使用车刀夹持器 复选框，设置图 12.7.5 所示的参数。

Step5. 单击 确定 按钮，完成刀具 2 的创建。

Task4．创建车端面操作

Stage1．创建工序

Step1. 选择下拉菜单 插入(S) ➡ 工序(E)... 命令，系统弹出"创建工序"对话框。

Step2. 在 类型 下拉列表中选择 turning 选项，在 工序子类型 区域中单击"面加工"按钮 ，在 程序 下拉列表中选择 PROGRAM 选项，在 刀具 下拉列表中选择 OD_80_L (车刀-标准) 选项，在 几何体 下拉列表中选择 TURNING_WORKPIECE 选项，在 方法 下拉列表中选择 LATHE_FINISH 选项。

Step3. 单击 确定 按钮，系统弹出"面加工"对话框。

Stage2．设置切削区域

Step1. 单击"面加工"对话框 切削区域 右侧的"编辑"按钮 ，系统弹出"切削区域"

对话框。

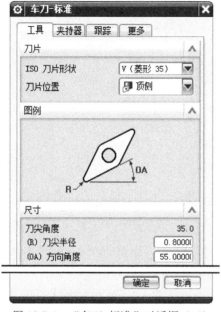

图 12.7.4 "车刀-标准"对话框（三）

图 12.7.5 "车刀-标准"对话框（四）

Step2. 在 轴向修剪平面 1 区域的 限制选项 下拉列表中选择 点 选项，在图形区中选取图 12.7.6 所示的端点，单击"显示"按钮 ，显示出切削区域如图 12.7.6 所示。

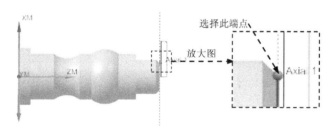

图 12.7.6 定义切削区域

Step3. 单击 确定 按钮，系统返回到"面加工"对话框。

Stage3．设置非切削移动参数

Step1. 单击"面加工"对话框中的"非切削移动"按钮 ，系统弹出"非切削移动"对话框。

Step2. 选择 逼近 选项卡，然后在 出发点 区域的 点选项 下拉列表中选择 指定 选项，在模型上选取图 12.7.7 所示的出发点。

Step3. 选择 离开 选项卡，在 离开刀轨 区域的 刀轨选项 下拉列表中选择 点 选项，采用系统默认参数设置值，在图形区选取图 12.7.7 所示的离开点。

Step4. 单击 确定 按钮，完成非切削移动参数的设置。

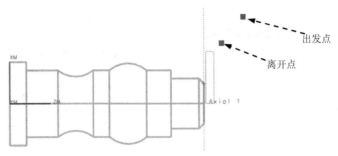

图 12.7.7　设置出发点和离开点

Stage4．生成刀路轨迹并 3D 仿真

Step1. 单击"面加工"对话框中的"生成"按钮，生成刀路轨迹如图 12.7.8 所示。

Step2. 单击"面加工"对话框中的"确认"按钮，系统弹出"刀轨可视化"对话框。

Step3. 单击 3D 动态 选项卡，采用系统默认的参数设置值，调整动画速度后单击"播放"按钮，即可观察到 3D 动态仿真加工，加工后的结果如图 12.7.9 所示。

Step4. 分别在"刀轨可视化"对话框和"面加工"对话框中单击 确定 按钮，完成车端面加工。

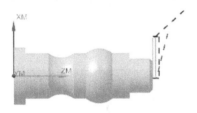

图 12.7.8　刀路轨迹

图 12.7.9　3D 仿真结果

Task5．创建外径粗车操作 1

Stage1．创建工序

Step1. 选择下拉菜单 插入(S) ➡ 工序(E)... 命令，系统弹出"创建工序"对话框。

Step2. 在 类型 下拉列表中选择 turning 选项，在 工序子类型 区域中单击"外径粗车"按钮，在 程序 下拉列表中选择 PROGRAM 选项，在 刀具 下拉列表中选择 OD_80_L (车刀-标准) 选项，在 几何体 下拉列表中选择 TURNING_WORKPIECE 选项，在 方法 下拉列表中选择 LATHE_ROUGH 选项，采用系统默认的名称。

Step3. 单击 确定 按钮，系统弹出"外径粗车"对话框。

Stage2．显示切削区域

单击"外径粗车"对话框 切削区域 右侧的"显示"按钮，在图形区中显示出切削区域

如图 12.7.10 所示。

Stage3. 设置非切削参数

Step1. 单击"外径粗车"对话框中的"非切削移动"按钮 ，系统弹出"非切削移动"对话框。

Step2. 选择 离开 选项卡，在 离开刀轨 区域的 刀轨选项 下拉列表中选择 点 选项，采用系统默认参数设置值，在图形区选取图 12.7.11 所示的离开点。

Step3. 单击 确定 按钮，完成非切削参数的设置。

图 12.7.10 切削区域

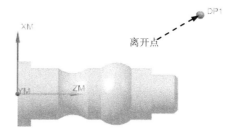

图 12.7.11 设置离开点

Stage4. 生成刀路轨迹并 3D 仿真

Step1. 单击"外径粗车"对话框中的"生成"按钮 ，生成刀路轨迹如图 12.7.12 所示。

Step2. 单击"外径粗车"对话框中的"确认"按钮 ，系统弹出"刀轨可视化"对话框。

Step3. 单击 3D 动态 选项卡，采用系统默认的参数设置值，调整动画速度后单击"播放"按钮 ，即可观察到 3D 动态仿真加工，加工后的结果如图 12.7.13 所示。

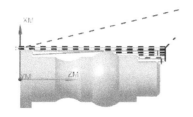

图 12.7.12 刀路轨迹

图 12.7.13 3D 仿真结果

Step4. 分别在"刀轨可视化"对话框和"外径粗车"对话框中单击 确定 按钮，完成粗车加工 1。

Task6. 创建外径粗车操作 2

Stage1. 创建工序

Step1. 选择下拉菜单 插入(S) ➡ 工序(E)... 命令，系统弹出"创建工序"对话框。

Step2. 在 类型 下拉列表中选择 turning 选项，在 工序子类型 区域中单击"外径粗车"按钮 ，

在 程序 下拉列表中选择 PROGRAM 选项，在 刀具 下拉列表中选择 OD_35_L (车刀-标准) 选项，在 几何体 下拉列表中选择 TURNING_WORKPIECE 选项，在 方法 下拉列表中选择 LATHE_ROUGH 选项，采用系统默认的名称。

Step3. 单击 确定 按钮，系统弹出"外径粗车"对话框。

Stage2. 显示切削区域

单击"外径粗车"对话框 切削区域 右侧的"显示"按钮 ，在图形区中显示出切削区域，如图 12.7.14 所示。

图 12.7.14　显示切削区域

Stage3. 生成刀路轨迹并 3D 仿真

Step1. 单击"外径粗车"对话框中的"生成"按钮 ，生成刀路轨迹如图 12.7.15 所示。

Step2. 单击"外径粗车"对话框中的"确认"按钮 ，系统弹出"刀轨可视化"对话框。

Step3. 单击 3D 动态 选项卡，采用系统默认的参数设置值，调整动画速度后单击"播放"按钮 ，即可观察到 3D 动态仿真加工，加工后的结果如图 12.7.16 所示。

Step4. 分别在"刀轨可视化"对话框和"外径粗车"对话框中单击 确定 按钮，完成粗车加工 2。

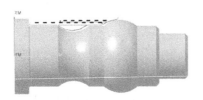

图 12.7.15　刀路轨迹

图 12.7.16　3D 仿真结果

Task7. 创建外径精车操作

Stage1. 创建工序

Step1. 选择下拉菜单 插入(S) ➡ 工序(E)... 命令，系统弹出"创建工序"对话框。

Step2. 在 类型 下拉列表中选择 turning 选项，在 工序子类型 区域中单击"外径精车"按钮 ，在 程序 下拉列表中选择 PROGRAM 选项，在 刀具 下拉列表中选择 OD_35_L (车刀-标准) 选项，在 几何体

下拉列表中选择 `TURNING_WORKPIECE` 选项，在 `方法` 下拉列表中选择 `LATHE_FINISH` 选项。

Step3. 单击 `确定` 按钮，系统弹出"外径精车"对话框。

Stage2. 显示切削区域

单击"外径精车"对话框 `切削区域` 右侧的"显示"按钮 ，在图形区中显示出切削区域，如图 12.7.17 所示。

Stage3. 设置切削参数

Step1. 单击"外径精车"对话框中的"切削参数"按钮 ，系统弹出"切削参数"对话框，选择 `策略` 选项卡，然后在 `刀具安全角` 区域的 `第一条切削边` 文本框中输入值 0.0，其他参数采用默认设置。

Step2. 选择 `余量` 选项卡，然后在 `公差` 区域的 `内公差` 文本框中输入值 0.01，在 `外公差` 文本框中输入值 0.01，其他参数采用默认设置值。

Step3. 单击 `确定` 按钮，完成切削参数的设置。

Stage4. 设置非切削参数

Step1. 单击"外径精车"对话框中的"非切削移动"按钮 ，系统弹出"非切削移动"对话框。

Step2. 选择 `离开` 选项卡，在 `离开刀轨` 区域的 `刀轨选项` 下拉列表中选择 `点` 选项，在图形区选取图 12.7.18 所示的离开点。

Step3. 单击 `确定` 按钮，完成非切削参数的设置。

图 12.7.17 显示切削区域

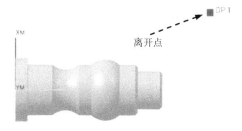

图 12.7.18 选择离开点

Stage5. 生成刀路轨迹并 3D 仿真

Step1. 单击"外径精车"对话框中的"生成"按钮 ，生成的刀路轨迹如图 12.7.19 所示。

Step2. 单击"外径精车"对话框中的"确认"按钮 ，系统弹出"刀轨可视化"对话框。

Step3. 单击 `3D 动态` 选项卡，采用系统默认的参数设置值，调整动画速度后单击"播放"按钮 ，即可观察到 3D 动态仿真加工，加工后的结果如图 12.7.20 所示。

Step4. 分别在"刀轨可视化"对话框和"外径精车"对话框中单击 确定 按钮，完成精车加工。

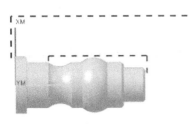

图 12.7.19　刀路轨迹

图 12.7.20　3D 仿真结果

Task8. 保存文件

选择下拉菜单 文件(F) ➡ 保存(S) 命令，保存文件。

学习拓展：扫码学习更多视频讲解。

讲解内容：主要包含二维草图的绘制思路、流程与技巧总结，另外还有二十多个来自实际产品设计中草图案例的讲解。草图是创建三维实体特征的基础，掌握高效的草图绘制技巧，有助于对零件结构的理解，对定义铣削加工边界可作为参考。

第13章 线切割加工

13.1 概　　述

本章将介绍线切割的加工方法，其中包括线切割加工概述、两轴线切割加工和四轴线切割加工。学习完本章之后，希望读者能够熟练掌握这两种线切割加工方法。

电火花线切割加工简称线切割加工。它是利用一根运动的细金属丝（$\varphi 0.02 \sim \varphi 0.3mm$ 的钼丝或铜丝）作为工具电极，在工件与金属丝间通以脉冲电流，靠火花放电对工件进行切削加工。在 NC 加工中，线切割主要有两轴加工和四轴加工。

电火花线切割的加工原理如图 13.1.1 所示。工件上预先打好穿丝孔，电极丝穿过该孔后，经导向轮由储丝筒带动做正、反向交替移动。放置工件的工作台按预定的控制程序，在 X、Y 两个坐标方向上做伺服进给移动，把工件切割成形。加工时，需在电极和工件间不断浇注工作液。

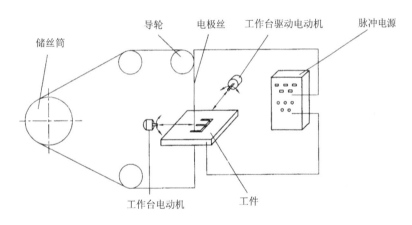

图 13.1.1　电火花线切割加工原理

线切割加工的工作原理和使用的电压、电流波形与电火花穿孔加工相似，但线切割加工不需要特定形状的电极，缩短了生产准备时间，比电火花穿孔加工生产率高、加工成本低，加工中工具电极损耗很小，可获得高的加工精度。小孔、窄缝以及凸、凹模加工可一次完成，多个工件可叠起来加工，但不能加工不通孔和立体成形表面。由于电火花线切割加工具有上述特点，在国内外发展都较快，已经成为一种高精度和高自动化的特种加工方法，在成形刀具与难切削材料、模具制造和精密复杂零件加工等方面得到了广泛应用。

电火花加工还有其他许多方式的应用。如用电火花磨削，可磨削加工精密小孔、深孔、薄壁孔及硬质合金小模数滚刀；用电火花共轭回转加工，可加工精密内、外螺纹环规，精密内、外齿轮等；此外还有电火花表面强化和刻字加工等。

进入加工模块后，选择下拉菜单 插入(S) ➡ 工序(E)... 命令，系统弹出图 13.1.2 所示的"创建工序"对话框。在 类型 下拉列表中选择 wire_edm 选项，此时，对话框中出现线切割加工的六种子类型。

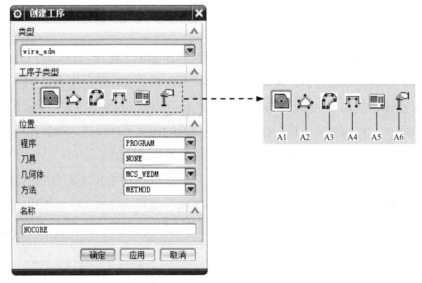

图 13.1.2　"创建工序"对话框

图 13.1.2 所示的"创建工序"对话框的各选项说明如下。

- A1 （NOCORE）：无芯。
- A2 （EXTERNAL_TRIM）：外部修剪。
- A3 （INTERNAL_TRIM）：内部修剪。
- A4 （OPEN_PROFILE）：开放轮廓。
- A5 （WEDM_CONTROL）：控制线切割。
- A6 （WEDM_USER）：线切割用户定义。

13.2　两轴线切割加工

两轴线切割加工可以用于任何类型的二维轮廓切割，加工时刀具（钼丝或铜丝）沿着指定的路径切割工件，在工件上留下细丝切割所留下的轨迹线，从而使工件和毛坯分离开来，得到需要的零件。

Task1. 打开模型文件并进入加工模块

Step1. 打开模型文件 D:\ug12nc\work\ch13.02\wired_02.prt。

Step2. 进入加工环境。在 应用模块 功能选项卡的 加工 区域单击 按钮，在系统弹出的"加工环境"对话框的 要创建的 CAM 组装 列表框中选择 wire_edm 选项，单击 确定 按钮，进入加工环境。

Task2. 创建工序（一）

Stage1. 创建机床坐标系

在工序导航器中调整到几何视图状态，双击 MCS_WEDM 节点，系统弹出图 13.2.1 所示的"MCS 线切割"对话框，并在图形区中显示出当前的机床坐标系，单击 确定 按钮，完成机床坐标系的定义。

Stage2. 创建几何体

Step1. 在工序导航器中选中 MCS_WEDM 节点并右击鼠标，在系统弹出的快捷菜单中选择 插入 ▶ → 几何体命令，系统弹出图 13.2.2 所示的"创建几何体"对话框。

图 13.2.1 "MCS 线切割"对话框

图 13.2.2 "创建几何体"对话框

Step2. 单击"SEQUENCE_EXTERNAL_TRIM"按钮 ，然后单击 确定 按钮，系统弹出图 13.2.3 所示的"顺序外部修剪"对话框。

Step3. 单击 几何体 区域中的 按钮，系统弹出图 13.2.4 所示的"线切割几何体"对话框。

图 13.2.3 所示的"顺序外部修剪"对话框的部分选项说明如下。

- 几何体：用于选择线切割的对象模型，也就是几何模型。
- 刀轨设置：可在该区域的 切除刀路 下拉列表中选择 单侧、多个 - 区域优先和多个 - 切除优先三种刀具路径。
  - ☑ 粗加工刀路：用于设置粗加工走刀的次数。

☑ **精加工刀路**：用于设置精加工走刀的次数。

☑ **簧丝直径**：用于设置电极丝的直径。

图 13.2.3 "顺序外部修剪"对话框

图 13.2.4 "线切割几何体"对话框

说明："线切割几何体"对话框 主要 选项卡中的 轴类型 区域包括线切割的两种类型，即 ⊞（二轴线切割加工）和 ⊠（四轴线切割加工），二轴线切割加工多用于规则的模型和与 Z 轴垂直的模型，而四轴线切割加工可以用于有倾斜角度模型的加工。

Step4. 在 主要 选项卡的 轴类型 区域单击"二轴"按钮 ⊞，在 过滤器类型 区域中选择"面边界"按钮 ▣，选取图 13.2.5 所示的面，单击 确定 按钮，系统生成图 13.2.6 所示的两条边界，并返回到"顺序外部修剪"对话框。

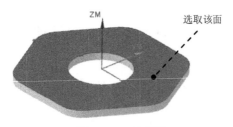

图 13.2.5 边界面

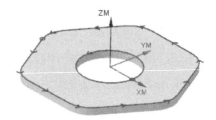

图 13.2.6 边界

Step5. 在 几何体 区域中单击 ◈ 按钮，系统弹出图 13.2.7 所示的"编辑几何体"对话框。

Step6. 单击"下一个"按钮 ▼，系统显示几何体的内轮廓，然后单击 移除 按钮，保留图 13.2.8 所示的几何体外形轮廓。

Step7. 单击 确定 按钮，系统返回"顺序外部修剪"对话框。

图 13.2.7 "编辑几何体"对话框

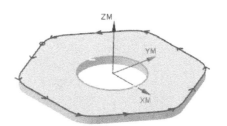

图 13.2.8 几何体外形轮廓

Stage3. 设置切削参数

Step1. 在"顺序外部修剪"对话框的 粗加工刀路 文本框中输入值 1，单击"切削参数"按钮 ，系统弹出图 13.2.9 所示的"切削参数"对话框（一）。

Step2. 在 下部平面 ZM 文本框中输入值-10，在 割线位置 下拉列表中选择 相切 选项，其余参数采用系统默认设置值。

Step3. 单击 拐角 选项卡，系统弹出图 13.2.10 所示的"切削参数"对话框（二），采用系统默认的参数设置值，单击 确定 按钮，系统返回"顺序外部修剪"对话框。

图 13.2.9 所示的"切削参数"对话框（一）的部分选项说明如下。

- 上部平面 ZM ：用于定义电极丝上端距参考平面的距离。

- 下部平面 ZM ：用于定义电极丝下端距参考平面的距离，通过上下平面可以确定电极丝的长度。

- 上导轨偏置 ：用于定义上部导轨的偏置距离数值。

- 下导轨偏置 ：用于定义下部导轨的偏置距离数值。

- 切削方向 ：用于定义电极丝沿零件的加工方向。

  - ☑ 交替 ：加工方向为混合方式，在不同的地方采用顺时针，而在另外的地方采用逆时针。

  - ☑ 顺时针 ：加工方向为顺时针方向。

  - ☑ 逆时针 ：加工方向为逆时针方向。

- 步距 ：表示步进的类型，有以下几种选项可以选择。

  - ☑ 恒定 ：用步长大小来表示，即相邻步长之间的距离。

☑ **多重变量**：存在多个刀具路径时，可以定义每次刀具路径步长的大小。

☑ **线切割百分比**：用电极丝的直径百分比来定义步进的距离。

☑ **每条刀路的余量**：利用毛坯和零件之间的距离来定义步进的距离，根据不同需要，可以设定每条刀路不同的加工余量。

图 13.2.9 "切削参数"对话框（一）

图 13.2.10 "切削参数"对话框（二）

Stage4. 设置移动参数

Step1. 在"顺序外部修剪"对话框中单击"非切削移动"按钮，系统弹出图 13.2.11 所示的"非切削移动"对话框。

图 13.2.11 "非切削移动"对话框

Step2. 指定出发点。在"非切削移动"对话框中选择 避让 选项卡，在 出发点 区域的 点选项 下拉列表中选择 指定 选项，单击 + 按钮，系统弹出"点"对话框，在 参考 下拉列表中选择 WCS 选项，然后在 XC 文本框中输入值-40.0，在 YC 文本框中输入值 0.0，在 ZC 文本框中输入值

0.0，单击 确定 按钮，系统返回到"非切削移动"对话框，同时在图形区中显示出"出发点"，如图 13.2.12 所示。

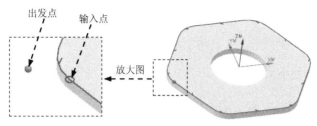

图 13.2.12 出发点

Step3. 指定回零点。在"非切削移动"对话框中选择 避让 选项卡，在 回零点 区域的 点选项 下拉列表中选择 指定 选项，单击 + 按钮，系统弹出"点"对话框，在 参考 下拉列表中选择 WCS 选项，然后在 XC 文本框中输入值-45.0，在 YC 文本框中输入值 5.0，在 ZC 文本框中输入值 0.0，单击 确定 按钮，系统返回到"非切削移动"对话框，然后在"非切削移动"对话框中单击 确定 按钮。

Step4. 在"顺序外部修剪"对话框中单击 确定 按钮。

Task3. 生成刀路轨迹

Stage1. 生成第一个刀路轨迹

Step1. 在工序导航器中展开 ⊞ SEQUENCE_EXTERNAL_TRIM 节点，可以看到三个刀路轨迹，双击 ⊘ EXTERNAL_TRIM_ROUGH 节点，系统弹出图 13.2.13 所示的"External Trim Rough"对话框。

Step2. 单击"生成"按钮 ，生成的刀路轨迹如图 13.2.14 所示。

图 13.2.13 "External Trim Rough"对话框

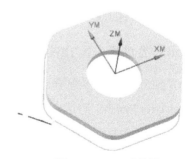

图 13.2.14 刀路轨迹

Step3. 单击"确认"按钮，系统弹出"刀轨可视化"对话框，调整动画速度后单击"播放"按钮 ▶，即可观察到动态仿真加工。

Step4. 分别在"刀轨可视化"对话框和"External Trim Rough"对话框中单击 确定 按钮，完成刀轨轨迹的演示。

Stage2. 生成第二个刀路轨迹

Step1. 在工序导航器中双击 ⊘ EXTERNAL_TRIM_CUTOFF 节点，系统弹出图 13.2.15 所示的"External Trim Cutoff"对话框。

Step2. 单击"生成"按钮，生成的刀路轨迹如图 13.2.16 所示。

图 13.2.15 "External Trim Cutoff"对话框

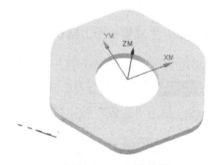

图 13.2.16 刀路轨迹

Step3. 单击"确认"按钮，系统弹出"刀轨可视化"对话框，调整动画速度后单击"播放"按钮 ▶，即可观察到动态仿真加工。

Step4. 分别在"刀轨可视化"对话框和"External Trim Cutoff"对话框中单击 确定 按钮，完成刀路轨迹的演示。

Stage3. 生成第三个刀路轨迹

Step1. 在工序导航器中双击 ⊘ EXTERNAL_TRIM_FINISH 节点，系统弹出图 13.2.17 所示的"External Trim Finish"对话框（一）。

Step2. 单击"生成"按钮，在图形区生成的刀路轨迹如图 13.2.18 所示。

Step3. 单击"确认"按钮，系统弹出"刀轨可视化"对话框，调整动画速度后单击"播放"按钮 ▶，即可观察到动态仿真加工。

Step4. 分别在"刀轨可视化"对话框和"External Trim Finish"对话框中单击 确定 按钮，完成刀路轨迹的演示。

图 13.2.17 "External Trim Finish"对话框（一）

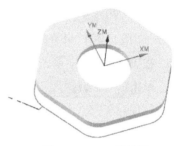

图 13.2.18 刀路轨迹

Task4. 创建工序（二）

Stage1. 创建几何体

Step1. 在工序导航器中调整到几何视图状态，选中 MCS_WEDM 节点并右击鼠标，在系统弹出的快捷菜单中选择 插入 ▶ ➡ 几何体命令，系统弹出"创建几何体"对话框，如图 13.2.19 所示。

Step2. 在 几何体子类型 区域中单击"SEQUENCE_INTERNAL_TRIM"按钮 ，单击 确定 按钮，系统弹出图 13.2.20 所示的"顺序内部修剪"对话框。

图 13.2.19 "创建几何体"对话框

图 13.2.20 "顺序内部修剪"对话框

Step3. 单击 几何体 区域中的 ◈ 按钮，系统弹出"线切割几何体"对话框。

Step4. 在 主要 选项卡的 轴类型 区域单击"二轴"按钮 ⫯，在 过滤器类型 下选择"面边界"按钮 ▱，选取图 13.2.21 所示的面，单击 确定 按钮，系统生成图 13.2.22 所示的两条边界，并返回到"顺序内部修剪"对话框。

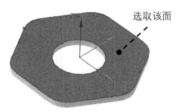

图 13.2.21 边界面

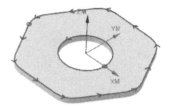

图 13.2.22 切割线轨迹

Step5. 在 几何体 区域中单击 ◈ 按钮，系统弹出"编辑几何体"对话框。

Step6. 单击 移除 按钮，保留图 13.2.23 所示的几何体内轮廓。

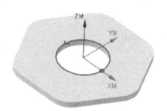

图 13.2.23 内轮廓

Step7. 单击 确定 按钮，完成几何体的编辑，并返回"顺序内部修剪"对话框。

Stage2. 设置切削参数

Step1. 在"顺序内部修剪"对话框的 粗加工刀路 文本框中输入值 1，单击"切削参数"按钮 ⇉，系统弹出"切削参数"对话框，如图 13.2.24 所示。

Step2. 设置图 13.2.24 所示的参数，单击 确定 按钮，完成切削参数的设置，并返回到"顺序内部修剪"对话框。

Stage3. 设置移动参数

Step1. 在"顺序内部修剪"对话框中单击"非切削移动"按钮 ▦，系统弹出图 13.2.25 所示的"非切削移动"对话框。

Step2. 指定出发点。在"非切削移动"对话框中选择 避让 选项卡，在 出发点 区域的 点选项 下拉列表中选择 指定 选项，单击 ✛ 按钮，系统弹出"点"对话框，在 参考 下拉列表中选择 WCS 选项，然后在 XC 文本框中输入值 0.0，在 YC 文本框中输入值 0.0，在 ZC 文本框中输入值 0.0，单击 确定 按钮，系统返回到"非切削移动"对话框。

Step3. 单击 确定 按钮，系统返回到"顺序内部修剪"对话框，再次单击 确定 按钮，完成移动参数设置。

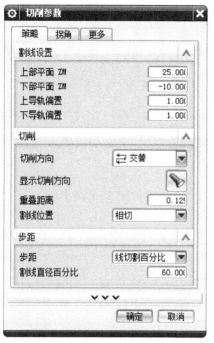

图 13.2.24　"切削参数"对话框

图 13.2.25　"非切削移动"对话框

Task5．生成刀路轨迹

Stage1．生成第一个刀路轨迹

Step1．在工序导航器中展开 ⊞ ◈ SEQUENCE_INTERNAL_TRIM 节点，可以看到三个刀路轨迹，双击 ⊘ ◈ INTERNAL_TRIM_ROUGH 节点，系统弹出图 13.2.26 所示的 "Internal Trim Rough" 对话框。

Step2．单击 "生成" 按钮 ⭢，生成的刀路轨迹如图 13.2.27 所示。

图 13.2.26　"Internal Trim Rough" 对话框

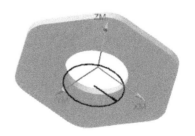

图 13.2.27　刀路轨迹

Step3. 单击"确认"按钮 ，系统弹出"刀轨可视化"对话框，调整动画速度后单击"播放"按钮 ▶，即可观察到动态仿真加工。

Step4. 分别在"刀轨可视化"对话框和"Internal Trim Rough"对话框中单击 确定 按钮，完成刀路轨迹的演示。

Stage2. 生成第二个刀路轨迹

Step1. 在工序导航器中双击 ⊘⟁ INTERNAL_TRIM_BACKBURN 节点，系统弹出图 13.2.28 所示的"Internal Trim Backburn"对话框。

Step2. 单击"生成"按钮 ⯈，在图形区生成的刀路轨迹如图 13.2.29 所示。

图 13.2.28 "Internal Trim Backburn"对话框

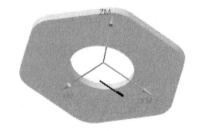

图 13.2.29 刀路轨迹

Step3. 单击"确认"按钮 ，系统弹出"刀轨可视化"对话框，调整动画速度后单击"播放"按钮 ▶，即可观察到动态仿真加工。

Step4. 分别在"刀轨可视化"对话框和"Internal Trim Backburn"对话框中单击 确定 按钮，完成刀路轨迹的演示。

Stage3. 生成第三个刀路轨迹

Step1. 在工序导航器中双击 ⊘⟁ INTERNAL_TRIM_FINISH 节点，系统弹出图 13.2.30 所示的"Internal Trim Finish"对话框（二）。

Step2. 单击"生成"按钮 ⯈，在图形区生成的刀路轨迹如图 13.2.31 所示。

Step3. 单击"确认"按钮 ，系统弹出"刀轨可视化"对话框，调整动画速度后单击"播放"按钮 ▶，即可观察到动态仿真加工。

Step4. 分别在"刀轨可视化"对话框和"Internal Trim Finish"对话框中单击 确定 按

钮，完成刀路轨迹的演示。

图 13.2.30 "Internal Trim Finish" 对话框（二）

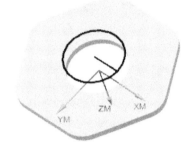

图 13.2.31　刀路轨迹

Task6．保存文件

选择下拉菜单 文件(F) ➡ 保存(S) 命令，保存文件。

13.3　四轴线切割加工

四轴线切割是线切割加工中比较常用的一种加工方法，通过选择不同的轴类型，可以指定为四轴线切割加工方式，通过选择过滤器中的顶面或者侧面来确定要进行线切割的上下两个面的边界形状，从而完成切割加工。

Task1．打开模型文件并进入加工模块

Step1．打开模型文件 D:\ug12nc\work\ch13.03\wired_04.prt。

Step2．在 应用模块 功能选项卡的 加工 区域单击 按钮，在系统弹出的"加工环境"对话框的 要创建的 CAM 组装 列表框中选择 wire_edm 选项，单击 确定 按钮，进入加工环境。

Task2．创建工序

Stage1．创建机床坐标系

在工序导航器中调整到几何视图状态，双击 MCS_WEDM 节点，系统弹出"MCS 线切割"

对话框。在机床坐标系区域中单击"坐标系对话框"按钮 🛗，系统弹出"坐标系"对话框。在 类型 下拉列表中选择 动态 选项，然后单击 操控器 区域中的"点对话框"按钮 ⊕，在系统弹出的"点"对话框的 Z 文本框中输入值-20.0，单击 确定 按钮，然后在系统弹出的"坐标系"对话框和"MCS线切割"对话框中分别单击 确定 按钮，完成机床坐标系的创建，如图 13.3.1 所示。

Stage2. 创建几何体

Step1. 在工序导航器中选中 MCS_WEDM 节点并右击鼠标，在系统弹出的快捷菜单中选择 插入 ➡ 工序... 命令，系统弹出图 13.3.2 所示的"创建工序"对话框。

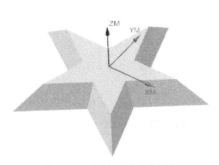

图 13.3.1　创建机床坐标系

图 13.3.2　"创建工序"对话框

Step2. 在 类型 下拉列表中选择 wire_edm 选项，在 工序子类型 区域中单击"EXTERNAL_TRIM"按钮 ✥，在 程序 下拉列表中选择 PROGRAM 选项，在 刀具 下拉列表中选择 NONE 选项，在 几何体 下拉列表中选择 MCS_WEDM 选项，在 方法 下拉列表中选择 WEDM_METHOD 选项，在 名称 文本框中输入 EXTERNAL_TRIM。

Step3. 单击 确定 按钮，系统弹出图 13.3.3 所示的"外部修剪"对话框。

Step4. 单击 几何体 区域 指定线切割几何体 右侧的 ⬙ 按钮，系统弹出图 13.3.4 所示的"线切割几何体"对话框。

Step5. 在 轴类型 区域中单击"四轴"按钮 ⬙，在 过滤器类型 区域中单击"顶面"按钮 ⬙，选取图 13.3.5 所示的面，系统生成图 13.3.6 所示的线切割轨迹，单击 确定 按钮，并返回"外部修剪"对话框。

图 13.3.3 "外部修剪"对话框

图 13.3.4 "线切割几何体"对话框

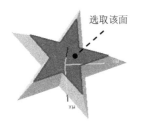

图 13.3.5 选取面

图 13.3.6 线切割轨迹

Stage3. 设置切削参数

Step1. 在"外部修剪"对话框的 粗加工刀路 文本框中输入值 2，单击"切削参数"按钮 ，系统弹出"切削参数"对话框，如图 13.3.7 所示。

Step2. 设置参数如图 13.3.7 所示，单击 确定 按钮，完成切削参数的定义，并返回到"外部修剪"对话框。

Stage4. 设置非切削移动参数

Step1. 在"外部修剪"对话框中单击"非切削移动"按钮 ，系统弹出图 13.3.8 所示的"非切削移动"对话框。

Step2. 在 前导方法 下拉列表中选择 斜角 选项，其余采用系统的默认参数，单击 确定

按钮，系统返回到"外部修剪"对话框。

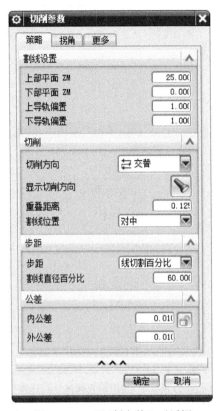

图 13.3.7 "切削参数"对话框

图 13.3.8 "非切削移动"对话框

图 13.3.8 所示的"非切削移动"对话框的各选项说明如下。

● **非侧倾前导**：表示当电极进入边界时，电极没有任何侧倾。

● **前导方法**：用于确定电极进入切割边界时的进刀方式。

● **切入距离**：电极距离边界的距离。

● **前导角**：当要进入切削边界时，电极丝的倾斜角度。

● **刀具补偿角**：用电极丝的倾斜角度来做补偿。

● **刀具补偿距离**：用电极丝的半径来做补偿。

Task3．生成刀路轨迹

Step1．在"外部修剪"对话框中单击"生成"按钮 ，刀路轨迹如图 13.3.9 所示。

Step2．在图形区通过旋转、平移、放大视图，再单击"重播"图标 重新显示路径。
可以从不同角度对刀路轨迹进行查看，以判断其路径是否合理。

Task4．动态仿真

Step1．在"外部修剪"对话框中单击"确认"按钮 ，系统弹出"刀轨可视化"对话

框；调整动画速度后单击"播放"按钮 ▶，即可观察到动态仿真加工。

Step2. 分别在"刀轨可视化"对话框和"外部修剪"对话框中单击 确定 按钮，完成四轴线切割加工。

图 13.3.9   刀路轨迹

Task5. 保存文件

选择下拉菜单 文件(F) ➡ 保存(S) 命令，保存文件。

学习拓展：扫码学习更多视频讲解。

讲解内容：主要包含模具设计概述，基础知识，模具设计的一般流程，典型零件加工案例等，特别是对有关注塑模设计、模具塑料及注塑成型工艺这些背景知识进行了系统讲解。作为编程技术人员，了解模具设计的基本知识非常必要。

第 14 章　UG NX 12.0 后置处理

14.1　概　　述

　　本章将介绍有关数控后置处理的知识。由于各个厂家机床的数控系统都是不同的，UG NX 12.0 生成的刀路轨迹文件并不能被所有的机床识别，因而需要对其进行必要的后置处理，转换成机床可识别的代码文件后才可以进行加工。通过对本章的学习，相信读者会了解数控加工的后置处理功能。

　　在 UG NX 12.0 中，在生成了包括切削刀具位置及机床控制指令的加工刀轨文件后，由于刀轨文件不能直接驱动机床，必须要对这些文件进行处理，将其转换成特定机床控制器所能接受的 NC 程序，这个处理的过程就是"后处理"。UG NX 12.0 软件是用 nxpost 后处理器进行后处理的。

　　NX 后处理构造器（Post Builder）可以通过图形交互的方式创建二轴到五轴的后处理器，并能灵活定义 NC 程序的格式、输出内容、程序头尾、操作头尾以及换刀等每个事件的处理方式。利用后处理构造器（NX/Post Builder）建立后处理器文件的过程如图 14.1.1 所示。

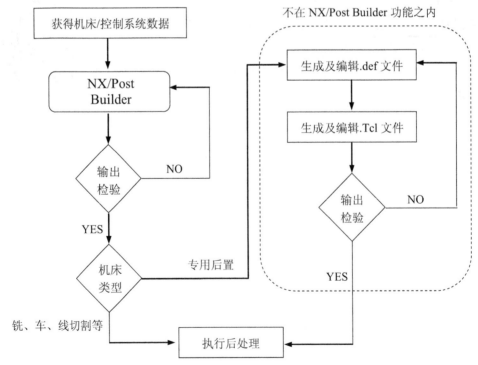

图 14.1.1　NX/Post Builder 建立后处理器文件的过程

14.2 创建后处理器文件

14.2.1 进入 NX 后处理构造器工作环境

Step1. 进入 NX 后处理构造器工作环境。选择菜单 ⛩ 开始 ➡ ▶ 所有程序 ➡
📁 Siemens NX 11.0 ➡ 📁 加工 ➡ 🖥 后处理构造器 命令，启动 NX 后处理构造器，工作界面如图 14.2.1 所示。

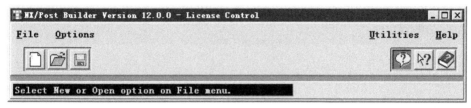

图 14.2.1　"NX 后处理构造器"工作界面（一）

Step2. 转换语言。在图 14.2.1 所示的 NX 后处理构造器工作界面中选择菜单 Options
➡ Language ➡ 中文(简体) 命令，结果如图 14.2.2 所示。

图 14.2.2　"NX 后处理构造器"工作界面（二）

14.2.2 新建一个后处理器文件

Step1. 选择"新建"命令。进入 NX 后处理构造器后，选择下拉菜单 文件 ➡ 新建...
命令（或单击工具条中的 🗋 按钮），系统弹出图 14.2.3 所示的"新建后处理器"对话框，用户可以在该对话框中设置后处理器名称、输出单位、机床类型和控制器类型等内容。

Step2. 定义后处理名称。在 后处理名称 文本框中输入 Mill_3_Axis。

Step3. 定义后处理类型。在"新建后处理器"对话框中选择 ⦿ 主后处理 单选按钮。

Step4. 定义后处理输入单位。在"新建后处理器"对话框的 后处理输出单位 区域中选择
⦿ 毫米 单选按钮。

Step5. 定义机床类型。在"新建后处理器"对话框的 机床 区域中选择 ⦿ 铣 单选按钮，在其下方的下拉列表中选择 3 轴 ⏷ 选项。

Step6. 定义机床的控制类型。在"新建后处理器"对话框的 控制器 区域中选择 ⦿ 一般 单

选按钮。

Step7. 单击 **确定** 按钮，完成后处理器的机床及控制系统的选择。

图 14.2.3 "新建后处理器"对话框

图 14.2.3 所示的"新建后处理器"对话框中的各选项说明如下。

- **后处理名称** 文本框：用于输入后处理器的名称。

- **描述** 文本框：用于输入描述所创建的后处理器的文字。

- **主后处理** 单选按钮：用于设定后处理器的类型为主后处理，一般应选择此类型。

- **仅单位副处理** 单选按钮：用于设定后处理器的类型为仅单位后处理，此类型仅用来改变输出单位和数据格式。

- **后处理输出单位** 区域：用于选择后处理输出的单位。

  - ☑ **英寸** 单选按钮：选择该单选按钮表示后处理输出的单位为英制英寸。

  - ☑ **毫米** 单选按钮：选择该单选按钮表示后处理输出的单位为公制毫米。

- **机床**区域: 用于选择机床类型。
    - ☑ **铣**单选按钮: 选择该单选按钮表示选用铣床类型。
    - ☑ **车**单选按钮: 选择该单选按钮表示选用车床类型。
    - ☑ **线切割**单选按钮: 选择该单选按钮表示选用线切割类型。
    - ☑ **3 轴**下拉列表: 用于选择机床的结构配置。
- **控制器**区域: 用于选择机床的控制系统类型。
    - ☑ **一般**单选按钮: 选择该单选按钮表示选用通用控制系统。
    - ☑ **库**单选按钮: 选择该单选按钮表示从后处理构造器提供的控制系统列表中选择。
    - ☑ **用户**单选按钮: 选择该单选按钮表示选择用户自定义的控制系统。

14.2.3 机床的参数设置值

当完成以上操作后, 系统进入后处理器编辑窗口, 此时系统默认显示为 机床 选项卡, 如图 14.2.4 所示, 该选项卡用于设置机床的行程限制、回零坐标及插补精度等参数。

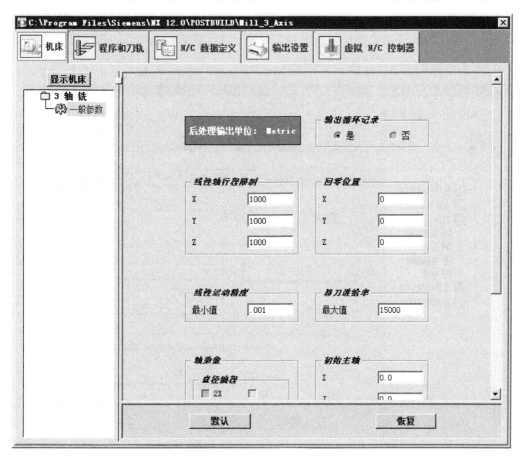

图 14.2.4 "机床"选项卡

图 14.2.4 所示的"机床"选项卡中的各选项说明如下。

- 输出循环记录 区域：用于确定是否输出圆弧指令，选择 是单选按钮，表示输出圆弧指令，选择 否单选按钮，表示将圆弧指令全部改为直线插补输出。

- 线性轴行程限制 区域：用于设置机床主轴 X、Y、Z 的极限行程。

- 回零位置 区域：用于设置机床回零坐标。

- 线性运动精度 区域：用于设置直线插补的精度值，机床控制系统的最小控制长度。

- 移刀进给率 区域：用于设置机床快速移动的最大速度。

- 初始主轴 区域：用于设置机床初始的主轴矢量方向。

- 显示机床：单击该按钮可以显示机床的运动结构简图。

- 默认：单击该按钮后，此页的所有参数将恢复默认值。

- 恢复：单击该按钮后，此页的所有参数将变成本次编辑前的设置。

14.2.4　程序和刀轨参数的设置

1.　"程序"选项卡

单击 程序和刀轨 选项卡后，系统默认显示 程序 选项卡，如图 14.2.5 所示，该选项卡用于定义和修改程序起始序列、操作起始序列、刀轨事件（机床控制事件、机床运动事件和循环事件）、工序结束序列以及程序结束序列。

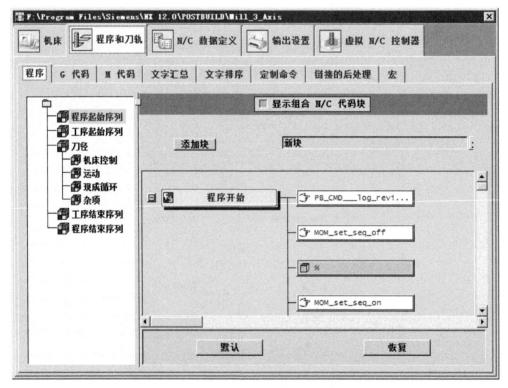

图 14.2.5　"程序"选项卡

在**程序**子选项卡中有两个不同的窗口，左侧是组成结构，右侧是相关参数。在左侧的结构树中选择某一个节点，右侧则会显示相应的参数。每一个 NC 程序都是由在左侧的窗口中显示的五种序列（Sequence）组成，而序列在右侧的窗口中又被细分为标记（Marker）和程序行（Block）。在 NX 后处理构造器中预定义的事件，如换刀、主轴转、进刀等，用黄色长条表示，就是标记的一种。在每个标记下又可以定义一系列的输出程序行。

图 14.2.5 所示的**程序**选项卡的部分选项说明如下。

左侧的组成结构中包括 NC 程序中的五个序列和刀轨运动中的四种事件。

- **程序起始序列**：用于定义程序头输出的语句，程序头事件是所有事件之前的。

- **工序起始序列**：用于定义操作开始到第一个切削运动之间的事件。

- **刀径**：用于定义机床控制事件以及加工运动、钻循环等事件。

   ☑ **机床控制**：主要用于定义进给、换刀、切削液、尾架、夹紧等事件，也可以用于模式的改变，如输出是绝对或相对等。

   ☑ **运动**：用于定义后处理如何处理刀位轨迹源文件中的 GOTO 语句。

   ☑ **现成循环**：用于定义当进行孔加工循环时，系统如何处理这类事件，并定义其输出格式。

   ☑ **杂项**：用于定义子操作刀轨的开始和结束事件。

- **工序结束序列**：用于定义退刀运动到操作结束之间的事件。

- **程序结束序列**：用于定义程序结束时需要输出的程序行，一个 NC 程序只有一个程序结束事件。

2. "G 代码"选项卡

单击**程序和刀轨**选项卡后再单击**G 代码**选项卡，结果如图 14.2.6 所示，该选项卡用于定义后处理中所用到的所有 G 代码。

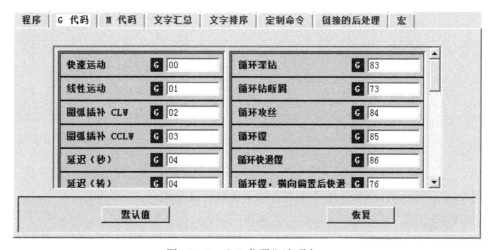

图 14.2.6 "G 代码"选项卡

3. "M 代码"选项卡

单击 程序和刀轨 选项卡后再单击 M 代码 选项卡,结果如图 14.2.7 所示,该选项卡用于定义后处理中所用到的所有 M 代码。

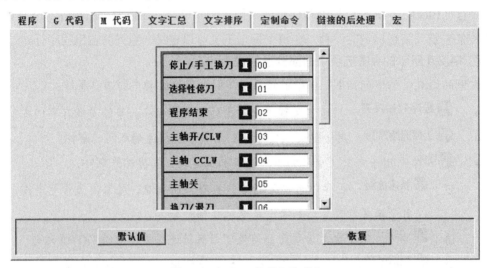

图 14.2.7 "M 代码"选项卡

4. "文字汇总"选项卡

单击 程序和刀轨 选项卡后再单击 文字汇总 选项卡,结果如图 14.2.8 所示,该选项卡用于定义后处理中所用到的字地址,但只可以修改格式相同的一组字地址或格式,若要修改一组里某个字地址的格式,要在 N/C 数据定义 选项卡中的 格式 子选项卡中进行修改。

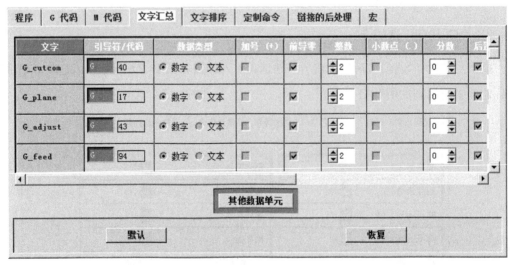

图 14.2.8 "文字汇总"选项卡

图 14.2.8 所示的 文字汇总 选项卡中有如下参数可以定义。

- 文字 :显示 NC 代码的分类名称,如 G_plane 表示圆弧平面指令。

- 引导符/代码 :用于修改字地址的头码,头码是字地址中数字前面的字母部分。

- **数据类型**：可以是数字和文本。若所需代码不能用字母加数字实现时，则要用"文字"类型。

- **加号（+）**：用于定义正数的前面是否显示"+"号。

- **前导零**：用于定义是否输出前零。

- **整数**：用于定义整数的位数。在后处理时，当数据超过所定义的位数时则会出现错误提示。

- **小数点（.）**：用于定义小数点是否输出。当不输出小数点时，前零和后零则不能输出。

- **分数**：用于定义小数的位数。

- **后置零**：用于定义是否输出后置零。

- **模态？**：用于定义该指令是否为模态指令。

5. "文字排序"选项卡

单击 **程序和刀轨** 选项卡后再单击 **文字排序** 选项卡，结果如图 14.2.9 所示，该选项卡显示功能字输出的先后顺序，可以通过鼠标拖动进行调整。

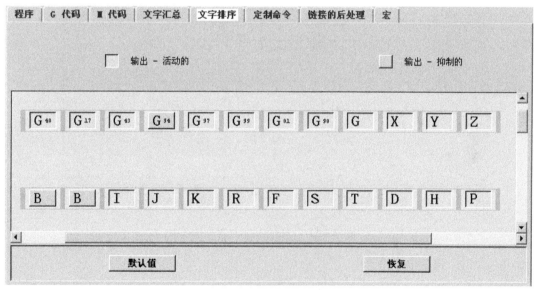

图 14.2.9 "文字排序"选项卡

6. "定制命令"选项卡

单击 **程序和刀轨** 选项卡后再单击 **定制命令** 选项卡，结果如图 14.2.10 所示，该选项卡可以让用户加入一个新的"机床"命令，这些指令是用 TCL 编写的程序，并由事件处理执行。

7. "链接的后处理"选项卡

单击 **程序和刀轨** 选项卡后再单击 **链接的后处理** 选项卡，结果如图 14.2.11 所示，该选项卡

用于链接其他后处理程序。

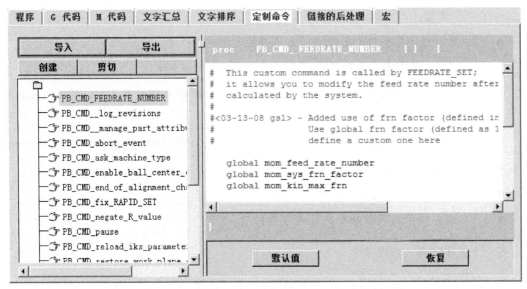

图 14.2.10　"定制命令"选项卡

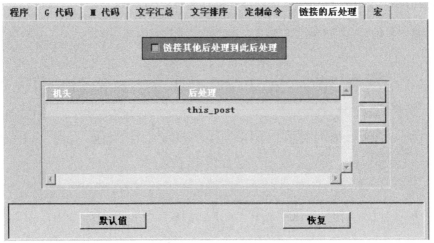

图 14.2.11　"链接的后处理"选项卡

8. "宏"选项卡

单击  程序和刀轨选项卡后再单击 宏 选项卡，结果如图 14.2.12 所示，该选项卡用于定义宏或循环等功能。

图 14.2.12　"宏"选项卡

14.2.5 NC 数据定义

单击 N/C 数据定义选项卡，该选项卡中包括四个子选项卡，可以定义 NC 数据的输出格式。

1．"块"选项卡

单击 N/C 数据定义选项卡后再单击**块**选项卡，结果如图 14.2.13 所示，该选项卡用于定义表示机床指令的程序中输出哪些字地址，以及地址的输出顺序。行由词组成，词由字和数组成。

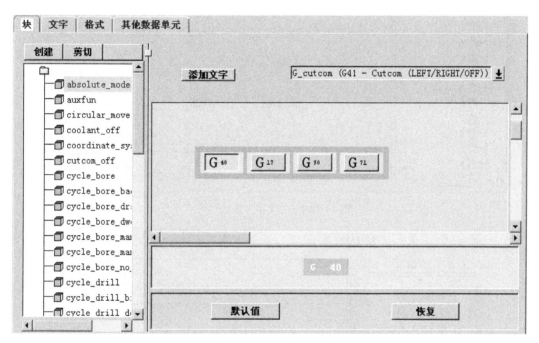

图 14.2.13 "块"选项卡

2．"文字"选项卡

单击 N/C 数据定义选项卡后再单击**文字**选项卡，结果如图 14.2.14 所示，该选项卡用于定义词的输出格式，包括字头和后面的参数的格式、最大值、最小值、模态、前缀及后缀字符等。

3．"格式"选项卡

单击 N/C 数据定义选项卡后再单击**格式**选项卡，结果如图 14.2.15 所示，该选项卡用于定义数据输出是整数或字符串。

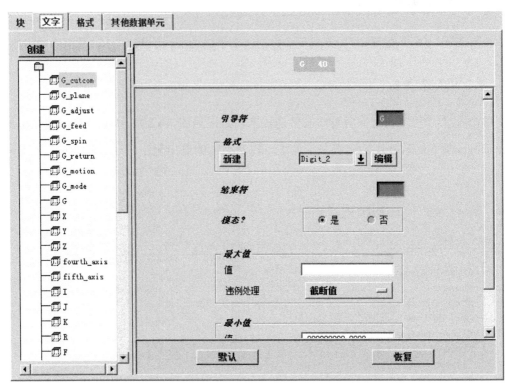

图 14.2.14　"文字"选项卡

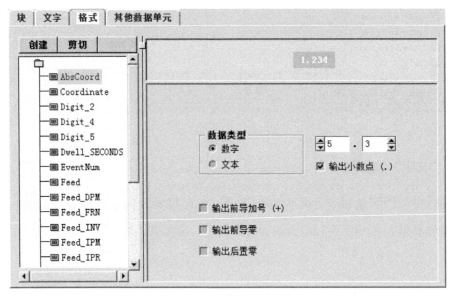

图 14.2.15　"格式"选项卡

4．"其他数据单元"选项卡

进入 ![M/C 数据定义] 选项卡后，单击**其他数据单元**选项卡，结果如图 14.2.16 所示，该选项卡用于定义程序行序列号和文字间隔符、行结束符、消息始末符等数据。

图 14.2.16 "其他数据单元"选项卡

14.2.6 输出设置

单击 ![图标] 输出设置选项卡，该选项卡中包括三个子选项卡，用于定义 NC 程序输出的相关参数。

1. "列表文件"选项卡

单击**列表文件**选项卡，结果如图 14.2.17 所示，该选项卡用于控制列表文件输出的内容，输出的内容有 X、Y、Z 坐标值，第 4、5 轴的角度值，还有转速及进给。默认的列表文件的扩展名是 lpt。

2. "其他选项"选项卡

单击**其他选项**选项卡，结果如图 14.2.18 所示，默认的 NC 程序的文件扩展名是 ptp。
图 14.2.18 所示的**其他选项**选项卡部分选项说明如下。

- ☑**生成组输出**：选中该复选框后，则表示输出多个 NC 程序，它们以程序组进行分割。
- ☑**输出警告消息**：选中该复选框，系统会在 NC 文件所在的目录中产出一个在后处理过程中形成的错误信息。
- ☑**显示详细错误消息**：选中该复选框后，可以显示详细的错误信息。
- ☑**激活检查工具**：该功能用于调试后处理。
- ☑**寻源用户 Tcl 文件**：选中该复选框后，可以在其下的文本框中选择一个 TCL 源程序。

图 14.2.17 "列表文件"选项卡

图 14.2.18 "其他选项"选项卡

3. "后处理文件预览"选项卡

单击 后处理文件预览 选项卡，界面如图 14.2.19 所示，该选项卡可以在后处理器文件保存之前对比修改的内容，最新改动的文件内容在上侧窗口中显示，旧的在下侧窗口中显示。

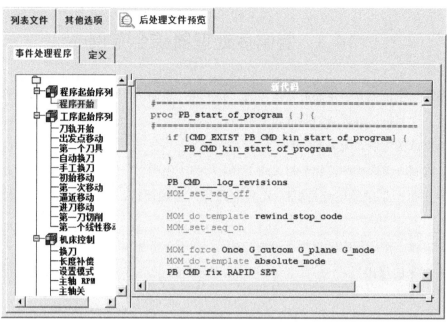

图 14.2.19 "后处理文件预览"选项卡

14.2.7 虚拟 N/C 控制器

单击 虚拟 N/C 控制器 选项卡，界面如图 14.2.20 所示。该选项卡可综合仿真与检查，系统会生成另外一个*_vnc.tcl 文件。

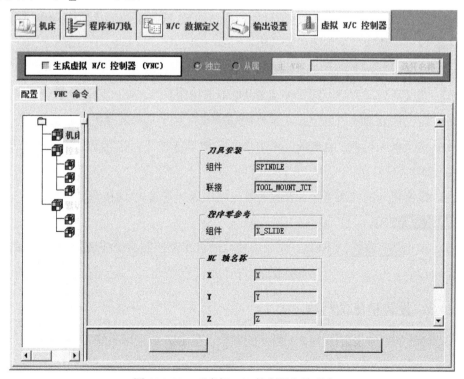

图 14.2.20 "虚拟 N/C 控制器"选项卡

14.3　定制后处理器综合范例

本节用一个范例介绍定制后处理器的一般步骤，最后用一个加工模型来验证后处理器的正确性。对目标后处理器的要求如下所述。

（1）铣床的控制系统为 FANUC。

（2）在每一单段程序前加上相关的工序名称和工序类型，便于机床操作人员识别。

（3）在每一工序结尾处将机床 Z 方向回零，主轴停转，冷却关闭，便于检测加工质量。

（4）在每一单段程序结束时显示加工时间，便于分析加工效率。

（5）机床的极限行程为 X：1500.0，Y：1500.0，Z：1500.0，其他参数采用默认设置值。

Task1．进入后处理构造器工作环境

进入 NX 后处理构造器工作环境。选择下拉菜单 开始 ➡ ▶ 所有程序 ➡ Siemens NX 12.0 ➡ 加工 ➡ 后处理构造器 命令，启动 NX 后处理构造器。

Task2．新建一个后处理器文件

Step1．选择"新建"命令。进入 NX/后处理构造器后，选择下拉菜单 文件 ➡ 新建... 命令，系统弹出"新建后处理器"对话框。

Step2．定义后处理名称。在 后处理名称 文本框中输入 My_post。

Step3．定义后处理类型。选择 ⊙ 主后处理 单选按钮。

Step4．定义后处理输出单位。在 后处理输出单位 区域中选择 ⊙ 毫米 单选按钮。

Step5．定义机床类型。在 机床 区域中选择 ⊙ 铣 单选按钮，在其下方的下拉列表中选择 3 轴 — 选项。

Step6．定义机床的控制类型。在 控制器 区域中选择 ⊙ 库 单选按钮，然后在其下拉列表中选择 fanuc_6M 选项。

Step7．单击 确定 按钮，完成后处理的机床及控制系统的选择，此时系统进入后处理编辑窗口。

Task3．设置机床的行程

在 机床 选项卡中设置图 14.3.1 所示的参数，其他参数采用系统默认的设置。

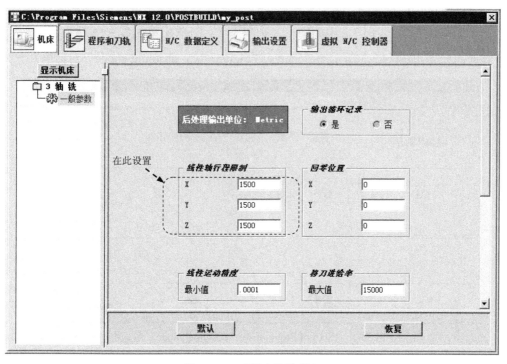

图 14.3.1 "机床"选项卡

Task4. 设置程序和刀轨

Stage1. 定义程序的起始序列

Step1. 选择命令。在后处理器编辑窗口中单击 程序和刀轨 选项卡，界面如图 14.3.2 所示。

Step2. 设置程序开始。在图 14.3.2 中的 程序开始 分支区域中右击 MOM_set_seq_on 选项，在系统弹出的快捷菜单中选择 删除 命令。

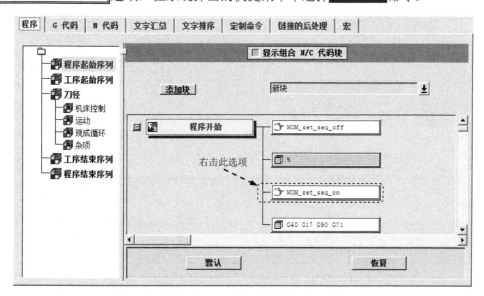

图 14.3.2 "程序和刀轨"选项卡

Step3. 修改"程序开始"命令。

（1）选择命令。在图 14.3.2 中的 `程序开始` 分支中单击 `G40 G17 G90 G71` 选项，此时系统弹出图 14.3.3 所示的"Start of Program-块：absolute_mode"对话框（一）。

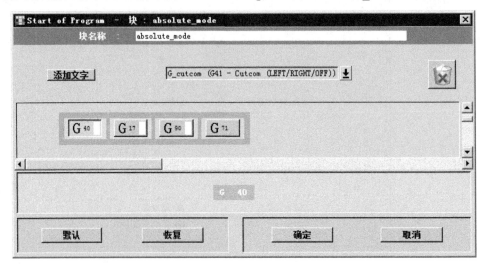

图 14.3.3　"Start of Program-块：absolute_mode"对话框（一）

（2）删除 G71。在图 14.3.3 所示的"Start of Program-块：absolute_mode"对话框（一）中右击 `G 71` 按钮，在系统弹出的快捷菜单中选择 `删除` 命令。

（3）添加 G49。在图 14.3.3 所示的"Start of Program-块：absolute_mode"对话框（一）中单击 `↓` 按钮，在下拉列表中选择 `G_adjust ▸` ➡ `G49-Cancel Tool Len Adjust` 命令，然后单击 `添加文字` 按钮不放，拖动到 `G 90` 后面，此时会显示出新添加的 G49，系统会自动排序，结果如图 14.3.4 所示。

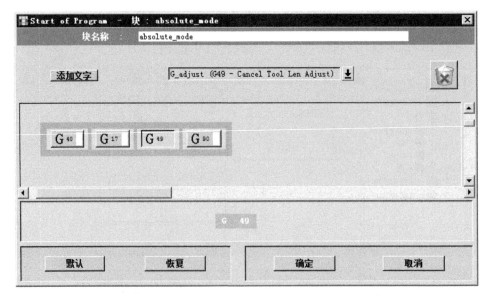

图 14.3.4　"Start of Program-块：absolute_mode"对话框（二）

（4）添加 G80。在图 14.3.4 所示的"Start of Program-块：absolute_mode"对话框（二）中单击 **↧** 按钮，在下拉列表中选择 `G_motion▶` ➡ `G80-Cycle Off` 命令，然后单击 **添加文字** 按钮不放，将其拖动到 `G 90` 后面，此时会显示出新添加的 G80，系统会自动排序，结果如图 14.3.5 所示。

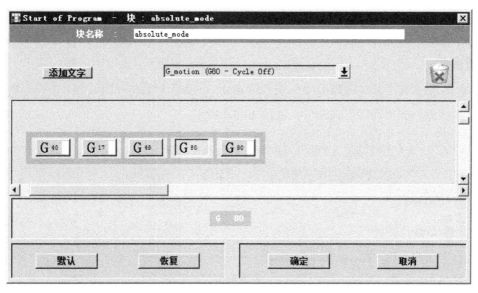

图 14.3.5　"Start of Program-块：absolute_mode"对话框（三）

（5）添加 G 代码 G_MCS。在图 14.3.5 所示的"Start of Program-块：absolute_mode"对话框（三）中单击 **↧** 按钮，在下拉列表中选择 `G ▶` ➡ `G-MCS Fixture Offset (54 ~ 59)` 命令，然后单击 **添加文字** 按钮不放，此时会显示出新添加的 G 程序，然后将其拖动到 `G 90` 后面，结果如图 14.3.6 所示。

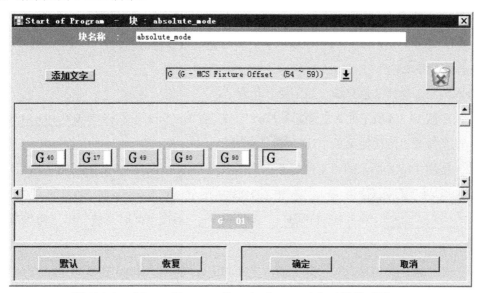

图 14.3.6　"Start of Program-块：absolute_mode"对话框（四）

Step4. 定义新添加的程序开始程序。

（1）设置 G49 为强制输出。在图 14.3.6 中右击 **G 49** ，在系统弹出的快捷菜单中选择 **强制输出** 命令。

（2）设置 G80 为强制输出。在图 14.3.6 中右击 **G 80** ，在系统弹出的快捷菜单中选择 **强制输出** 命令。

（3）设置 G 为选择输出。在图 14.3.6 中右击 **G** ，在系统弹出的快捷菜单中选择 **可选** 命令。

Step5. 然后在"Start of Program-块：absolute_mode"对话框（四）中单击 **确定** 按钮，系统返回到"程序"选项卡，如图 14.3.7 所示。

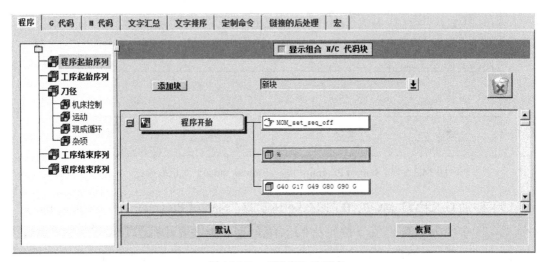

图 14.3.7 "程序"选项卡

Stage2. 定义工序起始序列

Step1. 选择命令。在"程序"选项卡中单击 **工序起始序列** 节点，此时系统会显示图 14.3.8 所示的界面。

Step2. 添加操作头信息块，显示操作信息。

（1）在图 14.3.8 所示的"工序起始序列"节点界面（一）中右击 **PB_CMD_start_of_operat...** 选项，在系统弹出的快捷菜单中选择 **删除** 命令。

（2）在图 14.3.8 所示的"工序起始序列"节点界面（一）中单击 按钮，然后在下拉列表中选择 **操作员消息** 命令，单击 **添加块** 按钮不放，此时显示出新添加的 **操作员信息** ，将其拖动到 **刀轨开始** 后面，此时系统弹出"操作员消息"对话框。

（3）在"操作员消息"对话框中输入"$mom_operation_name, $mom_operation_type"字符，如图 14.3.9 所示，单击 **确定** 按钮，完成工序的起始序列的定义，结果如图

14.3.10 所示。

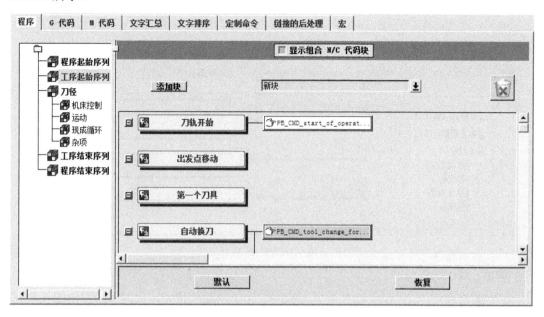

图 14.3.8 "工序起始序列"节点界面（一）

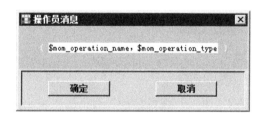

图 14.3.9 "操作员消息"对话框

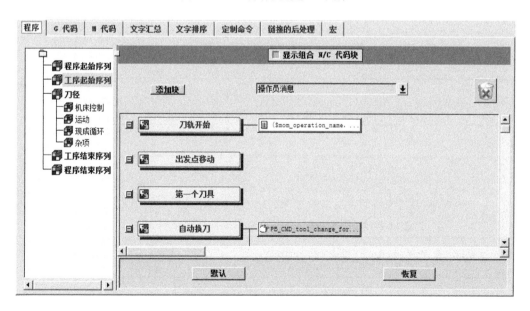

图 14.3.10 "工序起始序列"节点界面（二）

Stage3．定义刀轨运动输出格式

Step1．选择命令。在图 14.3.10 中左侧的组成结构中单击 刀径 节点下的 运动节点，进入刀轨运动节点界面，如图 14.3.11 所示。

图 14.3.11 "运动"节点界面（一）

Step2．修改线性移动。

（1）选择命令。在图 14.3.11 中单击 线性移动 按钮，此时系统弹出图 14.3.12 所示的"事件：线性移动"对话框，如图 14.3.12 所示。

（2）删除 G17。在图 14.3.12 所示的"事件：线性移动"对话框中右击 G 17 按钮，在系统弹出的快捷菜单中选择 删除 命令。

（3）删除 G90。在图 14.3.12 所示的"事件：线性移动"对话框中右击 G 90 按钮，在系统弹出的快捷菜单中选择 删除 命令。

（4）在图 14.3.12 所示的"事件：线性移动"对话框中单击 确定 按钮，完成线性移动的修改，同时系统返回到"运动"节点界面。

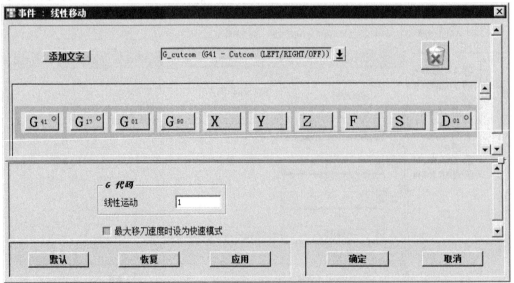

图 14.3.12 "事件：线性移动"对话框

Step3．修改圆周移动。

（1）选择命令。在"运动"节点界面中单击 圆周移动 按钮，此时系统弹出图 14.3.13 所示的"事件：圆周移动"对话框。

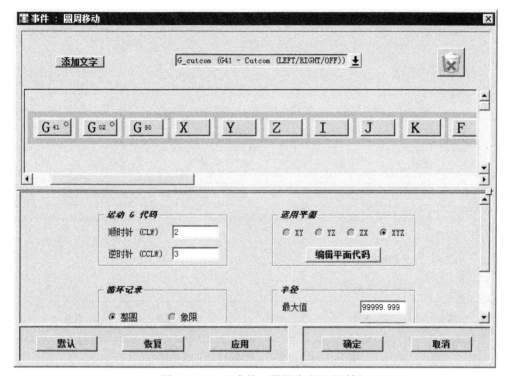

图 14.3.13　"事件：圆周移动"对话框

（2）删除 G90。在图 14.3.13 所示的"事件：圆周移动"对话框中右击 G 90 按钮，在系统弹出的快捷菜单中选择 删除 命令。

（3）添加 G17。在图 14.3.13 所示的"事件：圆周移动"对话框中单击 按钮，在下拉列表中选择 G_plane ▶ ➡ G17-Arc Plane Code (XY/ZX/YZ) 命令，然后单击 添加文字 按钮不放，此时会显示出新添加的 G17，然后将其拖动到 G 02 前面，系统会自动排序。

（4）定义圆形记录方式。在图 14.3.13 所示的"事件：圆周移动"对话框中的 循环记录 区域中选择 象限 单选按钮。

（5）在"事件：圆周移动"对话框中单击 确定 按钮，完成圆周移动的修改，同时系统返回到"运动"节点界面。

Step4. 修改快速移动。

（1）选择命令。在"运动"节点界面中单击 快速移动 按钮，此时系统弹出图 14.3.14 所示的"事件：快速移动"对话框。

（2）删除 G90 第一步。在图 14.3.14 所示的"事件：快速移动"对话框中右击 G 90 按钮，在系统弹出的快捷菜单中选择 删除 命令。

（3）删除 G90 第二步。在图 14.3.14 所示的"事件：快速移动"对话框中右击 G^{90} 按钮，在系统弹出的快捷菜单中选择 删除 命令。

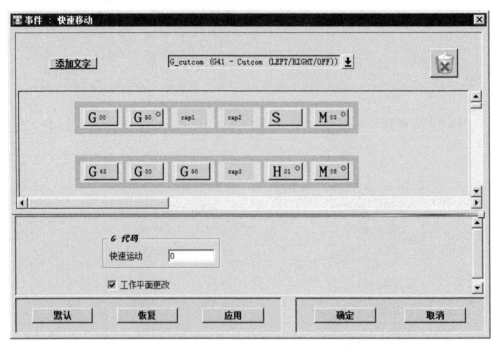

图 14.3.14 "事件：快速移动"对话框

（4）在图 14.3.14 所示的"事件：快速移动"对话框中单击 确定 按钮，完成快速移动的修改，结果如图 14.3.15 所示。

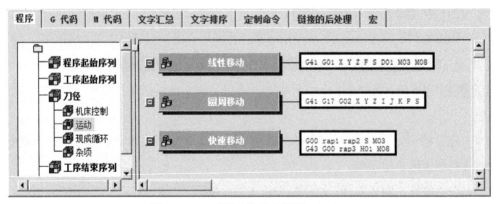

图 14.3.15 "运动"节点界面 （二）

Stage4．定义工序结束序列

Step1．选择命令。在图 14.3.15 中左侧的组成结构中单击 工序结束序列 节点，进入"工序结束序列"节点界面，如图 14.3.16 所示。

Step2．添加"切削液关闭"命令。

（1）选择命令。在图 14.3.16 所示的"工序结束序列"节点界面（一）中单击 添加块按钮不放,此时显示出新添加的 新块 ,将其拖动到 刀轨结束 后面,此时系统弹出图 14.3.17 所示的 "End of Path-块: end_of_path_1" 对话框。

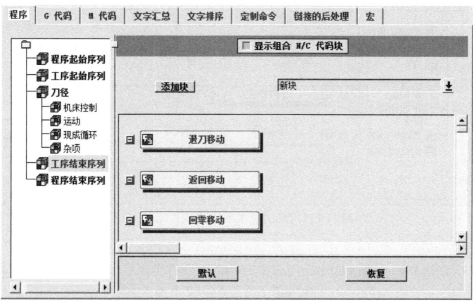

图 14.3.16 "工序结束序列" 节点界面 (一)

(2) 添加 M09 辅助功能。在图 14.3.17 所示的 "End of Path-块: end_of_path_1" 对话框中单击 按钮,在下拉列表中选择 More ➡ M_coolant ➡ M09-Coolant Off 命令,然后单击 添加文字 按钮不放,此时会显示出新添加的 M09 辅助功能,将其拖动到图 14.3.17 所示的插入点的位置。

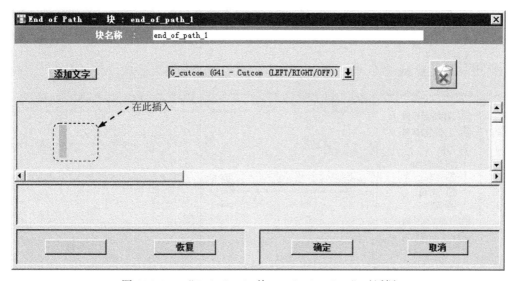

图 14.3.17 "End of Path-块: end_of_path_1" 对话框

(3) 在图 14.3.17 所示的 "End of Path-块: end_of_path_1" 对话框中单击 确定

按钮，完成刀轨结束分支处添加块 1 的创建，结果如图 14.3.18 所示。

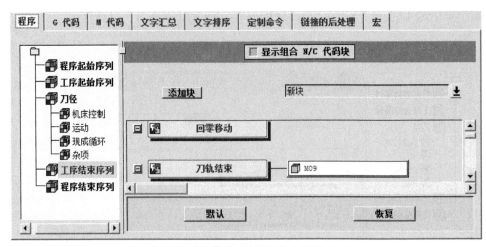

图 14.3.18 "工序结束序列"节点界面（二）

Step3. 添加主轴停止。

（1）选择命令。在图 14.3.18 所示的"工序结束序列"节点界面（二）中单击 **添加块** 按钮不放，此时显示出新添加的 **新块**，将其拖动到 **刀轨结束** 及 **M09** 下部区域松开鼠标，此时系统弹出"End of Path-块：end_of_path_2"对话框。

（2）添加 M05 辅助功能。单击 按钮，在下拉列表中选择 **More** ➡ **M_spindle** ➡ **M05-Spindle Off** 命令，然后单击 **添加文字** 按钮不放，此时会显示出新添加的 M05 辅助功能，将其拖动到插入点的位置。

（3）单击 **确定** 按钮，完成刀轨结束分支处添加块 2 的创建，结果如图 14.3.19 所示。

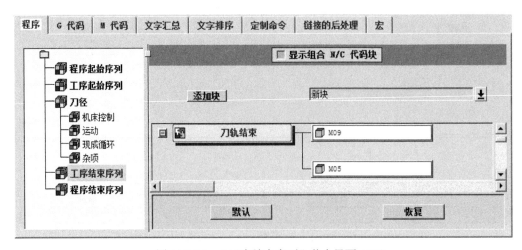

图 14.3.19 "工序结束序列"节点界面（三）

Step4. 添加"可选停止"命令。

（1）选择命令。在图 14.3.19 所示的"工序结束序列"节点界面（三）中单击 添加块 按钮不放，此时显示出新添加的 新块 ，将其拖动到 M05 下方松开鼠标，此时系统弹出"End of Path-块：end_of_path_3"对话框。

（2）添加 M01 辅助功能。在"End of Path-块：end_of_path_3"对话框中单击 按钮，在下拉列表中选择 More ➡ M ➡ M01-Optional Stop 命令，单击 添加文字 按钮不放，此时会显示出新添加的 M01 辅助功能，将其拖动到插入点的位置。

（3）单击 确定 按钮，完成刀轨结束分支处添加块 3 的创建，结果如图 14.3.20 所示。

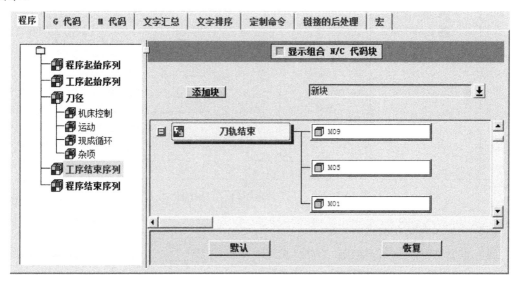

图 14.3.20　"工序结束序列"节点界面（四）

Step5. 添加"回零"命令。

（1）选择命令。在图 14.3.20 所示的"工序结束序列"节点界面（四）中单击 添加块 按钮不放，此时显示出新添加的 新块 ，将其拖动到 M05 下方松开鼠标，此时系统弹出"End of Path-块：end_of_path_4"对话框。

（2）在块 4 中添加 G 程序。在"End of Path-块：end_of_path_4"对话框中单击 按钮，在下拉列表中选择 G_mode ➡ G91-Incremental Mode 命令，然后单击 添加文字 按钮不放，此时会显示出新添加的 G91，将其拖动到插入点的位置。在"End of Path-块：end_of_path_4"对话框中单击 按钮，在下拉列表中选择 G ➡ G28-Return Home 命令，然后单击 添加文字 按钮不放，此时会显示出新添加的 G28，将其拖动到 G91 后面。在"End of Path-块：end_of_path_4"对话框中单击 按钮，在下拉列表中选择 Z ➡ Z0.-Return Home Z 命令，然后单击

添加文字 按钮不放，此时会显示出新添加的 Z0.，将其拖动到 **G²⁸** 后面。

（3）单击 **确定** 按钮，完成刀轨结束分支处添加块 4 的创建，结果如图 14.3.21 所示。

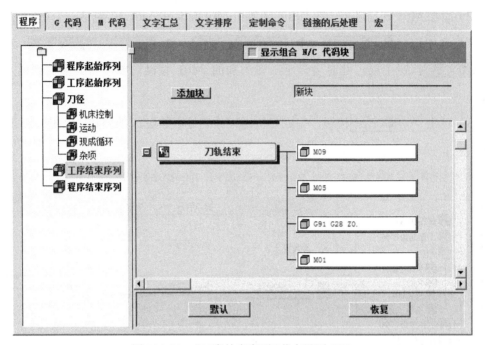

图 14.3.21 "工序结束序列"节点界面（五）

Step6. 定义新添加的块的属性。

（1）设置 M09 为强制输出。在图 14.3.21 中右击 **M09** 分支，在系统弹出的快捷菜单中选择 **强制输出** 命令，此时系统弹出图 14.3.22 所示的"强制输出一次"对话框，选中 ☑ **M09** 复选框，单击 **确定** 按钮。

图 14.3.22 "强制输出一次"对话框

（2）设置 M05 为强制输出。在图 14.3.21 中右击 **M05** ，在系统弹出的快捷菜单中选择 **强制输出** 命令，然后在系统弹出的"强制输出一次"对话框中选中 ☑ **M05** 复选框，单击 **确定** 按钮。

（3）设置 G91 G28 Z0.为强制输出。在图 14.3.21 中右击 **G91 G28 Z0.** ，在系统弹出的快捷菜单中选择 **强制输出** 命令，然后在系统弹出的"强制输出一次"对话框中分别选中 ☑ **G91** 、 ☑ **G28** 和 ☑ **Z0.** 复选框，单击 **确定** 按钮。

（4）设置 M01 为强制输出。在图 14.3.21 中右击 `M01` ，在系统弹出的快捷菜单中选择 **强制输出** 命令，然后在系统弹出的"强制输出一次"对话框中选中 ☑ `M01` 复选框，单击 **确定** 按钮。

Stage5. 定义程序结束序列

Step1. 选择命令。在图 14.3.21 中左侧的组成结构中单击 程序结束序列 节点，进入"程序结束序列"节点界面，如图 14.3.23 所示。

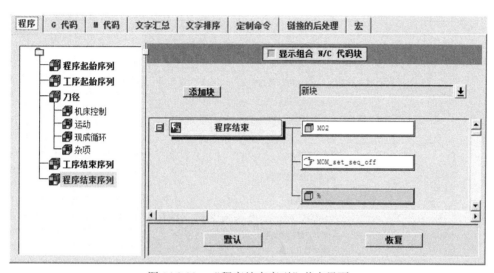

图 14.3.23 "程序结束序列"节点界面

Step2. 设置程序结束序列。在图 14.3.23 中的 `程序结束` 分支区域中右击 `MOM_set_seq_off` ，在系统弹出的快捷菜单中选择 **删除** 命令。

Step3. 定制在程序结尾处显示加工时间。

（1）选择命令。在图 14.3.23 中单击 ± 按钮，在下拉列表中选择 **定制命令** 命令，单击 **添加块** 按钮不放，此时会显示出新添加的 `定制命令` ，将其拖动到 `M02` 下方，此时系统弹出"定制命令"对话框。

（2）输入代码。在"定制命令"对话框中输入：global mom_machine_time MOM_output_literal ";(Total Operation Machine Time:[format "%.2f" $mom_machine_time] min)" ，结果如图 14.3.24 所示。

（3）单击 **确定** 按钮，系统返回至"程序结束序列"节点界面。

Stage6. 定义输出扩展名

Step1. 选择命令。单击 输出设置 选项卡，进入输出设置界面，然后单击 **其他选项** 选项卡，如图 14.3.25 所示。

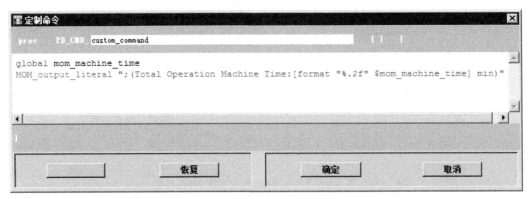

图 14.3.24　"定制命令"对话框

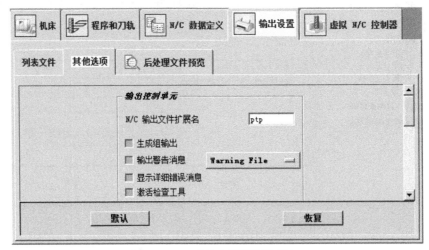

图 14.3.25　"输出设置"选项卡

Step2. 设置文件扩展名。在图 14.3.25 中的 N/C 输出文件扩展名 文本框中输入 NC。

Stage7. 保存后处理文件

Step1. 选择命令。在 NX 后处理构造器界面中选择下拉菜单 文件 ➡️ 保存 命令，单击 确定 按钮，系统弹出图 14.3.26 所示的"另存为"对话框。

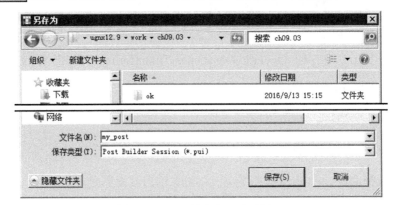

图 14.3.26　"另存为"对话框

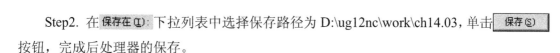

Step2. 在 保存在(I): 下拉列表中选择保存路径为 D:\ug12nc\work\ch14.03，单击 保存(S) 按钮，完成后处理器的保存。

Stage8. 验证后处理文件

Step1. 启动 UG NX 12.0，并打开文件 D:\ug12nc\work\ch14.03\pocketing.prt。

Step2. 对程序进行后处理。

（1）将工序导航器调整到几何视图，然后选中 C-01 节点，单击"工序"区域中的 "后处理"按钮 ，系统弹出"后处理"对话框。

（2）单击"浏览以查找后处理器"按钮 ，系统弹出"打开后处理器"对话框，选择 Stage7 中保存在 D:\ug12nc\work\ch14.03 下的后处理文件 My_post.pui，然后单击 OK 按 钮，系统返回到"后处理"对话框。

（3）单击 确定 按钮，系统弹出"信息"对话框，并在模型文件所在的文件夹中生 成一个名为 pocketing.NC 的文件，此文件即后处理完成的程序代码文件。

Step3. 检查程序。用"记事本"打开 NC 程序文件 pocketing.NC，可以看到后处理过 的程序开始和结尾处增加了新的代码，并在程序结尾显示加工时间，如图 14.3.27 所示。

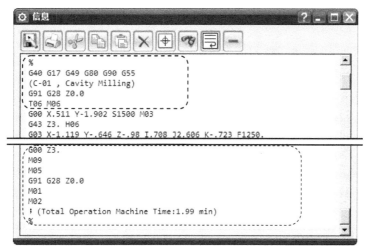

图 14.3.27 NC 程序文件

学习拓展：扫码学习更多视频讲解。

讲解内容：本部分主要对"五轴加工刀轴控制"做了详细的讲解， 并对其中的各个参数选项及应用做了说明。

第**15**章　UG NX 12.0其他数控加工与编程功能

本章主要介绍 UG NX 12.0 数控加工与编程中的其他重要功能，包括 NC 助理、刀轨并行生成、刀轨过切检查、报告最短刀具、刀轨批量处理和刀轨变换等，详细介绍了上述命令的主要操作过程及应用。在学习完本章后，读者应掌握各种命令的用法，并结合本书其他章节的内容，做到举一反三，灵活运用。

15.1　NC　助　理

在编制加工程序前，需要对模型零件的型腔深度、拐角、圆角、拔模等参数进行必要的了解，这样才能准确地选择合适的刀具和加工策略等。除去常用的各种测量工具外，这里介绍在加工模块中常用的 NC 助理命令，它可以比较方便地完成必要的参数测量和分析工作。

下面以模型 nc_assistant.prt 为例来说明使用 NC 助理的一般操作步骤。

Step1. 打开文件 D:\ug12nc\work\ch15.01\nc_assistant.prt，系统进入加工环境。

Step2. 选择下拉菜单 分析(L) ➡ 🔧 NC 助理 命令，系统弹出图 15.1.1 所示的"NC 助理"对话框，此时系统自动选取了模型的所有表面。

图 15.1.1 所示的"NC 助理"对话框中部分选项的说明如下。

- 分析类型 下拉列表：用来定义要分析的参数类型。选择 层 选项后，通常需要指定一个参考矢量和参考平面，此时将分析沿参考矢量测量的与参考平面平行的平面的距离数值；选择 拐角 选项后，通常需要指定一个参考平面，以分析拐角半径参数；选择 圆角 选项后，指定一个参考矢量，以分析圆角半径参数；选择 拔模 选项后，通常需要指定一个参考矢量作为拔模方向，此时将分析所选面的拔模角度数值。

- 参考矢量：用于定义一个矢量方向。在分析层参数时，它用于确定测量距离的方向；在分析圆角参数时，它用于确定测量圆角的轴线方向；在分析拔模参数时，它用于确定拔模方向。

- 参考平面：用于定义一个平面基准。在分析层参数时，它用于确定测量距离的 0 值（基准零点）；在分析拐角参数时，它用于确定拐角的测量平面。

- 限制：用于确定各个测量类型的最大和最小范围值。

- 公差：用于确定测量结果的公差数值。
- 结果：用于设置对测量结果的处理。
- ☑ 退出时保存面颜色 复选框：用于确定是否将测量结果的面颜色进行保存。选中该复选框后，单击 确定 按钮，模型中将保留测量结果的颜色，以方便用户进行识别。

Step3. 定义层分析参数。在"NC助理"对话框的 分析类型 下拉列表中选择 三 层 选项，单击 参考平面 区域的 指定平面 按钮，选取图 15.1.2 所示的模型顶面，采用默认的距离值 0。

Step4. 在"NC 助理"对话框中单击"分析几何体"按钮，此时模型上以不同颜色显示与参考平面平行的区域，如图 15.1.3 所示。

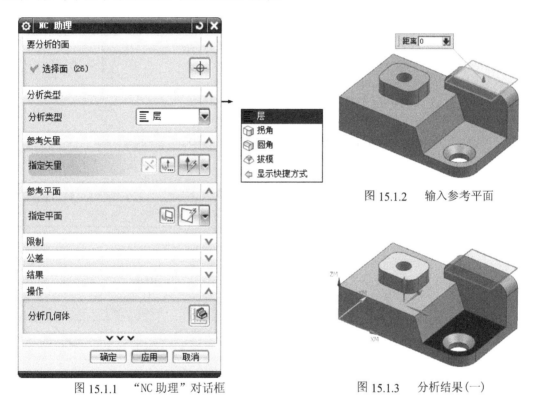

图 15.1.1　"NC 助理"对话框

图 15.1.2　输入参考平面

图 15.1.3　分析结果（一）

Step5. 在"NC 助理"对话框中单击"信息"按钮，系统弹出图 15.1.4 所示的"信息"对话框（一），从中可以了解各个不同颜色所对应的深度数值，如深蓝色表示在参考平面下方 60mm 的位置。

Step6. 分析拐角参数。在"NC 助理"对话框的 分析类型 下拉列表中选择 拐角 选项，单击"分析几何体"按钮，此时模型上以不同颜色显示拐角区域，如图 15.1.5 所示。

Step7. 在"NC 助理"对话框中单击"信息"按钮，系统弹出图 15.1.6 所示的"信息"对话框（二），从中可以了解各个不同颜色所对应的数值，如深蓝色表示拐角半径值为 25mm，深红色表示拐角半径值为 12.5mm。

图 15.1.4　"信息"对话框（一）

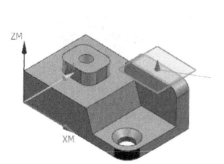

图 15.1.5　分析结果(二)

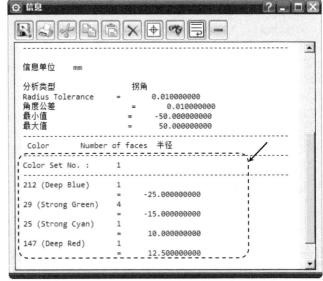

图 15.1.6　"信息"对话框（二）

Step8. 分析圆角参数。在"NC 助理"对话框的 分析类型 下拉列表中选择 ◈ 圆角 选项，单击"分析几何体"按钮 ，此时模型上以不同颜色显示圆角区域，如图 15.1.7 所示。

Step9. 在"NC 助理"对话框中单击"信息"按钮 ，系统弹出图 15.1.8 所示的"信息"对话框（三），从中可以了解深蓝色对应的圆角半径值为 15mm。

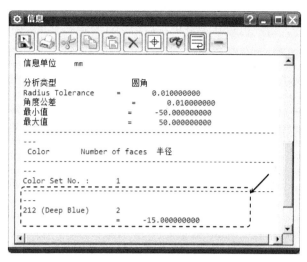

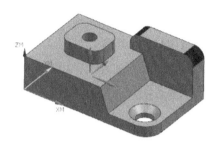

图15.1.7 分析结果(三)

图15.1.8 "信息"对话框(三)

Step10. 分析拔模参数。在"NC助理"对话框的**分析类型**下拉列表中选择 **拔模** 选项，采用系统默认的拔模方向矢量，单击"分析几何体"按钮 ，此时模型上以不同颜色显示拔模区域，如图15.1.9所示。

Step11. 在"NC助理"对话框中单击"信息"按钮 ，系统弹出图15.1.10所示的"信息"对话框（四），从中可以了解深青色对应的拔模角度为45°。

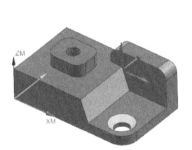

图15.1.9 分析结果(四)

图15.1.10 "信息"对话框（四）

Step12. 在"NC助理"对话框中单击 确定 按钮，关闭对话框。

15.2 刀轨并行生成

在编制加工程序时，有时经常需要调整各种刀路参数，有时一些复杂的刀路轨迹生成

的速度会比较慢，UG NX 12.0 提供了刀轨并行生成的功能来处理这一问题。通过使用该命令，用户可以让计算机在后台去计算所需的一个或若干个刀路轨迹，同时用户在前台继续进行其他的操作，这样可以充分地发挥当前计算机中多核处理器的处理优势，即便是过去的配置较低的单核处理器计算机，也可以避免等待系统长时间地计算复杂刀轨。需要注意的是选择了"并行生成"命令后，该部件文件不能被关闭，否则并行生成将被终止，此时用户可以继续操作该部件，也可以操作其他部件文件。

下面以模型 parallel_generate.prt 为例来继续说明刀轨并行生成的一般操作步骤。

Step1. 打开文件 D:\ug12nc\work\ch15.02\parallel_generate.prt，系统进入加工环境。

Step2. 将工序导航器切换到程序顺序视图，双击 FIXED_CONTOUR 节点，系统弹出"固定轮廓铣"对话框。

Step3. 调整步距参数。在"固定轮廓铣"对话框中单击 驱动方法 区域的 按钮，系统弹出"边界驱动方法"对话框；在此对话框中设置图 15.2.1 所示的参数。完成后单击 确定 按钮，系统返回"固定轮廓铣"对话框。

Step4. 在"固定轮廓铣"对话框中单击 确定 按钮，此时工序导航器显示如图 15.2.2 所示，说明刚刚修改的工序需要重新生成。

图 15.2.1 "边界驱动方法"对话框

图 15.2.2 工序导航器（一）

Step5. 在工序导航器中双击 CONTOUR_AREA 节点，系统弹出"区域轮廓铣"对话框。

Step6. 调整步距参数。在"区域轮廓铣"对话框中单击 驱动方法 区域的 按钮，系统弹出"区域铣削驱动方法"对话框；在此对话框中设置图 15.2.3 所示的参数；完成后单击

确定 按钮，系统返回"区域轮廓铣"对话框。

Step7. 在"区域轮廓铣"对话框中单击 确定 按钮，此时工序导航器显示如图 15.2.4 所示，说明刚刚修改的工序需要重新生成。

图 15.2.3 "区域铣削驱动方法" 对话框

图 15.2.4 工序导航器(二)

Step8. 在工序导航器中右击 ⊘ PROGRAM 节点，在系统弹出的快捷菜单中选择 并行生成 命令（也可在"操作"工具栏中单击 按钮），此时工序导航器显示如图 15.2.5 所示，系统开始在后台重新计算刀路轨迹。

Step9. 用户可继续进行其他操作，稍等片刻后，系统完成刀路轨迹计算，此时工序导航器显示如图 15.2.6 所示。

图 15.2.5 工序导航器(三)

图 15.2.6 工序导航器(四)

说明:

● 选择"并行生成"命令后,工序节点的状态将显示为挂起🕐或并行生成⌛,系统后台计算完成后,节点状态将更改为重新后处理❗。

● 对于工序顺序有先后要求的工序节点,应同时对其进行并行生成或者逐一按其先后顺序进行并行生成。

● 对于工序顺序没有先后要求的,可以同时对其进行并行生成,计算结果不受影响。

15.3 刀轨过切检查

在编制加工程序后,应及时对刀轨的正确性进行检查,UG NX 12.0 提供了比较方便的命令,除去常见的 3D 动态和 2D 动态等确认刀轨的检查命令外,用户也可以使用"过切检查"命令,选择一个或若干个刀路轨迹来检查是否存在过切或碰撞情况,这样可以避免切换操作多个不同的刀轨。在进行过切检查时,系统将以选定的颜色来显示过切。如果用户选择了暂停选项,系统将停止在过切检测处显示对话框。关闭对话框后,系统将继续检查直到刀轨结束,最后会显示信息窗口,列出所有的检测结果。下面以模型 gouge_check.prt 为例来说明进行过切检查的一般操作步骤。

Step1. 打开文件 D:\ug12nc\work\ch15.03\gouge_check.prt,系统进入加工环境。

Step2. 将工序导航器切换到程序顺序视图,右击 ZLEVEL_PROFILE_COPY 节点,在系统弹出的快捷菜单中选择 刀轨 ▶ 过切检查... 命令,系统弹出图 15.3.1 所示的"过切和碰撞检查"对话框。

图 15.3.1 "过切和碰撞检查"对话框

图 15.3.1 所示的"过切和碰撞检查"对话框中部分选项的说明如下。

- ☑检查刀具和夹持器 复选框：用来确定是否进行刀具夹持器的碰撞检查。选择该复选框后，将进行刀具夹持器的碰撞检查，注意此时需要设置必要的夹持器参数，否则不能得到正确的结果。

- 刀具形状 下拉列表：用来确定刀具形状的参数类型，包括刀具参数 和实体装配选项。

- 过切检查余量 ：用来确定检查余量的大小。包括⦿自动 和◯用户定义 选项。单击 i 按钮，可以列出非均匀余量的设置参数。

- ☑第一次过切或碰撞时暂停 复选框：若选中该复选框，则系统在检查到第一次过切或碰撞后将停止继续检测。

- ☑达到限制时停止 复选框：选中该复选框，在其下出现的 最大限制数 文本框中输入一个数值，当系统检查到的过切或碰撞次数达到该数值后，将停止继续检查。

- 最大限制数 文本框：用于确定停止检查时允许过切或碰撞的最大数值。

Step3. 在"过切和碰撞检查"对话框中选中 ☑第一次过切或碰撞时暂停 复选框，取消选中 ☐达到限制时停止 复选框，单击 确定 按钮，此时系统弹出图 15.3.2 所示的"过切警告"对话框，同时图形区中将以指定的过切颜色显示过切的刀路轨迹（图 15.3.3）。

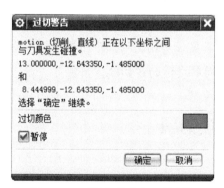

图 15.3.2 "过切警告" 对话框

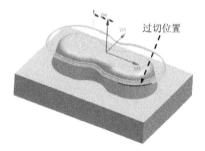

图 15.3.3 显示过切刀路（一）

Step4. 在"过切警告"对话框中取消选中 ☑暂停 复选框，单击 确定 按钮，系统将不再逐一显示每一处过切，并在图形区显示图 15.3.4 所示的所有过切位置，同时系统弹出图 15.3.5 所示的"刀轨报告"对话框，其中列出了检查过切的结果。

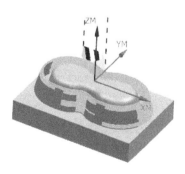

图 15.3.4 显示过切刀路（二）

Step5. 单击"刀轨报告"对话框中的"信息" 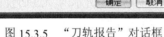 按钮，系统弹出图 15.3.6 所示"信息"窗口，详细显示每一处过切的运动类型和坐标数值。

图 15.3.5　"刀轨报告"对话框

图 15.3.6　详细显示过切信息

　　说明：过切和碰撞检查的结果依赖于工序中所设置的安全距离、内外公差、部件偏置或部件余量的具体数值，要消除过切的刀路轨迹，需要仔细调整该工序的各个加工参数。本例中的过切仅为演示该命令的用法，正常计算刀路轨迹时的过切较少出现。

15.4　报告最短刀具

　　在加工深腔部件或者考虑刀具刚度因素时，通常会选择尽可能短的刀具，在 UG NX 12.0 中用户可以使用"报告最短刀具"命令，从而计算出不发生碰撞时该工序所能使用的刀具的最小长度数值。在计算最短刀具长度时，系统会综合部件几何体、毛坯几何体和检查几何体的具体参数来进行计算，但需要用户给刀具设定一个刀柄或者夹持器，否则将不能进行计算。需要注意的是，这里确定的刀具最小长度是一个近似的建议数值，如果用户设定的刀具过短而发生碰撞，则必须编辑刀具长度或者更换为更长的刀具。下面以模型 shortest_tool.prt 为例来说明使用"报告最短刀具"命令的一般操作步骤。

　　Step1. 打开文件 D:\ug12nc\work\ch15.04\shortest_tool.prt，系统进入加工环境。

　　Step2. 将工序导航器切换到程序顺序视图，右击 PLUNGE_MILLING 节点，在系统弹出的快捷菜单中选择 刀轨 ➤ 报告最短刀具 命令，系统弹出图 15.4.1 所示的"报告最短刀具错误"对话框，单击 确定(O) 按钮。

说明：必须设定刀柄或夹持器参数才能计算最短刀具长度，否则将出现此报警窗口。

Step3. 将工序导航器切换到机床视图，双击▌ D10 ▐节点，系统弹出"铣刀-5 参数"对话框；单击 刀柄 选项卡，勾选☑定义刀柄选项，此时对话框显示如图 15.4.2 所示，图形区显示刀柄的预览效果（图 15.4.3）。

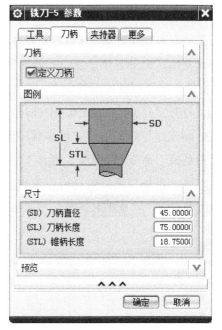

图 15.4.1 "报告最短刀具错误"对话框

图 15.4.2 "铣刀-5 参数"对话框

Step4. 在"铣刀-5 参数"对话框中采用默认的参数设置，单击 确定 按钮，完成刀柄的定义。

说明：刀柄具体数值应按实际情况输入，此处默认数值仅为示意，如有必要也可设定夹持器参数，具体操作参照其他章节的介绍。

Step5. 在工序导航器中右击⊘🔧 PLUNGE_MILLING 节点，在系统弹出的快捷菜单中选择🔧生成命令，系统开始重新计算刀路轨迹，计算完成后节点显示为 🔧 PLUNGE_MILLING 。

Step6. 在工序导航器中右击🔧 PLUNGE_MILLING 节点，在系统弹出的快捷菜单中选择 刀轨 ▶ ➡ 🔧 报告最短刀具 命令，系统弹出图 15.4.4 所示"PLUNGE_MILLING"对话框，显示最短刀具的长度数值为 57.963mm；单击 确定(Q) 按钮，完成最短刀具的计算。

图 15.4.3 预览刀柄

图 15.4.4 "PLUNGE_MILLING"对话框

15.5 刀轨批量处理

刀轨批量处理是指对一个或多个加工工序节点同时进行生成刀轨、后处理、生成车间文档的操作，用户可以选择在前台或后台进行处理，在处理完成后系统会自动保存部件文件。如果在处理未完成时退出 UG NX 12.0，系统将终止批处理。批处理时，系统会自动产生一个日志文件，记录工序信息、开始时间、结束时间，以及处理是否成功，用户可以查看该 log 文件，以了解批处理的状态。下面来介绍进行刀轨批量处理的一般操作步骤。

Step1. 打开文件 D:\ug12nc\work\ch15.05\batch.prt，系统进入加工环境。

Step2. 将工序导航器切换到程序顺序视图，选中 ✔ 📄 PROGRAM 节点，在 工序 区域的 更多 中选择"批处理"命令 📐 批处理 ，系统弹出图 15.5.1 所示的"批处理器"对话框。

Step3. 在"批处理器"对话框中取消选中 □ 生成刀轨 复选框，选中 ✔ 后处理程序或工序 复选框，单击 选择后处理器 按钮，系统弹出图 15.5.2 所示的"后处理"对话框。

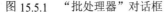

图 15.5.1　"批处理器"对话框

图 15.5.2　"后处理"对话框

图 15.5.1 所示的"批处理器"对话框中部分选项的说明如下。

● 生成刀轨 区域：用于定义是否对所选工序节点或组重新计算并生成刀路轨迹。

● 后处理 区域：用于定义是否对所选工序节点或组进行后处理操作。

● 车间文档 区域：用于定义是否对所选工序节点或组生成车间文档。

● 设置 区域：用于设置批处理的相关参数。

● 处理模式 下拉列表：用于定义批处理的模式。选择 背景 选项后，系统将在后台进行批处理，此时可进行其他操作；选择 前景 选项后，系统将以交互方式进行后处

理，此时不能进行其他操作。

● 延迟分钟数 文本框：用于指定希望延迟处理的分钟数，系统将在指定的分钟数后才开始批处理作业。

● 优先级 下拉列表：用于设定批处理作业的优先级别。当 NX 系统中同时存在多个批处理任务时，会优先处理级别高的任务。

Step4. 在"后处理"对话框中采用图中所示的参数设置，单击 确定 按钮，系统返回"批处理器"对话框。

说明：如果想使用用户自定义的后处理器，需要提前进行后处理的安装操作，具体操作参照其他章节的介绍。

Step5. 在"批处理器"对话框中选中☑ 车间文档复选框，然后单击 选择报告格式 按钮，系统弹出图 15.5.3 所示的"车间文档"对话框；采用图中所示的参数设置，单击 确定 按钮，系统返回"批处理器"对话框。

图 15.5.3　"车间文档"对话框

Step6. 在"批处理器"对话框的 设置 区域采用默认的参数设置，单击 确定 按钮，完成批处理的提交工作。

Step7. 关闭当前打开的部件文件，注意不要进行保存，等待系统批处理完成后，将在指定目录下生成所需要的批处理结果。

注意：如果继续对已提交后台批量处理作业的部件文件进行操作，可能得不到正确的结果，因此正确操作是提交批处理作业后，关闭部件文件但不要保存。

15.6　刀　轨　变　换

刀轨变换类似于建模中的特征变换功能，通常用于将刀轨复制到部件的其他区域，从而快速产生一个或者一组新的工序，或者用于调整原先生成的刀轨，以取得更好的加工效

果。UG NX 12.0 提供了多种变换参数的设置方式，可以非常方便地按照线性或角度的重定位方式得到所需要的刀轨。下面分别举例说明刀轨变换中各个变换类型的一般操作步骤。

15.6.1　平移

平移类型用于将选定的刀轨从参考点移动到目标点，或者沿工作坐标系的方位进行增量移动，下面介绍刀轨平移的一般操作步骤。

Step1. 打开文件 D:\ug12nc\work\ch15.06.01\01-translate.prt，系统进入加工环境。

Step2. 将工序导航器切换到程序顺序视图，右击 FACE_MILLING 节点，在系统弹出的快捷菜单中选择 对象 ▶ ➡ 变换... 命令，系统弹出图 15.6.1 所示的"变换"对话框。

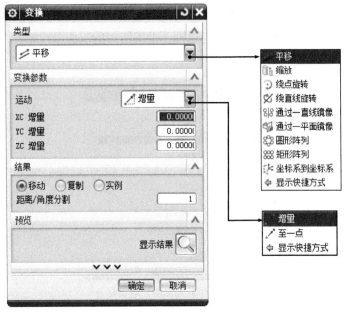

图 15.6.1　"变换"对话框

图 15.6.1 所示的"变换"对话框中部分选项的说明如下。

- 结果 区域：用于对变换结果进行定义。

  ☑ ⦿移动：用于将选定的刀轨移动到新的位置，工序名称保持不变。

  ☑ ⦿复制：用于根据工序的参数来创建一个或若干个新的刀轨，原始刀轨仍保留在原来的位置上，新的刀轨被重新命名并附上 _copy 的后缀，此时新刀轨不与原刀轨有关联，同时会激活 非关联副本数 文本框，该激活的 非关联副本数 文本框用于设定非关联的刀轨副本数量。

  ☑ ⦿实例：用于根据工序的参数来创建一个或若干个新的相关联的刀轨，原始刀轨仍保留在原来的位置上，此时新的刀轨被重新命名并附上 _instance 的后

缀，同时会激活 实例数 文本框，该激活的 实例数 文本框用于设定有关联的刀轨实例的数量。

☑ 距离/角度分割 文本框：用于设定在指定的距离或角度内分割成几个相等的份数。当选择移动类型时，结果将出现在第一份的位置上。

Step3. 设置变换参数。

（1）在"变换"对话框的 类型 下拉列表中选择 平移 选项，在 运动 下拉列表中选择 至一点 选项，然后选择图 15.6.2 所示的点 1 作为参考点，选择图 15.6.2 所示的点 2 作为终止点。

说明：如果选择"增量"方式进行平移，需要按照工作坐标系 WCS 的方位来输入合适的增量数值。

（2）在 结果 区域中选中 ⊙ 实例 单选项，在 实例数 文本框中输入值 2，其余参数采用默认设置；单击 确定 按钮，完成刀轨变换操作，结果如图 15.6.3 所示。

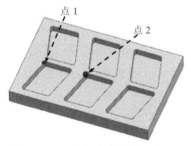

图 15.6.2 选择参考和终止点

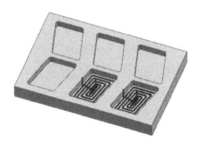

图 15.6.3 刀轨变换结果

15.6.2 缩放

缩放类型用于将选定的刀轨从参考点以指定的比例因子进行缩放，注意缩放后新刀轨的坐标值将统一乘以比例因子。下面介绍刀轨缩放的一般操作步骤。

Step1. 打开文件 D:\ug12nc\work\ch15.06.02\02-scale.prt，系统进入加工环境。

Step2. 将工序导航器切换到程序顺序视图，右击 FACE_MILLING_AREA 节点，在系统弹出的快捷菜单中选择 对象 ▶ ➡ 变换... 命令，系统弹出"变换"对话框。

Step3. 设置变换参数。

（1）在"变换"对话框的 类型 下拉列表中选择 缩放 选项，此时对话框显示如图 15.6.4 所示。

（2）单击 * 指定参考点 右侧的"点对话框"按钮 +，系统弹出"点"对话框；设置图 15.6.5 所示的参数，单击 确定 按钮，系统返回"变换"对话框。

UG NX 12.0

数控加工完全学习手册

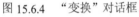

图 15.6.4　"变换"对话框

图 15.6.5　"点"对话框

说明：这里选择 Z 坐标值为 40，保持与原刀轨的 Z 值一致。

（3）在 比例因子 文本框中输入值 2，选中 ⊙ 复制 单选项，在 距离/角度分割 和 非关联副本数 文本框中均输入值 1；单击 确定 按钮，完成刀轨变换操作，结果如图 15.6.6 所示。

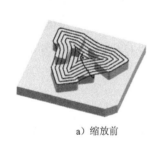

a）缩放前

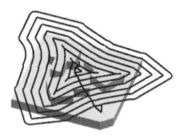

b）缩放后

图 15.6.6　刀轨变换结果

15.6.3　绕点旋转

绕点旋转类型用于将选定的刀轨绕参考点以指定的角度进行旋转，系统默认的参考轴线与 ZC 轴平行且通过指定的参考点。下面介绍刀轨绕点旋转的一般操作步骤。

Step1. 打开文件 D:\ug12nc\work\ch15.06.03\03-rotate_point.prt，系统进入加工环境。

Step2. 将工序导航器切换到程序顺序视图，右击 FACE_MILLING 节点，在系统弹出的快捷菜单中选择 对象 ▶ ➡ 变换... 命令，系统弹出"变换"对话框。

Step3. 设置变换参数。

468

（1）在"变换"对话框的 类型 下拉列表中选择 绕点旋转 选项，此时对话框显示如图 15.6.7 所示。

（2）激活 ✱ 指定枢轴点 区域，选取图 15.6.8 所示的圆心点，在 角度法 下拉列表中选择 指定 选项，在 角度 文本框中输入值 90，选中 实例 单选项，在 实例数 文本框中输入值 3；单击 确定 按钮，完成刀轨变换操作，结果如图 15.6.9 所示。

说明：系统默认的参考线总是平行于 ZC 轴且通过所选择的枢轴点，如有必要，用户需要提前调整 WCS 的方位，也可使用绕直线旋转来得到正确位置的新刀轨。

图 15.6.7　"变换"对话框

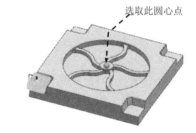

图 15.6.8　选择枢轴点

a）绕点旋转前

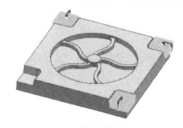

b）绕点旋转后

图 15.6.9　刀轨变换结果

15.6.4　绕直线旋转

绕直线旋转类型用于将选定的刀轨绕任意参考线以指定的角度进行旋转，从而得到新位置的刀轨。下面介绍刀轨绕直线旋转的一般操作步骤。

Step1. 打开文件 D:\ug12nc\work\ch15.06.04\04-rotate_line.prt，系统进入加工环境。

Step2. 将工序导航器切换到程序顺序视图，右击 FACE_MILLING 节点，在系统弹出的

快捷菜单中选择 对象 ▶ ➡ 变换 命令，系统弹出"变换"对话框。

Step3. 设置变换参数。

（1）在"变换"对话框的 类型 下拉列表中选择 绕直线旋转 选项，在 直线方法 下拉列表中选择 点和矢量 选项，此时对话框显示如图 15.6.10 所示。

（2）单击 指定点 右侧的"点对话框"按钮 ，系统弹出"点"对话框；设置图 15.6.11 所示的点参数，选取图 15.6.12 所示的模型斜面；单击 确定 按钮，系统返回"变换"对话框。

图 15.6.10　"变换"对话框

图 15.6.11　定义点参数

（3）激活 指定矢量 区域，确认其后的下拉列表中为 选项；选取图 15.6.12 所示的参考面来定义矢量方向，此时矢量方向显示如图 15.6.13 所示。

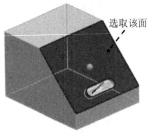

图 15.6.12　选择参考面

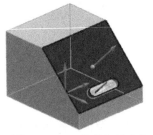

图 15.6.13　定义矢量方向

（4）在 角度 文本框中输入值 120，选中 实例 单选项，在 实例数 文本框中输入值 2，单击 确定 按钮，完成刀轨变换操作，结果如图 15.6.14 所示。

说明：确定直线的方法有 3 种；一是提前创建直线，然后直接选择；二是指定起点和

终点来确定直线；三是选择一个点和一个矢量方向来确定。

a）绕直线旋转前　　　　　　　　　　　　　b）绕直线旋转后

图 15.6.14　刀轨变换结果

15.6.5　通过一直线镜像

一直线镜像类型用于将选定的刀轨在选定参考线的另一侧产生镜像刀轨，此时刀轨中对应点到参考直线的距离是相等的。需要注意的是，镜像后的刀轨将由顺铣切换为逆铣，同时镜像是在 WCS 的 XC-YC 平面内完成的，因此有时有必要调整 WCS 的方位，或者选择通过一平面镜像得到所需的镜像刀轨。下面介绍刀轨通过一直线镜像的一般操作步骤。

Step1. 打开文件 D:\ug12nc\work\ch15.06.05\05-mirror_line.prt，系统进入加工环境。

Step2. 将工序导航器切换到程序顺序视图，右击 FACE_MILLING 节点，在系统弹出的快捷菜单中选择 对象 ▶ ➡ 变换... 命令，系统弹出"变换"对话框。

Step3. 设置变换参数。

（1）在"变换"对话框的 类型 下拉列表中选择 通过一直线镜像 选项，在 直线方法 下拉列表中选择 两点法 选项，此时对话框显示如图 15.6.15 所示。

图 15.6.15　"变换"对话框

471

（2）激活 ＊指定起点 区域，在图形区捕捉图 15.6.16 所示的边线 1 的中点，系统自动激活 ＊指定终点 区域，然后在图形区捕捉图 15.6.16 所示的边线 2 的中点。

（3）在"变换"对话框中选中 ⊙ 实例 单选项，在 距离/角度分割 文本框中输入值 1，单击 确定 按钮，完成刀轨变换操作，结果如图 15.6.17 所示。

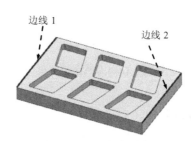

图 15.6.16　定义两点

a）通过一直线镜像前

b）通过一直线镜像后

图 15.6.17　刀轨变换结果

15.6.6　通过一平面镜像

一平面镜像类型用于将选定的刀轨在选定的参考平面的另一侧产生镜像刀轨，此时刀轨中对应点到参考平面的距离是相等的。需要注意的是，镜像后的刀轨将由顺铣切换为逆铣。下面介绍刀轨通过一平面镜像的一般操作步骤。

Step1. 打开文件 D:\ug12nc\work\ch15.06.06\06-mirror_plane.prt，系统进入加工环境。

Step2. 将工序导航器切换到程序顺序视图，右击 FACE_MILLING 节点，在系统弹出的快捷菜单中选择 对象 ▶ ➡ 变换... 命令，系统弹出"变换"对话框。

Step3. 设置变换参数。

（1）在"变换"对话框的 类型 下拉列表中选择 通过一平面镜像 选项，此时对话框显示如图 15.6.18 所示。

（2）激活 ＊指定平面 区域，确认其后下拉列表中为"自动判断"类型，在图形区依次选取图 15.6.19 所示的两个模型侧面，此时出现图 15.6.19 所示的平分平面。

图 15.6.18 "变换"对话框

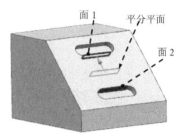

图 15.6.19 定义平面

（3）在"变换"对话框中选中 ⊙ 实例 单选项，在 距离/角度分割 文本框中输入值 1；单击 确定 按钮，完成刀轨变换操作，结果如图 15.6.20 所示。

a）通过一平面镜像前

b）通过一平面镜像后

图 15.6.20 刀轨变换结果

15.6.7 圆形阵列

圆形阵列类型用于复制选定的刀轨并在新的指定位置上创建一个圆形图样的刀轨组。在阵列时，用户需要指定参考点、阵列原点、阵列半径等参数。需要注意的是，阵列后的刀轨将保持原始方位不变。下面介绍刀轨圆形阵列的一般操作步骤。

Step1. 打开文件 D:\ug12nc\work\ch15.06.07\07-circle.prt，系统进入加工环境。

Step2. 创建辅助草图。选择下拉菜单 插入(S) ➡ 🔲 在任务环境中绘制草图(V)... 命令，系统弹出"创建草图"对话框；采用系统默认设置，单击 确定 按钮，进入草图环境，绘制图 15.6.21 所示的草图，绘制完成后退出草图环境。

说明：这里绘制辅助草图是为了便于和后面的阵列参数做对照，以方便读者理解各个参数的含义。

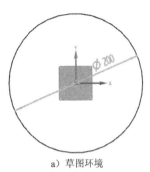

a) 草图环境

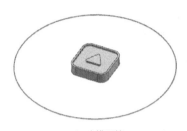

b) 建模环境

图 15.6.21　辅助草图

Step3. 将工序导航器切换到程序顺序视图，右击 PLANAR_MILL 节点，在系统弹出的快捷菜单中选择 对象 ▶ ➡ 变换. 命令，系统弹出"变换"对话框。

Step4. 设置变换参数。

（1）在"变换"对话框的 类型 下拉列表中选择 圆形阵列 选项，此时对话框显示如图 15.6.22 所示。

（2）定义参考点。单击 指定参考点 右侧的"点对话框"按钮，系统弹出"点"对话框；确认其坐标值为绝对零点；单击 确定 按钮，系统返回"变换"对话框。

（3）定义阵列原点。单击 指定阵列原点 右侧的"点对话框"按钮，系统弹出"点"对话框；确认其坐标值为绝对零点；单击 确定 按钮，系统返回"变换"对话框。

（4）输入变换参数。输入图 15.6.23 所示的变换参数。

图 15.6.22　"变换"对话框

图 15.6.23　定义变换参数

（5）在"变换"对话框中选中 实例 单选项，在 距离/角度分割 文本框中输入值 1，单击 确定 按钮，完成刀轨变换操作，结果如图 15.6.24 所示。

a）圆形阵列前

b）圆形阵列后

图 15.6.24　刀轨变换结果

15.6.8　矩形阵列

矩形阵列类型用于复制选定的刀轨并在新的指定位置上创建一个矩形图样的刀轨组。在阵列时，用户需要指定参考点、阵列原点、阵列角度等参数。需要注意的是，阵列后的刀轨将保持原始方位不变。下面介绍刀轨矩形阵列的一般操作步骤。

Step1. 打开文件 D:\ug12nc\work\ch15.06.08\08-rectangular.prt，系统进入加工环境。

Step2. 创建辅助草图。选择下拉菜单 插入(S) ➡ 在任务环境中绘制草图(V)... 命令，系统弹出"创建草图"对话框；采用系统默认设置，单击 确定 按钮，进入草图环境，绘制图 15.6.25 所示的辅助草图；绘制完成后退出草图环境。

说明：这里绘制辅助草图是为了便于和后面的阵列参数做对照，以方便读者理解各个参数的含义。

a）草图环境

b）建模环境

图 15.6.25　辅助草图

Step3. 将工序导航器切换到程序顺序视图，右击 PLANAR_MILL 节点，在系统弹出的快捷菜单中选择 对象 ➡ 变换... 命令，系统弹出"变换"对话框。

Step4. 设置变换参数。

（1）在"变换"对话框的 类型 下拉列表中选择 矩形阵列 选项，此时对话框显示如图 15.6.26 所示。

（2）定义参考点。单击 指定参考点 右侧的"点对话框"按钮，系统弹出"点"对话框；确认其坐标值为绝对零点；单击 确定 按钮，系统返回"变换"对话框。

（3）定义阵列原点。激活 <u>✳ 指定阵列原点</u> 区域，在图形区捕捉图 15.6.27 所示的端点。

（4）输入变换参数。输入图 15.6.28 所示的变换参数。

图 15.6.26　"变换"对话框

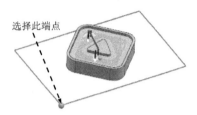

图 15.6.27　定义阵列原点

图 15.6.28　输入变换参数

（5）在"变换"对话框中选中 <u>● 移动</u> 单选项，在 <u>距离/角度分割</u> 文本框中输入值 1；单击 <u>确定</u> 按钮，完成刀轨变换操作，结果如图 15.6.29b 所示。

a）矩形阵列前

b）矩形阵列后

图 15.6.29　刀轨变换结果

15.6.9　坐标系到坐标系

坐标系到坐标系类型用于复制或移动选定的刀轨从一个坐标系到另一个指定的坐标系中。在变换后，新的刀轨将保持与原始坐标系中相同的方位。下面介绍刀轨从坐标系到坐标系的一般操作步骤。

Step1. 打开文件 D:\ug12nc\work\ch15.06.09\09-csys_2_csys.prt，系统进入加工环境。

Step2. 将工序导航器切换到程序顺序视图，右击 <u>FACE_MILLING_AREA</u> 节点，在系统弹出的快捷菜单中选择 <u>对象</u> ➤ ➡ <u>变换...</u> 命令，系统弹出"变换"对话框。

Step3. 设置变换参数。

（1）在"变换"对话框的**类型**下拉列表中选择 **坐标系到坐标系** 选项，此时对话框显示如图 15.6.30 所示。

（2）定义起始坐标系。激活 **✱ 指定起始 CSYS** 区域，在图形区捕捉图 15.6.31 所示的基准坐标系 1。

图 15.6.30　"变换"对话框

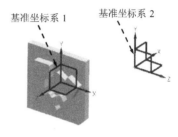

图 15.6.31　定义阵列原点

（3）定义目标坐标系。激活 **✱ 指定目标 CSYS** 区域，在图形区捕捉图 15.6.31 所示的基准坐标系 2。

（4）在"变换"对话框中选中 **⊙ 复制** 单选项，在 **距离/角度分割** 文本框中输入值 1，在 **非关联副本数** 文本框中输入值 1；单击 **确定** 按钮，完成刀轨变换操作。结果如图 15.6.32 所示。

a）变换前　　　　　　　　　　　　　　　b）变换后

图 15.6.32　刀轨变换结果

学习拓展：扫码学习更多视频讲解。

讲解内容：运动仿真实例精选。讲解了一些典型的运动仿真实例，并对操作步骤做了详细的演示。制作数控加工的仿真效果，本部分的内容可以作为参考。

第 **16** 章　UG NX 12.0 数控加工与编程实际综合应用

16.1　应用 1——含多组叶片的泵轮加工与编程

16.1.1　应用概述

在机械零件的加工中，加工工艺的制定十分重要。应根据加工零件的结构特点来采用合适的加工工序，一般先进行粗加工，力求刀路简洁清晰，能快速地切除大量的多余材料，提高加工效率。精加工时，应针对零件中要求较高的曲面部分，生成连续切削的刀路轨迹，避免刀路的跳跃，从而提高表面的加工质量。本应用将以泵轮模型叶片部分的加工为例，介绍在平面铣和型腔铣综合加工刀路的编制。在学习本应用时，应注意体会每个加工工序的应用范围，合理地安排各种工序的先后顺序。

16.1.2　工艺分析及制定

初步分析本应用中要加工的零件，它主要由 5 等分的弧面叶片、回转体表面等组成，其中存在较多的平面区域，毛坯为圆形坯料，且主体外形和中心孔已车削完成，采用中心轴定位进行装夹。本例中仅完成叶片部分的加工，考虑其结构特点，采用平面铣方法开粗，剩余铣二次开粗，固定轴轮廓铣加工曲面，深度加工叶片侧面，因此制定其加工工艺路线如图 16.1.1 和图 16.1.2 所示。

16.1.3　加工准备

Step1. 打开模型文件 D:\ug12nc\work\ch16.01\pump_wheel.prt。

Step2. 方位调整。在图形区中可以观察到当前模型方位摆放符合加工要求，因此不需要对模型方位进行调整。

Step3. 进入加工环境。

（1）在 应用模块 功能选项卡的 加工 区域单击 ⏷ 按钮，系统弹出"加工环境"对话框。

（2）在"加工环境"对话框的 CAM 会话配置 列表框中选择 cam_general 选项，在 要创建的 CAM 设置 列表框中选择 mill_planar 选项，单击 确定 按钮，进入加工环境。

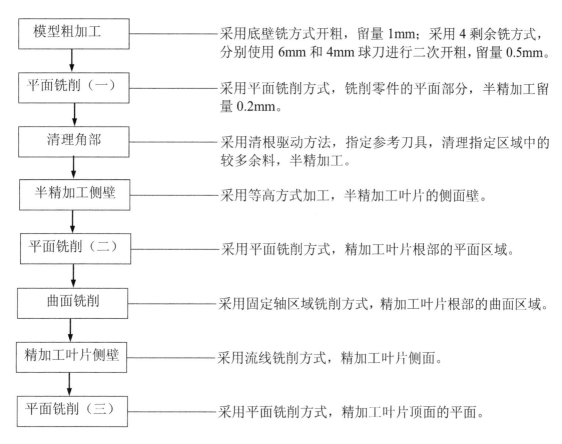

图 16.1.1　加工工艺路线（一）

Step4. 模型测量。选择下拉菜单 分析(L) ━━➤ ██ NC 助理 命令，系统弹出"NC 处理"对话框。通过对该对话框中的选项进行设置，可对其模型的图形大小及关键部位的尺寸、拐角（圆角）半径和拔模角度等参数进行分析，具体操作方法这里不再赘述，请参照视频文件进行操作。

16.1.4　创建工序参数

Task1. 创建几何体

Stage1. 创建机床坐标系

Step1. 将工序导航器调整到几何视图，双击节点 ⊞ ᵗᶻ MCS_MILL，系统弹出"MCS 铣削"对话框；在"MCS 铣削"对话框的 机床坐标系 选项区域中单击"坐标系对话框"按钮 ᵏ，系统弹出"坐标系"对话框。

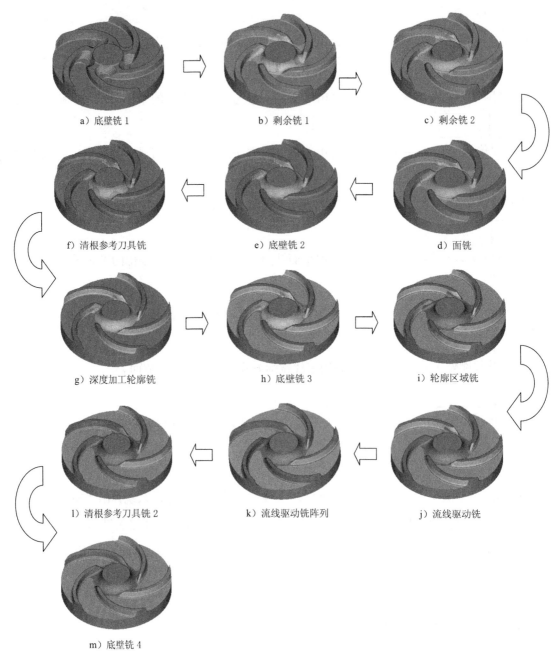

a）底壁铣 1　　　b）剩余铣 1　　　c）剩余铣 2

f）清根参考刀具铣　　　e）底壁铣 2　　　d）面铣

g）深度加工轮廓铣　　　h）底壁铣 3　　　i）轮廓区域铣

l）清根参考刀具铣 2　　　k）流线驱动铣阵列　　　j）流线驱动铣

m）底壁铣 4

图 16.1.2　加工工艺路线（二）

Step2. 在模型中选取图 16.1.3 所示的圆心点，机床坐标原点移动至该点。

Step3. 单击对话框中的 确定 按钮，系统返回 "MCS 铣削" 对话框，完成机床坐标系的创建。

Stage2. 创建安全平面

Step1. 在 "MCS 铣削" 对话框 安全设置 区域的 安全设置选项 下拉列表中选择 自动平面 选项，

并在 安全距离 文本框中输入值 30。

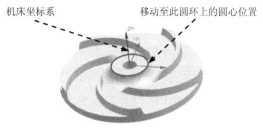

机床坐标系　　　　　移动至此圆环上的圆心位置

图 16.1.3　创建机床坐标系

Step2. 单击"MCS 铣削"对话框中的 确定 按钮。

Stage3. 创建部件几何体

Step1. 在工序导航器中双击 ⊞ MCS_MILL 节点下的 WORKPIECE，系统弹出"工件"对话框。

Step2. 选取部件几何体。在"工件"对话框中单击 按钮，系统弹出"部件几何体"对话框。

Step3. 在"部件几何体"对话框中单击 按钮，在图形区中框选整个零件为部件几何体，如图 16.1.4 所示。

Step4. 在"部件几何体"对话框中单击 确定 按钮，完成部件几何体的创建，同时系统返回"工件"对话框。

Stage4. 创建毛坯几何体

Step1. 在"工件"对话框中单击 按钮，系统弹出"毛坯几何体"对话框。

Step2. 在"毛坯几何体"对话框的 类型 下拉列表中选择 包容圆柱体 选项。

Step3. 单击"毛坯几何体"对话框中的 确定 按钮，系统返回"工件"对话框，完成图 16.1.5 所示毛坯几何体的创建。

Step4. 单击"工件"对话框中的 确定 按钮。

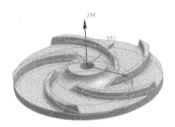

图 16.1.4　部件几何体

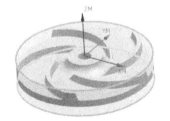

图 16.1.5　毛坯几何体

Task2. 创建刀具

Stage1. 创建刀具（一）

Step1. 将工序导航器调整到机床视图。

Step2. 选择下拉菜单 插入(S) ➡ 刀具(T)... 命令，系统弹出"创建刀具"对话框。

Step3. 在"创建刀具"对话框的 类型 下拉列表中选择 mill_planar 选项，在 刀具子类型 区域中单击"MILL"按钮，在 位置 区域的 刀具 下拉列表中选择 GENERIC_MACHINE 选项，在 名称 文本框中输入 D12R1，然后单击 确定 按钮，系统弹出"铣刀-5 参数"对话框。

Step4. 在"铣刀-5 参数"对话框的 (D) 直径 文本框中输入值 12，在 (R1) 下半径 文本框中输入值 1，在 刀具号 文本框中输入值 1，在 补偿寄存器 文本框中输入值 1，在 刀具补偿寄存器 文本框中输入值 1，其他参数采用系统默认设置值，单击 确定 按钮，完成刀具的创建。

Stage2. 创建刀具（二）

设置刀具类型为 mill_contour 选项，在 刀具子类型 下拉列表中单击选择"BALL_MILL"按钮，刀具名称为 B6，刀具 (D) 直径 为 6，刀具号 为 2，补偿寄存器 为 2，刀具补偿寄存器 为 2，具体操作方法参照 Stage1。

Stage3. 创建刀具（三）

设置刀具类型为 mill_contour 选项，在 刀具子类型 下拉列表中单击选择"BALL_MILL"按钮，刀具名称为 B4，刀具 (D) 直径 为 3，刀具号 为 3，补偿寄存器 为 3，其他参数采用系统默认设置值。

Stage4. 创建刀具（四）

设置刀具类型为 mill_contour 选项，在 刀具子类型 下拉列表中单击选择"MILL"按钮，刀具名称为 D5，刀具 (D) 直径 为 4，刀具号 为 4，补偿寄存器 为 4。

Stage5. 创建刀具（五）

设置刀具类型为 mill_contour 选项，在 刀具子类型 下拉列表中单击选择"BALL_MILL"按钮，刀具名称为 B2，刀具 (D) 直径 为 5，刀具号 为 5，补偿寄存器 为 5。

Task3. 创建程序

Step1. 将工序导航器调整到程序顺序视图。

Step2. 右击 ✔ PROGRAM 节点，在系统弹出的快捷菜单中选择 重命名 命令，重新命名为 L-01。

Step3. 选择下拉菜单 插入(S) ➡ 程序(P)... 命令，创建其余的两个程序节点，结果如图 16.1.6 所示。

```
NC_PROGRAM
   未用项
   ✔ L-01
   ✔ L-02
   ✔ L-03
```

图 16.1.6 创建结果

16.1.5 创建粗加工刀路

Task1. 创建底壁铣操作（一）

说明：本步骤是为了粗加工毛坯，应尽可能选用直径较大的铣刀。创建工序时应注意优化刀轨，减少不必要的抬刀和移刀，并设置较大的每刀切削深度值，提高开粗效率。另外还需要留有一定余量用于半精加工和精加工。

Stage1. 创建工序

Step1. 将工序导航器调整到程序顺序视图。

Step2. 选择下拉菜单 插入(S) ➡ 工序(E)... 命令，在"创建工序"对话框的 类型 下拉列表中选择 mill_planar 选项，在 工序子类型 区域中单击"底壁铣"按钮，在 程序 下拉列表中选择 L-01 选项，在 刀具 下拉列表中选择前面设置的刀具 D12R1 (铣刀-5 参数) 选项，在 几何体 下拉列表中选择 WORKPIECE 选项，在 方法 下拉列表中选择 MILL_ROUGH 选项，使用系统默认的名称。

Step3. 单击"创建工序"对话框中的 确定 按钮，系统弹出"底壁铣"对话框。

Stage2. 指定切削区域

Step1. 在"底壁铣"对话框的 几何体 区域中单击"选择或编辑切削区几何体"按钮，系统弹出"切削区域"对话框。

Step2. 选取图 16.1.7 所示的面为切削区域，在"切削区域"对话框中单击 确定 按钮，完成切削区域的创建，同时系统返回"底壁铣"对话框。

Step3. 选中 ☑ 自动壁 选项，系统自动指定壁几何体。

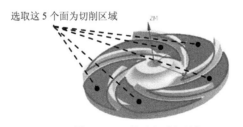

选取这 5 个面为切削区域

图 16.1.7 指定切削区域

Stage3. 设置刀具路径参数

Step1. 设置切削模式。在 刀轨设置 区域的 切削区域空间范围 下拉列表中选择 壁，在 切削模式 下拉列表中选择 ⚲ 跟随周边 选项。

Step2. 设置步进方式。在 步距 下拉列表中选择 % 刀具平直 选项，在 平面直径百分比 文本框中输入值 60.0，在 每刀切削深度 文本框中输入值 1。

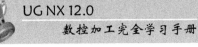
Stage4．设置切削参数

Step1. 在 刀轨设置 区域中单击"切削参数"按钮 ，系统弹出"切削参数"对话框。

Step2. 在"切削参数"对话框中单击 策略 选项卡，在 刀路方向 下拉列表中选择 向内 选项，其他参数采用系统默认设置值。

Step3. 在"切削参数"对话框中单击 余量 选项卡，在 壁余量 文本框中输入值 1，在 最终底面余量 文本框中输入值 0.5，其他参数采用系统默认设置值。

Step4. 在"切削参数"对话框中单击 空间范围 选项卡，在 毛坯 下拉列表中选择 毛坯几何体 选项，在 切削区域 区域中的 将底面延伸至 下拉列表中选择 部件轮廓 选项，在 刀具延展量 文本框中输入值 100，选中 ☑ 精确定位 复选框。

Step5. 单击"切削参数"对话框中的 确定 按钮，系统返回"底壁铣"对话框。

Stage5．设置非切削移动参数。

非切削移动参数采用系统默认设置值。

Stage6．设置进给率和速度

Step1. 单击"底壁铣"对话框中的"进给率和速度"按钮 ，系统弹出"进给率和速度"对话框。

Step2. 单击选中 主轴速度 区域中的 ☑ 主轴速度 (rpm) 复选框，在其后的文本框中输入值 1500，按 Enter 键；单击 按钮，在 进给率 区域的 切削 文本框中输入值 300，按 Enter 键；单击 按钮，其他参数采用系统默认设置值。

Step3. 单击 确定 按钮，完成进给率和速度的设置，系统返回"底壁铣"操作对话框。

Stage7．生成刀路轨迹并仿真

生成的刀路轨迹如图 16.1.8 所示。2D 动态仿真加工后的模型如图 16.1.9 所示。

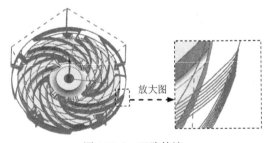

图 16.1.8　刀路轨迹

图 16.1.9　2D 仿真结果

Task2．创建剩余铣操作（一）

Stage1．创建工序

Step1. 选择下拉菜单 插入(S) ➡ 工序(E)... 命令，系统弹出"创建工序"对话框。

Step2. 在"创建工序"对话框的 类型 下拉列表中选择 mill_contour 选项，在 工序子类型 区域中单击"剩余铣"按钮 ，在 程序 下拉列表中选择 L-01 选项，在 刀具 下拉列表中选择前面设置的刀具 B6 (铣刀-球头铣) 选项，在 几何体 下拉列表中选择 WORKPIECE 选项，在 方法 下拉列表中选择 MILL ROUGH 选项，使用系统默认的名称。

Step3. 单击"创建工序"对话框中的 确定 按钮，系统弹出"剩余铣"对话框。

技巧提示：本工序属于二次开粗，因为材料残留的区域较为平坦，所以采用剩余铣的加工方式。如果采用拐角粗加工的加工方式，其切削效果会有所区别，读者可自行创建其刀路进行比较。

Stage2. 指定切削区域

Step1. 在"剩余铣"对话框的 几何体 区域中单击"选择或编辑切削区几何体"按钮 ，系统弹出"切削区域"对话框。

Step2. 选取图 16.1.10 所示的面为切削区域（共 71 个面），在"切削区域"对话框中单击 确定 按钮。

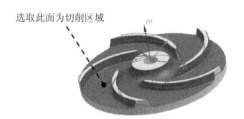

图 16.1.10 指定切削区域

Stage3. 设置刀具路径参数

Step1. 设置切削模式。在 刀轨设置 区域的 切削模式 下拉列表中选择 跟随部件 选项。

Step2. 设置步进方式。在 步距 下拉列表中选择 刀具平直 选项，在 平面直径百分比 文本框中输入值 20.0，在 最大距离 文本框中输入值 0.5。

Stage4. 设置切削参数

Step1. 在 刀轨设置 区域中单击"切削参数"按钮 ，系统弹出"切削参数"对话框。

Step2. 在"切削参数"对话框中单击 策略 选项卡，在 切削顺序 下拉列表中选择 深度优先 选项，其他参数采用系统默认设置值。

Step3. 在"切削参数"对话框中单击 余量 选项卡，在 余量 区域中取消选中 □ 使底面余量与侧面余量一致 复选框，在 部件底面余量 文本框中输入值 0.5，其他参数采用系统默认设置值。

Step4. 在"切削参数"对话框中单击 拐角 选项卡，在 圆弧上进给调整 区域的 调整进给率 下

拉列表中选择 在所有圆弧上 ，在 拐角处进给减速 区域的 减速距离 下拉列表中选择 当前刀具 选项，在 减速百分比 文本框中输入值 20，在 步数 文本框中输入值 2，其他参数采用系统默认设置值。

Step5. 在 "切削参数" 对话框中单击 连接 选项卡，在 开放刀路 下拉列表中选择 变换切削方向 选项，其他参数采用系统默认设置值。

Step6. 在 "切削参数" 对话框中单击 空间范围 选项卡，在 毛坯 区域的 最小除料量 文本框中输入值 1，在 参考刀具 区域的 重叠距离 文本框中输入值 1，其他参数采用系统默认设置值。

Step7. 单击 "切削参数" 对话框中的 确定 按钮，系统返回 "切削参数" 对话框。

Stage5. 设置非切削移动参数。

Step1. 单击 "剩余铣" 对话框 刀轨设置 区域中的 "非切削移动" 按钮，系统弹出 "非切削移动" 对话框。

Step2. 单击 "非切削移动" 对话框中的 转移/快速 选项卡，在 区域内 区域的 转移类型 下拉列表中选择 毛坯平面 选项，并在 安全距离 文本框中输入值 3.0。

Step3. 单击 确定 按钮，完成非切削移动参数的设置。

Stage6. 设置进给率和速度

Step1. 单击 "剩余铣" 对话框中的 "进给率和速度" 按钮，系统弹出 "进给率和速度" 对话框。

Step2. 在 主轴速度 区域中选中 ☑ 主轴速度 (rpm) 复选框，在其后的文本框中输入值 3000，按 Enter 键；单击 按钮，在 进给率 区域的 切削 文本框中输入值 600，按 Enter 键；单击 按钮，其他参数采用系统默认设置值。

Step3. 单击 确定 按钮，完成进给率和速度的设置，系统返回 "剩余铣" 操作对话框。

Stage7. 生成刀路轨迹并仿真

生成的刀路轨迹如图 16.1.11 所示。2D 动态仿真加工后的模型如图 16.1.12 所示。

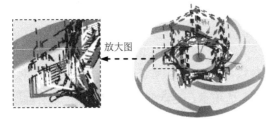

图 16.1.11 刀路轨迹

图 16.1.12 2D 仿真结果

Task3. 创建剩余铣操作（二）

Stage1. 复制剩余铣操作

Step1. 在图 16.1.13 所示的工序导航器的程序顺序视图中右击 REST_MILLING 节点，在系统弹出的快捷菜单中选择 🖊 复制 命令；右击 🔲 L-01 节点，在系统弹出的快捷菜单中选择 内部粘贴 命令，此时工序导航器界面如图 16.1.14 所示。

图 16.1.13　工序导航器界面（一）

图 16.1.14　工序导航器界面（二）

Step2. 双击 🔲 REST_MILLING_COPY 节点，系统弹出 "剩余铣" 对话框。

说明：本工序属于三次开粗，采用直径 4mm 的球刀，对凹角部分进行进一步清理。在进行多次开粗工序时，应注意对切削区域进行必要的控制，如指定修剪边界、调整切削层参数等，以减少产生不必要的刀路。

Stage2．指定修剪边界

Step1. 在 几何体 区域中单击 "选择或编辑修剪边界" 按钮 ⊠，系统弹出 "修剪边界" 对话框。

Step2. 在 选择方法 下拉列表中选择 ▪曲线 选项，在 修剪侧 下拉列表中选择 外侧 选项，其他参数采用系统默认设置值，在图形区选取图 16.1.15 所示的边线。

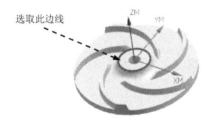

选取此边线

图 16.1.15　指定修剪边界

Step3. 选中 定制边界数据 区域中的 ☑ 余量 复选框，在文本框中输入值-10。

Step4. 单击 确定 按钮，系统返回 "剩余铣" 对话框。

说明：在指定修剪边界时，通过调整余量参数，可以控制该边界的大小。

Stage3．设置刀具

在 工具 区域的 刀具 下拉列表中选择刀具 B4（铣刀-球头铣）选项。

Stage4．设置切削参数

Step1. 在 刀轨设置 区域中单击 "切削参数" 按钮 ➡，系统弹出 "切削参数" 对话框。

Step2. 在 "切削参数" 对话框中单击 余量 选项卡，在 余量 区域中取消选中

□ 使底面余量与侧面余量一致 复选框，在 部件侧面余量 文本框中输入值 0.5，其他参数采用系统默认设置值。

Step3. 单击"切削参数"对话框中的 确定 按钮，系统返回"切削参数"对话框。

Stage5. 设置进给率和速度

Step1. 单击"剩余铣"对话框中的"进给率和速度"按钮 ，系统弹出"进给率和速度"对话框。

Step2. 在 主轴速度 区域中选中 ☑ 主轴速度 (rpm) 复选框，在其后的文本框中输入值 3500，按 Enter 键；单击 按钮，在 进给率 区域的 切削 文本框中输入值 800，按 Enter 键；单击 按钮，其他参数采用系统默认设置值。

Step3. 单击 确定 按钮，完成进给率和速度的设置，系统返回"剩余铣"操作对话框。

Stage6. 生成刀路轨迹并仿真

生成的刀路轨迹如图 16.1.16 所示。2D 动态仿真加工后的模型如图 16.1.17 所示。

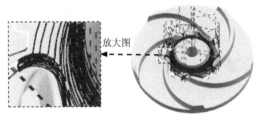

图 16.1.16　刀路轨迹　　　　　　图 16.1.17　2D 仿真结果

16.1.6　创建半精加工刀路

Task1. 创建表面铣削操作

Stage1. 创建工序

Step1. 选择下拉菜单 插入(S) ➡ 工序(E) ... 命令，系统弹出"创建工序"对话框。

Step2. 在"创建工序"对话框的 类型 下拉列表中选择 mill_planar 选项，在 工序子类型 区域中单击"带边界面铣"按钮 ，在 程序 下拉列表中选择 L-02 选项，在 刀具 下拉列表中选择前面设置的刀具 D5 (铣刀-5 参数) 选项，在 几何体 下拉列表中选择 WORKPIECE 选项，在 方法 下拉列表中选择 MILL_SEMI_FINISH 选项，使用系统默认的名称。

Step3. 单击"创建工序"对话框中的 确定 按钮，系统弹出"面铣"对话框。

Stage2. 指定面边界

Step1. 在"面铣"对话框的 几何体 区域中单击"选择或编辑面几何体"按钮 ，系统弹出"毛坯边界"对话框。

Step2. 选取图 16.1.18 所示的面（共 5 个面），单击 确定 按钮。

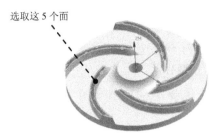

选取这 5 个面

图 16.1.18 指定面边界

Stage3. 设置刀具路径参数

Step1. 设置切削模式。在 刀轨设置 区域的 切削模式 下拉列表中选择 跟随周边 选项。

Step2. 设置步进方式。在 最终底面余量 文本框中输入值 0.1。

Stage4. 设置切削参数

Step1. 在 刀轨设置 区域中单击"切削参数"按钮 ，系统弹出"切削参数"对话框。

Step2. 在"切削参数"对话框中单击 策略 选项卡，在 切削 区域的 刀路方向 下拉列表中选择 向内 选项，在 切削区域 区域的 刀具延展量 文本框中输入值 60，其他参数采用系统默认设置值。

Step3. 单击"切削参数"对话框中的 确定 按钮，系统返回"切削参数"对话框。

Stage5. 设置进给率和速度

Step1. 单击"面铣"对话框中的"进给率和速度"按钮 ，系统弹出"进给率和速度"对话框。

Step2. 在 主轴速度 区域中选中 ☑ 主轴速度 (rpm) 复选框，在其后的文本框中输入值 4000，按 Enter 键；单击 按钮，在 进给率 区域的 切削 文本框中输入值 1000，按 Enter 键；单击 按钮，其他参数采用系统默认设置值。

Step3. 单击 确定 按钮，完成进给率和速度的设置，系统返回"剩余铣"操作对话框。

Stage6. 生成刀路轨迹并仿真

生成的刀路轨迹如图 16.1.19 所示。2D 动态仿真加工后的模型如图 16.1.20 所示。

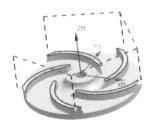

图 16.1.19 刀路轨迹

图 16.1.20 2D 仿真结果

Task2. 创建底壁铣操作（二）

Stage1. 复制平面铣操作

Step1. 在工序导航器的程序顺序视图中右击 ⚠️🔧 FLOOR_WALL 节点，在系统弹出的快捷菜单中选择 📋 复制 命令；右击 ⚠️📄 L-02 节点，在系统弹出的快捷菜单中选择 内部粘贴 命令；右击 ⊘🔧 FLOOR_WALL_COPY 选项，在系统弹出的快捷菜单中选择 📄 重命名 选项，并命名为 FLOOR_WALL_1。

Step2. 双击 ⊘🔧 FLOOR_WALL_1 节点，系统弹出"底壁铣"对话框。

Stage2. 设置刀具

在 工具 区域的 刀具 下拉列表中选择刀具 D5 (铣刀-5 参数) 选项。

Stage3. 设置刀具路径参数

Step1. 在 几何体 区域中取消选中 □ 自动壁 复选框。

Step2. 设置切削模式。在 刀轨设置 区域的 切削区域空间范围 下拉列表中选择 底面 ，在 切削模式 下拉列表中选择 🔄 跟随周边 选项。

Step3. 设置步进方式。在 步距 下拉列表中选择 % 刀具平直 选项，在 平面直径百分比 文本框中输入值 75.0，在 每刀切削深度 文本框中输入值 0。

Stage4. 设置切削参数

Step1. 在 刀轨设置 区域中单击"切削参数"按钮 📇 ，系统弹出"切削参数"对话框。

Step2. 在"切削参数"对话框中单击 余量 选项卡，在 部件余量 文本框中输入值 1，在 壁余量 文本框中输入值 0，在 最终底面余量 文本框中输入值 0.2，其他参数采用系统默认设置值。

Step3. 在"切削参数"对话框中单击 空间范围 选项卡，在 毛坯 下拉列表中选择 厚度 选项，在 切削区域 区域中选中 ☑ 延伸壁 复选框，取消选中 □ 精确定位 复选框。

Step4. 单击"切削参数"对话框中的 确定 按钮，系统返回"底壁铣"对话框。

Step5. 在"底壁铣"对话框 刀轨设置 区域的 底面毛坯厚度 文本框中输入值 1。

Stage5. 设置非切削移动参数。

Step1. 单击"剩余铣"对话框 刀轨设置 区域中的"非切削移动"按钮 📇 ，系统弹出"非切削移动"对话框。

Step2. 单击"非切削移动"对话框中的 转移/快速 选项卡，在 区域内 区域的 转移类型 下拉列表中选择 毛坯平面 选项，并在 安全距离 文本框中输入值 3.0。

Step3. 单击 确定 按钮，完成非切削移动参数的设置。

Stage6. 设置进给率和速度

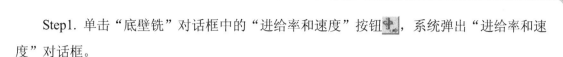

Step1. 单击"底壁铣"对话框中的"进给率和速度"按钮 ，系统弹出"进给率和速度"对话框。

Step2. 在 主轴速度 区域中选中 ☑ 主轴速度 (rpm) 复选框，在其后的文本框中输入值 2000，按 Enter 键；单击 按钮，在 进给率 区域的 切削 文本框中输入值 300，其他参数采用系统默认设置值。

Step3. 单击 确定 按钮，完成进给率和速度的设置，系统返回"底壁铣"操作对话框。

Stage7. 生成刀路轨迹并仿真

生成的刀路轨迹如图 16.1.21 所示。2D 动态仿真加工后的模型如图 16.1.22 所示。

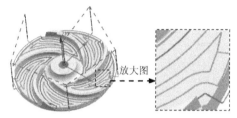

图 16.1.21 刀路轨迹

图 16.1.22 2D 仿真结果

Task3. 创建清根参考刀具操作（一）

Stage1. 创建工序

Step1. 选择下拉菜单 插入(S) ➡ 工序(E)... 命令，系统弹出"创建工序"对话框。

Step2. 确定加工方法。在"创建工序"对话框的 类型 下拉列表中选择 mill_contour 选项，在 工序子类型 区域中单击"清根参考刀具"按钮 ，在 程序 下拉列表中选择 L-02 选项，在 刀具 下拉列表中选择 B4 (铣刀-球头铣) 选项，在 几何体 下拉列表中选择 WORKPIECE 选项，在 方法 下拉列表中选择 MILL_SEMI_FINISH 选项，单击 确定 按钮，系统弹出"清根参考刀具"对话框。

说明：清根刀路用于清除叶片根部较多余料，为后面半精加工做准备。

Stage2. 指定切削区域

Step1. 在"清根参考刀具"对话框的 几何体 区域中单击"选择或编辑切削区几何体"按钮 ，系统弹出"切削区域"对话框。

Step2. 选取图 16.1.23 所示的面为切削区域（共 71 个面），在"切削区域"对话框中单击 确定 按钮。

Stage3. 指定修剪边界

Step1. 在 几何体 区域中单击"选择或编辑修剪边界"按钮 ，系统弹出"修剪边界"对话框。

Step2. 在"修剪边界"对话框的 选择方法 区域中单击 ✓ 按钮，在 修剪侧 下拉列表中选择 内侧 选项，其他参数采用系统默认设置值，在图形区选取图 16.1.24 所示的边线。

Step3. 选中 定制边界数据 区域中的 ☑ 余量 复选框，在其后的文本框中输入值-10。

Step4. 单击 确定 按钮，系统返回 "清根参考刀具"对话框。

说明：指定修剪边界时，添加负值的余量相当于改变了边界的大小范围。如果模型中没有合适的边线来创建修剪边界，用户也可以预先绘制适当的图形。

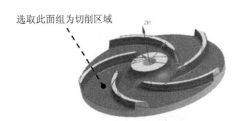
图 16.1.23 指定切削区域

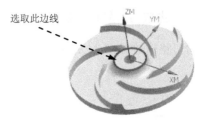
图 16.1.24 指定修剪边界

Stage4. 定义参考刀具

Step1. 在 驱动方法 区域中单击"编辑"按钮 🔧，系统弹出"清根驱动方法"对话框。

Step2. 在 参考刀具 区域的 参考刀具 下拉列表中选择刀具 B6 (铣刀-球头铣) 。

Step3. 单击 确定 按钮，系统返回"清根参考刀具"对话框。

Stage5. 设置切削参数

Step1. 在 刀轨设置 区域中单击"切削参数"按钮 ⇄，系统弹出"切削参数"对话框。

Step2. 在"切削参数"对话框中单击 余量 选项卡，在 部件余量 文本框中输入值 0.2，其他参数采用系统默认设置值。

Step3. 单击"切削参数"对话框中的 确定 按钮，系统返回"清根参考刀具"对话框。

Stage6. 设置非切削移动参数。

Step1. 单击"清根参考刀具"对话框 刀轨设置 区域中的"非切削移动"按钮 ▨，系统弹出"非切削移动"对话框。

Step2. 单击"非切削移动"对话框中的 转移/快速 选项卡，在 区域之间 区域展开 遍历 区域，在 移刀类型 下拉列表中选择 安全距离 选项，在 安全设置选项 下拉列表中选择 平面 选项，单击"平面对话框"按钮 🖰；选择图 16.1.25 所示的面，在"平面"对话框的 距离 文本框中输入值 15；单击 确定 按钮，系统返回"非切削移动"对话框。

Step3. 单击 确定 按钮，完成非切削移动参数的设置。

Stage7. 设置进给率和速度

Step1. 单击"清根参考刀具"对话框中的"进给率和速度"按钮 ♥，系统弹出"进给

率和速度"对话框。

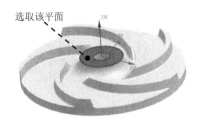

图 16.1.25 定义移刀平面

Step2. 选中"进给率和速度"对话框 主轴速度 区域中的 ☑ 主轴速度 (rpm) 复选框,在其后的文本框中输入值 5000,按 Enter 键;单击 按钮,其他参数采用系统默认设置值。

Step3. 单击 确定 按钮,完成进给率和速度的设置,系统返回"清根参考刀具"操作对话框。

Stage8. 生成刀路轨迹并仿真

生成的刀路轨迹如图 16.1.26 所示。2D 动态仿真加工后的模型如图 16.1.27 所示。

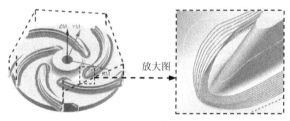

图 16.1.26 刀路轨迹

图 16.1.27 2D 仿真结果

Task4. 创建深度轮廓铣操作

Stage1. 创建工序

Step1. 选择下拉菜单 插入(S) ➡ 工序(E)... 命令,系统弹出"创建工序"对话框。

Step2. 确定加工方法。在"创建工序"对话框的 类型 下拉列表中选择 mill_contour 选项,在 工序子类型 区域中单击"深度轮廓铣"按钮 ,在 刀具 下拉列表中选择 B4 (铣刀-球头铣) 选项,在 几何体 下拉列表中选择 WORKPIECE 选项,在 方法 下拉列表中选择 MILL_SEMI_FINISH 选项,单击 确定 按钮,系统弹出"深度轮廓铣"对话框。

Stage2. 指定切削区域

Step1. 在"深度轮廓铣"对话框的 几何体 区域中单击"选择或编辑切削区几何体"按钮 ,系统弹出"切削区域"对话框。

Step2. 选取图 16.1.28 所示的面为切削区域(共 71 个面),在"切削区域"对话框中单击 确定 按钮。

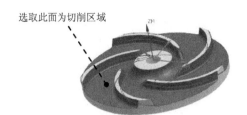

图 16.1.28　指定切削区域

Stage3．设置切削层参数

Step1. 在 刀轨设置 区域中单击"切削层"按钮 ，系统弹出"切削层"对话框。

Step2. 在 范围 区域的 最大距离 文本框中输入值 0.3，在 范围 1 的顶部 区域的 ZC 文本框中输入值 6，在 范围定义 区域的 范围深度 文本框中输入值 6，在 每刀切削深度 文本框中输入值 0.3。

Step3. 单击 确定 按钮，系统返回"深度轮廓铣"对话框。

说明：控制切削层参数可以有效地控制刀路轨迹。

Stage4．设置切削参数

Step1. 在 刀轨设置 区域中单击"切削参数"按钮 ，系统弹出"切削参数"对话框。

Step2. 在"切削参数"对话框中单击 策略 选项卡，在 切削 区域的 切削方向 下拉列表中选择 混合 选项，在 切削顺序 下拉列表中选择 始终深度优先 选项，在 延伸刀轨 区域中选中 ☑ 在边上延伸 选项，其他参数采用系统默认设置值。

Step3. 在"切削参数"对话框中单击 余量 选项卡，在 余量 区域的 部件侧面余量 文本框中输入值 0.2，其他参数采用系统默认设置值。

Step4. 在"切削参数"对话框中单击 连接 选项卡，在 层之间 区域的 层到层 下拉列表中选择 直接对部件进刀 选项，其他参数采用系统默认设置值。

Step5. 单击"切削参数"对话框中的 确定 按钮，系统返回"切削参数"对话框。

Stage5．设置非切削移动参数。

Step1. 单击"深度轮廓铣"对话框 刀轨设置 区域中的"非切削移动"按钮 ，系统弹出"非切削移动"对话框。

Step2. 单击"非切削移动"对话框中的 转移/快速 选项卡，在 区域之间 区域的 转移类型 下拉列表中选择 直接/上一个备用平面 选项，并在 安全距离 文本框中输入值 3.0；在 区域内 区域的 转移类型 下拉列表中选择 直接/上一个备用平面 选项，并在 安全距离 文本框中输入值 3.0；其他参数采用系统默认设置值。

Step3. 单击 确定 按钮，完成非切削移动参数的设置。

Stage6．设置进给率和速度

Step1. 单击"深度轮廓铣"对话框中的"进给率和速度"按钮，系统弹出"进给率和速度"对话框。

Step2. 在 主轴速度 区域中选中 ☑ 主轴速度 (rpm) 复选框，在其后的文本框中输入值 5000，按 Enter 键；单击 按钮，在 进给率 区域的 切削 文本框中输入值 1000，按 Enter 键；其他参数采用系统默认设置值。

Step3. 单击 确定 按钮，完成进给率和速度的设置，系统返回"深度轮廓铣"操作对话框。

Stage7. 生成刀路轨迹并仿真

生成的刀路轨迹如图 16.1.29 所示。2D 动态仿真加工后的模型如图 16.1.30 所示。

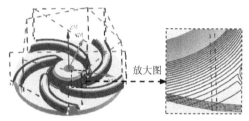

图 16.1.29 刀路轨迹

图 16.1.30 2D 仿真结果

16.1.7 创建精加工刀路

Task1. 创建底壁铣操作（三）

Stage1. 复制操作

Step1. 在工序导航器的机床视图中右击 FLOOR_WALL_1 节点，在系统弹出的快捷菜单中选择 复制 命令；右击 L-03 节点，在系统弹出的快捷菜单中选择 内部粘贴 命令；右击 FLOOR_WALL_1_COPY 选项，在系统弹出的快捷菜单中选择 重命名 选项，并命名为 FLOOR_WALL_2。

Step2. 双击 FLOOR_WALL_2 节点，系统弹出"底壁铣"对话框。

Stage2. 设置刀具路径参数

Step1. 在 几何体 区域中选中 ☑ 自动壁 复选框，在 刀轨设置 区域的 方法 下拉列表中选择 MILL_FINISH 选项。

Step2. 设置步进方式。在 步距 下拉列表中选择 刀具平直 选项，在 平面直径百分比 文本框中输入值 60，在 底面毛坯厚度 文本框中输入值 1，在 每刀切削深度 文本框中输入值 0。

Stage3. 设置切削参数

Step1. 在 刀轨设置 区域中单击 "切削参数" 按钮 ⇄，系统弹出 "切削参数" 对话框。

Step2. 在 "切削参数" 对话框中单击 余量 选项卡，在 部件余量 文本框中输入值 0，在 壁余量 文本框中输入值 0.5，在 最终底面余量 文本框中输入值 0，其他参数采用系统默认设置值。

Step3. 在 "切削参数" 对话框中单击 空间范围 选项卡，在 切削区域 区域的 将底面延伸至 下拉列表中选择 无，其他参数采用系统默认设置值。

Step4. 单击 "切削参数" 对话框中的 确定 按钮，系统返回 "底壁铣" 对话框。

Stage4. 设置非切削移动参数。

Step1. 单击 "底壁铣" 对话框 刀轨设置 区域中的 "非切削移动" 按钮 ⊞，系统弹出 "非切削移动" 对话框。

Step2. 单击 "非切削移动" 对话框中的 转移/快速 选项卡，在 区域之间 区域的 转移类型 下拉列表中选择 毛坯平面 选项，并在 安全距离 文本框中输入值 3.0。

Step3. 单击 确定 按钮，完成非切削移动参数的设置。

Stage5. 设置进给率和速度

Step1. 单击 "底壁铣" 对话框中的 "进给率和速度" 按钮 ♨，系统弹出 "进给率和速度" 对话框。

Step2. 在 主轴速度 区域中选中 ☑ 主轴速度 (rpm) 复选框，在其后的文本框中输入值 4200，按 Enter 键；单击 🔲 按钮，在 进给率 区域的 切削 文本框中输入值 1200，按 Enter 键；单击 🔲 按钮，其他参数采用系统默认设置值。

Step3. 单击 确定 按钮，系统返回 "底壁铣" 操作对话框。

Stage6. 生成刀路轨迹并仿真

生成的刀路轨迹如图 16.1.31 所示。2D 动态仿真加工后的模型如图 16.1.32 所示。

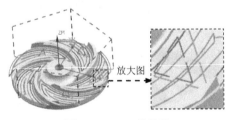

图 16.1.31 刀路轨迹

图 16.1.32 2D 仿真结果

Task2. 创建区域轮廓铣操作

Stage1. 创建工序

Step1. 选择下拉菜单 插入(S) ➡ 工序(E)... 命令，在 "创建工序" 对话框的 类型 下拉列表中选择 mill_contour 选项，在 工序子类型 区域中单击 "区域轮廓铣" 按钮 ♨，在 程序 下拉

列表中选择 L-03 选项，在 刀具 下拉列表中选择 B4（铣刀-球头铣）选项，在 几何体 下拉列表中选择 WORKPIECE 选项，在 方法 下拉列表中选择 MILL_FINISH 选项，使用系统默认的名称"CONTOUR_AREA"。

Step2. 单击"创建工序"对话框中的 确定 按钮，系统弹出"区域轮廓铣"对话框。

Stage2. 指定切削区域

Step1. 在 几何体 区域中单击"选择或编辑切削区域几何体"按钮 🎴，系统弹出"切削区域"对话框。

Step2. 选取图 16.1.33 所示的面（共 7 个面）为切削区域；在"切削区域"对话框中单击 确定 按钮，完成切削区域的创建，同时系统返回"区域轮廓铣"对话框。

Stage3. 指定修剪边界

Step1. 在 几何体 区域中单击"选择或编辑修剪边界"按钮 🔲，系统弹出"修剪边界"对话框。

Step2. 在"修剪边界"对话框的 选择方法 下拉列表中单击 曲线 选项，在 修剪侧 下拉列表中选择 外侧 选项，其他参数采用系统默认设置值；在图形区选取图 16.1.34 所示的模型边线。

Step3. 选中 定制边界数据 区域中的 ☑ 余量 复选框，在文本框中输入值-10。

Step4. 单击 ➕ 按钮，在 选择方法 下拉列表中单击 曲线 选项，在 修剪侧 下拉列表中选择 内侧 选项，其他参数采用系统默认设置值；在图形区选取图 16.1.34 所示的边线。

Step5. 选中 定制边界数据 区域中的 ☑ 余量 复选框，在文本框中输入值1。

Step6. 单击 确定 按钮，系统返回"指定修剪边界"对话框。

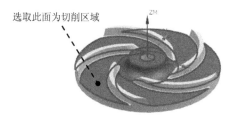

图 16.1.33 指定切削区域

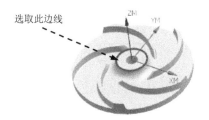

图 16.1.34 指定修剪边界

说明：这里使用同一条边线创建了两个修剪边界——一个用来修剪内部；另一个用来修剪外部，从而有效地控制刀路轨迹。

Stage4. 设置驱动方法

Step1. 在"区域轮廓铣"对话框的 驱动方法 区域单击"编辑"按钮，系统弹出"区域铣削驱动方法"对话框。

Step2. 在"区域铣削驱动方法"对话框中设置图 16.1.35 所示的参数，然后单击 确定 按钮，系统返回"区域轮廓铣"对话框。

Stage5. 设置刀轴

刀轴选择系统默认的 +ZM 轴。

Stage6. 设置切削参数

Step1. 在 刀轨设置 区域中单击"切削参数"按钮 ⯑，系统弹出"切削参数"对话框。

Step2. 在"切削参数"对话框中单击 余量 选项卡，在 公差 区域的 内公差 文本框中输入值 0.01，在 外公差 文本框中输入值 0.01，其他参数采用系统默认设置值。

Step3. 单击"切削参数"对话框中的 确定 按钮，系统返回"区域轮廓铣"对话框。

Stage7. 设置非切削移动参数。

采用系统默认的非切削移动参数。

Stage8. 设置进给率和速度

Step1. 在"区域轮廓铣"对话框中单击"进给率和速度"按钮 ⯑，系统弹出"进给率和速度"对话框。

图 16.1.35 "区域铣削驱动方法"对话框

Step2. 选中"进给率和速度"对话框 主轴速度 区域中的 ☑ 主轴速度 (rpm) 复选框，在其后的文本框中输入值 5000.0，按 Enter 键；单击 ▣ 按钮，在 进给率 区域的 切削 文本框中输入值 800.0，按 Enter 键；单击 ▣ 按钮，其他参数采用系统默认设置值。

Step3. 单击 确定 按钮，完成进给率和速度的设置，系统返回"区域轮廓铣"对话框。

Stage9. 生成刀路轨迹并仿真

生成的刀路轨迹如图 16.1.36 所示。2D 动态仿真加工后的模型如图 16.1.37 所示。

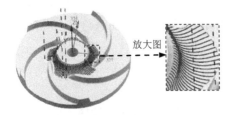

图 16.1.36 刀路轨迹

图 16.1.37 2D 仿真结果

Task3. 创建流线铣操作

Stage1. 创建工序

Step1. 选择下拉菜单 插入(S) ➡️ 工序(E)... 命令, 在 "创建工序" 对话框的 类型 下拉列表中选择 mill_contour 选项, 在 工序子类型 区域中单击 "流线" 按钮 ⚙️, 在 程序 下拉列表中选择 L-03 选项, 在 刀具 下拉列表中选择 B2 (铣刀-球头铣) 选项, 在 几何体 下拉列表中选择 WORKPIECE 选项, 在 方法 下拉列表中选择 MILL_FINISH 选项, 使用系统默认的名称 "STREAMLINE"。

Step2. 单击 "创建工序" 对话框中的 确定 按钮, 系统弹出 "流线" 对话框。

Stage2. 指定切削区域

Step1. 在 几何体 区域中单击 "选择或编辑切削区域几何体" 按钮 📖, 系统弹出 "切削区域" 对话框。

Step2. 选取图 16.1.38 所示的面 (共 13 个面) 为切削区域; 在 "切削区域" 对话框中单击 确定 按钮, 完成切削区域的创建, 同时系统返回 "流线" 对话框。

Stage3. 设置流线驱动方法

Step1. 在 "流线" 对话框的 驱动方法 区域中单击 "编辑" 按钮 🔧, 系统弹出 "流线驱动方法" 对话框。

Step2. 在 切削方向 区域中单击 "指定切削方向" 按钮 🔼, 选择图 16.1.39 所示的箭头。

Step3. 在 "流线驱动方法" 对话框 修剪和延伸 区域的 起始步长 % 文本框中输入值 5, 在 结束步长 % 文本框中输入值 90, 在 驱动设置 区域的 刀具位置 下拉列表中选择 接触 选项, 在 步距数 文本框中输入值 30。

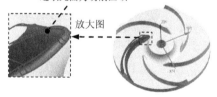

图 16.1.38　指定切削区域

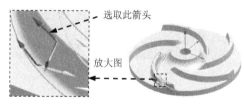

图 16.1.39　指定切削方向

Step4. 单击 确定 按钮, 系统返回 "流线" 对话框。

Step5. 在 "流线" 对话框 投影矢量 区域的 矢量 下拉列表中选择 垂直于驱动体 选项。

Stage4. 设置切削参数

Step1. 在 刀轨设置 区域中单击 "切削参数" 按钮 ➡️, 系统弹出 "切削参数" 对话框。

Step2. 在 "切削参数" 对话框中单击 余量 选项卡, 在 公差 区域的 内公差 文本框中输入值 0, 在 外公差 文本框中输入值 0.02, 其他参数采用系统默认设置值。

Step3. 单击 "切削参数" 对话框中的 确定 按钮, 系统返回 "流线" 对话框。

Stage5. 设置非切削移动参数。

Step1. 单击"流线"对话框 刀轨设置 区域中的"非切削移动"按钮 ⬚，系统弹出"非切削移动"对话框。

Step2. 单击"非切削移动"对话框中的 进刀 选项卡，在 开放区域 区域的 进刀类型 下拉列表中选择 圆弧 - 垂直于刀轴 选项。

Step3. 单击 确定 按钮，完成非切削移动参数的设置。

Stage6. 设置进给率和速度

Step1. 在"流线"对话框中单击"进给率和速度"按钮 ⬚，系统弹出"进给率和速度"对话框。

Step2. 选中"进给率和速度"对话框 主轴速度 区域中的 ☑ 主轴速度 (rpm) 复选框，在其后的文本框中输入值 10000，按 Enter 键；单击 ⬚ 按钮，在 进给率 区域的 切削 文本框中输入值 1200，按 Enter 键；单击 ⬚ 按钮，其他参数采用系统默认设置值。

Step3. 单击 确定 按钮，完成进给率和速度的设置，系统返回"流线"对话框。

Stage7. 生成刀路轨迹并仿真

生成的刀路轨迹如图 16.1.40 所示。2D 动态仿真加工后的模型如图 16.1.41 所示。

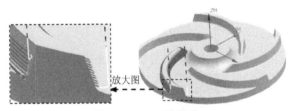

图 16.1.40　刀路轨迹

图 16.1.41　2D 仿真结果

Stage8. 对流线铣进行阵列操作

Step1. 在程序视图中右击 ⬚ STREAMLINE 节点，在系统弹出的快捷菜单中选择 对象 ➡ ⬚ 变换 命令。

Step2. 在 类型 下拉菜单中选择 ⬚ 绕点旋转，选择图 16.1.42 所示的点，在 角度 文本框中输入值 72；在 结果 区域中选择 ⊙ 实例 单选项，在 距离/角度分割 文本框中输入值 1，在 实例数 文本框中输入值 4；其他参数采用系统默认设置。

Step3. 单击 确定 按钮，结果如图 16.1.43 所示。

Task4. 创建清根参考刀具操作（二）

Stage1. 复制清根参考刀具操作

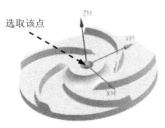

选取该点

图 16.1.42　选取旋转中心点

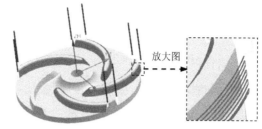

放大图

图 16.1.43　流线铣阵列

Step1. 在工序导航器的程序顺序视图中右击 FLOWCUT_REF_TOOL 节点，在系统弹出的快捷菜单中选择 复制 命令；右击 L-03 节点，在系统弹出的快捷菜单中选择 内部粘贴 命令；右击 FLOWCUT_REF_TOOL_COPY 选项，在系统弹出的快捷菜单中选择 重命名 选项，并命名为 FLOWCUT_REF_TOOL_1。

Step2. 双击 FLOWCUT_REF_TOOL_1 节点，系统弹出"清根参考刀具"对话框。

Stage2.　移除修剪边界

Step1. 在 几何体 区域中单击"清根参考刀具"按钮 ，系统弹出"修剪边界"对话框。

Step2. 在"修剪边界"对话框中单击 按钮。

Step3. 单击 确定 按钮，系统返回"清根参考刀具"对话框。

Stage3.　定义刀具参数

在 工具 区域的 刀具 文本框中选择刀具 B2 (铣刀-球头铣) 选项。

Stage4.　定义参考刀具

Step1. 在 驱动方法 区域中单击"编辑"按钮 ，系统弹出"清根驱动方法"对话框。

Step2. 在 非陡峭切削 区域的 顺序 下拉列表中选择刀具 先陡 ，在 参考刀具 区域的 参考刀具 下拉列表中选择刀具 B4 (铣刀-球头铣)，在 重叠距离 文本框中输入值 0。

Step3. 单击 确定 按钮，系统返回"清根参考刀具"对话框。

Stage5.　设置切削参数

Step1. 在 刀轨设置 区域中单击"切削参数"按钮 ，系统弹出"切削参数"对话框。

Step2. 在"切削参数"对话框中单击 余量 选项卡，在 部件余量 文本框中输入值 0，在 公差 区域的 内公差 文本框中输入值 0，在 外公差 文本框中输入值 0.02，其他参数采用系统默认设置值。

Step3. 单击"切削参数"对话框中的 确定 按钮，系统返回"清根参考刀具"对话框。

Stage6.　设置非切削移动参数。

采用系统默认的非切削移动参数。

Stage7．设置进给率和速度

Step1. 单击"清根参考刀具"对话框中的"进给率和速度"按钮 ，系统弹出"进给率和速度"对话框。

Step2. 在 主轴速度 区域中选中 ☑ 主轴速度 (rpm) 复选框，在其后的文本框中输入值 10000，按 Enter 键；单击 按钮，在 进给率 区域的 切削 文本框中输入值 1000，按 Enter 键；单击 按钮，其他参数采用系统默认设置值。

Step3. 单击 确定 按钮，完成进给率和速度的设置，系统返回"清根参考刀具"操作对话框。

Stage8．生成刀路轨迹并仿真

生成的刀路轨迹如图 16.1.44 所示。2D 动态仿真加工后的模型如图 16.1.45 所示。

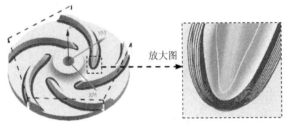

图 16.1.44　刀路轨迹

图 16.1.45　2D 仿真结果

Task5．创建底壁铣操作（四）

Stage1．复制底壁铣操作

Step1. 在工序导航器的机床视图中右击 FLOOR_WALL_2 节点，在系统弹出的快捷菜单中选择 复制 命令；右击 L-03 节点，在系统弹出的快捷菜单中选择 内部粘贴 命令。右击 FLOOR_WALL_2_COPY 选项，在系统弹出的快捷菜单中选择 重命名 选项，并命名为 FLOOR_WALL_3。

Step2. 双击 FLOOR_WALL_3 节点，系统弹出"底壁铣"对话框。

Stage2．指定切削区域

Step1. 在 几何体 区域中单击"选择或编辑切削区域几何体"按钮 ，系统弹出"切削区域"对话框。

Step2. 单击"切削区域"对话框中的 按钮，选取图 16.1.46 所示的面（共 5 个面）为切削区域，在"切削区域"对话框中单击 确定 按钮，完成切削区域的创建，同时系统返回"底壁铣"对话框。

Stage3．设置刀具路径参数

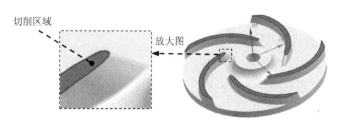

图 16.1.46　指定切削区域

在 几何体 区域中取消选中 □ 自动壁 复选框。

Stage4. 设置切削参数

Step1. 在 刀轨设置 区域中单击"切削参数"按钮 ⇉，系统弹出"切削参数"对话框。

Step2. 在"切削参数"对话框中单击 空间范围 选项卡，在 切削区域 区域的 刀具延展量 文本框中输入值 70，其他参数采用系统默认设置值。

Step3. 单击"切削参数"对话框中的 确定 按钮，系统返回"底壁铣"对话框。

Stage5. 生成刀路轨迹并仿真

生成的刀路轨迹如图 16.1.47 所示。2D 动态仿真加工后的模型如图 16.1.48 所示。

Task6. 保存文件

选择下拉菜单 文件(F) ➡ 🖫 保存(S) 命令，保存文件。

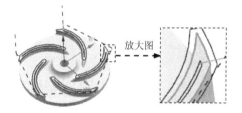

图 16.1.47　刀路轨迹

图 16.1.48　2D 仿真结果

16.2　应用 2——含复杂曲面的导流轮加工与编程

16.2.1　概述

复杂曲面加工是数控加工中常见的加工内容，其中要用到多轴数控机床来完成复杂轮廓的精加工。对于此类结构复杂的零件的加工来说，应该充分了解该零件各个部位的加工要求，特别注意控制表面质量和加工精度。在创建粗加工工序时，采用固定轴铣削方式可以获得更高的加工效率，但同时应注意加工区域的选择和限制，尽可能选择符合固定轴加工的部位，避免重复加工相同的区域。精加工时应特别注意设置每次切削的余量，避免过切或余量不足。另外要注意刀轨参数设置值是否正确，以免影响加工质量。

16.2.2　工艺分析及制定

本应用讲述的是导流轮加工工艺，初步分析本应用中要加工的零件，它主要由螺旋曲面的叶片构成，毛坯为圆柱形坯料且已经过车削加工。考虑到加工效率，在粗加工时采用分角度定轴铣削的方法，先去除较多的余料；使用分角度定轴深度铣削方法，进一步去除叶片上的余料，采用流线铣削方法去除柱面的余料，保证精加工前余料尽可能均匀；在精加工时采用流线铣削，控制步距和切削的连续；对局部细节进行精加工。制定其加工工艺路线如图 16.2.1 和图 16.2.2 所示。

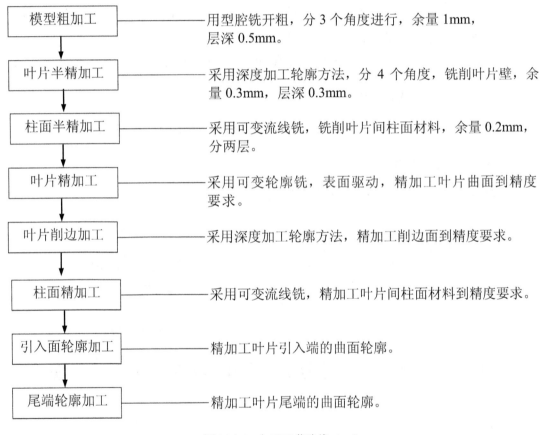

模型粗加工	用型腔铣开粗，分 3 个角度进行，余量 1mm，层深 0.5mm。
叶片半精加工	采用深度加工轮廓方法，分 4 个角度，铣削叶片壁，余量 0.3mm，层深 0.3mm。
柱面半精加工	采用可变流线铣，铣削叶片间柱面材料，余量 0.2mm，分两层。
叶片精加工	采用可变轮廓铣，表面驱动，精加工叶片曲面到精度要求。
叶片削边加工	采用深度加工轮廓方法，精加工削边面到精度要求。
柱面精加工	采用可变流线铣，精加工叶片间柱面材料到精度要求。
引入面轮廓加工	精加工叶片引入端的曲面轮廓。
尾端轮廓加工	精加工叶片尾端的曲面轮廓。

图 16.2.1　加工工艺路线（一）

说明：本应用的详细操作过程请参见学习资源 video 文件夹中对应章节的语音视频讲解文件。模型文件为 D:\ug12nc\work\ch16.02\diveraxes.prt。

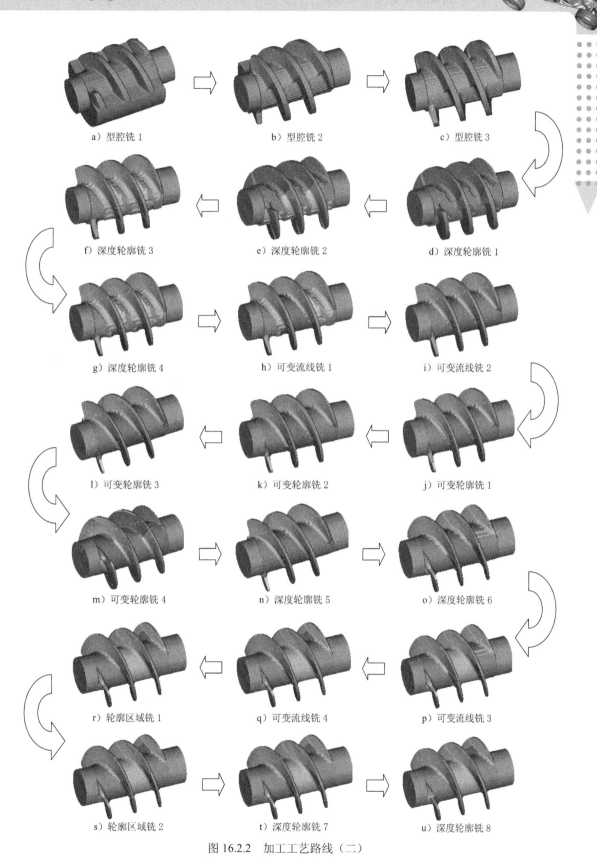

a）型腔铣 1 　　　　b）型腔铣 2 　　　　c）型腔铣 3

f）深度轮廓铣 3 　　　　e）深度轮廓铣 2 　　　　d）深度轮廓铣 1

g）深度轮廓铣 4 　　　　h）可变流线铣 1 　　　　i）可变流线铣 2

l）可变轮廓铣 3 　　　　k）可变轮廓铣 2 　　　　j）可变轮廓铣 1

m）可变轮廓铣 4 　　　　n）深度轮廓铣 5 　　　　o）深度轮廓铣 6

r）轮廓区域铣 1 　　　　q）可变流线铣 4 　　　　p）可变流线铣 3

s）轮廓区域铣 2 　　　　t）深度轮廓铣 7 　　　　u）深度轮廓铣 8

图 16.2.2　加工工艺路线（二）

16.3　应用 3——含多孔与凹腔的底板加工与编程

16.3.1　应用概述

在本应用中，将以底板模型的加工为例，介绍在多工序加工中粗、精加工工序的安排及相关加工刀路的编制。在学习本应用时，读者应注意体会工序的合理安排，同时应该注意设置好每个工序的余量，以免影响零件的精度。

16.3.2　工艺分析及制定

初步分析本应用中要加工的零件，它主要由直壁腔体和直孔组成，上、下表面平行，形状方正，毛坯为方形坯料且 6 面已见光，除厚度上有 5mm 的余量，其余各面均已加工到位。因此，根据数控加工"先粗后精"的工艺原则，制定其加工工艺路线如图 16.3.1 和图 16.3.2 所示。

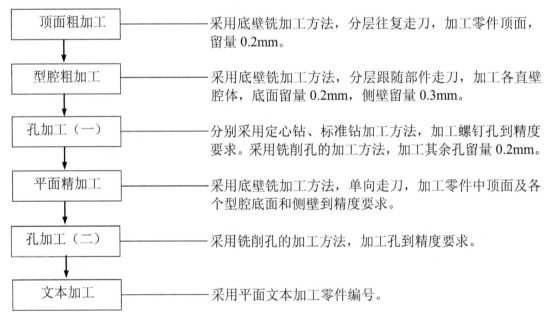

图 16.3.1　加工工艺路线（一）

说明：本应用的详细操作过程请参见学习资源 video 文件夹中对应章节的语音视频讲解文件。模型文件为 D:\ug12nc\work\ch16.03\bottom_board.prt。

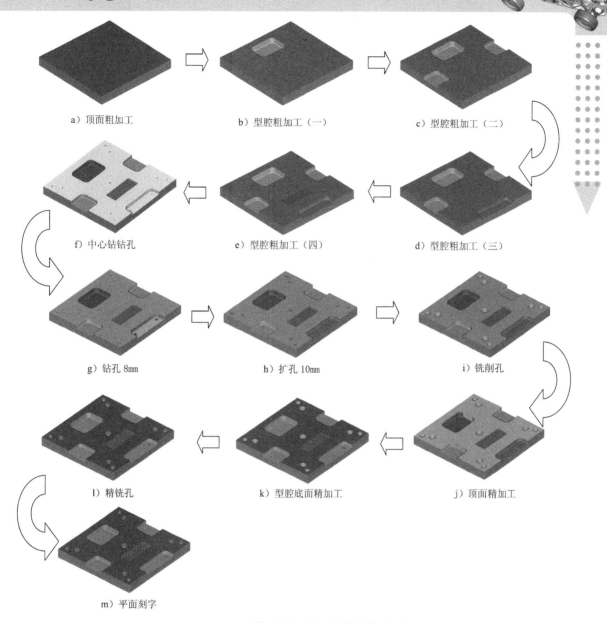

a）顶面粗加工　　　　　b）型腔粗加工（一）　　　　　c）型腔粗加工（二）

f）中心钻钻孔　　　　　e）型腔粗加工（四）　　　　　d）型腔粗加工（三）

g）钻孔 8mm　　　　　h）扩孔 10mm　　　　　i）铣削孔

l）精铣孔　　　　　k）型腔底面精加工　　　　　j）顶面精加工

m）平面刻字

图 16.3.2　加工工艺路线（二）

16.4　应用4——某造型复杂的玩具模具加工与编程

16.4.1　概述

模具加工是数控加工中常见的加工内容，其中注塑模具的加工占相当大的比例。对于注塑模具的加工来说，应该充分了解该零件的加工要求和工艺特点，特别注意模具的材料和加工精度，依此来制定合理的工序。在创建加工工序时，应注意加工区域的选择，尽可能一次性选择相邻且相似的曲面，避免选择过多的不同区域进行加工。同时应特别注意设置每次切削的余量，避免过切或余量不足。另外还要注意刀轨参数设置值是否正确，以免影响加工质量。

16.4.2 工艺分析及制定

本应用讲述的是一款玩具的模具加工，在学习本应用时，应注意体会各个工序的加工目的，进而掌握该类模型的一般加工方法。

初步分析本应用中要加工的后模零件，它主要由较平坦曲面、小拔模角度陡壁和直壁等组成，底面形状方正，毛坯为方形坯料且 6 面已见光，除厚度上留有适当余量，其余各面均已加工到位，装夹可采用平口虎钳来定位。

在创建刀路轨迹时，应充分考虑较深的零件内拐角对加工的不利影响，合理设置加工工序的切削参数。对于零件中需要进行电极加工的柱位，可以通过或"修补开口"或"同步建模"的命令来提前进行修补，这样可以保证加工区域的连续，避免刀路的跳跃。因此制定其加工工艺路线如图 16.4.1 和图 16.4.2 所示。

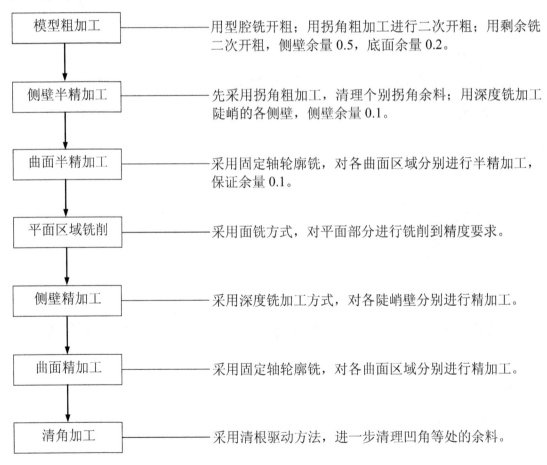

图 16.4.1 加工工艺路线（一）

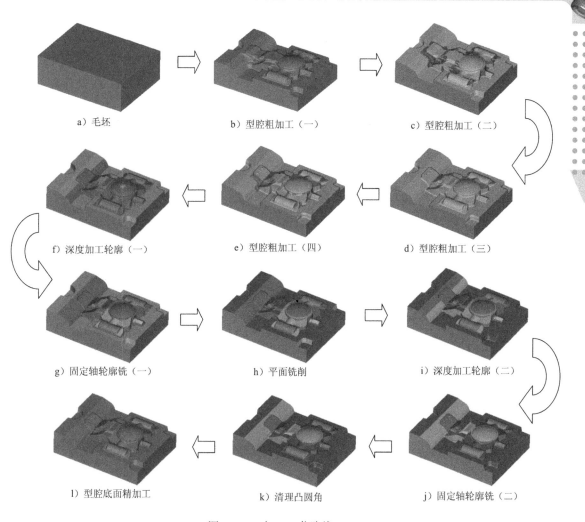

图 16.4.2　加工工艺路线（二）

说明：本应用的详细操作过程请参见学习资源 video 文件夹中对应章节的语音视频讲解文件。模型文件为 D:\ug12nc\work\ch16.04\ttb_mold.prt。

学习拓展：扫码学习更多视频讲解。

讲解内容：数控加工编程实例精选。讲解了一些典型的数控加工编程实例，并对操作步骤做了详细的演示。

读者意见反馈卡

尊敬的读者：

感谢您购买机械工业出版社出版的图书！

我们一直致力于 CAD、CAPP、PDM、CAM 和 CAE 等相关技术的跟踪，希望能将更多优秀作者的宝贵经验与技巧介绍给您。当然，我们的工作离不开您的支持。如果您在看完本书之后，有什么好的意见和建议，或是有一些感兴趣的技术话题，都可以直接与我联系。

策划编辑：丁锋

为了感谢广大读者对兆迪科技图书的信任与支持，兆迪科技面向读者推出"免费送课"活动，即日起，读者凭有效购书证明，可以领取价值 100 元的在线课程代金券 1 张，此券可在兆迪科技网校（http://www.zalldy.com/）免费换购在线课程 1 门。活动详情可以登录兆迪网校或者关注兆迪公众号查看。

兆迪网校　　　　兆迪公众号

书名：《UG NX 12.0 数控加工完全学习手册》

1. 读者个人资料：

姓名：_____ 性别：____ 年龄：____ 职业：_____ 职务：_____ 学历：_____

专业：_____ 单位名称：_____ 办公电话：_____ 手机：_____

QQ：_____ 微信：_____ E-mail：_____

2. 影响您购买本书的因素（可以选择多项）：

☐内容　　　　　　　　　　☐作者　　　　　　　　　☐价格

☐朋友推荐　　　　　　　　☐出版社品牌　　　　　　☐书评广告

☐工作单位（就读学校）指定　☐内容提要、前言或目录　☐封面封底

☐购买了本书所属丛书中的其他图书　　　　　　　　　☐其他_____

3. 您对本书的总体感觉：

☐很好　　　　　　　　　　☐一般　　　　　　　　　☐不好

4. 您认为本书的语言文字水平：

☐很好　　　　　　　　　　☐一般　　　　　　　　　☐不好

5. 您认为本书的版式编排：

☐很好　　　　　　　　　　☐一般　　　　　　　　　☐不好

6. 您认为 UG 其他哪些方面的内容是您所迫切需要的？

_____

7. 其他哪些 CAD/CAM/CAE 方面的图书是您所需要的？

_____

8. 您认为我们的图书在叙述方式、内容选择等方面还有哪些需要改进的？

_____

_____